高等职业教育食品类专业教材

食品冷冻冷藏技术

主编 鲍 琳

中国轻工业出版社

图书在版编目（CIP）数据

食品冷冻冷藏技术/鲍琳主编. —北京：中国轻工业出版社，2024.2
高等职业教育“十三五”规划教材
ISBN 978-7-5184-0727-9

Ⅰ.①食… Ⅱ.①鲍… Ⅲ.①食品冷藏—高等职业教育—教材
Ⅳ.①TS205.7

中国版本图书馆 CIP 数据核字（2015）第 279133 号

责任编辑：张 靓 责任终审：唐是雯 封面设计：锋尚设计
版式设计：锋尚设计 责任校对：吴大朋 责任监印：张京华

出版发行：中国轻工业出版社（北京鲁谷东街 5 号，邮编：100040）
印 刷：北京君升印刷有限公司
经 销：各地新华书店
版 次：2024 年 2 月第 1 版第 5 次印刷
开 本：720×1000 1/16 印张：21.25
字 数：430 千字
书 号：ISBN 978-7-5184-0727-9 定价：45.00 元
邮购电话：010-85119873
发行电话：010-85119832 010-85119912
网 址：http：//www.chlip.com.cn
Email：club@chlip.com.cn

240201J2C105ZBW

前　言

随着市场经济的发展以及人民消费水平的提高、生活节奏的加快，人们对各种新鲜食品、调理食品、冷冻食品、方便食品等有了更高的要求，各种新产品也就应运而生，并且发展很快。但由于缺乏科学技术知识，致使易腐食品腐烂变质的情况非常严重，造成食品资源的极大浪费。冷冻食品是保持食品新鲜品质和风味的最佳方法。目前冷冻与冷藏技术人员正在迅速增多，他们需要食品冷冻与冷藏相关方面的理论和生产工艺知识。笔者编写的《食品冷冻冷藏技术》一书，可供高等职业院校制冷与空调专业和食品专业以及农产品加工与贮藏专业学生学习和参考，也可供有关工程技术人员和管理人员学习和参考。

“食品冷冻冷藏技术”是理论与实际相结合，且实践性较强的一门课。鉴于高职、高专有别于本科和中等职业教育的特殊性，本书的编写原则是：基础理论以“必需、够用”为度、实践技能以动手能力为主，突出高等职业特色，不拔高，以岗位职业能力培养为主线，强调基础理论知识的应用和实践技能的培养。

本书阐述了食品的冷却、冻结、冻藏及解冻等方面的基本理论和方法，详细介绍了肉禽、水产品、蛋类、果蔬类等的冷加工技术，另外还介绍了食品的冻结装置、调理食品的冷加工技术和冷库管理相关的知识。每章后附有习题及实训的内容，可供参考。

本书由河南牧业经济学院鲍琳任主编，袁玉超、周丹任副主编。参加编写的有河南牧业经济学院鲍琳、袁玉超、周丹、李云芳；郑州科技学院游新侠；中州大学孙于庆；鹤壁职业技术学院杨玉红；顺德职业技术学院余华明；郑州商业技师学校葛利军；河南省郑州种畜场徐永生；河南振华工程发展股份有限公司王继武。编写分工：前言、绪论、模块三、模块四（项目四、项目五、项目六、项目七及链接与拓展）、模块七及附录由鲍琳编写；模块一、模块四（项目一、项目二、项目三）由游新侠编写；模块二由周丹编写；模块五（项目三、项目五）、模块六由杨玉红编写；模块五（项目一、项目二、项目四及链接与拓展）由袁玉超编写；模块八（项目一、项目二、项目四及链接与拓展）、模块十（项目一、项目三、项目四及链接与拓展）由孙于庆编写；模块八（项目三）由葛利军编写；模块九（项目一）由李云芳、王继武共同编写；模块九（项目二、项目三及链接与拓展）由余华明和周丹共同编写；模块十的项目二由徐永生、王继武共同编写。

在本书的编写过程中，参阅了许多本领域的专业书籍、优秀教材、期刊及国家标准，并得到有关冷冻食品生产厂家的积极支持。本书的参考文献均在书后列出，如有疏漏，望能得到有关作者的谅解。

由于编者的业务水平和实践经验所限，书中难免有不当或错误之处，恳请使用者批评指正。

编 者

目　录

绪　论

模块一　食品的基础知识及低温冷藏原理

模块二　食品冷冻冷藏的制冷技术及设备

模块三 食品的冷却与冷藏

模块四　食品的冻结与冻藏

模块五　肉、禽的冷冻冷藏技术

模块六　水产品与鲜蛋的冷冻冷藏技术

模块七　果蔬的冷冻冷藏技术

模块八 调理食品的冻结

模块九 食品冷藏链技术

模块十　食品冷藏库的管理与卫生

绪　论

食品冷冻冷藏技术就是利用人工制冷技术，将易腐食品进行冷冻或冷藏加工的一门科学，同时也是专门研究如何利用低温条件使易腐食品获得最佳状态的保鲜冷藏和冻藏，从而维持其原有质量的一门低温保藏技术。

人类利用天然冷源来制冷已有悠久的历史。早在3000多年前，我国劳动人民就可以利用天然冷源来贮藏食品。但采用天然冷源，难以得到0℃以下的低温，还要受区域、季节等条件的限制，远远不能满足社会发展的需要。

到了19世纪初期，食品冷藏技术由于冷源的改进而取得划时代的发展。1834年，PerKins发明了可液化气体的压缩式制冷机；1844年，Gorrie发明了空气循环制冷机；1859年，Carre发明了氨水吸收式制冷系统，并申请了原理专利；1875年，Carre和Linde发明了以氨为制冷剂的蒸汽压缩式制冷机。1876年，Linde制造了他的第一台氨压缩机，并于1877年安装于一家啤酒厂，一直运行到1908年。1880年起，美国开始大规模生产氨压缩机。1910年左右，Maurice Lehlanc在巴黎发明了蒸汽喷射式制冷系统。1910年，家用冰箱问世，并于1917年作为商品投放美国市场。1930年，氟利昂制冷剂的使用和氟利昂制冷系统的出现，给制冷机的使用和制冷技术带来变革，也使食品冷藏技术进入了一个新阶段。

但是最初发明的人工制冷机仅仅被用来制冰，然后再用冰去保藏食品。所以制冷的手段虽然得到根本上的改进，但对于食品冷藏的技术来说却并无多大变化。冰的温度成了食品低温保藏的极限。直到1877—1878年，法国人Charles Telier为了解决把牛羊肉从新西兰和阿根廷等地运回法国的保藏问题，才开始用氨吸收式冷冻机来直接冻结和冷藏牛羊肉。因为仅仅用冰来冷藏食品是解决不了路途遥远的海运途中肉类保藏问题的。

20世纪后半叶，冷冻和冷藏食品技术得到迅速发展。随着经济的繁荣及人们生活水平的提高，冷冻冷藏业呈现突飞猛进之势，我国冷藏库总容量大幅提高，各类食品速冻加工和冷冻加工经营企业、各种生产及经营冷冻设备企业也得到迅速发展。同时随着消费方式的改变，人们逐步增加了对方便食品、绿色食品的需求（绿色是我国的提法，国外则把此类食品称作生态食品）。因此，目前我国开设此专业的院校迅速增多，并相应开设了本门课程，积极培养冷冻食品相关的技术人才。

食品保藏的方法很多，常用的有干燥的方法、发酵的方法、腌制的方法、冷藏冷冻的方法等。其原理与方法各不相同，但冷冻冷藏的方法应用最为广泛。

一、食品的冷却和冷藏

1. 冷却

冷却是在冷库冷却间内将食品的温度由常温降到指定的温度，但不低于食品汁液的冻结点。一般冷却后温度0～4℃。

2. 冷藏

冷藏即食品经过冷却后放在冷却物冷藏间（简称冷藏间或高温库）贮藏，要求在维持食品冷却后最终温度下能做短期贮藏，因为部分微生物仍能生长繁殖。

二、食品的冻结和冻藏

1. 冻结

冻结是在冷库冻结间内将食品的温度由常温或冷却后的温度降到低于食品汁液的冻结点以下的某一规定温度，使食品中绝大部分水分冻结成冰。一般食品在冻结时，其温度必须降低到不高于冻结物冷藏间的温度3℃。

2. 冻藏

冻藏是食品经过冷冻后放在冻结物冷藏间（简称冻藏间或低温库）贮藏，要求在维持食品冻结后最终温度下做长期贮藏。因为部分微生物和酶被严重抑制而失去活力或不能生长繁殖。

三、升温和解冻

1. 升温

升温是将高温库的冷却食品在出库前逐渐地使温度回升到接近于外界周围空气的温度，以防止食品表面“出汗”，保持食品的质量。一般食品温度要比外界气温低3～5℃。

2. 解冻

解冻是将低温库的冻结食品在食用和加工前，根据食品的用途使其温度升高到所要求的温度，以恢复冻结前的状态，获得最大限度的可逆性，确保食品的质量。

随着生活水平的日益提高，人们对冷冻食品的质量要求也越来越高，因而对食品在冷藏过程中变化的研究非常重视，如蛋白质的变性、脂肪氧化、维生素的保持和损失、食品色泽、质地和风味变化情况等。

总之，食品冷冻冷藏行业是世界上发展最快的工业之一。食品保藏作为一种有效利用食品资源、减少食品损耗的重要技术手段，对于缓解当今因人口迅速膨胀而导致食品资源相对短缺的状况，具有不可替代的作用。开发更为有效、更为先进的食品保藏技术是从事食品研究与开发的所有人员的义务与责任。希望通过对本课程的学习，学生不仅能掌握制冷原理、冷藏技术、食品保藏理论等方面的基本知识，更要掌握制冷与食品保藏方面的基本技能，在减少食品浪费、提高食品质量等方面，为造福人类做出贡献。

模块一 食品的基础知识及低温冷藏原理

知识目标

1. 了解食品保藏的意义，保藏原理及方法。
2. 了解食品的化学组成种类及其在保藏中的变化。
3. 掌握食品变质的影响因素。
4. 掌握植物性食品和动物性食品低温冷藏的原理。

能力目标

1. 能够分析现实中食品腐败变质的原因，找到解决办法。
2. 能够控制食品变质。

项目一 食品的化学成分

食品的化学成分不仅决定食品的品质和营养价值，还决定食品的性质和变化，而食品的性质和变化则是研究食品保藏的主要依据。在各种食品的组成成分中，有某些成分是相同的。根据各种食品成分的共同性，可分为天然成分和非天然成分。天然成分又可分为无机成分和有机成分。食品化学成分的组成结构如图1－1所示。其中蛋白质、糖类、脂类和维生素为四大基本营养素，这些营养素的生理功能如图1－2所示。

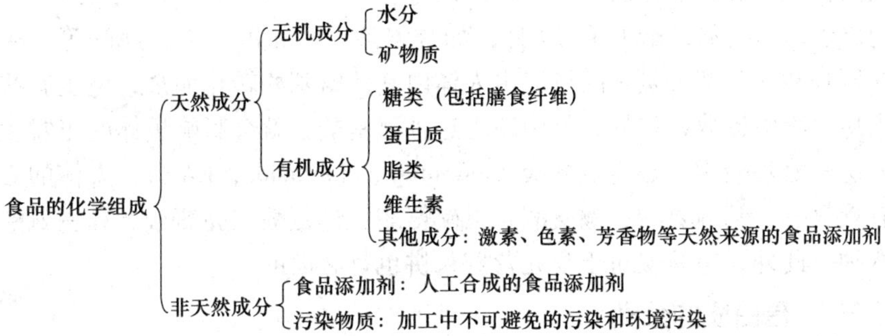

图 1－1　食品化学成分的组成结构

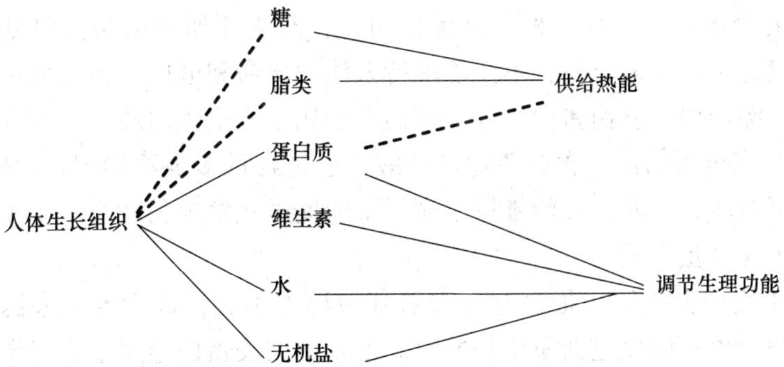

图 1－2　食品营养成分的生理功能

——代表主要生理功能　……代表非主要生理功能

这些营养成分大部分是人体必需的，但在低温冷藏冷冻加工过程中这些营养成分常常发生物理、化学变化，影响食品的食用价值和营养价值。例如，动物性食品组织中的汁液损失和蛋白质变性等；植物性食品组织中的维生素 C 含量的损失等。因此，对食品进行低温冷藏冷冻加工过程中，掌握和研究食品的营养成分及其变化是极为重要的。

一、 蛋白质

（一） 蛋白质的生理意义

蛋白质（protein）是一类结构复杂的高分子含氮化合物，是一切生命的基础，生命又是蛋白质的存在形式，没有蛋白质就没有生命。除了水以外，蛋白质是人体组织中第二个主要成分。

（二） 蛋白质的组成

蛋白质是由氨基酸以肽键连接组成的高分子化合物。构成元素除了碳、氢、氧、氮四种元素外，还有硫、磷、铁、碘等。

构成蛋白质的氨基酸共有 20 种，如甘氨酸、赖氨酸、天冬氨酸等。人体所需要的氨基酸中，部分氨基酸可以由人体内其他氨基酸转化而来，但也有些氨基酸必须从食物中摄取，如果食物中缺乏这种氨基酸，就会影响机体的正常生长和健康，这些氨基酸称为必需氨基酸（essential amino acids，EAA）。人体的必需氨基酸有赖氨酸、苯丙氨酸、缬氨酸、甲硫氨酸、色氨酸、亮氨酸、异亮氨酸及苏氨酸八种，此外，组氨酸对于婴儿营养来讲也是必需的。

（三）蛋白质的分类

1. 从蛋白质的营养价值分

从蛋白质的营养价值考虑，根据其所含氨基酸的种类、数量和比例，通常将食品中的蛋白质分为三类：

（1）完全蛋白质　是一种优良蛋白质，含有人体所需的必需氨基酸，种类齐全，数量充足，比例合适，不仅能维持人体的生命和健康，还能促进儿童的生长和发育。酪蛋白、乳白蛋白、麦谷蛋白等均属于完全蛋白质。

（2）半完全蛋白质　含有各种氨基酸，但是含量多少不均匀，比例不合适，作为唯一蛋白质来源时，只能维持生命，不能促进儿童生长发育。小麦中的麦胶蛋白属于半完全蛋白质。

（3）不完全蛋白质　指含有必需氨基酸种类不全，作为唯一来源时，既不能维持生命，也不能促进儿童生长发育。玉米中的胶蛋白等属于不完全蛋白质。

2. 按蛋白质的性质分

通常把蛋白质分为单纯蛋白质与结合蛋白质两大类。当蛋白质水解时，只分解为氨基酸的，称为单纯蛋白质，在食品中有清蛋白、组蛋白、精蛋白、球蛋白、醇溶蛋白、谷蛋白、硬蛋白；水解时，除了生成氨基酸之外，尚有其他化合物时，称为结合蛋白质，食品中主要包括核蛋白、色蛋白、磷蛋白、脂蛋白、糖蛋白。

3. 根据蛋白质的空间形状分

分为纤维蛋白（胶原蛋白、角蛋白、弹性蛋白、丝心蛋白）和球蛋白（溶菌酶、混合蛋白、肌动蛋白）。

此外还可根据蛋白质的来源将其分为动物蛋白和植物蛋白。

（四）蛋白质的性质

1. 蛋白质的水合性质

蛋白质制品的许多功能性与水合作用有关，例如，水吸收作用（又称水亲和性）、溶胀、水合湿润性、持水性、分散性、黏度等。蛋白质的水合作用是通过蛋白质的肽键，或有亲水基团的氨基酸侧链同水分子之间的相互作用来实现的。

蛋白质的总吸水率随蛋白质浓度的增加而增加。在等电点时，蛋白质的水合作用的溶胀最小。在低盐浓度时，蛋白质的水合作用增强。

2. 蛋白质的溶解性

蛋白质的许多功能特性都与蛋白质的溶解度有关，特别是增稠、起泡、乳化和凝胶作用。目前不溶性蛋白质在食品中的应用非常有限。

蛋白质中氨基酸的疏水性和离子性是影响蛋白质溶解性的主要因素。疏水基团相互作用增强了蛋白质与蛋白质的相互作用，使蛋白质在水中的溶解度降低；离子相互作用则有利于蛋白质 - 水相互作用，可使蛋白质分散在水中，从而增大了蛋白质在水中的溶解度。大多数蛋白质是酸性蛋白，它们在 pH 为 4 ~5（等电点）时的溶解度最低，因而碱性（一般 pH 8 ~9）时的溶解度最大。利用大多数蛋白质在 pH 8 ~9 的高溶解性，可以提取植物蛋白。

3. 胶凝作用

变性的蛋白质分子凝聚并形成有序的蛋白质网络结构的过程称为胶凝作用。胶凝是某些蛋白质的一种很重要的功能性质，在许多食品的制备中起着重要作用，包括各种乳品、果冻、凝结蛋白、各种加热的碎肉或鱼制品、面包面团的制作等。蛋白质的胶凝作用不仅可用来形成固态黏弹性凝胶，而且还能增稠，提高蛋白质的吸水性和颗粒黏结性、乳状液或泡沫的稳定性。

大多数情况下，热处理是蛋白质胶凝的必需条件，然后必须冷却；略微酸化也有助于凝胶的形成；此外，添加盐类，特别是钙离子可以提高胶凝速率和凝胶的强度。

4. 风味结合

食品中存在的醛、酮、醇、酚和氧化的脂肪酸可以产生豆腥味、酸味、苦味或涩味。这些物质能与蛋白质结合，当烹调或咀嚼时，它们会释放出来并能感受得到，所以某些蛋白质制剂必须进行除去异味的脱臭步骤。与此相反，蛋白质又能作为适宜风味的载体，例如，使质构化的植物蛋白产生肉的风味。

二、 糖类

糖是植物光合作用后的产物，占植物干重的50% ~80% 。糖类化合物是自然界分布广泛、数量最多的有机化合物，是食品的主要组成成分之一。糖是由碳、氢、氧三种元素组成的，其中所含氢与氧的比例和水一样，恰为2∶1，所以糖可用 $C_x(H_2O)_y$ 的通式来表示。糖又称为碳水化合物。

糖类的生理功能主要包括：提供能量，膳食中糖类供应量一般占总热能供给量的60% ~70% ；是构成机体的重要物质，如由核糖参与构成的核糖核酸和脱氧核糖核酸对遗传信息起着重要的传递作用等；食物中的纤维素属于多糖一类，虽不能被人体消化，但可刺激促进胃肠收缩蠕动和消化液的分泌，有助于食物消化和防止便秘以及有毒物质积累诱发的结肠癌。

糖的种类繁多，按其分子组成不同及能否水解和水解产物的情况，一般分为三类：单糖、寡糖和多糖。

（一）单糖

单糖是糖类不能再被水解的最简单的糖分子，根据其所含碳原子的数目分为丙糖、丁糖、戊糖和己糖等；根据其官能团的特点又分为醛糖和酮糖。易溶于水，具有甜味，白色粉末结晶。可不经过消化液的作用直接在人体氧化产生热能被吸收和利用。己糖和戊糖是单糖中最重要的糖。对食品最有意义的己糖有葡萄糖、果糖和半乳糖。

（二）寡糖

寡糖也叫低聚糖，它一般由2～20个单糖分子缩合而成，水解后产生单糖。低聚糖通常通过糖苷键将2～4个单糖连接而成小聚体，它包括功能性低聚糖和普通低聚糖。寡糖的共同特点是：难以被胃肠消化吸收，甜度低，热量低，基本不增高血糖和血脂。最常见的低聚糖是二糖，亦称双糖，是两个单糖通过糖苷键结合而成的。

（三）多糖

多糖是由几百个单糖分子相互脱水结合而组成的，没有甜味，多糖水解时分解为许多单糖。多糖主要有淀粉、纤维素、果胶物质和糖原等。

1. 淀粉

广泛存在于植物中，谷物和薯类中含量最多。淀粉呈颗粒状，淀粉在淀粉酶的作用下，加热后水解，依次产生糊精和麦芽糖，最后分解为葡萄糖，即可被人体吸收。

2. 纤维素

富含于植物界中，主要起支撑植物组织结构的作用。水果、蔬菜和粮谷皮壳是食物纤维的主要来源。纤维素不溶于水。某些微生物和酶能使它分解为葡萄糖。但人体不能利用食物中的纤维素，因为人体不产生分解纤维素所需的酶，所以纤维素并没有营养价值。但其有重要的生理功能，能刺激胃肠道的蠕动和消化腺的分泌，有助于食物的消化和排泄，减少肠道疾病的发生。

3. 果胶物质

一般存在于水果、蔬菜中，是构成植物细胞壁的成分之一，存在于相邻细胞壁间，起着将细胞黏着在一起的作用。在食品工业中，利用它能形成凝胶的能力而制作果酱、果冻。果胶溶于水，尤其易溶于热水。果胶物质只能部分被人体消化。植物中的果胶物质一般有三种状态：原果胶、果胶和果胶酸。

4. 糖原

它是人体、动物体、真菌、酵母菌内的一种多缩葡萄糖，主要存在于动物的肌肉和肝脏中，故称为动物淀粉活肝糖，具有解毒功能和平衡血液中血糖的作用。

食品所含糖类物质在加工和贮存过程中的变化，与食品的质量有着密切关系。对于果蔬中的糖，在有氧条件下，因其本身的呼吸作用被氧化生成二氧化碳和水，并放出大量的热量；在缺氧条件下，亦会由于酵母菌类的活动，而生成酒精和二氧化碳，最后使果蔬腐败变质。此外，冷冻加工中贮存温度过低，会导致蔬菜中纤维素破裂等各种低温病害。

肌肉中的糖原含量对动物死后改变肌肉的 pH 具有重要意义。它经过糖酵解酶的作用，最后形成乳酸，使肉的 pH 降低，促进了肉的成熟，改善了肉的品质。

三、 脂类

（一） 脂肪的功能

脂肪的主要功能有以下几点。

1. 供给和贮存热能， 维持体温

氧化 1g 脂肪释放的能量约为 38.9kJ（9.3kcal），比蛋白质和碳水化合物都多，正常健康人的总热量有 17% ~30% 来自脂肪。

2. 构成机体组织细胞的成分

脂肪在人体内占体重的 10% ~14% 。类脂中的磷脂、胆固醇与蛋白质结合成脂蛋白，构成了细胞的各种膜，如细胞膜、核膜、内质网、高尔基体、线粒体、叶绿体等，也是构成脑组织和神经组织的主要成分。胆固醇在体内可转化为胆汁酸盐、维生素 D_3、肾上腺皮质激素及性激素等多种有重要生理功能的类固醇化合物。

3. 供给必需脂肪酸

必需脂肪酸是细胞的重要构成物质，在体内具有多种生理功能，它能促进生长发育，维持皮肤和毛细血管的健康，促进神经轴突和树突的伸长，并与精子的形成及前列腺素的合成有密切关系，与胆固醇的代谢也有密切关系。

4. 促进脂溶性维生素的吸收

脂肪是脂溶性维生素的溶剂，维生素 A、维生素 D、维生素 E、维生素 K 均不溶于水，只有与脂肪共存时才能被人体吸收。

5. 保护机体， 滋润皮肤

脂肪是器官、关节和神经组织的隔离层，并可作为填充衬垫，避免各组织相互间的机械摩擦，对重要器官起保护和固定作用。脂肪在皮下适量贮存，可滋润皮肤，增加皮肤的弹性，充盈营养物质，延缓皮肤衰老。

（二） 脂肪酸败

油脂久置或者经过长时间的高温煎炸，经生物、酶、空气中氧的作用，而发

生变色、气味改变等变化，使得油脂发生聚合或者裂解，降低营养价值并产生令人不愉快的哈喇味，甚至引起食物慢性、急性中毒，即脂肪酸败。

油脂氧化酸败主要受油脂的种类、环境的温度、光线、空气、水分、微量元素催化及微生物的影响，所以在对食品进行加工冷藏、运输期间，应注意创造干燥、密闭、低温、避光的条件，对油脂产品尽量降低其水分含量，以防止脂肪的水解和酸败。

四、酶

（一）酶的概念

酶是由活细胞产生的，对特异底物起高效催化作用的蛋白质，是机体内催化各种代谢反应的最主要的催化剂。酶被认为是一切生命现象不可缺少的物质。

酶存在于人、动植物及微生物体内的细胞和组织中，控制并能加速食品中物质的代谢反应，如对酶不加控制，物质分解代谢的不断进行将带来食品的营养质量和感官质量的急剧下降。将食品进行冷冻低温贮藏即控制食品中酶的活力，控制生物体内的化学变化，从而能在一定时期内保持食品的新鲜度和质量。

（二）酶的特性

酶的分子和蛋白质的分子相似，具有胶体性质，也是两性物质，能以阳离子、阴离子或两性离子的形式存在。冷冻、振荡、加热等都能引起蛋白质的变性，同样也能引起酶变性而丧失其活力。

酶最突出的一个特性就是“特异性”。所谓特异性是指某一种酶只能催化小范围的某些反应，有时甚至只能催化一种反应。例如，脂肪酶只能分解脂肪，蛋白酶只能水解蛋白质，氧化酶只能使物质氧化，淀粉酶只能水解淀粉等。

（三）影响酶作用的主要因素

影响酶活力的因素很多，主要包括：酶浓度、底物浓度、温度、pH、水分活度及其他激活剂或抑制剂。

各种酶在最适温度范围内，酶活力最强，酶促反应速率最大。在适宜的温度范围内，温度每升高10℃，酶促反应速率可以相应提高2～3倍。不同生物体内酶的最适温度不同。酶在最适pH范围内表现出活力，大于或小于最适pH，酶活力都会降低。一般水分活度越大，酶的活力越大，当水分活度低时，酶的催化作用几乎不发生。干燥食品和冻结食品，由于水分活度低，故酶的作用弱，这也是干燥食品和冻结食品不易变质的原因之一。

五、维生素

维生素是人和动物为维持正常的生理功能而必须从食物中获得的一类微量有

机物质，在人体生长、代谢、发育过程中发挥着重要的作用。

根据溶解性不同可将维生素分为水溶性维生素和脂溶性维生素两大类。脂溶性维生素有维生素 A、维生素 D、维生素 E、维生素 K；水溶性维生素包含 B 族维生素、维生素 C。

维生素在食品中的含量非常少，食品经过收获、贮藏、运输和加工处理后，维生素都会有不同程度的损失。因此，食品在加工过程中除必须保持营养素最小损失和食品安全外，必须考虑加工前的各种条件对食品中营养素含量的影响，如成熟度、生长环境、土壤情况、肥料的使用、水的供给、气候变化、光照时间和强度，以及采后或宰杀后的处理等因素。

六、矿物质（无机盐）

（一）矿物质的生理功能

人体所有元素中，除碳、氢、氧、氮主要以有机化合物形式存在外，其他的各种元素都是以无机物的形式存在的，统称为无机盐或矿物质。这些物质在体内不能合成，必须从食物和饮水中摄取。各种食物中的无机盐含量虽然很少，但对于人体具有重要的生理功能。

1. 无机盐是构成人体所有细胞和组织不可缺少的重要原料

如钙、磷、镁元素能使骨骼和牙齿健全、坚固，是其重要组成成分。骨骼中集中了 99% 的钙质；磷、硫是构成组织蛋白的成分；钾和钠分别存在于细胞和体液中。

2. 无机盐和蛋白质一起维持生物体各组织的渗透压

无机盐是细胞内液、外液的重要成分，主要是钠、钾、氯元素与蛋白质一起维持细胞内外液的一定渗透压，从而在体液的潴留和移动中起着重要作用。

3. 维持体内的酸碱平衡

酸性与碱性无机离子的适当配合，加上重碳酸盐和蛋白质的缓冲作用是维持机体酸碱平衡的重要机制。在吃谷物和动物食品时，应该吃水果和蔬菜，以维持体内的酸碱平衡。

4. 无机盐是维持所有正常功能的必要条件，以维持原生质的生机状态

生物体内所有细胞功能的正常发挥，必须要有无机盐的某些离子的存在，尤其是维持原生质的生机状态更是如此。例如，Na^+、K^+ 和 OH^+ 可维持提高细胞膜的通透性和神经、肌肉细胞的兴奋性，而 Ca^{2+}、Mg^{2+} 和 H^+ 则降低其兴奋性。

5. 无机盐是构成某些特殊生理功能重要物质的成分

无机盐是构成某些具有特殊生理功能物质的重要成分，如血红蛋白和细胞色素系统中的铁、甲状腺素中的碘和谷胱甘肽过氧化物酶中的硒等。

（二）无机盐的分类

1. 食品中的无机盐按其性质的分类

（1）碱性元素　因其氧化物具有碱性而得名，如钙、镁、钾、钠等金属元素。蔬菜、水果、豆类、乳类等食品含有此类元素多，在生理上称为碱性食品。

（2）酸性元素　因其氧化物呈酸性而得名，如磷、氟、硫、碘等非金属元素。肉类、鱼类、蛋类、谷类等食品含此类元素多，在生理上称为酸性食品。

酸性食品与碱性食品可以影响机体的酸碱平衡和尿液酸度。若过多食用酸性食物，就会造成体内酸碱失调，尿液酸度增高，血液不能保持中性，最终导致疾病发生。因而要注意选择合理的酸性食品和碱性食品相结合的膳食结构。

2. 食品中的无机盐按其组成元素含量的分类

（1）常量元素（大量元素）　常量（矿物）元素即体内含量大于或等于0.01%的必需元素，此类元素有钙、磷、钠、钾、氯、镁、硫7种。

（2）微量元素（痕量元素）　即体内含量小于0.01%的必需元素。铁、锌、铜、锰、碘、硒、钴是必需微量矿物元素；钼、氟、铬、砷已被证明对部分动物来说是必需的；硼、镉、硅、钒、镍、锡、铅、锂、溴是可能必需微量元素，实际生产中基本上不出现缺乏症，需要量极低，或生理功能可被其他元素替代。

七、水

水分是食品的主要成分之一，同时它也是决定食品性质和耐藏性的重要因素。所以，了解食品中水分含量及其存在的性质和状态，对研究食品的冷冻工艺和耐藏性都有重要意义。

（一）水的功能和食品中水分的含量

在大多数生物体内，水是含量最多的组成成分，通常占体重的70%～80%。水对于一切生物的生命和活动起着重要的作用。

水是将各种营养素输送到全身的工具，对人体正常功能的建立极为重要；水还可以帮助维持正常体温；水是机体内每个细胞和组织的基本成分；是维持生命、保持细胞外形和构成各种液体所必需的物质；是体内关节、肌肉、膜等活动所需润滑剂；维持腺体器官的正常分泌，保持肌肤柔软和富有弹性等。通常每天每人大约需要2500mL水，这些水主要由食品和饮水供给。

水在各种食品中的含量相差较大，它因生物体的品种、年龄、新鲜程度、生长状态等不同而异。如水果含水量在73%～90%，蔬菜含水量在65%～96%，肉类含水量在50%左右，鱼肉含水量70%～80%，种子则含12%～14%等。

（二）食品中水分存在的两种状态

1. 自由水（free water，游离水）

游离水主要存在于植物细胞间隙，具有水的一切特性，也就是说100℃时水要沸腾，0℃以下要结冰，并且易汽化。游离水是食品的主要分散剂，可以溶解糖、酸、无机盐等，可用简单的热力方法除掉。

2. 结合水（bound water，束缚水）

这种水是与食品中的脂肪（fat）、蛋白质（protein）、碳水化合物（CHO）等呈结合的状态。它是以氢键的形式与有机物的活性基团结合在一起，故称束缚水。

自由水起到保持食品的鲜度和质量的作用；结合水起到维持动植物体的生命和食品味道的作用。食品所含自由水和结合水的不同特性对于食品的贮藏质量有着重要意义。含结合水多的食品，一般口味较好，质地较佳，而且因冻结而引起组织损伤的程度较轻，故一些几乎不含自由水的材料，如植物的种子和微生物的孢子，能在很低的温度下保持其生命力；而富含自由水的食品，特别是新鲜水果、蔬菜、肉类等，在冻结后细胞结构被冰结晶所破坏，冻结后组织受损程度较为严重。冻结的食品，在解冻过程中，自由水易被食品组织重新吸收；而结合水一旦失去，则不能完全被组织吸收。

（三）食品的水分活度（water activity）

1. 食品中水分活度的概念

在研究水分与微生物生长繁殖的关系时，用水分活度（A_W）值能反映食品贮藏的安全条件。水分活度是指食品中水分存在的状态，即水分与食品结合的程度（游离程度）。水分活度值越高，结合程度越低；水分活度值越低，结合程度越高。

含有水分的食物由于其水分活度的不同，其贮藏期的稳定性也不同。利用水分活度的测试，反映物质的保质期，已逐渐成为食品、医药、生物制品等行业检验的重要指标。

根据水分活度的定义，它可以近似等于食品在密闭容器内的水蒸气分压（p）与相同温度下的纯水饱和蒸汽压（p_0）之比：

即
$$A_W = p/p_0 \tag{1-1}$$

式中 p——食品中水的蒸汽分压；

p_0——纯水的蒸汽压。

对纯水来说 $p = p_0$，故 $A_W = 1$；绝对干燥食品的 A_W 值为0；而食品中的游离水因其中溶有无机盐和有机物，p 总是小于 p_0，故 $A_W < 1$。显然 A_W 值的大小反映了食品总自由水可被微生物利用的程度。A_W 反映了食品与水的亲和能力程度，它表示了食品中所含的水分作为微生物化学反应和微生物生长的可用价值。食品

水分活度的高低是不能按其水分含量来考虑的。

2. 食品的水分活度与微生物生长繁殖的关系

各种微生物都有它自己生长最旺盛的水分活度（A_W）。水分活度值下降，它们的生长率也下降。不同的微生物在生长繁殖时，对水分活度的要求是不同的，即使同一类群的菌种，它们生长发育的最低 A_W 值也有差异。食品水分活度与食品中各种反应的速率和细菌发育的关系如图 1－3 所示。

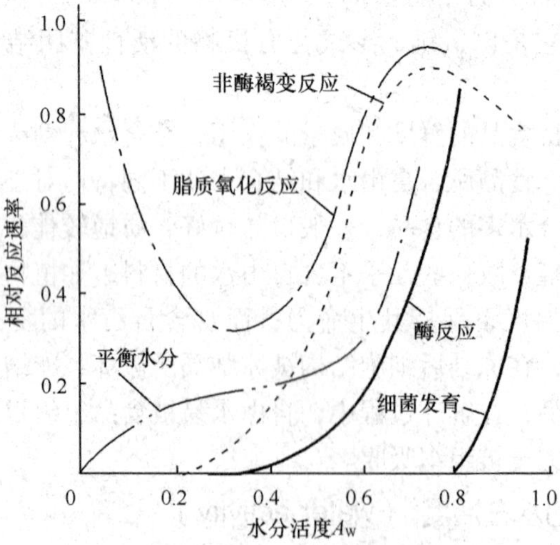

图 1－3　食品水分活度和食品反应速率的关系

从图 1－3 中可以看出，A_W 值降低，可促使细菌细胞分裂的速率下降，低于一定水分活度，食品反应速率发生很大变化，细菌的生长繁殖速率会相应出现直线下降的现象，即使在 0.98 以下，都有防止金黄色葡萄球菌繁殖的效果。

通常，细菌一般发育最适的 A_W 值在 0.91～0.98；酵母在 0.80；耐盐性细菌在 0.75；耐干性霉菌在 0.65；耐渗透压的酵母在 0.81。

（四） 食品的水分活度对食品保藏的意义

各种食品都有一定的 A_W 值，各种微生物的活动和各种化学及生物化学的反应速率，也都与 A_W 值有关系。因此，食品的 A_W 值和微生物的生长繁殖有密切的关系，食品的 A_W 值直接影响着食品的贮藏。

新鲜的食品，如肉类、鱼类、水果、蔬菜等，都含有大量的水分，虽然原料种类不同，但其 A_W 值多数在 0.98～0.99。像这样的 A_W 值正适合大多数微生物生长。

在一般情况下，微生物首先在食品的组织表面繁殖，使食品腐败变质。食品表层的水分因蒸发而逐渐减少，可是，食品内层的水分会不断地移向表层，因此，在一定的时期内，食品的表层可以始终保持着较高的 A_W 值，这样就有助于微生物不断地向深层发展。

食品的保藏方法如腌渍主要是在食品中加入盐、糖等电解质，降低食品的 A_W 值和调节食品的 pH，达到保藏食品的目的。干燥则是减少食品中的水分，从而使食品中的电解质浓度增高，A_W 值减小，达到保藏食品的目的。

低温冻藏是将食品冻结后，食品中的主要成分水变为冰，而冰的饱和蒸汽压小于水的饱和蒸汽压，所以，冻结后的食品，其 A_W 值即可大大降低，从而可以达到保藏食品的目的。从表 1－1 中可以看出，在 －15℃时 A_W 值为 0.864，而细菌生长繁殖时要求最适宜的 A_W 值为 0.91～0.98，所以，一般要求食品冻结的中心温度应在 －15℃以下。

表 1－1　几种温度下水和冰的饱和蒸汽压和水分活度

温度/℃	液态水的饱和蒸汽压/Pa	冰的饱和蒸汽压/Pa	水分活度（A_W）
0	610.481	610.481	1.00
－5	421.697	410.699	0.953
－10	286.243	259.980	0.907
－15	191.850	165.453	0.864
－20	125.723	103.458	0.823
－25	80.926	63.461	0.784
－30	51.062	38.130	0.747
－40	18.932	12.932	0.683
－50	6.400	4.000	0.625

项目二　食品的变质

食品变质指食品发生物理变化使外形改变，以及在以微生物为主的作用下所发生的腐败变质，包括食品成分与感官性质的各种酶性变化、非酶性变化及夹杂物污染，从而使食品品质降低或丧失食用价值的一切变化。

食品变质后的表现形式主要有：新鲜度下降、水分蒸发、蛋白质变性、脂肪酸败、褐变、营养成分损失等。引起食品变质的因素主要有：生物因素、化学因素、物理因素及其他因素。食品变质的原因主要有微生物、酶及其他非酶因素。

一、 由微生物引起的变质

食品中的微生物是导致食品腐败变质的主要原因。一般来说，食品原料都带有微生物。在食品运输、销售和贮存的过程中，食品都有可能污染微生物。在一定的条件下，这些微生物在食品中生长、繁殖，使食品失去原有的或应有的营养价值和感官品质，甚至产生有毒有害的物质。

（一） 微生物与食品变质

微生物具有分布广、种类多、繁殖快、代谢力强、营养谱宽等特点，使得食品的污染与变质难以避免。

1. 微生物污染食品的途径

食品在生产加工、运输、贮藏、销售以及食用过程中都可能遭受到微生物的污染，根据污染的途径不同可分为两大类。

（1）内源性污染　凡是作为食品原料的动植物体在生活过程中，由于本身带有微生物而造成的食品污染称为内源性污染，也称第一次污染。

（2）外源性污染　食品在生产加工、运输、贮藏、销售、食用过程中，通过水、空气、人、动物、机械设备及用具等而使食品发生的微生物污染称为外源性污染，也称第二次污染。

2. 微生物引起食品腐败变质的条件

加工前食品中存在一定种类和数量的微生物。然而微生物污染食品后，能否导致食品的腐败变质，以及变质的程度和性质如何，受多方面因素的影响。一般来说，食品发生腐败变质，与食品本身的性质、污染微生物的种类和数量以及食品所处的环境等因素有着密切的关系，而它们三者之间又是相互作用、相互影响的。

（1）食品的氢离子浓度　各种食品都具有一定的氢离子浓度。根据食品 pH 范围的特点，可将食品划分为两大类：酸性食品和非酸性食品。一般规定 pH 在 4.5 以上者，属于非酸性食品；pH 在 4.5 以下者为酸性食品。微生物都有其最适宜的 pH 范围，食品中的氢离子浓度可影响菌体细胞膜上电荷的性质，进而影响对物质的吸收能力；改变酶的活力，影响微生物的正常代谢等。因此食品 pH 的高低是制约微生物生长、影响食品腐败变质的重要因素之一。

大多数细菌最适生长的 pH 是 7.0 左右，酵母菌和霉菌生长的 pH 范围较宽，因而非酸性食品适合于大多数细菌及酵母菌、霉菌的生长；细菌生长下限一般在 pH4.5 左右，pH 3.3 ~4.0 以下时只有个别耐酸细菌，如乳杆菌属尚能生长，故酸性食品的腐败变质主要是酵母菌和霉菌的生长。

（2）食品的水分活度　参见项目一中相关内容。

（3）食品的渗透压　不同微生物种类对渗透压的耐受能力大不相同。绝大多数细菌不能在较高渗透压的食品中生长，只有少数种能在高渗环境中生长。如将微生物置于低渗溶液中，菌体吸收水分发生膨胀，甚至破裂；若置于高渗溶液中，菌体则发生脱水，甚至死亡。

（4）食品的存在状态　完好无损的食品，一般不易发生腐败，如没有破碎和伤口的马铃薯、苹果等，可以放置较长时间。如果食品组织溃破或细胞膜碎裂，则易受到微生物的污染而发生腐败变质。

（5）贮藏温度　温度是影响微生物生长繁殖最重要的因素之一。在一定温度范围内，机体的代谢活动与生长繁殖随着温度的上升而增强。

（6）贮藏环境的气体成分　引起微生物变质的气体很多，一般 O_2 关系最大，控制 O_2 可抑制大多数微生物生长，有效延长食品保鲜期。

（7）贮藏湿度　水分对维持微生物的正常生命活动是必不可少的。干燥会造成微生物失水、代谢停止以至死亡。不同的微生物对干燥的抵抗力是不一样的，以细菌的芽孢抵抗力为最强，霉菌和酵母菌的孢子也具较强的抵抗力，依次为革兰阳性球菌、酵母菌的营养细胞、霉菌的菌丝。

（8）贮藏的其他环境条件　另外环境中是否含有防腐剂、氧化剂、杀菌剂和辐射，污染微生物的数量和种类等，也是影响微生物生长的主要因素。所以保藏食品的过程中，为了防止腐败变质有时采用添加防腐剂、杀菌剂等化学试剂来保藏食品。

（二）由微生物引起的不同食品的变质

1. 微生物与蔬菜的变质

由于新鲜蔬菜含有大量的水分，且其 pH 处于很多细菌的生长范围之内，因此，细菌是引起蔬菜腐败的常见微生物。由于蔬菜具有相对较高的氧化-还原电势及缺乏平衡能力，因而引起蔬菜腐败的细菌主要为需氧菌和兼性厌氧菌。

2. 微生物与水果的变质

由于水果的 pH 大多低于细菌生长的 pH 范围，因此，由细菌引起的水果腐败现象并不常见。水果的腐败主要是由酵母菌和霉菌引起的，特别是霉菌。为避免水果在贮藏过程中受到霉菌的污染，收获水果应在其合适的成熟季节并避免果实损伤；采摘用具必须卫生，霉变的果实应销毁；低温和高 CO_2 在水果贮运过程中有助于防止水果霉变。但对各种水果要区别对待，因为有些水果种类对低温和高 CO_2 较敏感。

3. 微生物与肉、禽类的变质

微生物引起肉类腐败现象主要有发黏、变色、长霉及产生异味等。发黏主要是由酵母菌、乳酸菌及一些革兰阴性细菌的生长繁殖所引起。肉类的变色现象有多种，如绿变、红变等，但以绿变为常见。绿变是由 H_2O_2 引起的，另外还可由 H_2S 引起。能使肉类产生变色的微生物还有产生红色的黏质沙雷杆菌，产生蓝色的深蓝色假单胞菌属，及产生白色、粉红色和灰色斑点的酵母菌等。长霉也是鲜肉及冷藏肉中常见的变质现象，例如，白分枝孢霉属和白地霉可产生白色霉斑，腊叶枝霉可产生黑色斑点，草酸青霉可产生绿色霉斑等。通常都伴有各种异味的产生，如因乳酸菌和酵母菌作用而产生的酸味以及因蛋白质分解而产生的恶臭味等。

4. 微生物与蛋类的变质

带壳蛋类中常见的腐败微生物有假单胞菌属、小球菌属、沙门菌属等细菌，有毛霉属、青霉属、单胞枝霉属等霉菌，而圆酵母属则是蛋类中发现的唯一酵母菌。

污染蛋类的微生物首先使蛋白质分解，系带断裂，蛋黄因失去固定作用而移动；随后蛋黄膜被分解成为散黄蛋，发生早期变质现象；散黄蛋被腐败微生物进一步分解，产生 H_2S、吲哚等腐败分解产物，形成灰绿色的稀薄液并伴有恶臭，称为泻黄蛋，此时蛋即已完全腐败。有时腐败的蛋类并不产生 H_2S 而产生酸臭，蛋液不呈绿色或黑色而呈红色，且呈浆状或形成凝块，这是由于微生物分解糖而产生的酸败现象，称为酸败蛋。当霉菌进入蛋内并在壳内壁和蛋白膜上生长繁殖时，会形成大小不同的霉斑，其上有蛋液黏着，称为黏壳蛋或霉蛋。

5. 微生物与鱼贝类的变质

污染鱼贝类的腐败微生物首先在鱼贝类体表及消化道等处生长繁殖，使其体表黏液及眼球变得浑浊，失去光泽，鳃部颜色变灰暗，表皮组织也因细菌的分解而变得疏松，使鱼鳞脱落。同时，消化道组织溃烂，细菌即扩散进入体腔壁并通过毛细血管进入肌肉组织内部，使整个鱼体组织分解，产生氨、H_2S、吲哚、粪臭素、硫醇等腐败特征产物。一般地，当细菌总数达到或超过 10^8 个/g 时，从感官上即可判断鱼体已进入腐败期。

二、 由酶引起的变质

酶是生物体内的一种特殊蛋白质，能降低反应的活化能，具有高度的催化活性。常见的与食品变质有关的酶主要是脂肪酶、蛋白酶、果胶酶、淀粉酶、过氧化物酶、多酚氧化酶等。引起食品质量变化的主要酶类及其作用，如表 1 – 2 所示。

表 1 – 2 引起食品质量变化的主要酶类及其作用

酶的种类	酶的作用
与风味改变有关的酶	
脂氧合酶	催化脂肪氧化，导致臭味和异味产生
蛋白酶	催化蛋白质水解，导致组织产生肽而呈苦味
抗坏血酸氧化酶	催化抗坏血酸氧化，导致营养物质损失

续表

酶的种类	酶的作用
与变色有关的酶	
多酚氧化酶	催化酚类物质的氧化，形成褐色聚合物
叶绿素酶	催化叶绿醇环从叶绿素中移去，导致绿色丢失
与质地变化有关的酶	
果胶脂酶	催化果胶脂的水解，导致组织软化
多聚半乳糖醛酸酶	催化果胶中多聚半乳糖醛酸残基之间的糖苷键水解，导致组织软化
淀粉酶	催化淀粉水解，导致组织软化，黏稠度降低

酶的活力受温度、pH、水分活度等因素的影响。如果条件控制得当，那么酶的作用通常不会导致食品腐败，经过热杀菌的加工食品，酶的活力被钝化，可以不考虑由酶的作用引起的变质。

三、 由非酶引起的变质

在食品存放过程中，除了微生物、酶的作用导致食品腐败变质外，还有非酶作用导致的其他变质，主要包括食品中营养成分的化学作用、食品本身的生化作用及其他物理作用导致的变质。

1. 氧化作用

当食品中有较多不饱和脂肪酸、维生素等不饱和化合物，在贮藏、加工及运输等过程中又经常和空气接触时，氧化作用将成为食品变质的主要因素。氧化作用会导致食品的色泽、风味变差，营养价值降低及生理活性丧失，甚至会生成有害物质。这些变质现象容易出现在干制食品、盐腌食品及长期冷藏而又包装不良的食品中，应予以重视。所以食品在贮藏过程中应采用低温、避光、隔绝氧气、控制水分等措施，通过减少食品在贮藏中与金属离子的接触，或通过添加抗氧化剂等，来防止或减轻脂肪氧化酸败对食品产生的不良影响。

2. 呼吸作用

呼吸作用系指由于水果、蔬菜固有的呼吸作用的不断加强，而逐渐消耗体内的养分致使食品变质。

以食品是否有生活机能，将食品分为生体食品和非生体食品。生体食品的最大特征是具有呼吸作用，非生体食品无呼吸作用。呼吸作用是生体食品质量降低和变质的主要因素。

生体食品在收获后，没有营养成分和水分的供给，却由于呼吸作用使体内的营养成分逐渐下降，而易于被微生物侵入；由于呼吸作用而产生水分，降低了果蔬的致密性，造成果蔬萎蔫及蛋类干耗或贴壳；由于呼吸作用产生成分的分解，引起果蔬成熟、过熟和软化等，而失去正常果蔬的风味；在呼吸作用的同时还伴有热量的产生，使贮藏环境温度升高，加快了食品成分的变化；另外由于呼吸作用，使贮藏库中 CO_2 的浓度增高，O_2 减少，又会影响呼吸作用及正常的生理活动；果蔬在成熟过程中的呼吸作用会产生乙烯气体，加速了果蔬的后熟；蛋类在贮藏时释放出的 CO_2 可使蛋的 pH 发生变化，蛋白变稀，加速了蛋的质量变化。

因此，在对果蔬进行贮藏时，应抑制果蔬的呼吸作用。

3. 非酶褐变

非酶褐变主要有美拉德反应引起的褐变、焦糖化反应引起的褐变以及抗坏血酸氧化引起的褐变等。

由葡萄糖、果糖等还原型糖与氨基酸引起的褐变反应称为美拉德反应，也称为羰－氨反应。由于褐变和温度、pH 氧、光线、金属离子等有关，因此防止美拉德反应引起的褐变可以通过降低贮藏温度、调节水分含量、降低食品 pH 使食品变为酸性、用惰性气体置换食品包装材料中的氧气、控制食品中转化糖的含量、添加防褐变剂如亚硫酸盐等方法。

4. 其他

虫害和鼠类对于食品保藏也有很大的危害性，它们不仅是食品保藏损耗加大的直接原因，而且由于害虫和鼠类的繁殖迁移，以及它们排泄的粪便、分泌物、遗弃的皮壳和尸体等还会污染食品，甚至传染疾病，因而使食品的卫生质量受损，严重者甚至丧失商品价值，造成巨大的经济损失。此外，还包括机械损伤、环境污染、农药残留、滥用添加剂和包装材料等，这些因素引起的食品变质现象不但普遍存在，而且十分重要。

综上所述，引起食品变质的因素很多，而且常常是多种因素共同作用的结果。因此，必须清楚了解各种因素及其作用特点，找出相应的防范措施，从而应用于不同的食品原料及其加工制品中。

项目三 动物性食品和植物性食品的低温冷藏原理

食品变质的原因多种多样，采用冷加工的方法可使食品的生化反应速率大大减慢，微生物、酶类及食品基质中的活性物质受到抑制，使食品可以在较长时间内贮藏而不变质，这就是食品低温贮藏的基本原理。食品在变质过程中的矛盾是复杂的，动物性食品因与植物性食品在性质上有很大差异而不同。

一、 动物性食品的低温冷藏原理

动物性食品在冷藏期间，大多已没有生命迹象，虽然在肌体内还进行着生化反应，但肌体对外界微生物的侵害没有任何抵抗力。动物死亡后体内的生化反应主要是一系列的降解反应，即肌体出现死后僵直、软化成熟、自溶和腐败等现象，其中蛋白质等发生一定程度的降解。达到“成熟”的肉继续放置则会进入自溶阶段，此时肌体内的蛋白质等发生进一步的分解，侵入的腐败微生物也开始大量繁殖。因此，降低温度可以减弱生物体内酶的活力，延缓自身的生化降解反应过程，并抑制微生物的繁殖。这也是低温贮藏食品的基本原理。

1. 抑制微生物的生长繁殖

任何微生物都有一定正常的生长和繁殖温度范围。微生物对温度的适应性如表1-3所示。在最适温度范围内微生物生长和繁殖速度最快；温度降低，其活力减弱；当温度降至其最低生长温度时，其新陈代谢活动几乎停止，处于休眠状态，甚至死亡。

表1-3　　微生物对温度的适应性

类别	最低温度/℃	最适温度/℃	最高温度/℃	种类
嗜冷性微生物	0	10~20	25~30	霉菌、水中细菌
嗜温性微生物	0~7	20~40	40~45	腐败菌、病原菌
嗜热性微生物	25~45	50~60	70~80	温泉细菌、堆肥细菌

低温导致微生物活力减弱的原因：一方面在低温下微生物的酶活力下降，当温度降至-25~-20℃时，微生物细胞内所有酶的反应几乎完全停止。另一方面，微生物细胞内的原生质黏度增加，胶体吸水性下降，蛋白质发生不可逆凝固。

2. 抑制酶的活力

酶是有生命机体组织内的一种特殊蛋白质，富有生物催化剂的使命。酶的活力和温度有密切的关系。温度对酶的活力影响很大，高温可导致酶的活力丧失，低温处理虽然会使酶的活力下降，但不完全丧失。一般来说，温度降低到-18℃才能比较有效地抑制酶的活力，但温度回升后酶的活力会重新恢复，甚至较低温处理前的活力还高，从而加速食品的变质，故对于低温处理的食品往往需要在低温处理前进行灭酶处理，防止食品品质变坏。

大多数酶的适宜活动温度为30~40℃，动物体内的酶需稍高的温度，植物体内的酶需稍低的温度。如温度超过适宜温度时，酶的活力开始遭受破坏；当温度达到80~90℃时，几乎所有酶的活力都遭到破坏。

二、植物性食品的低温冷藏原理

影响植物性食品变质的因素很多，植物性食品采收之后，脱离了母体，失去了水分和无机物的供应，同化作用基本停止，无法进行正常的光合作用，但其合成的有机物质仍然是有生理机能的有机体，其利用自身的有机物进行呼吸，在贮藏过程中继续进行一系列复杂的生理活动，包括呼吸生理、酶催化代谢生理、蒸发生理、成熟衰老生理、低温伤害生理和休眠生理，这些生理活动影响着植物性食品的贮藏性和抗病性。另外还有外源性因素：微生物的污染繁殖。因此，必须进行有效的调控。

1. 抑制微生物的生长繁殖

植物性食品采收后，不可避免地会遭受微生物的污染，这些污染微生物在合适的环境条件和营养下，会大量繁殖从而引起食品腐败变质。采用低温冷藏抑制微生物生长繁殖的原理，可以起到很好的保藏食品的作用。

2. 控制呼吸作用

呼吸作用是植物性食品在贮藏过程中最重要的生理活动，也是产品采收后最主要的代谢过程，它制约和影响着其他的生理过程。合理地利用和控制呼吸作用对植物性食品的贮藏是至关重要的。

影响呼吸强度的因素很多，主要包括食品种类、成熟度、食品存放环境的湿度、空气成分、温度。温度是影响食品保藏过程中呼吸强度的主要因素，在一定温度范围内，呼吸强度随着温度的升高而增强：一般在0℃左右时，酶的活力极低，呼吸很弱，跃变型果实的呼吸高峰得以推迟，甚至不出现呼吸峰；在0～35℃，多数产品温度每升高10℃，呼吸强度增大1～1.5倍；高于35℃时，与呼吸作用有关的各种酶的活力受到抑制，呼吸经初期的上升之后就大幅度降低。

因此，贮藏中应尽可能维持较低强度的呼吸，将果实的呼吸作用抑制到最低限度。不同品种的食品对低温的适应能力各不相同，贮藏中应根据不同种类、品种对低温的耐受性，在不发生冷害的前提下，尽量降低贮藏温度，同时还要保持温度的稳定。

3. 降低乙烯含量

果实停止生长后还要进行一系列变化，并逐渐形成固有的色、香、味和质地特征。通常将果实生理成熟到完熟达到最佳食用品质的过程称为成熟（包括生理成熟和完熟）；最佳食用阶段以后的品质劣变或组织崩溃阶段称为衰老。

乙烯是促进果实成熟衰老的主要激素物质。在食品贮藏过程中，常采用降低温度来避免和减少乙烯的作用，控制食品后熟和衰老。因为低温贮藏可以降低果实的呼吸强度，减少食品的呼吸消耗。对呼吸跃变性的产品而言，降低温度，不但可以降低其呼吸强度，还可延缓其呼吸高峰的出现。低温可减少果实乙烯的产生，而且在低温下，乙烯促进衰老的生理作用也受到强烈的抑制。

4. 减少蒸腾

植物性食品尤其是果蔬类食品含水量很高，大多在65%～95%，这使鲜活果实的表面具有光泽并具有弹性，组织呈现坚挺、脆嫩的状态，外观新鲜。贮藏中水分的蒸发散失给果实造成不良影响：一是失重和失鲜；二是破坏果实的正常生理代谢过程，促进呼吸作用，加速营养物质的消耗，削弱组织耐藏性和抗病性，加速腐烂。影响植物性食品水分蒸发的因素很多，除了内在因素比如表面积、表面结构、细胞持水力等以外，还有很多外在的贮藏环境条件因素，包括空气湿度、空气温度、空气流动等。

要想控制新鲜食品水分的蒸发，除了要控制果实采后成熟度及增大环境的相对湿度外，采用稳定的低温贮藏是防止失水的重要措施。

5. 便于休眠

休眠是植物生命周期中生长发育暂时停顿的阶段，此时新陈代谢降低到最低水平，营养物质的消耗和水分蒸发都很少，一切生命活动进入相对静止的状态，对不良环境条件的抵抗力增强，对贮藏是十分有利的。温度是控制休眠的主要因素，降低温度贮藏是延长休眠期最安全、最有效、应用最广泛的一种措施。

6. 预防冷害、冻害

冷害是指果实组织在冰点以上不适宜的低温引起的生理代谢失调现象，它是果实贮藏中最常见的生理病害。低温能够减弱果、蔬类食品的呼吸作用，延长贮藏期限。但温度又不能过低，过低会引起植物性食品生理病害，甚至冻死，即使回升温度，亦不能复活。

模块小结

食品在贮藏期间，品质的降低主要由于微生物侵入、化学和物理变化、酶引起的生化反应等。食品的低温保藏，即降低温度水平或冻结状态，以延缓或阻止食品的腐败变质，达到食品的远途运输和短期或长期贮藏目的的保藏方法。

食品的化学成分不仅决定食品的品质和营养价值，还是食品保藏的主要依据。

食品变质指食品发生物理变化使外形改变，以及在微生物为主的作用下所发生的腐败变质，包括食品成分与感官性质的各种酶性、非酶性变化及夹杂物污染，从而使食品品质降低或丧失食用价值的一切变化。食品变质的原因主要归纳为微生物、酶及其他非酶生理化学因素。

动物性食品变质的主要原因是微生物和酶的作用；植物性食品变质的主要原因是呼吸作用。

思考练习

一、名词解释

食品变质；酶；水分活度。

二、填空题

1. 食品变质的原因主要归纳为__________、__________及其他非酶生理化学因素。

2. 食品的化学组成主要有__________、__________、__________和维生素类、矿物质、酶等。

3. 食品变质后表现形式主要有__________、__________、__________、__________和营养成分损失等。

三、判断题

1. 微生物引起的肉类腐败现象主要有发黏、变色、长霉及产生异味等。(　　)

2. 食品在贮藏过程中应采用适温、避光、隔绝氧气、控制水分等措施，通过减少食品在贮藏中与金属离子的接触，或通过添加抗氧化剂等，来防止或减轻脂肪氧化酸败对食品产生的不良影响。(　　)

3. 结合水起到保持食品的鲜度和质量的作用；自由水起到维持动植物体生命和食品味道的作用。(　　)

4. 食品的化学成分不仅决定食品的品质和营养价值，还决定食品的性质和变化，而食品的性质和变化则是研究食品保藏的主要依据。(　　)

四、简答题

1. 糖的分类有哪些?

2. 简述蛋白质的功能性质及对食品品质的影响。

3. 蛋白质的分类有哪些?

4. 简述低温保藏对酶的影响。

五、综合论述题

1. 论述食品低温保藏的基本原理。

2. 论述食品品质变化的表现都有哪些? 并简单说明原因和控制措施。

【实训】 食品变质的表现

一、 实训目的

通过实训使学生了解生活中常见的延长食物保质期的方法，并开展相关的研究活动；认识生活中变质食物的特征以及食物变质的原因；掌握食品变质的主要表现种类及形式。

二、 主要设备与材料

变质食品（米饭、馒头、烂水果、蔬菜、肉、植物油等），上述未变质食品；滴定管（25mL）；高压蒸汽灭菌锅（灭菌）；冰箱（冷藏）；速冻机（速冻）；电热烘箱（干燥）；盘子；保鲜膜等。

三、实训内容

（一）鉴定方法

食品受到微生物的污染后，容易发生变质。那么如何鉴别食品的腐败变质？一般是从感官、物理、化学和微生物四个方面来进行食品腐败变质的鉴定。

1. 感官鉴定

感官鉴定是以人的视觉、嗅觉、触觉、味觉来查验食品初期腐败变质的一种简单而灵敏的方法。食品初期腐败时会产生腐败臭味，发生颜色的变化（褪色、变色、着色、失去光泽等），出现组织变软、变黏等现象。这些都可以通过感官分辨出来，一般还是很灵敏的。

（1）色泽　无论在加工前或加工后，食品本身均呈现一定的色泽，如有微生物繁殖引起食品变质时，色泽就会发生改变。有些微生物产生色素，分泌至细胞外，色素不断累积就会造成食品原有色泽的改变，如食品腐败变质时常出现黄色、紫色、褐色、橙色、红色和黑色的片状斑点或全部变色。另外由于微生物代谢产物的作用促使食品发生化学变化时也可引起食品色泽的变化，如肉及肉制品的绿变就是由于硫化氢与血红蛋白结合形成硫化氢血红蛋白所引起的；腊肠由于乳酸菌增殖过程中产生了过氧化氢促使肉色素褪色或绿变。

（2）气味　食品本身有一定的气味，动、植物原料及其制品因微生物的繁殖而产生极轻微的变质时，人们的嗅觉就能敏感地察觉到有不正常的气味产生。如氨、三甲胺、醋酸、硫化氢、乙硫醇、粪臭素等具有腐败臭味，这些物质在空气中浓度为 $10^{-11} \sim 10^{-8} mol/m^3$ 时，人们的嗅觉就可以察觉到。此外，食品变质时，其他胺类物质、甲酸、醋酸、酮、醛、醇类、酚类、靛基质化合物等也可察觉到。

食品中产生的腐败臭味，常是多种臭味混合而成的。有时也能分辨出比较突出的不良气味，例如，霉味臭、醋酸臭、胺臭、粪臭、硫化氢臭、酯臭等。但有时产生的有机酸，水果变坏产生的芳香味，人的嗅觉习惯不认为是臭味。因此评定食品质量不应以香、臭味来划分，而应该按照正常气味与异常气味来评定。

（3）口味　微生物造成食品腐败变质时也常引起食品口味的变化。而口味改变中比较容易分辨的是酸味和苦味。一般碳水化合物含量多的低酸食品，变质初期产生酸是其主要的特征。但对于原来酸味就高的食品，如番茄制品，微生物造成酸败时，酸味稍有增高，辨别起来就不那么容易。另外，某些假单胞菌污染消毒乳后可产生苦味；蛋白质被大肠杆菌、小球菌等微生物作用也会产生苦味。当然，口味的评定从卫生角度看是不符合卫生要求的，而且不同人评定的结果往往意见分歧较多，只能做大概的比较。为此口味的评定应借助仪器来测试，这是食品科学需要解决的一项重要课题。

（4）组织状态　固体食品变质时，动、植物性组织因微生物酶的作用，可使组织细胞破坏，造成细胞内容物外溢，这样食品的性状即出现变形、软化；鱼肉类食品则呈现肌肉松弛、弹性差，有时组织体表出现发黏等现象；粉碎后加工制成的食品，如糕鱼、乳粉、果酱等变质后常引起黏稠、结块等表面变形、湿润或发黏现象。

液态食品变质后即会出现浑浊、沉淀，表面出现浮膜、变稠等现象，鲜乳因微生物作用引起变质可出现凝块、乳清析出、变稠等现象，有时还会产气。

2. 化学鉴定

微生物的代谢，可引起食品化学组成的变化，并产生多种腐败性产物，因此，直接测定这些腐败产物就可作为判断食品质量的依据。

一般氨基酸、蛋白质类等含氮量高的食品，如鱼、虾、贝类及肉类，在需氧性败坏时，常以测定挥发性盐基氮含量的多少作为评定的化学指标；对于含氮量少而含碳水化合物丰富的食品，在缺氧条件下腐败则经常测定有机酸的含量或pH的变化作为指标。

3. 物理指标

食品变质的物理指标，主要是根据蛋白质分解时低分子物质增多这一现象，来先后研究食品浸出物量、浸出液电导度、折射率、冰点下降、黏度上升等指标。其中肉浸液的黏度测定尤为敏感，能反映腐败变质的程度。

4. 微生物检验

对食品进行微生物菌数测定，可以反映食品被微生物污染的程度及是否发生变质，同时它是判定食品生产的一般卫生状况以及食品卫生质量的一项重要依据。在国家卫生标准中常用细菌总菌落数和大肠菌群的近似值来评定食品卫生质量，一般食品中的活菌数达到10^8cfu/g时，则可认为处于初期腐败阶段。详细内容见食品卫生微生物检验部分。

（二）观察结果

如表1－4所示。

表1－4　变质和未变质食物的感官对比

食品种类	未变质食物	已变质食物
蔬菜		
水果		
肉		
米饭		
馒头		
肉		
植物油		

（三）探究食品变质的原因及探究延长食品保质期的方法

（1）腐败变质的控制。

①防止微生物污染；

②杀灭微生物：高温杀菌、微波加热、辐射杀菌；

③控制微生物繁殖：低温冷藏、冷冻，减少食品水分；

④提高食品渗透压；

⑤使用防腐剂。

（2）根据实验室条件选择几种杀菌、控菌、隔菌的方法，观察不同保藏方法对不同食品的保藏效果，填表 1－5。

表 1－5　不同食品不同保藏方法的适用范围及对产品的影响

食品种类	保藏方法适用范围				不同保藏方法对产品影响
	干燥	冷藏	冷冻	高压灭菌灌装	
蔬菜					
水果					
肉					
米饭					
馒头					
肉					
植物油					

四、注意事项

1. 腐败变质食品的安全处理方法

腐败变质的食品首先是带有使人们难以接受的感官性状，如刺激气味、异常颜色、酸臭味道和组织溃烂、黏液污秽感等。其次是营养成分分解，营养价值严重降低。腐败变质食品一般由于微生物污染严重，菌相复杂和菌量增多，因而增加了致病菌和产毒霉菌等存在的机会；由于菌量增多，某些致病性微弱的细菌也可以引起人体的不良反应，甚至中毒；致病菌引起的食物中毒，几乎都有菌量异常增大这个必要条件。至于腐败变质分解产物对人体的直接毒害，至今研究仍不够明确，然而这方面的报告与中毒事件却越来越多，如某些鱼类腐败产生的组胺使人体中毒，脂肪酸败产物引起人的不良反应及中毒，以及腐败产生的亚硝胺类、有机胺类和硫化氢等都具有一定毒性。

2. 腐败变质食品处理的原则

对食品的腐败变质要及时准确鉴定，并严加控制，但这类食品的处理还必须充分考虑具体情况。如轻度腐败的肉、鱼类，通过煮沸可以消除异常气味；部分腐烂的水果、蔬菜可拣选分类处理；单纯感官性状发生变化的食品可以加工复制等。然而人体虽有足够的解毒功能，但在短时间内摄入量不可过大。因此应强调指出，一切处理的前提，都必须以确保人体健康为原则。

五、 拓展延伸

研究家庭常吃的馒头怎样才能保存得更久？

模块二 食品冷冻冷藏的制冷技术及设备

知识目标

1. 了解活塞式和螺杆式制冷压缩机的工作原理。
2. 掌握在食品冷冻冷藏中常用的制冷方法。
3. 掌握制冷系统中节流元件、换热设备及辅助设备的工作原理。

能力目标

1. 能够叙述冷藏库基本设备的工作原理。
2. 能够绘制小型冷藏库的制冷系统原理图。
3. 能够对冷却设备进行日常维护。

制冷是指用人工的方法在一定时间和一定空间内将某物体或某流体冷却，使其温度降到环境温度以下，并保持这个低温。

项目一 制冷方法

制冷的方法很多，常见的有以下几种：相变制冷、热电制冷、涡流管制冷等。

一、 相变制冷

物质有三种状态：气态、液态、固态。物质状态的改变称为相变。相变过程中，由于物质分子重新排列和分子热运动速度的改变，会吸收或放出热量，这种热量称作潜热。物质发生从质密态到质稀态的相变时，将吸收潜热；反之，当它发生由质稀态向质密态的相变时，放出潜热。相变制冷就是利用前者的吸热效应而实现的。利用固体相变的，是固体融化或升华冷却；利用液体相变的，是液体蒸发或汽化制冷。

（一）固体相变冷却

固体相变冷却是以一定数量的固体物质作制冷剂，作用于被冷却对象，实现冷却降温。一旦固体全部相变，冷却过程即告终止。

常用的制冷剂是冰、冰盐、干冰，此外还有一些其他固体物质。冰冷却是最早使用的降温方法，能够满足0℃以上的制冷要求。冰盐是指冰与盐类的混合物，用冰盐作制冷剂可以获得更低的温度。干冰相变冷却是利用固态CO_2在三相点以上吸热时融化为液态二氧化碳；在三相点和三相点以下吸热时，则直接升华为二氧化碳蒸气。

近代科学研究中为了冷却红外探测器、射线探测器、机载红外设备等的需要，采用了固态制冷剂升华的制冷系统。其制冷温度取决于固体的种类、系统中的压力和被冷却对象的热负荷。通过改变升华气体的流量来调节系统中的背压和温度，就可以保持一个特定的温度。常见的固体制冷剂有氢、氖、氮、一氧化碳、氩、甲烷、二氧化碳、氨等。

（二）液体相变冷却

液体相变制冷以流体作制冷剂，通过一定的机器设备构成制冷循环，可以对被冷却对象实现连续制冷。它是制冷技术中使用的主要方法。常见的液体相变制冷有蒸气压缩式制冷、吸收式制冷、蒸汽喷射式制冷。

1. 蒸气压缩式制冷

在单级蒸气压缩式制冷系统中，蒸发器、冷凝器、压缩机和节流阀是制冷系统中必不可少的四大件，其系统流程如图2－1所示。液体制冷剂在蒸发器中吸收被冷却的物体热量之后，汽化成低温、低压的蒸气，被压缩机吸入、压缩成高压、高温的蒸气后排入冷凝器，在冷凝器中向冷却介质（水或空气）放热，冷凝为高压液体，经节流阀节流为低压、低温的制冷剂，再次进入蒸发器吸热汽化，达到循环制冷的目的。这样，制冷剂在系统中经过蒸发、压缩、冷凝、节流四个基本过程完成一

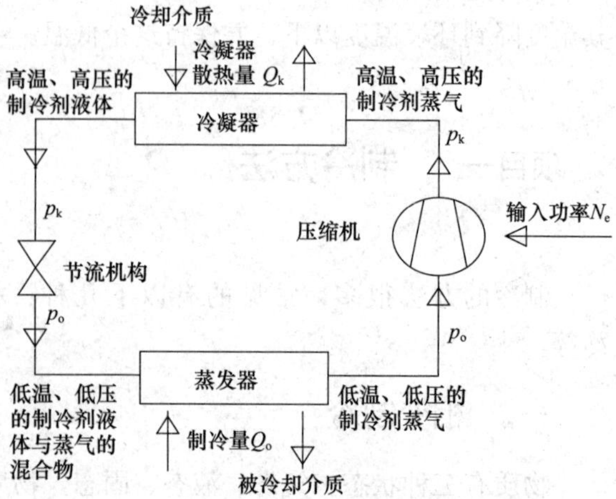

图2－1 单级蒸气压缩式制冷机的基本组成

个制冷循环。实际制冷系统中，除上述四大件之外，常有一些辅助设备，如电磁阀、分配器、干燥器、集热器、压力控制器等部件，它们是为了提高运行的经济性、可靠性和安全性而设置的。

单级蒸气压缩制冷理论的循环工作工程可清楚地表示在压焓图上，如图2－2所示。点1表示制冷剂进入压缩机的状态，它是对应于蒸发温度 t_0 的饱和蒸气。点2表示制冷剂出压缩机时的状态，也就是进冷凝器时的状态。点3表示制冷剂出冷凝器时的状态，它是与冷凝温度 t_k 所对应的饱和液体。点4表示制冷剂出节流阀时的状态，也就是进入蒸发器时的状态。制冷剂在蒸发器内吸收被冷却介质的热量汽化，达到饱和蒸气状态1，完成蒸发过程，重新回到进入压缩机前的状态点1，从而完成一个完整的理论制冷循环。理论循环与实际循环是存在着偏差的，但由于理论循环可使问题得到简化，便于对其进行分析研究，而且理论循环的各个过程均是实际循环的基础，它可作为实际循环的比较标准。

（1）液体过冷对循环的影响　液体制冷剂节流后进入湿蒸气区，节流后制冷剂的干度愈小，它在蒸发器中汽化时的吸热量愈大，循环的制冷系数愈高。在一定的冷凝温度和蒸发温度下，采用使节流前制冷剂液体过冷的方法可以达到减少节流后干度的目的。图2－2也可看作具有液体过冷的循环和理论循环的对比图，1－2－3－4－1为理论循环，1－2－3′－4′－1表示过冷循环。

两个循环的比功相同，过冷循环中单位制冷量增加，从而导致过冷循环的制冷系数增加。

（2）蒸气过热对循环性能的影响　实际循环中，为了不将液滴带入压缩机，通常制冷剂液体在蒸发器中完全蒸发后仍然要继续吸收一部分热量，这样，在它到达压缩机之前已处于过热状态。如图2－3所示，1—2—3—4—1表示理论循环，1′—2′—3—4—1′表示具有蒸气过热的循环。

吸入过热蒸气对制冷量和制冷系数的影响取决于蒸发过程中吸收的热量是否产生有用的制冷效果以及过热度的大小。

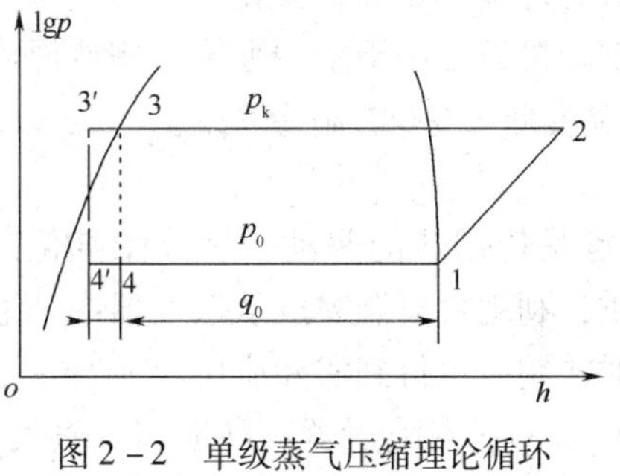

图2－2　单级蒸气压缩理论循环

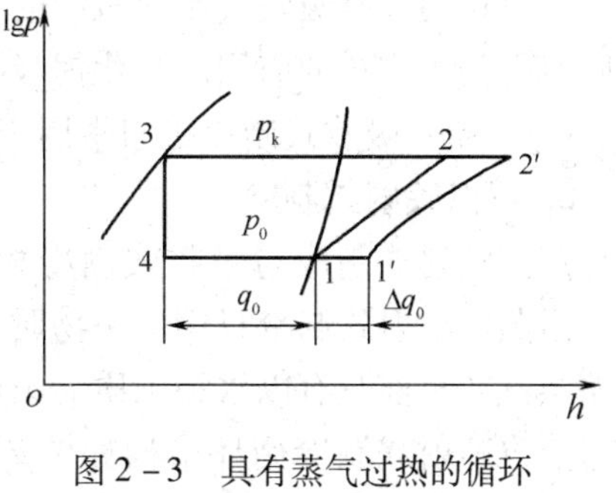

图2－3　具有蒸气过热的循环

2. 蒸气吸收式制冷

蒸气吸收式制冷，属物质相变蒸气制冷方法，利用一种吸收剂将汽化的制冷剂蒸气吸收，制冷剂汽化带走汽化热而产生制冷效应。蒸气吸收式制冷系统由发生器、冷凝器、制冷剂节流阀、蒸发器、吸收器、溶液节流阀、溶液热交换器和溶液泵组成，如图2－4所示。循环的工作过程是：从蒸发器中产生的制冷剂蒸气被吸收器中的溶液吸收，形成富含制冷剂的溶液，将该溶液用泵送到发生器，经过加热使二元溶液中的制冷剂以高压气态蒸发出来，送入冷凝器；另一方面，蒸发后的二元溶液重新恢复到原来成分（即含有较少制冷剂组分），经冷却、节流后成为具有吸收能力的吸收液，进入吸收器，吸收来自蒸发器的低压制冷剂蒸气；吸收过程中释放的吸收热被冷却介质（空气或水）带走，防止吸收液温度升高，以保证吸收过程顺利进行；从发生器出来的高压制冷剂蒸气进入冷凝器，被冷却介质冷凝成高压液体，经过节流后在蒸发器中蒸发吸热而达到制冷的目的。

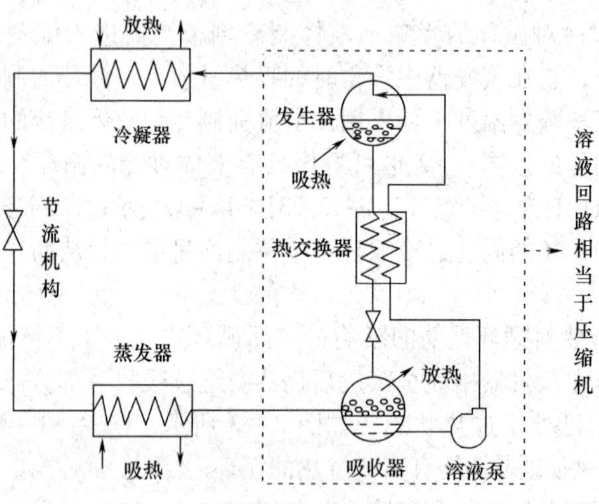

图2－4 蒸气吸收式制冷系统

可以作为蒸气吸收式制冷机中的工质对有许多。目前，溴化锂－水、氨－水工质对得到了广泛的应用。溴化锂吸收式制冷机通常用于空调系统（制冷温度高于0℃），氨水吸收式制冷机通常用于制冷温度低于0℃的制冷系统。

3. 蒸汽喷射式制冷

蒸汽喷射式制冷与吸收式制冷相似，也是使用热能驱动，靠液体汽化来制冷。但蒸汽喷射式制冷只用单一物质为工质，利用喷射器完成从蒸发器中抽取并压缩蒸汽。目前只有以水为工质的蒸汽喷射式制冷机得到实际应用。

蒸汽喷射式制冷循环结构如图2－5所示，它由喷射器、冷凝器、蒸发器、节流装置、泵、锅炉和空调末端系统等部件组成。喷射器由喷嘴a、吸入室b和扩压器c构成。喷射器的吸入室b与蒸发器相连，扩压器c与冷凝器相连。

工作过程如下：从锅炉产生的高温、高压的工作蒸汽（状态1）进入喷射

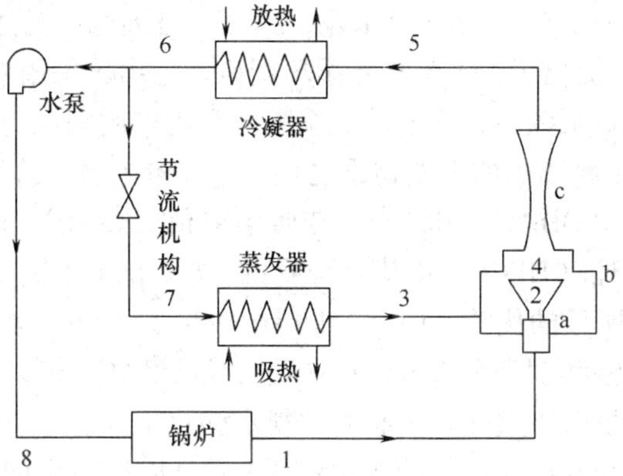

图2-5 蒸汽喷射式制冷系统

器，在喷嘴a中膨胀，膨胀后的蒸汽以高速流动至状态2，由管内流体的伯努利能量方程可知，渐缩喷管的喉部面积最小，蒸汽流速最大，动能最大而压力能最小，在喷嘴a的出口处造成很低的压力，这就为蒸发器中的水在低温下汽化创造了条件。由于水汽化时需从未汽化的水中吸收潜热，因而使未汽化的水温度降低（制冷）。这部分低温水便可用于空气调节或其他生产工艺过程。蒸发器中产生的制冷剂蒸汽（状态3）与工作蒸汽（状态2）在喷嘴a出口处混合成状态4，一起进入扩压器c。在扩压器c中，由于流速降低而使压力升高至状态5，然后进入冷凝器，与外部冷却水交换热量，冷凝成液体（状态6）。液态水出冷凝器时分两路：一路经过节流阀降压（状态7），送回蒸发器以补充蒸发掉的水量；另一路用泵提高压力送回锅炉（状态8），重新加热产生工作蒸汽（状态1）。这样就形成了一个封闭的制冷循环，周而复始，达到连续制冷的效果。

图2-5所示为一个封闭喷射区制冷循环系统，制冷剂、冷却介质和工作蒸汽均利用同一系统内的水。实际喷射式制冷循环系统可以是开启式，冷凝的水不进入锅炉和蒸发器而排入冷却水池，作为循环冷却水的补充水。蒸发器和锅炉内的补给水则另设水源提供。

蒸汽喷射式制冷循环结构简单，加工方便，没有运动部件，可靠性高，使用寿命长。不足之处是所需工作蒸汽的压力高，喷射器流动损失大，而且当工作蒸汽压力降低时效率明显降低。该循环中喷射器的增压效果被用来与蒸气压缩式制冷循环相结合使用，即喷射器作为压缩机入口前的增压器，可以提高单级压缩制冷循环在低温制冷时的效率，弥补蒸气压缩式制冷循环的不足。

4. CO_2制冷

CO_2常温常压下是气态，在常温一定压力下可以凝结成液体（乃至固体），压力撤销后迅速蒸发（升华），带走大量热量，达到降温的目的。作为制冷剂，CO_2在19世纪末到20世纪二三十年代曾被使用过。但限于当时的技术水平，使

用 CO_2 的制冷系统能效低，设备很笨重，大多用于船舶。前国际制冷学会主席 Lorentzen 在 1994 年提出了 CO_2 跨临界循环理论，指出若采用跨临界循环，CO_2 可以用于汽车空调和热泵领域，系统性能系数与常规空调相比仍然具有竞争力。

CO_2 作为地球生物圈内的天然物质之一，它产量丰富，价格低廉，方便得到。其臭氧消耗潜能值（ODP）=0，全球变暖潜能值（GWP）=1，而目前作为推荐的替代工质氢氟烃（HFCs）及其混合物的 GWP 比 CO_2 高 1000～2000 倍，在这一点上 CO_2 具有明显的优势。CO_2 与水混合时呈弱酸性，会腐蚀碳钢等普通金属，但不腐蚀不锈钢和铜类金属。CO_2 中碳元素已经处于最高化合价，即使在高温下也不会分解产生有害气体，具有非常稳定的化学性质。CO_2 的黏度很低，0℃时其饱和液体的运动黏度只有氨的 5.2%，这样可以提高它的流速，但压降不会太大。CO_2 的热导率高，而且液体密度和蒸气密度的比值小，节流后各回路间制冷剂的分配比较均匀，可改善传热效果，进一步减小部件和系统的尺寸和质量。CO_2 的物性参数以及它与其他常规制冷剂的性能比较见表 2-1。

表 2-1　几种常用制冷剂替代物主要性能比较

参数	R744	R22	R134a	R407C	R410A	R290
分子式	CO_2	$CHClF_2$	CH_2FCF_3	R32/125/134a	R32/R125	$CH_3CH_2CH_3$
相对分子质量	44.01	86.48	102.03	86.2	72.56	44.10
绝热指数	1.30	1.20	1.12	—	—	—
ODP	0	0.055	0	0	0.037	0
GWP（100 年）	1	1700	1300	1600	1100	3
临界温度 T_c/℃	31.1	96.0	101.7	87.3	72.5	96.7
临界压力 p_c/MPa	7.372	4.974	4.055	4.65	4.949	4.25
凝固点温度 t/℃	-56.55	-160	—	-115	—	-187.7
标准沸点 t_0/℃	-78.4	-40.8	-26.2	-43.8	-51.56	-42.2
0℃时容积制冷量/（kJ/m^3）	22600	4344	2860	2947	4190	3870
安全等级评价	A1	A1	A1	A1	A1	A3

CO_2 的临界温度为 31.1℃，接近于环境温度，根据循环的外部条件可以实现亚临界循环、跨临界循环和超临界循环三种循环方式，其中 CO_2 超临界循环与普通的蒸气压缩式制冷完全不同，工质的循环过程没有相变，制冷空调应用中不采用该循环方式。CO_2 亚临界循环过程如图 2-6 中 1→2→3→4→1 所示，此时压缩机的吸气、排气压力都低于临界压力，蒸发温度、冷凝温度也低于临界温度，换热过程主要依靠潜热来完成。目前，CO_2 亚临界循环主要用于低温冷冻设备所用复叠式制冷系统的低温级。CO_2 跨临界循环的流程与普通的蒸气压缩式制冷循环

略有不同，其循环过程如图 2 - 6 中的 1→2→3→4→1 所示。此时压缩机的吸气压力低于临界压力，蒸发温度也低于临界温度，循环的吸热过程在亚临界条件下进行。但是压缩机排气压力高于临界压力，工质在高压侧的换热过程通过显热交换来完成，这与普通的蒸气压缩式制冷循环冷凝过程完全不同，此时的高压换热器称为气体冷却器。

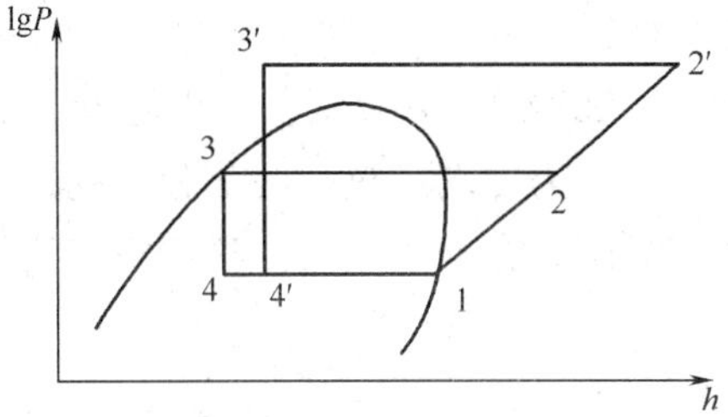

图 2 - 6 CO_2亚临界及跨临界循环方式

由于跨临界循环具有鲜明的特点和特殊的应用前景，目前已成为 CO_2制冷循环最为活跃的研究方向。在基本的 CO_2跨临界循环的基础上，已发展出多种改进的 CO_2跨临界循环，如双级压缩 CO_2跨临界制冷循环、带膨胀机的 CO_2跨临界制冷循环、带引射器的 CO_2跨临界制冷循环、带引射器和经济器的 CO_2跨临界制冷循环等。

二、 热电制冷

热电制冷又称作温差电制冷，或半导体制冷，它是利用热电效应（即帕米尔效应）的一种制冷方法。半导体材料具有较高的热电势，可以成功地用来做成小型热电制冷器。用铜板和铜导线将 N 型半导体和 P 型半导体连接成一个回路，铜板和铜导线只起导电的作用。此时，一个接点变热，一个接点变冷。如果电流方向反向，那么结点处的冷热作用互易。热电制冷器的产冷量一般很小，所以不宜大规模和大制冷量使用。但由于它的灵活性强，简单方便，冷热切换容易，非常适宜于微型制冷领域或有特殊要求的用冷场所。

与其他制冷方法不同，热电制冷是电子运动载能制冷，而不属于流体运动载能的制冷方法。按照各部分所起的作用，可将热电制冷与蒸气压缩式制冷做一对照比较，见表 2 - 2。

表 2 - 2　热电制冷与蒸气压缩式制冷的对照比较

制冷方式	能量载体	功能装置	驱动装置	连接件
热电制冷	电子、空穴	电偶	直流电源	导电金属
蒸气压缩式制冷	制冷剂	压缩机	电动机	管道

目前热电制冷器广泛应用于航空航天、军事、通信、遥感遥测、医疗、空调、冷冻冷藏等各领域。对于使用条件要求严格、对温度变化反应敏感的电子元器件，可以用热电制冷来提供恒定的低温工作条件。

三、 涡流管制冷

涡流管制冷又称气体涡旋制冷，是使压缩气体产生涡流运动并分离成冷、热两部分，其中冷气流用来制冷。

涡流管制冷装置的结构如图 2 – 7 所示，它由喷嘴、涡流室、孔板、管子和控制阀组成。涡流室将管子分为冷端、热端两部分。孔板在涡流室与冷端管子之间，热端管子出口处装控制阀。管外为大气。喷嘴沿涡流室切向布置。

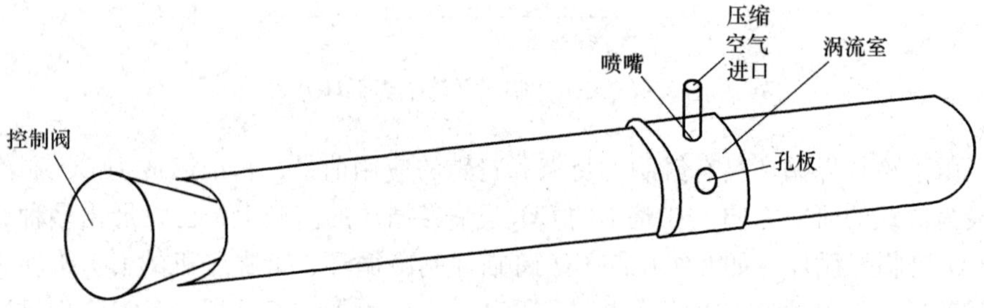

图 2 – 7 涡流管制冷装置

经过压缩并冷却到常温的气体（通常是空气，也可以是 CO_2、N_2 等其他气体）进入喷嘴，在喷嘴中膨胀并加速到音速，从切线方向射入涡流室，形成自由涡流。自由涡流的旋转角速度离中心越近就越大。由于角速度不同，在环形气流的层与层之间产生摩擦，中心层部分的气流角速度逐渐降低；外层气流的角速度逐渐升高，因此存在着由中心向外层的动量流。内层气体失去能量，从孔板流出时具有较低的温度；外层气体吸收能量，动能增加，又因为与管壁摩擦，将部分动能变成热能，使得从控制阀流出的气体就有较高的温度。由此可见，涡流管可以同时获得冷、热两种效应。实验表明，当高压气体为常温时，冷气流的温度可达 –15 ~ –10℃，热端温度可达 100 ~ 130℃。

项目二 制冷剂与载冷剂

制冷剂是制冷机中的工作介质，它在制冷机中循环流动，在蒸发器内吸取被冷却物体或空间的热量而蒸发为气体，在冷凝器内将热量传递给周围介质而被冷凝成液体。制冷系统借助于制冷剂状态的变化，从而实现制冷的目的，故又称制冷剂为制冷工质或简称工质。

一、 制冷剂的种类和符号表示

（一） 制冷剂种类

在压缩式制冷剂中广泛使用的制冷剂是氨、氟利昂和烃类。按照化学成分，制冷剂可分为五类：无机化合物制冷剂、氟利昂、饱和碳氢化合物制冷剂、不饱和碳氢化合物制冷剂和共沸混合物制冷剂，后四种又统称为有机化合物制冷剂。根据冷凝压力，制冷剂可分为三类：高温（低压）制冷剂、中温（中压）制冷剂和低温（高压）制冷剂。

（二） 制冷剂符号

工业中可用的每种制冷剂均有唯一的、国际统一的代号，代号和种类是相关的。GB 7778—2008 规定了各种通用制冷剂的简单编号方法，以代替其化学名称、分子式或商品名称。标准中规定用字母 R 和它后面的一组数字及字母作为制冷剂的简写编号。字母作为制冷剂的代号，后面的数字或字母则根据制冷剂的种类及分子组成按一定的规则编写。

1. 无机化合物

属于无机化合物的制冷剂有水、氨、二氧化碳、二氧化硫等。无机化合物用序号 700 表示，化合物的相对分子质量（取整数部分）加上 700 就得出其制冷剂的编号。对于相对分子质量整数部分相同的物质，在后面加英文字母来区别。例如，氨的相对分子质量为 17，其编号为 R717；二氧化碳和水的编号分别为 R744 和 R718；而 CO_2和 N_2O 相对分子质量的整数部分相同，为区别起见，规定用 R744 表示 CO_2，用 R744a 表示 N_2O。

2. 氟利昂和烷烃类

烷烃化合物的分子通式为 C_mH_{2n+2}；氟利昂的分子通式为 $C_mH_nF_xCl_yBr_z$ 式中 $n+x+y+z=2m+2$。

目前，氟利昂还采用另一种更直观的符号表示方法：将上述氟利昂符号中的首字母写作“CFC”；分子中含氢、氯、氟、碳的不完全卤代烃写作“HCFC”；分子中含氢、氟、碳的无氯卤代烃写作“HFC”。这样表示既从符号上使物质的元素一目了然，又将氟利昂进一步归了细类：CFC 类（即氯氟烃）、HCFC 类、HFC 类。

3. 共沸混合物和非共沸混合物

共沸混合物符号为 R5（ ）（ ）。括号中的数字为该混合物命名先后的顺序，从 00 开始。例如，最早命名的共沸混合物制冷剂符号为 R500；以后命名的按先后次序符号依次为 R501，R502，…，R506。

非共沸混合物没有符号表示，直接写出混合组分的符号并用“/”分开。如

R22 和 R152a 的混合物写成 R22/R152a 或者 HCFC22/HFC152a。

二、 常用制冷剂

（一） 氨

氨的汽化潜热大，工作压力适中，传热性能好，流动阻力小，吸水性强，几乎不溶于油，价格低廉，来源充足，是应用较为广泛的中温中压制冷剂。但氨有强烈的刺激性臭味，对铜及铜合金的腐蚀性强，空气中含量高时遇火会燃烧爆炸。因此，目前多在一些工业制冷设备的活塞式或螺杆式压缩机中采用。

（二） 氟利昂

氟利昂作为制冷剂的大家族，它们的共性是化学性质稳定、不燃烧、不爆炸、对金属不腐蚀，从一般意义上说无毒，对人体无害，但渗透性强、易泄漏、密度大、流动性差，价格也较高。氟利昂不溶于水，因此要求制冷系统保持干燥。各种氟利昂的临界参数、凝固温度及饱和蒸气压等各不相同，可根据不同工作温度合理选择，以满足不同使用要求。目前，中、小型活塞式制冷压缩机、空调用螺杆式和离心式制冷机、低温制冷装置及一些特殊制冷装置几乎都采用氟利昂制冷剂，可见其应用之广泛。

三、 CFCs 替代问题

由于 CFCs 物质对大气臭氧层有严重的破坏作用，所以提出了对它的限用与禁用。CFCs 的禁用使全球制冷、空调行业面临一场新的挑战，各国相继开展替代物的研究。理想替代制冷剂除应有较低的 ODP 值和 GWP 值外，还应具有良好的使用安全性（如无毒、不燃、不爆等）、经济性、优良的热物性（饱和压力适中、单位容积制冷量大、低能耗、合适的临界温度和标准蒸发温度、低黏度、高热导率等）、与润滑油的可溶性、与水的溶解性、高电绝缘强度、低凝固点、对金属与非金属材料无腐蚀以及易检漏等。

四、 载冷剂

在采用间接冷却方法的生产过程中，被冷却物体或被冷却空间的热量是通过中间介质传递给制冷剂的，此中间介质被称为载冷剂。常用的载冷剂介绍如下。

（一） 水

水在一个大气压下沸点为 100℃，凝固点是 0℃，是一种理想的载冷剂。水具有比热容大、黏度小、密度小、无毒、不燃烧、不爆炸、化学稳定性好、对管路及设备腐蚀性小、价格低廉、易于获得等优点，因此水是空调装置冷却过程中最常用的载冷剂。水的凝固点高，因而只适用于工作温度在 0℃以上的场合。

（二）盐水

盐水是盐和水的溶液，有较低的凝固温度，可用作工作温度低于0℃的载冷剂。常用的盐水溶液有氯化钙（$CaCl_2$）水溶液、氯化钠（NaCl）水溶液和氯化镁（$MgCl_2$）水溶液。这类载冷剂适用于中、低温空调系统。

盐水作为载冷剂时，在保证蒸发器中盐水溶液不会冻结，其浓度小于共晶浓度的前提下，应尽量减小盐水溶液的浓度。通常盐水溶液对应的凝固温度不应过低，一般比蒸发温度低5～8℃即可。

另外，氯化钠和氯化钙等盐水溶液对金属都有一定的腐蚀作用，必须采取必要的防腐蚀措施。可以在盐水中加入一定量的缓蚀剂，常用的缓蚀剂有重铬酸钠（$Na_2Cr_2O_7$）和氢氧化钠（NaOH）。

（三）有机载冷剂

由于盐水溶液对金属有强烈的腐蚀性，或者在某些情况下氯化钠或氯化钙水溶液均不能满足工艺上低温的要求时，可以用有机化合物或其水溶液作为载冷剂。

常用的有机载冷剂主要有甲醇、乙醇、乙二醇、丙二醇、丙三醇等水溶液。

项目三 制冷设备

一、制冷压缩机

（一）压缩机的分类

1. 按工作原理分类

制冷压缩机根据其工作原理可以分为容积型和速度型两大类。

用机械的方法使密闭容器的容积变小，使气体压缩而增加其压力的机器，称为容积型压缩机。它有两种结构型式：往复活塞式（简称活塞式）和回转式。

用机械的方法使流动的气体获得很高的流速，然后在扩张的通道内使气体流速减小，将气体的动能转化为压力能，从而达到提高气体压力的目的，这种机器称为速度型压缩机。常见的有离心式制冷压缩机。

2. 按工作的蒸发温度范围分类

对于单级制冷压缩机，一般可按其工作蒸发温度的范围分为高温压缩机、中温压缩机和低温压缩机三种。按照 GB 4706.17—2004/IEC 60335－2－34 是这样分的：高压（HBP）－5～＋15℃，中压（MBP）－20～0℃，低压（LBP）－35～

-15℃。高压压缩机不能替代低压压缩机，因为蒸发温度达不到那么低。一般低压压缩机的制冷剂和高压的不同，不能替换。如果制冷剂相同，低压压缩机用在高蒸发温度场合，电流一般会比其标准工况下大很多，时间久了，电机可能会过载。综合考虑，不同蒸发温度应选用不同背压的压缩机。

3. 按密封结构的形式分类

开启式：靠原动机来驱动伸出机壳外的轴或其他运转零件的制冷压缩机，这种压缩机在固定件和运动件之间必须设置轴封。

半封闭式：可在现场拆开维修内部机件的无轴封的制冷压缩机。

全封闭式：压缩机和电动机装在一个由熔焊或钎焊焊死的外壳内的制冷压缩机，这类压缩机没有外伸轴或轴封。

（二）活塞式压缩机

1. 活塞式压缩机的分类

（1）按使用的工质分类　分为氨压缩机、氟利昂压缩机、异丁烷压缩机等。

（2）按气缸布置的方式分类　分为卧式、立式和角度式三种类型。如图 2－8 所示。

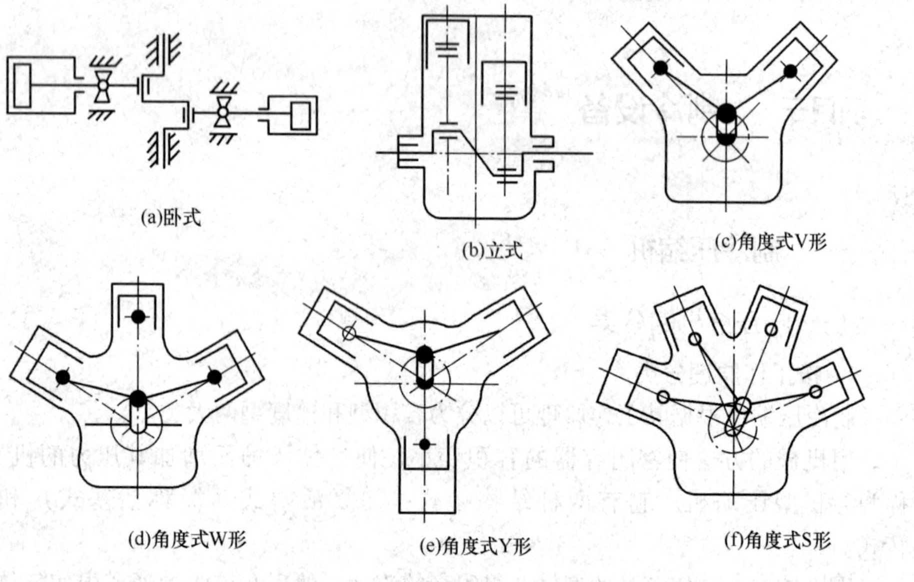

(a)卧式　(b)立式　(c)角度式V形

(d)角度式W形　(e)角度式Y形　(f)角度式S形

图 2－8　气缸的不同布置方式

（3）按压缩机的密封方式分类　分为开启式和封闭式两大类。图 2－9 为开启式压缩机的外形图。

（4）按制冷量的大小分类　配用电动机功率不小于 0.37kW、气缸直径小于 70mm 的压缩机为小型活塞式制冷压缩机，气缸直径为 70～170mm 的压缩机为中型活塞式制冷压缩机。

（5）按气体压缩的级数分类　分为单级压缩和多级（一般为两级）压缩制冷压缩机。如果用一台压缩机来实现两级压缩，则又称为单机双级制冷压缩机。

（6）按活塞行程分类　分为短行程和长行程两种。

图 2－9　开启式压缩机的外形

2. 压缩机的型号

按 GB 10871—1989 规定，小型活塞式单级制冷压缩机的型号表示如下：

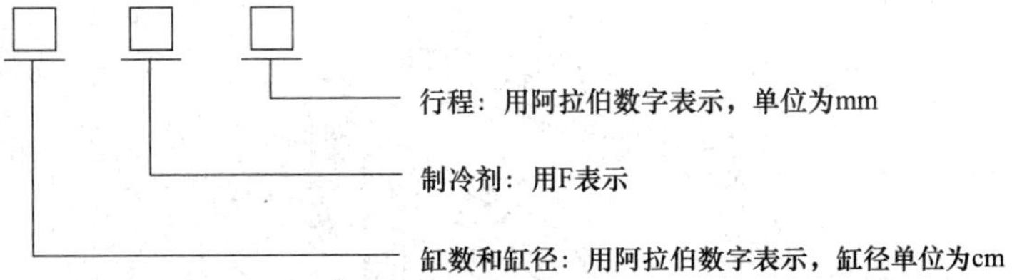

开启式压缩机的基本参数规定：气缸直径为 60mm、转速范围为 600～1500r/min。半封闭式压缩机基本参数规定：气缸直径为 30mm/40mm/50mm/60mm，名义转速为 1440r/min。

中型活塞式单级制冷压缩机的型号表示：

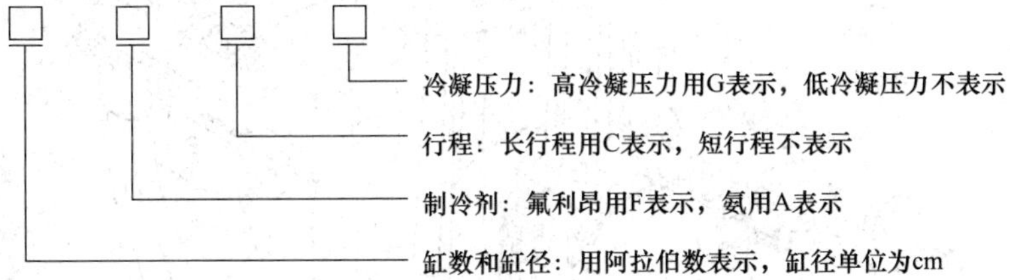

压缩机组型号表示：

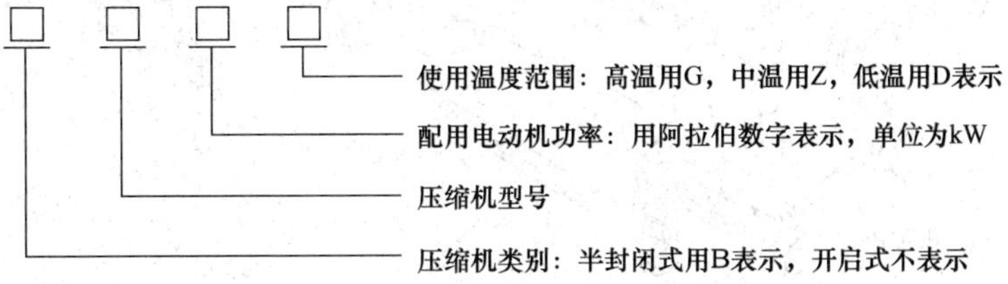

目前国内生产厂家在样本等资料上，仍习惯于沿用老的压缩机型号表示方法，即：

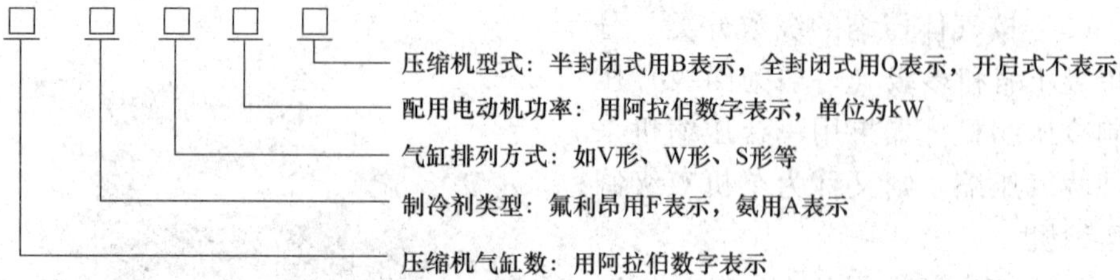

3. 活塞式压缩机的基本结构

各种活塞式制冷压缩机的制冷量、外形、制冷剂、用途等不尽相同，但其基本结构和组成的主要零部件都大体相同，即包括机体、曲轴、连杆组件、活塞组件、吸排气组件、气缸套组件等。图 2 - 10 即为一台立式两缸活塞曲柄连杆式制冷压缩机的结构图。

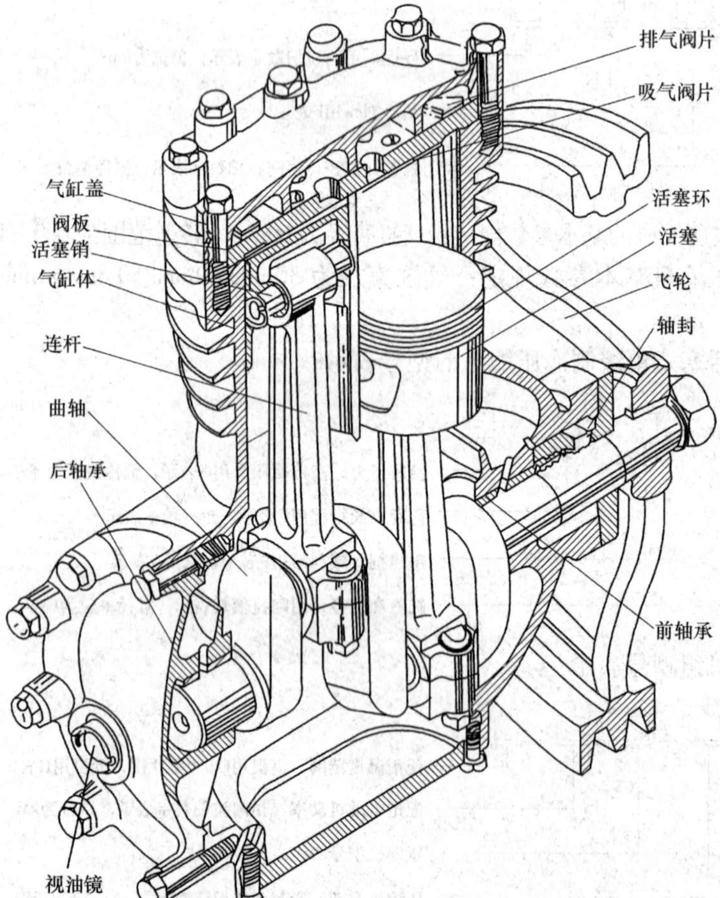

图 2 - 10　立式两缸活塞式制冷压缩机

4. 工作原理

活塞式压缩机通常是通过曲柄连杆机构，把原动机的旋转运动变为活塞的往复运动，活塞顶部与气缸壁、阀板间形成了可变的工作容积，曲轴旋转一圈，活塞往复运动一次，制冷剂蒸气在气缸内完成吸气、压缩、排气工作一次，通过消耗外功，使低温低压的制冷剂蒸气转变为高温高压状态，具备了向环境介质散热的条件，从而实现了将低温热源的热量排放给高温热源，达到制冷的目的。

（三） 螺杆式制冷压缩机

螺杆式制冷压缩机是指用带有螺旋槽的一个或两个转子（螺杆）在气缸内旋转使气体压缩的制冷压缩机。螺杆式制冷压缩机属于工作容积做回转运动的容积型压缩机，按照螺杆转子数量的不同，螺杆式压缩机有双螺杆与单螺杆两种。

1. 组成

螺杆式制冷压缩机主要由转子、机壳（包括中部的气缸体和两端的吸气、排气端座等）、轴承、轴封、平衡活塞及输气量调节装置组成。图 2－11 是典型开启螺杆式压缩机的一对转子、气缸和两端端座的外形图。

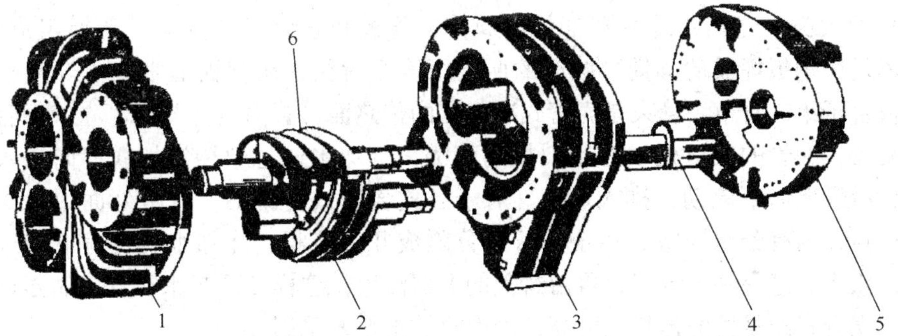

图 2－11 开启螺杆式压缩机的结构

1—吸气端座 2—阴转子 3—气缸 4—滑阀 5—排气端座 6—阳转子

2. 工作原理

压缩机的工作气缸容积由转子齿槽、气缸体和吸排气端座构成。吸气端座和气缸体的壁上开有吸气口（分轴向吸气口和径向吸气口），排气端座和气缸体内壁上也开有排气口，而不像活塞式压缩机那样设吸气、排气阀。吸气、排气口的大小和位置要经过精心设计计算确定。随着转子的旋转，吸气、排气口可按需要准确地使转子的齿槽与吸气、排气腔连通或隔断，周期性地进行进气、压缩、排气过程。

二、 主要换热设备

换热器是制冷设备中不可缺少的重要装置。换热器的传热效果直接影响制冷机的重量、体积以及运行特性和经济性。冷凝器和蒸发器是制冷机不可缺少的换热器，是制冷机的重要组成部分。

（一）冷凝器

冷凝器的功能是把由压缩机排出的高温高压气态制冷剂冷凝成液体制冷剂，把制冷剂在蒸发器中吸收的热量（制冷量）与压缩机耗功率相当的热量之和排入周围环境（水或空气）之中。因此，冷凝器是制冷装置中的放热设备。

冷凝器按其冷却介质（称冷却剂）不同，可分为水冷式、空冷式（风冷式）、水/空气式几种。

1. 水冷式冷凝器

水冷式冷凝器是以水作冷却介质，靠水的温升带走冷凝热量。冷却水可以采用自来水、江河水、湖水。冷却水可以一次使用（直流供水），也可以循环使用。当冷却水循环使用时，系统中需设有冷却塔或凉水池。

根据水冷式冷凝器的结构形式可分：壳管式冷凝器、套管式冷凝器和焊接板式冷凝器。

（1）壳管式冷凝器　壳管式冷凝器分为立式（图 2 - 12）和卧式（图 2 - 13）两大类。壳管式冷凝器都是由筒体、管板和管束（传热面）等所组成的。筒体是用钢板焊成的圆筒，圆筒的两端用管板封住，在管板上胀接（焊接）许多根管子组成管束。管束是壳管式冷凝器的传热面，管内走冷却水。立式壳管式冷凝器，在管的入口处设有带斜槽的管嘴，冷却水通过斜槽沿切线方向流入管内，沿管壁向下流动，排入水池。对于卧式壳管式冷凝器，管板外面用封盖封闭；封盖内有分水隔板，将全部管束分隔成几个流程；冷却水由封盖下端进入后，依次流过每一个流程，再由封盖的上部流出，这样使冷却水在管内做强迫流动。壳管式冷凝器的传热系数高，因而目前被普遍采用。

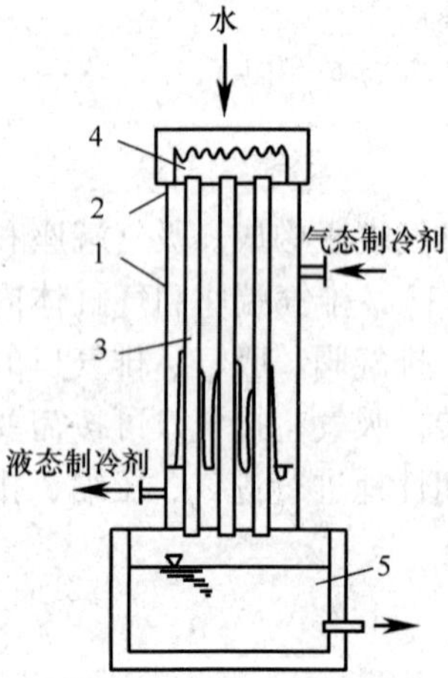

图 2 - 12　立式壳管式冷凝器
1—筒体　2—管板　3—管束
4—配水箱　5—水池

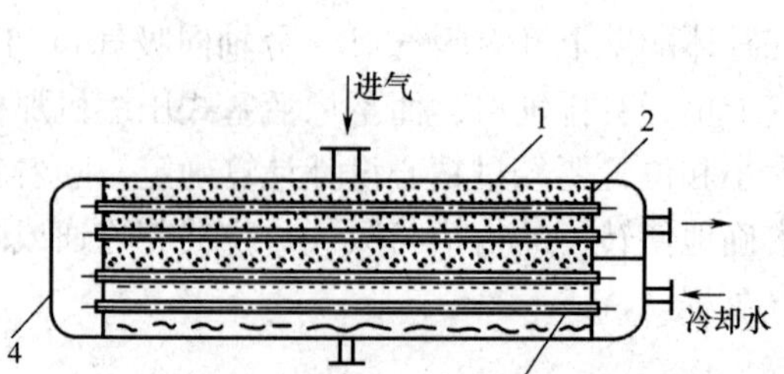

图 2 - 13　卧式壳管式冷凝器
1—筒体　2—管板　3—管束　4—封盖

（2）套管式冷凝器　套管式冷凝器的结构如图 2－14 所示。套管式冷凝器是用一根大直径金属管（一般为无缝钢管），内装一根或几根小直径铜管（光或低肋铜管），再盘成圆形或椭圆形。冷却水在小管内其流动方向是自下而上；制冷剂在大管内小管外的空间中，由上部进入，凝结后的制冷剂液体从下面流出。冷却水与制冷剂的流动方向相反，呈逆流换热，因此，其传热效果较好。

（3）焊接板式冷凝器　焊接板式冷凝器是一种高效、节能、紧凑的冷凝器，通常分两类，一是半焊接板式冷凝器，二是全焊接板式冷凝器。半焊接板式冷凝器的结构是每两张波纹板片用激光焊接在一起，构成完全密封的板组，将它们组合在一起，彼此之间用密封垫片进行密封。这种半焊接板式冷凝器是由焊接的板间通道和由密封垫片密封的板间通道交替组合而成的，高压的制冷剂走焊接的板道，而水走密封垫片密封的板间通道。

图 2－15 为焊接板式冷凝器的板片。

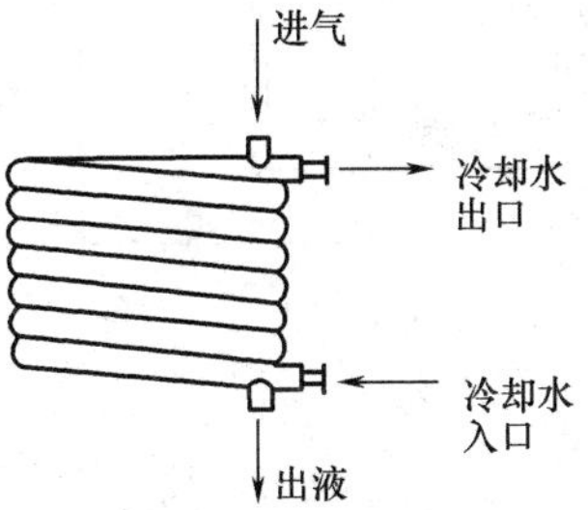

图 2－14　套管式冷凝器

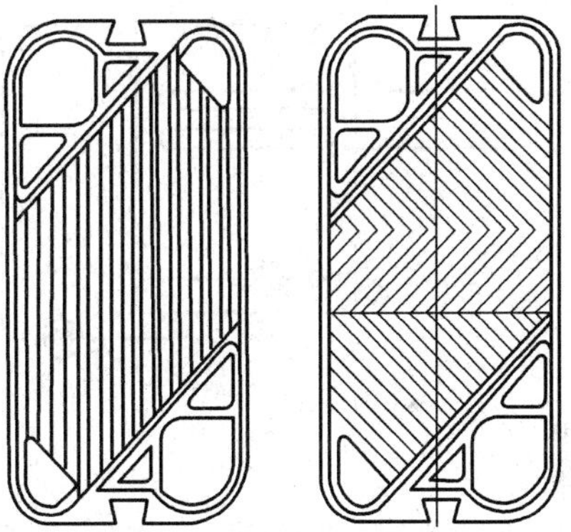

图 2－15　焊接板式冷凝器的板片

2. 空冷式冷凝器（风冷式冷凝器）

风冷式冷凝器是以空气作为冷却介质，靠空气的温升带走冷凝热量。

根据空气流动的方式可分为自然对流式或强迫对流式。自然对流冷却的风冷式冷凝器传热效果差，只用在电冰箱或小型制冷机中。

强迫对流的风冷式冷凝器结构如图 2－16 所示。制冷剂在冷却管内流动，而空气则在管外横向掠过，吸收冷却管内制冷剂的热量。由于管外空气侧的放热系数比管内制冷剂的凝结放热系数小得多，故通常都在管外加肋片，以增加空气侧的传热面积。

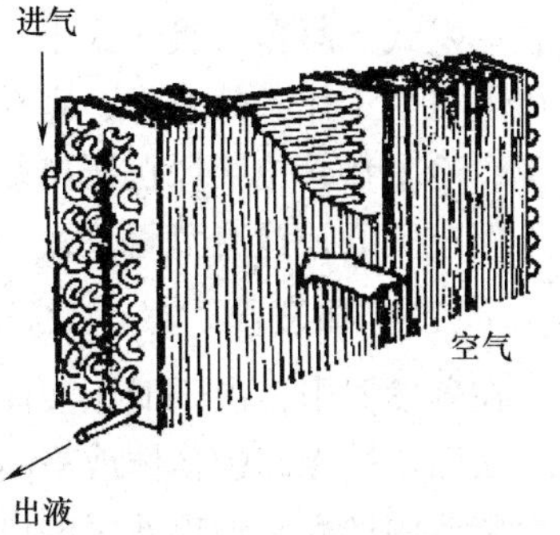

图 2－16　强迫对流的风冷式冷凝器

强迫对流的风冷式氟利昂冷凝器都是采用

铜管穿整体铝片的结构。铝片厚为0.2～0.3mm，片距为2～4mm。为了增大肋片的刚度和提高对空气流的扰动，常把肋片冲压成波纹片或条缝片。肋片上的管孔有翻边，孔比管外径稍大一些，然后用胀管法使管径扩张，使之与肋片紧密接触。沿空气流动方向的蛇管排数一般为2～8排，不宜过多。迎面风速一般为2～3m/s。

3. 水/空气式冷凝器

水/空气式冷凝器是以水和空气作为冷却介质。根据排除冷凝热量的方式不同，分为蒸发式和淋水式两种。蒸发式冷凝器是靠水在空气中蒸发带走冷凝热量；淋水式冷凝器是靠空气的温升和水在空气中蒸发带走冷凝热量。

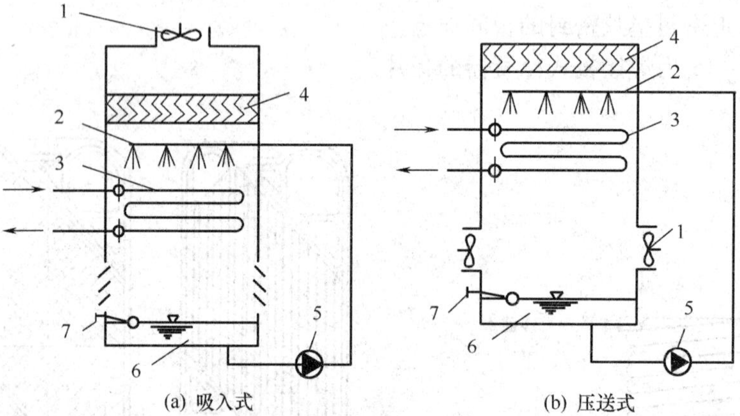

图2－17 蒸发式冷凝器

1—风机 2—淋水装置 3—盘管 4—挡水板 5—水泵 6—水盘 7—浮球阀补水

图2－17（a）、(b）是吸入式和压送式蒸发式冷凝器。这两种结构形式的冷凝器都装有蛇形盘管的传热面，管内走制冷剂，管外喷淋循环水，水吸收冷凝热而蒸发，而空气自下而上掠过盘管，促进水蒸发，并带走蒸发的水分。上部设有挡水板，除掉未蒸发的水滴。风机安装在上部，冷凝盘管位于风机吸气端的是吸入式蒸发式冷凝器。吸入式由于空气均匀地通过冷凝盘管，所以传热效果好，但风机电机的工作条件恶劣，它在高温高湿条件下运行，易发生故障。风机安装在下部，冷凝盘管位于风机压出端的是压送式蒸发式冷凝器，风机电机的工作条件好，但空气通过冷凝盘管不太均匀。

（二）蒸发器

在蒸发器中，由于低压液体制冷剂汽化，从需要冷却的物体或空间中吸取热量，从而使被冷却的物体或空间的温度降低，达到制冷的目的。因此，蒸发器是制冷装置中产生和输出冷量的设备。

1. 冷却液体载冷剂的蒸发器

从结构形式分，冷却液体载冷剂的蒸发器有水箱式、壳管式和板式三类。

（1）水箱式蒸发器　这种蒸发器外形为一个长方形钢板水箱。水箱内盛有被冷却的液体载冷剂——水、盐水、乙二醇水溶液等。水箱内放有若干组蒸发管组，制冷剂在管内蒸发。

箱内的蒸发管组的形式有：立管式［图 2－18（a）］、螺旋管式［图 2－18（b）］、盘管式［图 2－18（c）］和蛇管式图［2－18（d）］。

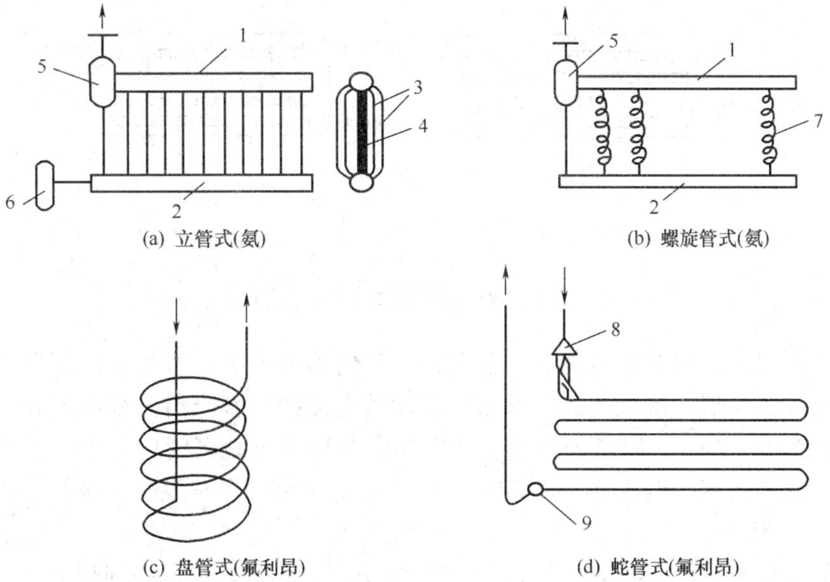

图 2－18　水箱式蒸发器中蒸发管组的形式

1—上集管　2—下集管　3—细立管　4—粗立管　5—液体分离器
6—集油器　7—螺旋管　8—分液器　9—回气集管

每组立管式蒸发管组系由上、下两根水平集管及在集管上焊接许多根两端微弯的细立管和几根粗立管组成。由于粗、细立管内的制冷剂液体蒸发是不同的，导致粗立管内的液体密度大于细立管内液体的密度，从而形成液体上下循环，粗立管是下降管，细立管是上升管。上集管的一端焊有液体分离器，分离出的液体制冷剂沿液体分离器底部的立管流回下集管内；下集管的一端焊一根水平管与水箱外的集油器相接通，收集带入蒸发器中的润滑油。

螺旋管式的蒸发管组与立管式的不同点，是将细立管改成螺旋管，即在上下集管间焊有许多组螺旋管，每组螺旋管有内外两圈。盘管式蒸发管组是用铜管盘成螺旋状的管组，螺旋管可由一层或数层组成。这种形式的蒸发器常用于小型氟利昂系统中。蛇管式蒸发管组是把铜管盘成蛇形管，数组蛇形管下端焊在一个回气集管上，每组蛇形管上端用分液管与分液器焊接在一起，以便使制冷剂均匀分配到各组蛇形管中去。这种形式的蒸发器仅用于氟利昂系统中。

（2）壳管式蒸发器　它与卧式壳管式冷凝器的结构相似，即一平放的圆筒内置传热管束。按供液方式分，有两种，卧式壳管式蒸发器［图2－19（a）］和干式蒸发器［图2－19（b）］。

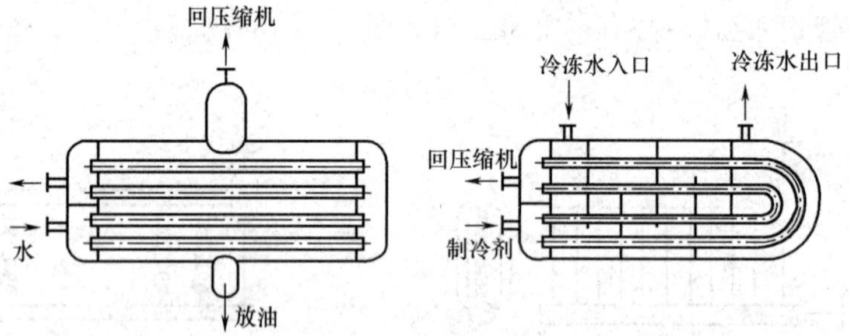

(a) 卧式壳管式蒸发器　(b) 干式蒸发器

图2－19　壳管式蒸发器示意图

卧式壳管式蒸发器是满液式蒸发器。管内为载冷剂，载冷剂由端盖下部接口管进入蒸发器，依次流经各管组，由端盖上部接口管流出。载冷剂在管内流速要求为1～2m/s，以增加传热。蒸发器中制冷剂充满高度应适中，对于氨蒸发器，充满高度一般为筒径的70%～80%；对于氟利昂蒸发器充满高变为筒径的55%～65%。

干式蒸发器是非满液式蒸发器。制冷剂在管内流动，而载冷剂在管外（壳体内）流动，筒体内装有隔板，使载冷剂横向冲刷管束，以提高传热效果。隔板的间隔小，则载冷剂流速可以提高，使传热得以改善，然而阻力增加。另外，流速过大，会引起管子的腐蚀，所以载冷剂的流速是有限制的，一般在0.3～2.4m/s，钢管时流速一般取1.0m/s。

（3）焊接板式蒸发器　它与焊接板式冷凝器的结构相似，仍分为两种结构形式，即半焊接板式蒸发器和全焊接板式蒸发器（参见焊接板式冷凝器的相关内容）。冷却液体载冷剂的蒸发器特点见表2－3。

表2－3　冷却液体载冷剂的蒸发器特点

项目	水箱式蒸发器	卧式壳管式蒸发器	干式蒸发器	板式蒸发器
水容量	水容量大	水容量小	水容量较小	水容量小
冻结危险性	无冻结危险	有冻结危险	冻结危险性较小	冻结危险性小
结构	结构较庞大	结构紧凑	结构紧凑	结构紧凑
腐蚀性	易腐蚀	腐蚀缓慢	腐蚀缓慢	耐腐蚀

续表

项目	水箱式蒸发器	卧式壳管式蒸发器	干式蒸发器	板式蒸发器
选用性	只适用于开式系统	适用于开式和闭式水系统	适用于开式和闭式水系统	适用于开式和闭式水系统

2. 冷却空气用的蒸发器

（1）空气自然对流式蒸发器　这种蒸发器靠空气自然对流和辐射吸收热量，常用在冷库中。在冷藏库中，多采用安装在顶棚下或墙壁四周的管束直接冷却库内空气。按排管放置位置可分为顶管（挂于天棚下）、墙管（装在墙上）和搁架管（兼作被冷却物的搁架）。按排管结构型式可分为：立管式排管［图 2－20（a）］、蛇形盘管［图 2－20（b）］、U 形排管［图 2－20（c），用作顶管］。按管束形式分，有光管和肋片管，光管外径通常为 20～60mm，肋片管的片距通常为 8～12mm。

这种蒸发器通常可以现场制造，结构简单，但传热系数小。

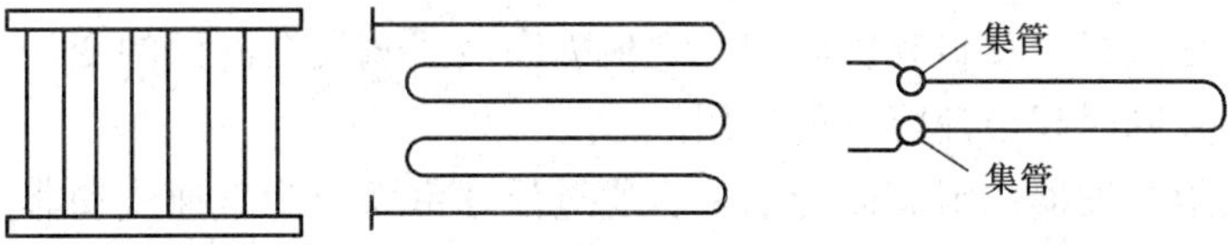

(a) 立管式排管　(b) 蛇形盘管　(c) U形排管

图 2－20　排管结构型式

（2）空气强迫对流式蒸发器　常称为直接蒸发式空气冷却器，利用风机强迫空气以 1～3m/s 的流动速度（迎面风速）掠过蒸发管束表面。其优点是：传热系数高，约为自然对流翅片管的 3～5 倍，结构紧凑；能适应负荷的变化；易于实现自动控制。

按管束的形式可分为两种，光管和肋片管束。目前，光管的空气冷却器已很少使用；肋片管束形式的空气冷却器在空调、冷冻和冷藏中被广泛地应用。肋片管束的形式很多，常用的有绕片管和串片管束。

三、 节流装置

节流机构的型式很多，结构也各不相同。常用的节流机构有手动膨胀阀、浮球膨胀阀、热力膨胀阀以及毛细管等。

（一） 手动膨胀阀

手动膨胀阀的结构与普通截止阀相似。它的特点是阀杆采用细牙螺纹，阀杆上、下行程；阀芯为针形锥体，或具有 V 形缺口的锥形圆筒或平板，如图 2－21

所示。这样可保证阀门开启增减时流量逐渐增减，而且有较大的调节范围。

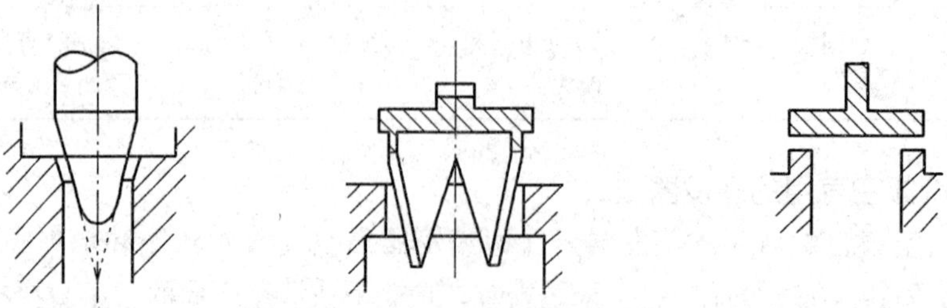

(a) 针形阀芯　　(b) 具有V形缺口的阀芯　　(c) 平板阀芯

图 2－21　手动膨胀阀阀芯

手动膨胀阀现在已较少单独使用，一般都用作辅助性流量调节，把它装在自动膨胀阀的旁通管道上，以备应急，或检修自动阀门时使用；或者同液面控制器及电磁阀配合使用，共同实现供液量的控制。

（二）浮球膨胀阀

浮球膨胀阀是一种自动膨胀阀，它根据满液式蒸发器液面的变化来控制蒸发器的供液，并同时起节流降压的作用。

根据供给蒸发器的液态制冷剂是否通过浮球室而分为直通式和非直通式的两种，见图 2－22 和图 2－23。这两种浮球膨胀阀的工作原理都是利用液面的变化来自动调节制冷剂流量。图 2－24 是直通式膨胀阀安装示意图。浮球膨胀阀置于满液式蒸发器一侧，通过连通管上与蒸发器气空间相连通，下与蒸发器液空间相连。图 2－23 所示为非直通式浮球膨胀阀节流后的液体不经过浮球室，而通过单独管路直接供到蒸发器。在浮球膨胀阀的旁通管上还设有手动膨胀阀，以备浮球膨胀阀损坏或维修时使用。

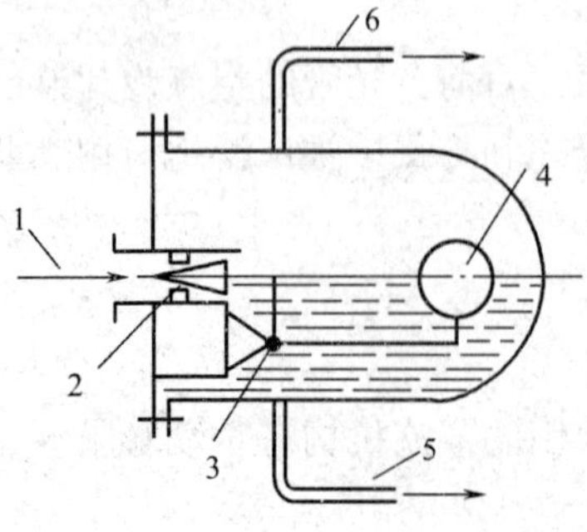

图 2－22　直通式浮球膨胀阀

1—液体进口　2—针阀　3—支点　4—浮球　5—液体连通管　6—气体连通管

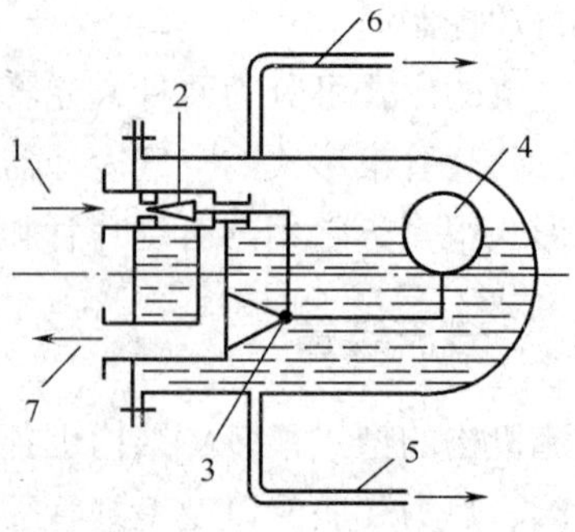

图 2－23　非直通式浮球膨胀阀

1—液体进口　2—针阀　3—支点　4—浮球　5—液体连通管　6—气体连通管　7—节流后液体出口

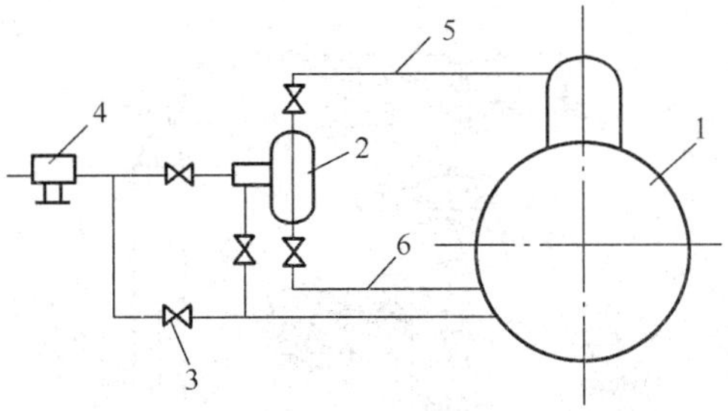

图 2-24 直通式浮球膨胀阀安装示意

1—蒸发器 2—浮球膨胀阀 3—手动膨胀阀

4—液体过滤器 5—气体连通器 6—液体连通管

对于直通式浮球膨胀阀，节流后的液体首先流入浮球室，然后由液体连通管流入蒸发器。直通式浮球阀的特点是构造简单，液体连通管管径大，但只能从下部向蒸发器供液，浮球室内的液面波动大，由浮球传递到阀芯的冲击力就很大，使阀门易于损坏。

（三）热力膨胀阀

热力膨胀阀是一种自动膨胀阀，它靠蒸发器出口气态制冷剂的过热度来控制阀门的开启度，以自动调节供给蒸发器的制冷剂流量，并同时起节流作用。热力膨胀阀又称恒温膨胀阀。根据热力膨胀阀内膜片下方引入蒸发器进口或出口压力，分为内平衡式或外平衡式两种。

内平衡式热力膨胀阀的结构如图 2-25 所示，它由感温包、毛细管、阀座、膜片、调整杆、阀针及调节机构等构成。膨胀阀接在蒸发器的进液管上，感温包中充注有的工质与系统中的制冷剂相同，感温包设置在蒸发器出口处的管外壁上。外平衡式热力膨胀阀的结构如图 2-26 所示。

为了使热力膨胀阀节流后的制冷剂液体均匀地分配到蒸发器的各个管组，通常是在膨胀阀的出口管和蒸发器的进口管之间设置一种分液接头。它仅有一个进液口，却有几个甚至十几个出液口，将膨胀阀节流后的制冷剂均匀地分配到各个管组中（或各蒸发器中）。

（四）电子脉冲式膨胀阀

电子脉冲式膨胀阀由步进电动机、阀芯、阀体、进出液管等主要部件组成。在制冷装置运行过程中，由传感器收到实时信号，输入微型计算机进行处理后，转换成相应的脉冲信号，驱动步进电动机获得一定的步距角，形成对应的阀芯移动，改变阀孔的流通面积，使制冷剂的供液量与热负荷变化相匹配，实现装置的高精度能量调节。由于变流量调节时间以秒计算，可以有效地杜绝超调现象发生。对于一些需要精细流量调节的制冷装置，采用此种膨胀阀，可以得到满意可靠的高效节能效果。

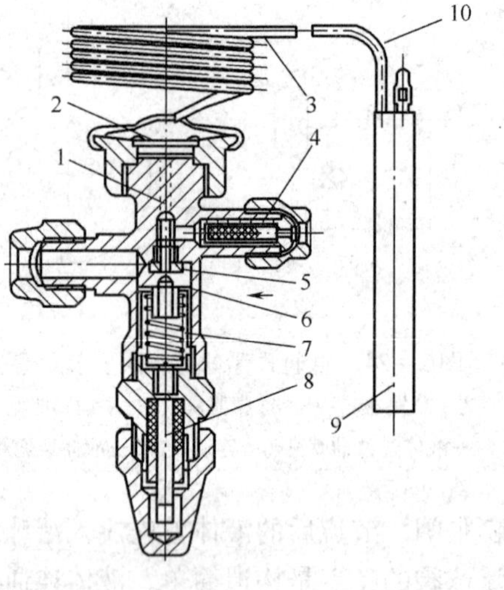

图 2－25　内平衡式热力膨胀阀结构

1—推杆　2—膜片　3—连接管　4—阀体　5—阀座

6—阀针　7—弹簧　8—调整杆　9—感温包　10—毛细管

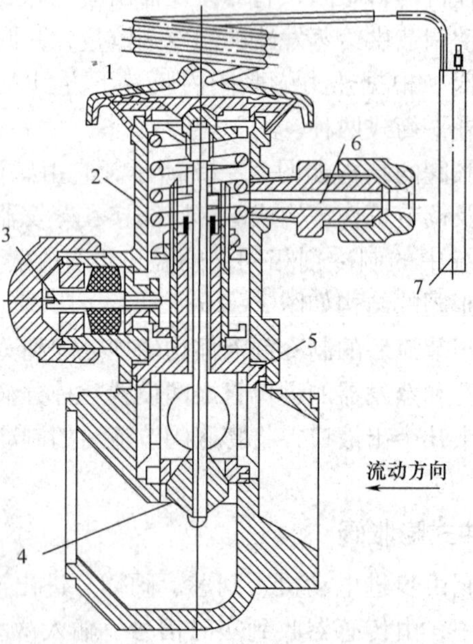

图 2－26　外平衡式热力膨胀阀结构

1—阀杆螺母　2—弹簧　3—调节杆　4—阀杆

5—阀体　6—外平衡接头　7—感温包

（五）毛细管

毛细管又称节流管，其内径常为0.5~5mm，长度不等，材料为铜或不锈钢。由于它不具备自身流量调节能力，被看作为一种流量恒定的节流设备。

毛细管节流是根据流体在一定几何尺寸的管道内流动产生摩阻压降从而改变其流量的原理，当管径一定时，流体通过的管道短则压降小，流量大；反之，压降大且流量小。在制冷系统中取代膨胀阀作为节流机构。

四、辅助装置

（一）气液分离器

氨液分离器见图2-27。为了避免含有液体的湿蒸气被压缩机吸入，使压缩机产生湿冲程，所以在进压缩机之前应通过气液分离器将其中所含的液体颗粒分离出来。

其原理是当蒸发器的气体进入液体分离器时，因突然降低了运动速度并改变了运动方向，密度较大的液体颗粒就下沉在分离器的底部，而密度较小的气体被压缩机吸走。氟利昂系统常用的液体分离器又称集液器，见图2-28，也是采用惯性的原理将油与液体分离开来。氟利昂系统中的液体分离器经常与回热交换器结合在一起，以促使回气中夹带的液体迅速蒸发。

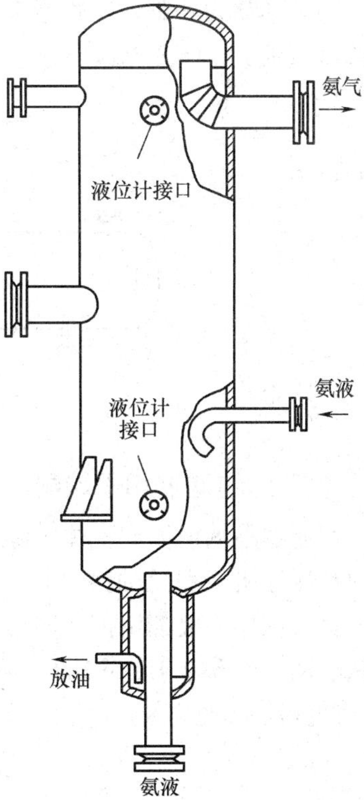

图2-27 氨液分离器

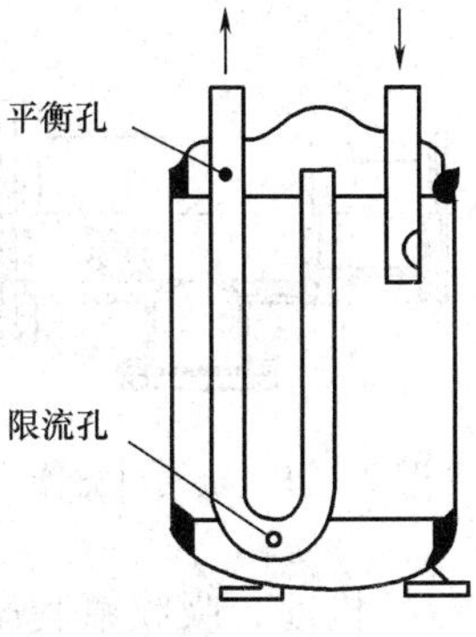

图2-28 氟利昂液体分离器

（二）贮液器

贮液器又称贮液桶。按其外形分，有立式和卧式两种；按用途分，有高压贮液器、低压循环贮液器和排液桶。

高压贮液器装在系统的高压部分，其功能有：接收冷凝器的高压液体，以避免液体淹没冷凝器传热面；对系统中流量的不均衡性起调节作用，以适应负荷、工况变化的需要；起液封作用，防止高压侧气体窜到低压侧；在小系统中还起贮存系统中制冷剂的作用。

低压循环贮液器用在泵供液系统中，它的功能有：起气液分离作用，以避免压缩机的回液；在系统停止工作时容纳可能由蒸发器返回的液体，而不致在重新工作时发生回液的危险；有足够的贮液量，以保证液泵开始工作时不断流和保证泵的吸入口处有一定高度的液柱；有时还起收集蒸发器热气除霜时排出的液体。

排液桶可用作收集机房液体分离器分离下来的液体，或在蒸发器进行热气除霜时接收蒸发器排出的液体。

图 2－29 为一卧式氨贮液器（又称贮氨器）。这种贮液器主要用作高压贮液器或排液桶。

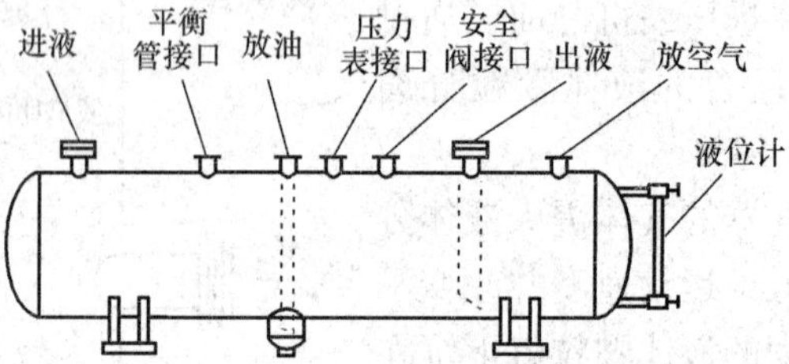

图 2－29　氨贮液器

（三）过滤器和干燥器

过滤器是从液体或气体中除去固体杂质的设备。过滤器装在节流装置、自动阀门、压缩机、润滑油泵、氨泵等设备前，以防止固体杂质堵塞阀孔或损坏机件。氨过滤器一般都用钢丝网做滤网，网孔 0.4mm；氟利昂过滤器一般采用铜丝网做滤网，网孔 0.1～0.2mm。图 2－30 和图 2－31 分别是氟利昂液体过滤器和氨气过滤器。

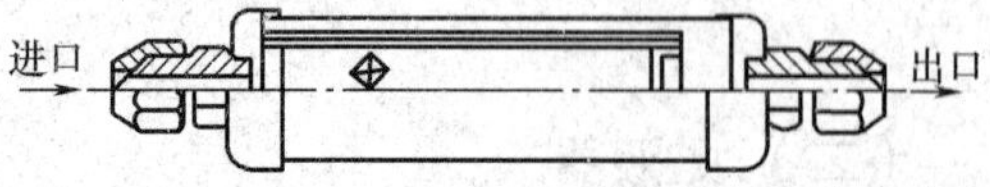

图 2－30　氟利昂液体过滤器

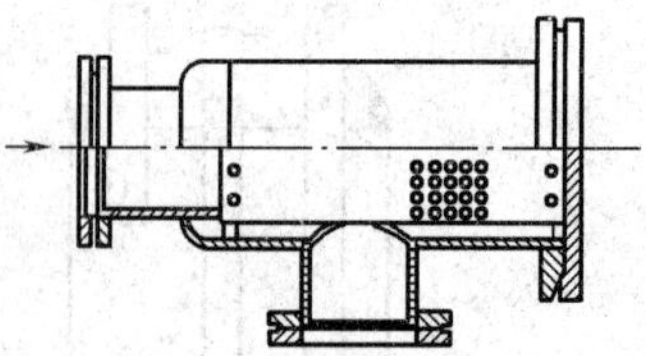

图 2－31　氨气过滤器

干燥器用于溶水能力小的氟利昂系统中，装在节流机构前，吸收氟利昂系统中所含的水，防止水分在节流阀中结冰而堵塞。干燥器通常与过滤器结合在一起，如图 2－32 所示。干燥器中的干燥剂一般是颗粒状的硅胶、分子筛等。

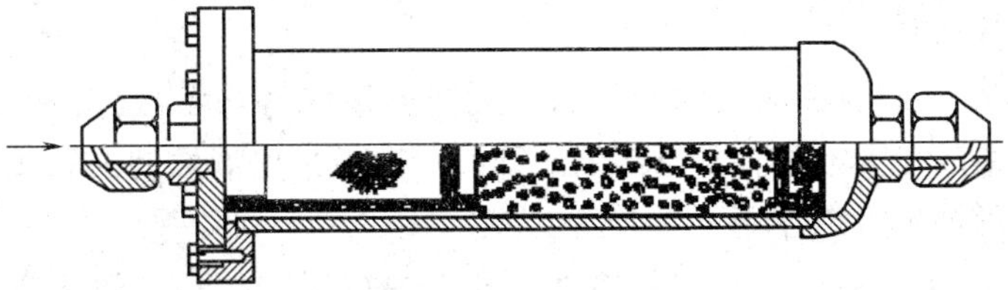

图 2－32　干燥过滤器

（四）不凝性气体分离器与系统

在制冷系统中，如存在空气等不凝性气体时，则对运行是非常有害的：导致冷凝温度升高、压缩机的排气压力升高、压缩机的排气温度升高，空气进入系统，空气中的水分和氧气加剧了对金属材料的腐蚀作用。因此，当系统中有空气等不凝性气体时，应当及时排出。

氨制冷剂系统用的不凝性气体分离器有两种结构——立式盘管式（图 2－33）和卧式四套管式（图 2－34）。空气分离器的工作原理都是采用降温的方法，使混在不凝性气体中的制冷剂凝结成液体回收，然后将不凝性气体排出，减少制冷剂的损耗。

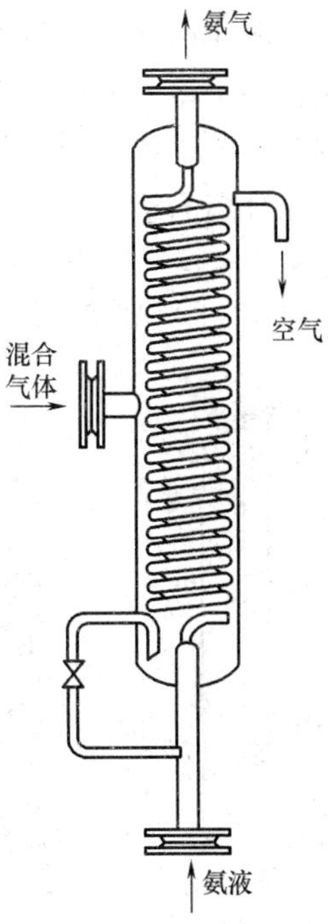

图 2－33　立式盘管式空气分离器

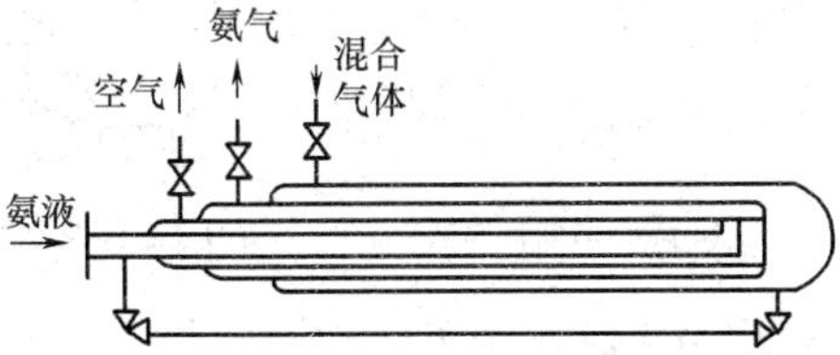

图 2－34　卧式四套管式空气分离器

对于空调用的 R22 等制冷系统，用冷却法分离不凝性气体很困难，且蒸发器中压力都大于大气压力，运行中吸入空气的可能性很小，故一般不设空气分离器。如果需要放不凝性气体，在停机后，从冷凝器高处排放即可。

（五）润滑油分离设备和系统

压缩机在运转中，总是有润滑油随同排气一起排出。对于氨系统来说，如果这些润滑油进入冷凝器和蒸发器中，将在这些设备的传热面上形成油膜，导致传热系数下降；对于与油溶解的氟利昂，制冷剂中润滑油的溶解量将影响饱和压力和温度的关系，导致压缩机的制冷量下降。为了减少润滑油带入系统，在排气管上应设置油分离器。

图 2-35（a）为洗涤式油分离器。桶内氨液保持一定液位，排气经氨液洗涤冷却而凝结成较大油滴，部分沉入底部，可能被带出液面的油滴或液滴在重力作用下和伞形挡板阻挡作用下被分离下来。

图 2-35（b）为填料式油分离器。其中填料层的材料一般是瓷环、金属切屑。这些油分离器利用过滤、改变速度方向及大小的办法实现分离油的目的。有比较高的分油效率，但阻力较大。

图 2-35（c）为离心式油分离器。分离器设有冷却水套。这种油分离器利用离心力的作用将质量较大的油甩到壁面上，并利用冷却、阻挡、速度方向改变等办法进一步将油分离。它的分油效率也比较高。

图 2-35（d）为过滤式油分离器。利用铜丝网的过滤作用及速度变慢和改向的作用分离润滑油。这种油分离器结构简单，分油效率不太高，用于小型氟利昂制冷机中。

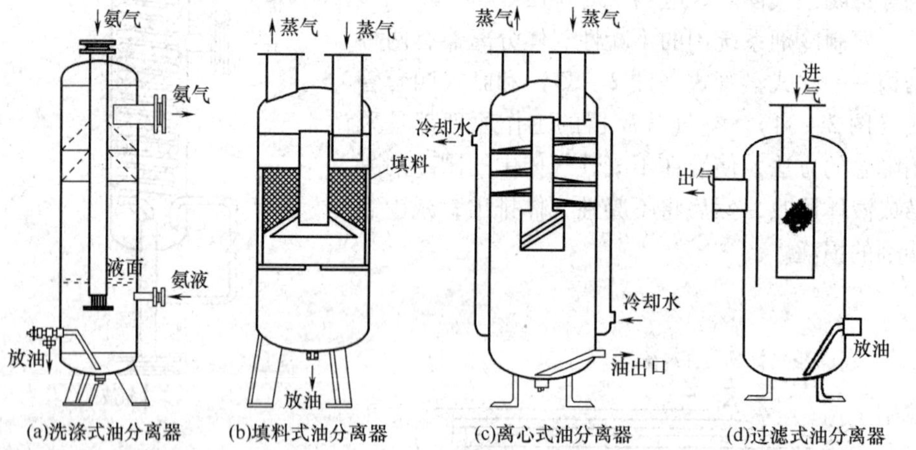

图 2-35 油分离器

（六）安全设备

许多制冷剂的制冷系统都有较高的压力。当压力超过预定的压力时，不仅运行经济性下降，而且增加了不安全性。因此，在制冷系统中，必须设置一些安全设备以防止压力过高，保证制冷系统安全运转。

安全阀是系统中常用的防止压力过高的安全设备。当系统中压力升高到规定值时，该阀开启，向外泄放制冷剂，使系统压力下降。很多情况下，冷凝器、贮液器、蒸发器等都设有安全阀。图 2-36 是微启式弹簧安全阀，当压力超过弹簧力（规定压力值）时，阀门开启。

有些小型的不可燃制冷剂（如 R12、R22 等）系统中，常采用熔塞代替安全阀。图 2－37 为熔塞的构造。熔塞通常装在容器的接近液面的气体空间部位。当容器内气体的饱和温度高于熔塞的熔点时，低熔点合金熔化，制冷剂气体从孔中喷出。

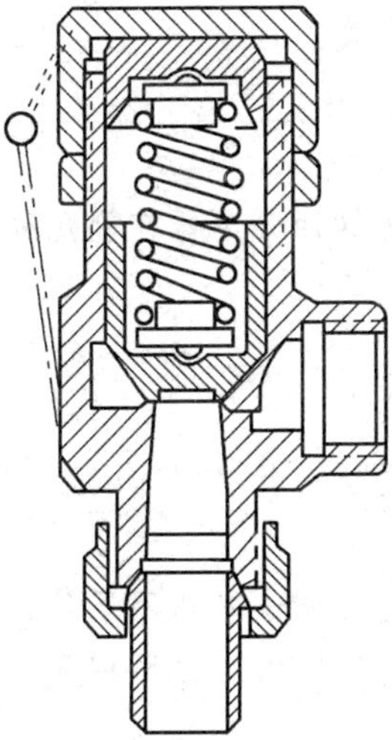

图 2－36　微启式弹簧安全阀

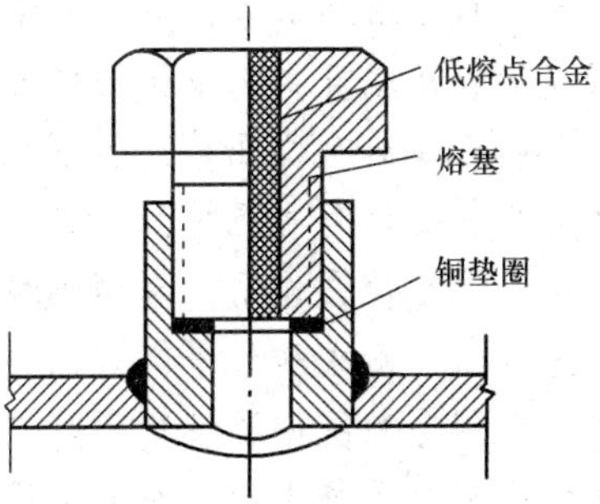

图 2－37　熔塞

模块小结

蒸气压缩式制冷是食品冷冻冷藏技术中应用最为广泛的一种制冷方法。

在制冷系统中实现连续制冷的工质称为制冷剂。制冷剂种类很多，可分为无机化合物、卤碳化合物、饱和碳氢化合物、共沸化合物等。常用载冷剂包括水、盐水及有机溶液。

压缩机、蒸发器、冷凝器、节流元件是组成蒸气压缩式制冷循环的“四大件”。压缩机相当于系统中的“心脏”，对系统的运行性能、噪声、振动、维护和使用寿命等有着直接的影响。用于食品冷冻冷藏制冷系统的压缩机主要有活塞式制冷压缩机和螺杆式制冷压缩机。冷凝器是一个制冷剂向系统外放热的热交换器。蒸发器通过制冷剂液体吸收被冷却介质热量产生冷量。

除了“四大件”之外，制冷系统中还包括一些辅助设备，这些辅助设备使制冷系统能够稳定、可靠的运行，并提高运行的经济性和安全性。

思考练习

一、填空题

1. 液体相变制冷方法有__________、__________、__________等。

2. 壳管式换热器有__________和__________两类。

3. 常用的节流元件有__________、__________、__________、__________等。

二、问答题

1. 为什么制冷系统要设置油分离器？制冷系统的油分离器有哪几种？

2. 活塞式制冷压缩机如何进行能量调节？

3. 试简要叙述螺杆式制冷压缩机的工作过程。

4. 常用的冷凝器有哪几种？各用在什么场合？

5. 常用的蒸发器有哪几种？什么叫满液式蒸发器？什么叫非满液式蒸发器？

6. 节流机构有什么作用？有哪几种？

7. 试比较内平衡式和外平衡式热力膨胀阀有何不同，各适用于什么场合？

8. 为什么制冷系统中要设置不凝性气体分离器？它的工作原理是什么？

9. 氟利昂制冷系统中为什么要设置干燥剂？

【实训一】 食品冷藏库的现场教学

一、 实训目的

通过实训使学生了解冷藏库的基本构成；掌握制冷装置的组成、流程、特点；了解组合式冷库的结构特点；通过参观冷库，培养学生现场观察问题、分析问题和现场领悟知识的能力。

二、 主要设备

制冷机组、冻结物冷藏间、冷却物冷藏间。

三、 实训内容

（1）参观制冷机组，认识制冷装置的各个组件，掌握压缩机部分的配置方案、高压侧部分的配置方案、低压侧部分的配置方案、各个组成部件的配置方案。

（2）参观冻结物冷藏间、冷却物冷藏间，掌握组合式冷库的组成、原理及结构特点。

四、实训报告

根据参观内容书写实验报告，并绘制制冷系统原理图。

【实训二】库房冷却设备的维护

一、实训目的

通过实训使学生了解库房制冷系统的组成部件；能够判断出库房常见故障，并进行冷却设备的日常维护；通过学习库房冷却设备的日常维护，培养学生处理现场问题的能力。

二、实训内容

1. 库内温度

（1）查看冷库温显仪显示温度并记录。

（2）温度波动较大或异常时，按如下操作：①风机盘管霜层是否太厚，若霜层太厚，适当增加化霜时间；②减少开门次数；③检查机组系统。

2. 风机状态

（1）检查风机运转时的声音有无异常、风机的吊杆支架有无松动，若异常，立即停机检查。

（2）风机叶片是否转动、有无变形，与机壳有无摩擦，及时矫正或更换。

（3）风机翅片处有无杂物缠绕，及时清理。

（4）风机外壳及底盘有无锈蚀，若有锈蚀，应用砂纸磨光，重新刷上防锈漆。

3. 化霜系统

（1）查看风机盘管化霜情况，看霜层是否完全除去，并记录化霜时间，以便根据化霜效果调整化霜时间，达到最佳效果。

（2）检查化霜电加热管的电压、电流是否在正常范围内，若异常及时查修或更换。

4. 排水系统

（1）保持接水盘内清洁，无杂物，接水盘出水口无障碍物。

（2）排水管及其保温层有无破损，若有及时修复。

（3）查看排水是否畅通，若比以前缓慢，应停机后疏通，防止脏堵或冰堵排水管路。

（4）检查排水管内加热丝是否正常工作，防止积水冰堵。

三、 注意事项

（1）风机盘管化霜时，风机严禁运转，待确定化霜完全结束时，才能开机。
（2）风机及排管化霜时货物不宜进出，以免产生更大的温差。

四、 实训报告

根据实训内容，书写实训报告。

模块三 食品的冷却与冷藏

知识目标

1. 了解在食品冷却过程中冷却介质的特点。
2. 掌握食品冷却的方法。
3. 掌握食品在冷却和冷藏过程中发生的变化。

能力目标

1. 能够对食品进行正确的冷藏。
2. 能够正确判断食品发生低温冻害时的表现。

将食品的温度降低到指定温度但不低于其冻结点的温度，称作食品的冷却。食品冷却后的贮藏称为冷却冷藏。冷却是冷藏的必要前处理，有些冻结食品在冻结前也要先进行冷却，冷却是低温保藏中一种行之有效并被广泛采用的食品保藏方法。食品的冷却对于延长食品贮藏期限、植物性食品的冷藏保鲜、肉类食品冻结前的预冷、分割肉的冷藏销售、水产品的冷藏保鲜等都非常重要。

项目一 食品冷却概述

一、 食品冷却的目的和应用范围

1. 食品冷却的目的

食品的冷却是将食品的温度降低到接近食品的冰点，但不冻结的一种冷加工方法。食品冷却的基本目的是快速排除食品内部的热量，使食品的温度在尽可能短的时间内降低到冰点以上，从而抑制微生物的活动和繁殖或果蔬的呼吸作用，使食品的新鲜度能得到最大的保持，并能使某些食品（如肉类）进行一部分的成熟过程，使其具有柔软、芳香、易消化的特点。

冷却的最终温度在冰点以上。经过冷却的食品，一般只能做短期贮藏。因为在冷却温度条件下，食品中的水未冻成冰，部分微生物仍然可以生长繁殖。若要长期贮藏食品，必须对食品进行冻结冷藏。

2. 食品冷却的应用范围

冷加工食品的种类比较多，按照温度范围划分大致有冷却食品、冻结食品、微冻食品和冷凉食品。虽然也有例外的情况，但大致可按表 3－1 来划分。对于冷却食品温度来说，活体食品和非活体食品均可采用；对于其他温度范围，只能以非活体食品作为对象。

表 3－1 冷加工食品的温度范围

名称	温度范围/℃	备注
冷却食品	0～15	冷却未冻结
冻结食品	－30～－12	冻结坚硬
微冻食品	－3～－2	稍微冻结
冷凉食品（1）	－1～1	欧美指标
冷凉食品（2）	－5～5	日本指标

活体食品主要指水果、蔬菜等植物性食品，这类食品在采摘后贮藏过程中还在进行呼吸作用，放出呼吸热使其自身温度升高而加快衰老过程，必须冷却来消除呼吸热而延长其贮藏期。另一方面，水果、蔬菜的冷却应及时进行，以除去田间热，使呼吸作用从采收后就处于较低水平，以保持水果、蔬菜的品质。另外果蔬类等活性食品的冷却温度不能过低，温度过低会引起植物性食品生理病害，甚至冻死，对于果蔬类食品来说冷却温度不能低于发生冷害的界限温度。

对于动物性食品，冷却也是短期保存的有效手段。如肉类的冷却是将肉类冷却到冰点以上的温度，一般为 0～4℃，在此温度下，可以抑制酶的分解作用、微生物的生长繁殖及生物化学变化，最大限度地保持食品的原有特性及新鲜度，适当延长食品的贮藏期限。肉类在冷却贮藏的过程中，在低温冷却条件下还可进行成熟作用，使肉的色泽、风味、柔软度都变好，增加其商品价值。

对于水产品捕获后及早冷却与维持低温对食品的贮藏具有重要的意义。因为鱼类死后，经过死后僵硬期，便进行自我消化分解作用。死后僵硬期发生的迟早、延续时间的长短，因鱼的种类、捕获方法、鱼捕获后致死的条件、贮藏的温度等因素而不同。快速冷却鱼体的温度愈低，愈能抑制和减缓酶解作用，死后僵硬开始得越迟，僵硬期持续的时间也越长，鱼体的保质期也会延长。如果不及时冷却降温，鱼体很快会腐烂变质。对于水产品来说，冷却虽不能使这些变化停止，但可延缓这些过程。

食品的冷却可用于水果蔬菜类、水产品类、肉禽蛋类、调理方便食品类等。由于食品在冷却温度条件下，只能将食品中微生物的生长繁殖和酶的分解作用加以控制，不能停止微生物的繁殖，也不能将酶破坏，食品的质量变化并未完全停止，所以，冷却后的食品只能做短期贮藏。

二、 食品冷却中的传热

食品的冷却过程是热量从食品中传递到冷却介质中，使食品温度下降的过程。根据热力学定义，热量总是从高温物体传递到低温物体，只要有温差存在，就会有热量传递的发生。这个热交换过程是较复杂的，是以传导、对流与辐射来实现的。传导主要发生在食品的内部、包装材料以及用固体介质作为冷却介质的冷加工中；对流主要发生在以气体或液态作为冷却介质的冷加工或冷藏中；辐射主要发生在自然对流或流速较小的冷加工和冷藏中。

（一） 热量传导的基本方式

在自然界和工程技术中，广泛存在着传热现象。凡是有温差的地方，都存在传热现象。温差是传热的推动力。热量传递的基本方式有三种：导热、对流和热辐射。

1. 导热

热量从物体中温度较高的部分传递到温度较低的部分，或者从温度较高的物体传递到与之接触的温度较低的另一物体的过程称为导热（也称为热传导）。在纯导热过程中，物体各部分之间不发生相对位移，也没有能量形式的转换。

食品冷却时，内部热量的传递是以导热方式进行的，其表面温度首先下降，并在表面与中心部位间形成了温度梯度，在此温度梯度的作用下，食品中的热量逐渐从其内部以导热的方式传向表面。

2. 对流

对流是指液体或气体中较热部分和较冷部分之间通过循环流动使温度趋于均匀的过程。对流是液体和气体中热传递的特有方式，气体的对流现象比液体明显，对流的同时必伴随有导热现象。

对流可分为自然对流和强制对流两类。自然对流是指由于流体冷热各部分的密度不同而引起流体的流动；强制对流是指是借助水泵、风机或其他机械设备产生压差使流体流动。食品冷却或冻结时常用的冷风机便是使空气冷却并强制其对流的设备。对流换热系数的大小表征了流体对流换热的强弱。通常强制对流的换热系数大于自然对流的，液体的对流换热系数大于气体的。在一定范围内，随着流体运动速度的增大，对流换热系数也增大。

工程技术中大量遇到的是流体通过固体表面时所发生的热交换过程，称为对流换热。当用空气或盐水冷却食品时，流体与食品表面的热交换即为对流换热。此外，蒸气在低于其饱和温度的冷表面上的冷凝和液体在高于其饱和温度的加热面上的沸腾，都属于对流换热。

3. 热辐射

物体因自身的温度而具有向外发射能量的本领，这种热传递方式叫作热辐射。热辐射虽然也是热传递的一种方式，但它和热传导、对流不同，它不依靠媒质而是把热量直接从一个系统传给另一系统。热辐射以电磁辐射的形式发出能量，温度越高，辐射越强，任何物体在发出辐射能的同时，也不断吸收周围物体发来的辐射能。一物体辐射出的能量与吸收的能量之差，就是它传递出去的净能量。物体的辐射能力（即单位时间内单位表面向外辐射的能量），随温度的升高增加很快。

在空气自然对流的环境下，用冷却排管冷却食品时，冷却排管与食品表面间的辐射换热是不能忽略的。

（二） 食品冷却过程中的热交换

食品将本身的热量传给周围的冷却介质，使食品的温度降低。这个热交换过程是较复杂的，是以传导、辐射及对流来实现的。热交换的速度与食品的热导率、散热面积、形状、食品和冷却介质之间的温差、冷却介质的性质及冷却介质的流动速度等因素有关。

食品冷却过程中的热交换速度与食品本身的热导率成正比。食品的热导率越大，在单位时间内由温度较高的食品中心向温度较低的表面传导的热量就越多，食品冷却或冻结的速度越快。食品的散热表面积越大，单位时间内与周围介质之间交换的热量越多，食品冷却或冻结的速度也越快。水比脂肪的热导率大些，因此，含水多、含脂肪少的食品传热速度就快；反之，就慢。

食品与周围介质之间的温度差，对热交换的速度有决定性的影响且呈正比，温度差越大，热交换就进行得越激烈。当冷却介质呈静止状态时，热交换只能以传导和辐射的形式进行。当介质流动时，除了热传导和辐射外，还要以对流形式传递热量，因而加速了热交换过程。介质的流动速度越快，热交换的速度也就越快。

三、 食品的冷却速度与冷却时间

（一） 食品降温曲线

食品的冷却速度就是食品温度下降的速度。由于食品内各部位不同，在冷却过程中温度下降的速度也不同，整个食品的冷却速度只能以平均温度下降速度来表示。食品的冷却时间与其冷却速度有着密切关系。当食品的温度随着时间的延长而逐渐降低时，它与冷却介质之间的温差也逐渐减小，食品的冷却速度也就减慢。所以食品的冷却速度是随着时间而变化的。图 3－1 为食品冷却速度与冷却时间的关系曲线图。

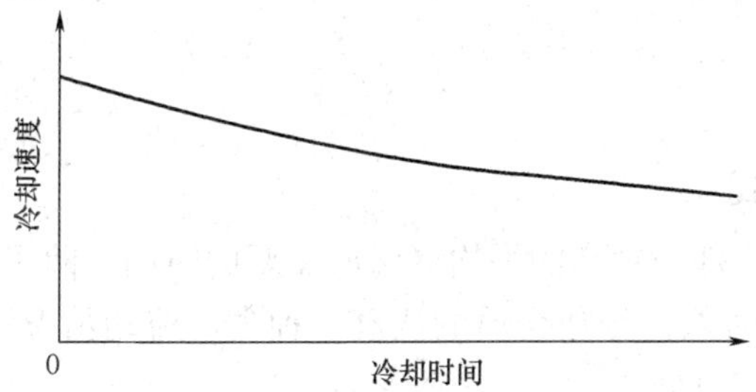

图 3-1 冷却速度与冷却时间的关系

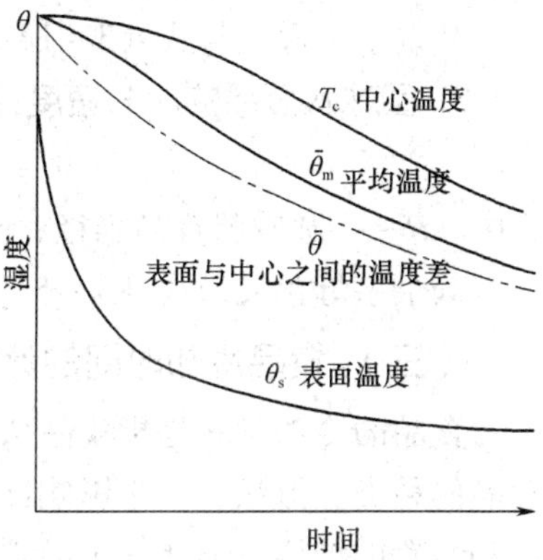

图 3-2 平板状食品的温度曲线

食品内部温度的分布是向上方凸的曲线，离表面越近，温度梯度越大，因此冷却速度也越大。图 3-2 表示平板状食品的表面温度、中心温度、表面与中心之间的温度差及平均温度的下降情况。从图 3-2 可以看出，表面温度下降的速度最快，中心温度下降的速度最慢，特别是冷却的开始阶段，食品中心部位的温度下降得特别缓慢。

（二）食品冷却速度的计算公式

1. 平板状食品的冷却速度计算公式（$Bi \leqslant 8$）

各向同性的无限大平板状食品，在气体或液态冷却介质中的冷却属于对流边界条件下的一维不稳定导热。食品的冷却速度与许多因素有关，经过理论推导，得到平板状食品的冷却速度（V）表达式为

$$V=(t_0-t_\infty)k\mu^2/(\delta/2)^2 e^{-kt\mu^2/(\delta/2)^2} \quad (3-1)$$

式中 t_0——食品的初始温度，℃；

t_∞——冷却介质的温度，℃；

k——导温系数 $k=\lambda/\rho c$，m^2/s；

μ——超越方程 $\mu\tan\mu=Bi$ 的一个根；

Bi——毕沃准数，$Bi=\alpha L/\lambda$，其中 α 为食品表面对流传热系数，W/（m^2·℃）；

λ——食品的热导率，W/（m·℃）；

δ——平板状食品的厚度，m；

ρ——食品的密度，kg/m^3；

c——食品的比热容，J/（kg·℃）；

t——冷却时间，s。

2. 无限长圆柱状食品的冷却速度计算公式（$Bi \leqslant 4$）

$$V=(t_0-t_\infty)k\mu^2/R^2 e^{-kt\mu^2/R^2} \quad (3-2)$$

式中 R——圆柱状食品半径，m。

其余字母含义与式（3－1）相同。

3. 圆球状食品的冷却速度计算公式（$Bi \leqslant 4$）

$$V=(t_0-t_\infty)k\mu^2/R^2\mathrm{e}^{-kt\mu^2/R^2} \tag{3-3}$$

式中 R——圆球状食品半径，m。

其余字母含义与式（3－1）相同。

（三）食品冷却时间的计算公式

食品的冷却时间是指食品从初温冷却至规定的平均终温所需要的时间。除了食品的种类、形状、大小影响冷却时间外，冷却介质的温度、种类、流动情况，冷却装置的结构、形式等也会影响冷却时间。

食品冷却时间（τ）的计算公式如下。

1. 平板状食品的冷却时间计算公式（$Bi \leqslant 8$）

$$\tau=0.2185\rho c/\lambda\delta(\delta+5.12\lambda/\alpha)\lg(t_0-t_\infty)/(t-t_\infty) \tag{3-4}$$

式中 α——食品表面对流传热系数，W/（m^2·℃）；

t——食品冷却时的平均温度，℃；

其余字母含义与式（3－1）相同。

2. 无限长圆柱状食品的冷却时间计算公式（$Bi \leqslant 4$）

$$\tau=0.3565\rho c/\lambda\delta(\delta+3.16\lambda/\alpha)\lg(t_0-t_\infty)/(t-t_\infty) \tag{3-5}$$

式中 R——圆柱状食品半径，m。

其余字母含义与式（3－1）相同。

3. 圆球状食品的冷却时间计算公式（$Bi \leqslant 4$）

$$\tau=0.1955\rho c/\lambda\delta(\delta+3.85\lambda/\alpha)\lg(t_0-t_\infty)/(t-t_\infty) \tag{3-6}$$

式中 R——圆球状食品半径，m。

其余字母含义与式（3－1）相同。

球形、方形和圆柱形食品要比厚度相等的板状食品与周围介质的热交换速度快，即冷却的时间短。食品的实际形状可视为与上述的任一种正确几何形状相似。如白条肉和扁形的鱼类可视为平板状；苹果可视为球状；某些截面接近于圆形鱼类，可视为圆柱状等。

项目二 食品冷却介质

在食品冷却冷藏过程中，与食品接触并将食品热量带走的物质，称为冷却介质。冷却介质不仅转移食品放出的热量，使食品冷却或冻结，而且有可能与食品发生其他作用，影响食品的成分与外观。作为食品冷却介质，要有良好的传热能力；没有气味，没有毒性；不能与食品发生不良作用，不得引起食品质量、外观的变化；符合食品卫生要求，不会加剧微生物对食品的污染。

一、气体冷却介质

常用的气体冷却介质有空气和二氧化碳。

（一）空气

空气作为冷却介质，最主要的参数是温度和相对湿度。空气的温度可用普通水银温度计或酒精温度计进行测量，但一般水银温度计比酒精温度计要准确些。空气的相对湿度可用毛发湿度计进行测量，也可以用干湿球温度计测量。

空气作为冷却介质，具有以下特点。

（1）空气可无价使用。

（2）空气无色、无味、无臭、无毒，对食品无污染。

（3）空气流动性好，容易自然对流、强制对流，动力消耗少。

（4）空气对脂肪性食品有氧化作用。

（5）空气中的水分通常是不饱和的，用作冷却介质时，会引起食品的干耗。

（6）空气热导率小，密度小，对流放热系数小，作为冷却介质，食品冷却速度慢。

（二）二氧化碳

二氧化碳常温下是一种无色无味的气体，能溶于水，不易燃，略带酸性。同时二氧化碳在脂肪中的溶解能力很大，从而减小了脂肪中的空气含量，延缓了食品的氧化过程。干冰的密度各不相同，但通常为 $1.4 \sim 1.6g/cm^3$，比热容和热导率都比空气小，作为冷却介质时，食品冷却速度也较慢。

二氧化碳很少单独用作冷却介质，而主要是和其他气体一起用于果蔬等活体食品的气调贮藏。因为当植物性食品贮藏环境中的二氧化碳浓度增加时，可以抑制食品的呼吸作用，抑制微生物的生长，使活体食品的生命活动受到抑制，从而延长食品的贮藏时间。

二、液体冷却介质

与气体冷却介质相比，液体冷却介质有以下特点：密度比气体大，热导率和比热容比气体大，对流放热系数比气体大得多，作为冷却介质时，食品冷却或冷冻的时间短，速度快；液态作为冷却介质时，不会引起食品的干耗，但液体的密度大，黏度大，强制液体对流时，花费的动力多，需要花费一定的成本，不能无价使用；另外液态作为冷却介质时，还容易引起食品外观的变化。常用的液体冷却介质有水、盐水、液氮等。

（一）水

水作为冷却介质，具有以下特点。

（1）水的凝固点为0℃，标准蒸发温度为100℃。

（2）水的密度小、黏度小、流动阻力小。

（3）水的比热容大，传热效果好。

（4）水无毒，对人、食品和环境都是无害的。

（5）水的化学稳定性好，不燃烧、不爆炸。

但水作冷却介质时，由于凝固点高，只能用于将食品冷却至接近0℃的场合，从而大大地限制了水作为冷却介质的使用范围。

海水中含有各种盐类，其中90%左右是氯化钠，另外还含有氯化镁、硫酸镁、碳酸镁及含钾、碘、钠、溴等各种元素的其他盐类。海水中含有的大量盐类和多种元素，其中许多元素是人体所需要的。海水中含有的各种盐类使海水的冰点降低到-1～-0.5℃，可作为很好的冷却介质。但海水具有咸味和苦味，因此限制了海水作为冷却介质的使用范围。

（二）盐水

盐水作为冷却介质应用比较广泛，经常使用的盐水溶液有NaCl、$CaCl_2$、$MgCl_2$等。与食品冷冻关系密切的盐水热物性主要是密度、冰点、浓度、比热容、热导率、运动黏度、导温系数等。

盐水作为冷却介质时，应注意以下几个问题。

（1）要合理选择盐水浓度　盐水浓度增高，将使盐水的密度加大，阻力增大。盐水浓度选用的原则应是在保证盐水在盐水蒸发器中不冻结的前提下，尽量降低盐水浓度。目前，一般的选法是，选择盐水的凝固温度比制冷剂的蒸发温度低6～8℃。

（2）要注意盐水溶液对设备、管道的腐蚀问题　盐水溶液具有腐蚀性，尤其是略呈酸性且与空气相接触的稀盐溶液对金属材料的腐蚀性很强，因此要采取一定的缓蚀措施。为了减轻腐蚀作用，可在盐水溶液中加入一定的缓蚀剂，使溶液呈中性或略显碱性（pH调整到7.0～8.5）。缓蚀剂通常采用重铬酸钠或氢氧化钠，在添加缓蚀剂时，要注意毒性。

（3）盐水在使用过程中，会因吸收空气中的水分而使其浓度降低，尤其是在敞开式盐水系统中。为了防止盐水的浓度降低引起凝固点温度升高，应注意定期检查盐水浓度。

（三）液氮

液氮作为冷却介质，具有以下特点。

（1）液氮标准蒸发温度为-195.8℃，作为冷却介质与食品接触时，与冻品的温差大，冻结速度极快；

（2）作为冷却介质冻结食品时，冻结速度极快，因此干耗小；

（3）液氮无毒，对人、食品和环境都是无害的；

（4）液氮的化学稳定性好，不燃烧、不爆炸。

（5）液氮可与形状不规则食品的所有部分密切接触，使传热的阻力降低到最小限度。

另外，液氮是氮气在低温下形成的液体形态，它的汽化潜热为198.9kJ/kg，定压比热容为1.034kJ/（kg·℃），在大气压下的蒸发温度为-195.8℃。从沸点到-20℃冻结终点所吸收的总热量为383kJ/kg，其中，-195.8℃的氮气升温到-20℃时吸收的热量为182kJ/kg，几乎与汽化潜热相等，这是液氮的一个特点，在实际应用时，应注意不要浪费这部分冷量。近年来，液氮用于食品冷冻冷藏工程中比较多，液氮做为冷却介质几乎适于冻结一切体积小的食品。工业生产中，用压缩液体空气分馏的方法获得液氮，液氮也可以用作深度制冷剂。

三、固体冷却介质

常用的固体冷却介质有冰、冰盐混合物、干冰、金属等。

（一）冰

标准大气压下，冰的熔点是0℃，其融化热是3.35×10^5J/kg。0℃水冻结成冰时，体积会增大约1/9（水体积最小时为4℃）。

冰是一种很好的冷却介质，它有很强的冷却能力。在与食品接触的过程中，冰融化成水要吸收334.53kJ/kg的相变潜热，使食品迅速冷却。冰价格便宜、无害，易携带和贮藏。

近年来，防腐冰开始广泛应用。防腐冰是用水和防腐剂的混合溶液经冻结后制成的。其特点是具有杀菌能力，常用于鲜活食品尤其是水产品的加工保鲜，可防止鱼、虾等鲜活水产的腐烂变质。

（二）冰盐混合物

标准大气压下，冰的熔点是0℃，通常只能制取4~10℃的低温，若要取得更低的温度，可用冰盐混合物制取低温溶液冰，作为冷却介质。溶液冰是一种均匀的盐类和水的共晶体，是用盐类的共晶溶液制成，也称为最低共溶冰。它的最大特点是具有较低而恒定的融化温度及较大的溶化热。有些溶液冰具有较强的腐蚀性或毒性，使用时应注意。与冰混合的盐有食盐、氯化铵、氯化钙、硝酸盐、碳酸盐等。

冰盐混合物是一种有效的起寒剂。当盐掺在碎冰里，盐就会在冰中溶解而发生吸热作用，使冰的温度降低。冰盐混合在一起，在同一时间内会发生两种作用：一种是会大大加快冰的融化速度，而冰融化时又要吸收大量的热；另一种是盐的溶解也要吸收溶解热。因此，表3-2是各种冰盐混合物及其能够制取的低温。冰盐混合物在短时间能吸收大量的热量。

表3-2 各种冰盐混合物及极限温度

冰盐混合的成分	质量配比	极限温度/℃
冰或雪:食盐	2:1	-20
冰或雪:食盐:氯化铵	5:2:1	-25
冰或雪:食盐:氯化铵:硝酸钾	21:10:5:5	-28
冰或雪:硫酸	3:2	-30
冰或雪:食盐:硝酸铵	12:5:5	-32
冰或雪:盐酸	8:5	-32
冰或雪:硝酸	7:4	-35
冰或雪:氯化钙	4:5	-40
冰或雪:结晶氯化钙	2:3	-45
冰或雪:碳酸钾	3:4	-46
干冰:硫酸		-82
干冰:乙醚		-100

(三) 干冰

干冰在增温时由固态直接升华为气态，直接转化为气体而省略转为液态的程序，其相变不会产生液体，因此二氧化碳在常压下只能以固态或气态存在。固态二氧化碳压缩后俗称为干冰，它在大气压下于-79.8℃升华，可吸收周围的热量，使周围水汽凝结，生成一种云雾缭绕的景象，同时使周围温度迅速降低，常用于低温保存食品。干冰不会融化成水，较水、冰冷藏更清洁、干净，这种冷却方法在欧、美、日本等国得到广泛应用。

干冰作为冷却介质有如下特点。

（1）制冷能力大，单位质量干冰的制冷能力是冰的1.9倍。

（2）在大气压下，干冰升华为二氧化碳，不会使食品表面变湿。

（3）大气压下干冰升华温度为-78.9℃，远比冰的融点低，冷冻速度快。

（4）干冰升华形成的二氧化碳，降低了食品表面氧气的浓度，能延缓脂肪的氧化，抑制微生物的生命活动。

干冰在使用过程中应注意：一定要小心并且用厚绵手套或其他遮蔽物才能触碰干冰，如果是在长时间直接碰触肌肤的情况下，就可能会造成细胞冷冻而类似轻微或极度严重冻伤的伤害。

干冰成本高，其应用受到一定限制。

(四) 金属

在所有固体中，金属是最好的导热体，这也是金属作为冷却介质的最大特点。纯金属的热导率一般随温度升高而降低。金属的纯度对热导率影响很大，如含碳为1%的普通碳钢的热导率为45W/（m·℃），不锈钢的热导率仅为16W/（m·℃）。

热导率与材料的组成、结构、密度、含水率、温度等因素有关。一般来说，固体的热导率比液体的大，而液体的又要比气体的大。这种差异很大程度上是由于这两种状态分子间距不同所导致的。

在制冷技术中，作为冷却介质使用最多的金属是钢、铸铁、铜、铝及铝合金。但在食品工业中，广泛使用的是不锈钢。表3－3是金属的热导率与比热容。

表3－3 金属的热导率与比热容

金属	热导率/［W/（m·℃）］	比热容/［J/（kg·℃）］
铝合金	160	788
铜	405	297
碳钢	65	460
不锈钢	14	502

项目三 食品冷却方法与装置

食品冷却又称为食品的预冷，是将食品的温度降低到冷藏温度的过程。一般冷却食品的温度为－4～4℃。在这样的温度下，既能延长食品的保藏期限，又能最大限度地保持食品的新鲜状态。但是由于在这样的温度下，部分微生物仍能生长繁殖，因此，经过冷却的食品只能做短期保藏。

常用的食品冷却的方法有冷风冷却、冷水冷却、碎冰冷却、真空冷却等。具体使用时，应根据食品的种类及冷却要求的不同，选择其适用的冷却方法。表3－4列出了这几种冷却方法的一般使用范围。

表3－4 冷却方法与使用范围

冷却方法	肉	禽	蛋	鱼	水果	蔬菜	烹调食品
冷风冷却	○	○	○		○	○	○
冷水冷却		○		○	○	○	
碎冰冷却		○		○	○	○	
真空冷却						○	

一、冷风冷却

冷风冷却是利用被风机强制流动的冷空气使被冷却食品的温度下降的一种冷却方法，它是一种使用范围较广的冷却方法。

冷风冷却法的效果主要取决于冷空气的温度、相对湿度和流速。冷风的温度可根据选择的贮藏温度进行调节和控制。食品冷却时一般所采用的冷风温度不低于食品的冻结点，以免食品发生冻结，对某些易受冷害的食品如香蕉、柠檬、番茄等宜采用较高的冷风温度。冷却间内的相对湿度对不同种类的食品（特别是有无包装）的影响是不一样的。冷风冷却还可以用来冷却禽、蛋、调理食品等。冷却时通常把被冷却食品放于金属传送带上，可连续作业。

冷风冷却使用最多的是冷却水果、蔬菜。冷风冷却还可广泛地用于不能用水冷却的食品上，近年来，由于冷却肉的销售量不断扩大，肉类的冷风冷却装置也被普遍使用。

冷风冷却的缺点是当冷却间的空气相对湿度较低时，被冷却食品的干耗较大。为了避免冷却间的空气相对湿度过低，冷却装置的蒸发器和室内空气的温度差应尽可能小些，一般以5～9℃为宜，这样蒸发器就必须有足够大的冷却面积。

冷风冷却装置中的主要设备为冷风机。图3－3为几种不同形式的冷风机。

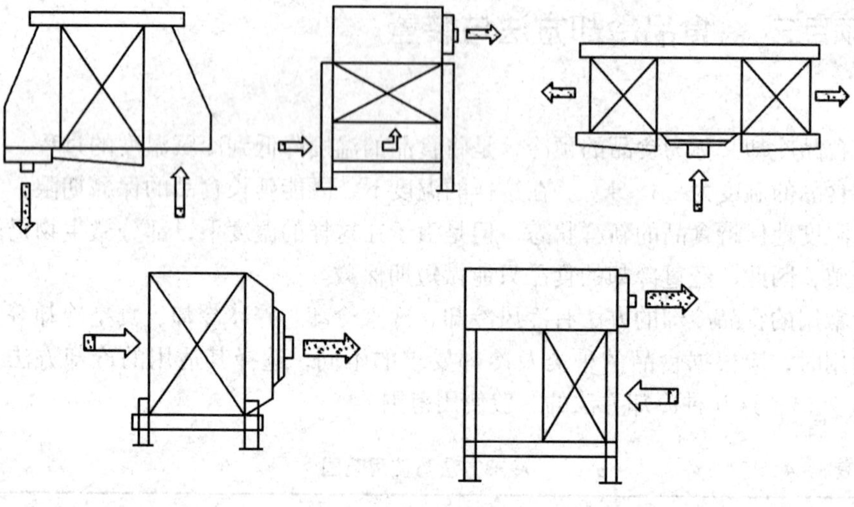

图3－3 冷风机冷却示意图

二、冷水冷却

用水泵将以机械制冷装置（或冰块）降温后的冷水喷淋在食品上进行冷却的方法称为冷水冷却法。冷水冷却可用于水果、蔬菜、家禽、水产品等食品的冷却，特别是对一些易变质的食品更适合。

冷水冷却通常用预冷水箱来进行，水在冷水箱中被其中制冷系统的蒸发器冷却，然后与食品接触，把食品冷却下来。如不设预冷水箱，可把蒸发器直接设置于冷却槽内，此种情况下，冷却池必须设搅拌器，由搅拌器促使水流动，使冷却池内温度均匀。水温应尽可能维持在0℃左右，这是能否获得良好冷却效果的关键。

和空气相比，水作为冷却介质具有较高的质量热容和对流传热系数，所以冷却速度快，大部分食品的冷却时间为10～20min。近年来国外设计了投资费用低廉、长达10m的移动式高效水冷装置，可供冷却芹菜、芦笋、桃、犁、樱桃之用。现代冰蓄冷技术的研究与完善，为冷水冷却提供了更广阔的应用前景。具体做法是在冷却开始前先让冰凝结于蒸发器上，冷却开始后，此部分冰就会释放出冷量。

冷水冷却的主要缺点：食品容易受到微生物污染，比如用冷水冷却家禽，如果有一个禽体染有沙门菌，就会通过冷水传染给其他禽体。因此，对循环使用的冷水应进行连续过滤，使用杀菌剂，并且要及时更换清洁的水。除了使用淡水作为冷却介质外，在渔船上还可以使用海水作为冷却介质以冷却鱼类。图3－4为采用冷水冷却方法冷却的樱桃。

图3－4 冷水冷却的樱桃

冷水冷却有三种形式。

（1）浸渍式 被冷却食品直接浸在冷水中冷却，冷水被搅拌器不停地搅拌，以致温度均匀。

（2）洒水式 在被冷却食品的上方，由喷嘴把冷却了的有压力的水呈散水状喷向食品，达到冷却的目的。

（3）降水式 被冷却的水果在传送带上移动，上部的水盘均匀地像降雨一样地降水，这种形式适用于大量处理。

对于渔获物可以采用冷海水进行冷却，冷海水冷却法是把渔获物保藏在－1～0℃的冷海水中，从而达到贮藏保鲜的目的。此法主要是以机械制冷的冷海水来冷却保藏鱼货，一般注入海水的量与渔货物之比为3∶7。冷海水法可大量处理鱼货，所用劳力少、卸货快、冷却速度快。缺点是有些水分和盐分被鱼体吸收后使鱼体膨胀，颜色发生变化，蛋白质也容易损耗；另外因舱体的摇摆，鱼体易相互碰撞而造成机械伤口等。这种保鲜方法保质期为 10 ~ 14 天，适合于围网作业捕捞所得的中上层鱼类。

三、 碎冰冷却

冰是一种很好的冷却介质，它的比热容仅为水的一半，热导率比水大，特别适宜作为鱼的冷却介质。另外，冰价格便宜、无害，易携带和贮藏。碎冰冷却还能避免干耗现象。

用来冷却食品的冰有淡水冰和海水冰两种。淡水冰可分为机制块冰（块重 100kg/块或 120kg/块，经破碎后用来冷却食品）、管冰、片冰、米粒冰等多种形式。一般淡水鱼用淡水冰来冷却，海水鱼可用海水冰冷却。淡水在 0℃结冰，海水的冰点是一个不确定的温度。海水中含有大量的盐，海水冰点的变化与海水的盐度和密度有密切的关系。海水冰也有多种形式，主要以块冰和片冰为主，用海水冰贮存鱼虾时降温快，可防止变质。

按冰质可分成透明冰和不透明冰。透明冰是因为在冰的形成过程中将水中所溶的空气排除掉，即采取水被不断地搅动、或者在结冰表面流动、或者尽量放慢结冰的速度、或者冷开水，则制取的冰中不含气泡，结的冰是透明的晶体。人造透明冰一般是通过各种人工制冷方式获得的冰。从单位体积释放的冷量来讲，透明冰要高于不透明冰。

渔船用冰有带冰作业方式和带机制冰两种方式。由于每次对出海捕捞量和用冰量只能预估，在实际作业过程中，对于捕捞量不足时，带冰作业的方式会造成购冰浪费的情况，由于每次带冰量有限，鱼捕捞量大或者远距离长期作业的用冰需求，带冰作业方式都有诸多限制和不足。而带机制冰可以根据需求随时制冰，可减少贮冰损耗。另外目前带冰作业基本采购的工业块冰在鱼虾保鲜效果上远远不如海水冰机制成的片冰保鲜效果，尤其对中大型远洋捕捞渔船效果非常明显。因此，随着制冰机技术的完善，渔船常采用带制冰机作业的方式。但要注意，不允许用被污染的海水及港湾内海水来制冰。常用碎冰的体积质量和比体积见表 3 – 5。

表 3 – 5 常用碎冰的体积质量和比体积

碎冰的规格/cm	体积质量/kg/m³	比体积/（m³/t）
大块冰（约 10 × 1.0 × 5）	500	2.0
中块冰（约 4 × 4 × 4）	550	4.82
细块冰（约 1 × 1 × 1）	560	1.78
混合冰（大块冰和细块冰混合从 0.5 ~ 12）	625	1.60

在海上，渔获物的冷却一般有碎冰法（干法）、水冰法（湿法）及冷海水

法三种。

（一）碎冰冷却（干式冷却）

此方法是鱼货保鲜最常用的方法。将鱼的温度降至接近冰的熔点，并在该温度下进行保藏。冰可以采用机制冰或天然冰，最好采用机制冰。冰可以是淡水冰，也可以是海水冰，用海水冰冷却鱼类比用淡水冰好，因海水的熔点低，冰与鱼体的含盐量接近，能抑制酶解作用。加冰时要求在容器的底部和四壁先加上冰，随后层冰层鱼交替，冰粒要细，撒布要均匀。一般鱼层厚度为50~100mm，冰鱼混合物堆装高度一般为75cm，最上面的盖冰冰量要充足，融化的冰水应及时排出以免对鱼体造成不良影响。

（二）水冰冷却（湿式冷却）

水冰法是在有盖的泡沫塑料箱内，用冰加冷海水来保鲜鱼货。海水必须先预冷到-1.5~1.5℃，再送入容器或舱中，再加鱼和冰，鱼必须完全被冰浸盖。用冰量根据气候变化而定，一般鱼与水之比为2:1或3:1。为了防止海水鱼在冰水中变色，用淡水冰时需加盐，如乌贼鱼要加盐3%。淡水鱼则可用淡水加淡水冰保藏运输，不得加盐。

水冰法操作简便，冷却速度快，但浸泡后肉质较软弱，易于变质，故从冰水中取出后仍需冰藏保鲜。此法适用于死后易变质的鱼类，如鲐鱼、竹刀鱼等。

四、真空冷却

真空冷却又称为减压冷却，是根据水分在不同的压力下有不同的沸点而进行冷却物品的。在正常的大气压下，水在100℃沸腾；当压力降低至666.6Pa时，水在1℃就沸腾了。沸点的降低，使水容易汽化。由于汽态水分子比液态水分子具有更高的能量，因此水在汽化时必须吸收汽化潜热，而其汽化潜热又随着沸点的下降而升高。根据这一原理，可以将被冷却物放入能耐受一定负压的、用适当真空系统抽气的密闭真空箱内，随着真空箱内真空度不断提高，水的沸点温度不断降低，水就变得容易汽化，水汽化时只能从被冷却物自身吸收热量，被冷却物便可得到快速的冷却。水的温度与蒸汽压的关系见表3-6。

表3-6　水的温度与蒸汽压的关系

沸腾温度/℃	压力/mmHg	沸腾温度/℃	压力/mmHg
100	760.0	5	6.540
60	149.5	1	4.925
40	55.34	-5	3.011
20	17.53	-10	1.948
10	9.205	-30	0.285

注：1mmHg=133.3224Pa。

真空冷却装置中配有真空冷却槽、制冷装置、真空泵等设备。收获后的蔬菜经过挑选、整理，放入打孔的纸板或纤维板箱内，然后推进真空冷却槽，关闭槽门后，开动真空泵和制冷机。当真空冷却槽的压力降至666.6Pa时，蔬菜表面的水分在1℃的低温下迅速汽化，每千克水变成水蒸气时要吸收2464kJ的热量。这样可使蔬菜的温度迅速下降，而且水分蒸发量很少，不会影响蔬菜新鲜饱满的外观。真空冷却装置如图3－5所示。

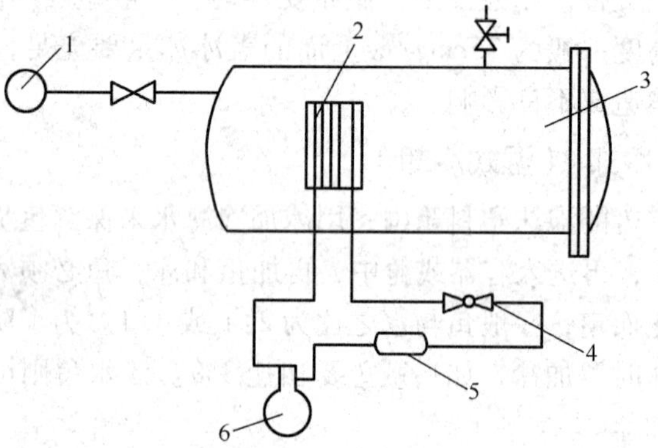

图3－5 真空冷却装置示意

1—真空泵 2—冷却器 3—真空冷却槽

4—膨胀阀 5—冷凝器 6—压缩机

需说明的是图3－5中的制冷装置不是直接用来冷却蔬菜的，而是因为在656.611Pa的压力、1℃的温度下将水变成水蒸气时，水的体积要增大将近20万倍，此时即使采用二级真空泵来抽，消耗很多电能，也不能使真空冷却槽的压力很快降下来，增加制冷装置后，可以使大量的水蒸气重新冷凝成水而排出，保持了真空冷却槽内稳定的真空度。用真空冷却法冷却时，差不多所有的叶菜类都能迅速冷却。如生菜从常温24℃冷却到3℃，冷风冷却需要25h，而真空冷却只需要0.5h。

真空冷却不是适合于所有食品，对表面积大（如叶菜类）的食品的冷却效果特别好。相对于冷风冷却、冷水冷却、碎冰冷却等普通冷却方式，真空冷却具有以下特点：①冷却速度快，冷却均匀。②干净卫生。真空冷却不需要外来传热介质参与，产品不易被污染。③延长产品的货架期和贮藏期。真空冷却缩短了产品在高温下停留的时间，有利于产品品质的保存，提高了保鲜贮藏效果。④运行过程中能量消耗少。真空冷却不需要冷却介质，是自身冷却过程，没有系统与环境之间的热量传送。⑤操作方便。⑥冷却过程干耗大。若在食品上事先喷淋水分，则干耗非常低。

真空冷却初期设备投资大，成本高，常用于大型的农产品生产基地和食品企业。目前只能是间歇式操作，不能实现连续化生产，生产效率低。

五、 其他冷却方法

（一） 热交换器冷却

这种冷却形式用于液体的散装处理，如牛乳、液体乳制品、冰淇淋混合物、葡萄汁等。热量通过固体壁从液体食品传递给循环的冷却介质。冷却介质可以是制冷剂或载冷剂。冷却介质应无毒，对食品及环境无污染，对金属无腐蚀。

（二） 金属表面接触冷却

金属表面接触冷却装置是连续流动式的，它装着一条环形的厚约1mm 的钢质传送带，在传送带下方冷却或直接用水、盐水喷淋，也可以滑过固定的冷却面而冷却。这种冷却形式的冷却速度高，甚至可以将半流质的食品在传送带上进行冷却。图3－6 为钢带式冷却装置示意图。

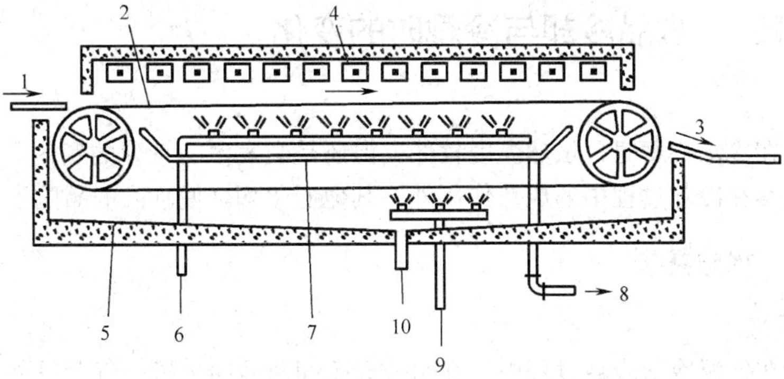

图3－6　钢带式冷却装置示意

1—进料口　2—钢质传送带　3—出料口　4—空气冷却器
5—隔热外壳　6—盐水入口　7—盐水收集器　8—盐水出口
9—洗涤水入口　10—洗涤水出口

（三） 低温介质冷却

这种冷却形式主要用液体的 CO_2 和 N_2 进行冷却。液体 CO_2 在通过小孔径板膨胀时，变为气固两相的混合物，干冰能产生很快的冷却效果，而且转换时没有残留物。这种方法可用于碎肉加工、糕点类食品的散装冷却等。图3－7 为液氮浸渍冷却装置示意图。

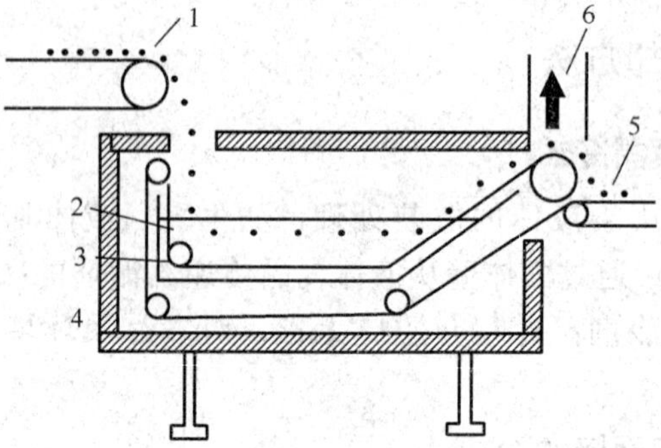

图3－7 液氮浸渍冷却装置示意

1—进料口 2—液氮 3—传送带

4—隔热箱体 5—出料口 6—氮气出口

项目四 食品冷却与冷藏时的变化

食品在冷却贮藏时，虽然温度较低，但还是会发生一系列的变化。所有的变化中除肉类在冷却过程中的成熟作用外，其他变化均会使食品的品质下降。

一、 水分蒸发

1. 定义

食品在低温冷却冷藏过程中，其水分会不间断地向环境空气蒸发而逐渐减少导致质量减轻，这种现象就是水分蒸发，俗称干耗。

2. 产生原因

因水分蒸发而引起干耗是自然现象，其过程如下：当冷库中的冷空气通过食品时，不仅带走热量，同时也蒸发食品表面的水分，因而温度增高，湿度增大。其后，这部分空气循环到制冷机组的蒸发管时，空气中的水分在蒸发管上遇冷凝结成霜，恢复为干空气，又被鼓风机吹向食品，重复其冷却和蒸发过程。如此循环，逐渐使食品质量减轻，组织萎缩，色泽变暗。但也有的果蔬适当的蒸发水分反而有利于防止微生物的侵袭，增强抗病性，减轻生理病害。肉类食品在冷却贮藏中也会因水分蒸发而发生干耗，使肉的表面收缩、硬化，形成干燥皮膜，肉色也有变化。鸡蛋在冷却贮藏中，因水分蒸发而造成气室增大，使蛋内组织挤压在一起而造成质量下降。

3. 食品干耗的方式

食品干耗有两种方式，即自由干耗和包装中的干耗。自由干耗是指无包装的食品直接与空气接触时产生的干耗；包装干耗是指因包装中存在空气而引起的干耗。为了减少水果、蔬菜类食品冷却时的干耗量，可采取以下措施：①通过喷雾或引入蒸汽以增加环境空气的湿度；②增大冷库中蒸发器的面积，以缩小蒸发器和冷库的温度差；③适当降低冷空气的流速，以减少水分蒸发；④在柑橘类水果上涂蜡或其他涂层；⑤将食品装入塑料袋、盒或纸箱等措施。

表3－7是根据水分蒸发特性对果蔬类食品进行的分类。肉类水分蒸发的量与冷却室内的温度、湿度及流速有密切关系，还与肉的种类、单位质量表面积的大小、表面形状、脂肪含量等有关。动物性食品如肉类在冷却贮藏中因水分蒸发造成的干耗情况如表3－8所示。

表3－7　　果蔬类食品的水分蒸发特性

水分蒸发特性	水果、蔬菜的种类
A型（蒸发小）	苹果、橘子、柿子、梨、西瓜、葡萄、马铃薯、洋葱
B型（蒸发中）	白桃、栗子、无花果、番茄、甜瓜、莴苣、萝卜
C型（蒸发大）	樱桃、杨梅、龙须菜、叶菜类、蘑菇

表3－8　　冷却及贮藏中肉类胴体的干耗

（$t=1℃$，$\Phi=80\%\sim90\%$，$v=0.2m/s$）　　单位：%（质量分数）

时间	牛	小牛	羊	猪
12h	2.0	2.0	2.0	1.0
24h	2.5	2.5	2.5	2.0
36h	3.0	3.0	3.0	2.5
48h	3.5	3.5	3.5	3.0
8d	4.0	4.0	4.5	4.0
14d	4.5	4.6	5.0	5.0

二、冷害

1. 定义

在冷却贮藏时，有些水果、蔬菜的品温虽然在冻结点以上，当贮藏温度低于某一界限温度时，果蔬正常的生理机能遇到障碍，失去平衡，这种现象称为冷害。

2. 冷害的特点

（1）水果蔬菜冷害损伤的程度与低温的程度和持续时间的长短密切相关。在冷害温度下贮存温度越低，持续时间越长，冷害症状越严重。

（2）冷害还可以积累。采前持续的低温（处于冷害临界温度以下）会造成采后冷害的发生，因此果蔬类在田间遭霜打后不耐贮藏，严重的很快表现出冷害症状，导致腐烂。

3. 冷害的影响因素

（1）种类　不同种类的水果蔬菜对冷害的敏感性有较大的差异。一般来讲，产地在热带、亚热带的水果蔬菜及地下根茎类蔬菜对低温比较敏感，容易发生冷害。

（2）成熟度　不同成熟度的果蔬对冷害的敏感性不同，一般提高产品的成熟度可以降低其敏感度。

（3）冷藏温度和冷藏时间　冷藏温度和冷藏时间与冷害发生存在内在的相关性。水果蔬菜在低于界限温度的环境中放置一段时间冷害才能显现，短时间放入冷藏库中，即使是在界限温度以下，也不会出现低温冷害症状。冷害症状出现最早的品种是香蕉，而黄瓜、茄子一般则需要 10～14 天的时间。冷害症状随品种的不同而各不相同，最明显的症状是表皮出现软化斑点和核周围肉质变色，像西瓜表面凹进、鸭梨的黑心病、马铃薯的发甜等。表 3－9 列举了一些水果、蔬菜发生冷害的界限温度与症状。

表 3－9　一些水果、蔬菜发生冷害的界限温度与症状

果蔬种类	冷害临界温度/℃	冷害症状
香蕉（绿熟或成熟）	11.5～13	完熟时果色暗绿，中央胎座硬化
芒果	10～13	果皮呈灰色，烫伤状失色，不能正常完熟
菠萝	7～10	完熟时果色暗绿，果肉呈水渍状
柑橘	3	果皮凹陷，出现褐色斑
柠檬	11～13	果皮凹陷，有红褐色斑点，膜状污斑
油橄榄	7	内部褐变
石刁柏	0～2	颜色暗淡，呈灰绿色，顶端柔软
茄子	7	表面呈烫伤状，出现交链孢菌病斑，种子变黑
黄瓜	7	果皮凹陷，水渍状斑点，腐烂
西瓜	4.5	果皮凹陷，散发臭味
硬皮甜瓜	2～5	果皮凹陷，果皮腐烂
蜜露甜瓜	7～10	果皮呈红褐色，失色，果皮腐烂，不能正常成熟
秋葵	7	失色，成片呈水渍状
甜椒	7	果皮凹陷，花萼上出现轮纹病斑，种子变黑
马铃薯	3	内部褐变，稍甜
番茄（成熟的）	7～10	水渍状，软化，腐烂
番茄（绿熟）	10～12	完熟时果色不佳，轮纹病斑
西葫芦、南瓜	10	腐烂，出现轮纹病斑
甘薯	13	腐烂，表面凹陷，内部变色，煮熟后硬心
油梨	4.5～13	果皮呈灰褐色
番木瓜	7	果皮凹陷，果肉呈水渍状，不能正常完熟，无香味

另有一些水果、蔬菜，在外观上看不出冷害的症状，但冷藏后再放到常温

中，就丧失了正常的促进成熟作用的能力，这也是冷害的一种。如香蕉，如放入低于11.7℃的冷藏室内一段时间，拿出冷藏室后表皮变黑成腐烂状，俗称“见风黑”，而生香蕉的成熟作用能力则已完全失去。

在冷却冷藏过程中，果蔬要防止两种情况的发生：一是贮藏环境绝对温度过低；二是贮藏环境温度忽冷忽热，温差太大。

三、生理作用

水果、蔬菜在收获后仍是有生命的活体。为了运输和贮存的便利，果蔬一般在尚未完全成熟时收获，因此收获后还有个后熟过程。果蔬的呼吸对贮藏既有有利的一面，也有不利的一面。果蔬在呼吸中必然产生能量，除维持果蔬自身的生命活动外，一部分以热能的形式释放出来，即呼吸热，它使果蔬体温增高，进而又促进呼吸作用，导致体内有机物消耗更快，使果蔬贮藏期缩短。同时，果蔬在呼吸过程中会产生乙烯，乙烯除刺激呼吸作用外，对果蔬品质也有很大影响。乙烯能促进淀粉转化为可溶性糖，使果蔬变甜；促进果胶酶活性增加，使原果胶含量下降，水溶果胶含量增加，果蔬变软；使叶绿素减少，有机物增加。

因此，果蔬在冷却与冷藏过程中，水果、蔬菜的呼吸作用、后熟作用仍在继续进行，体内各种成分也不断发生变化。对于大多数水果来说，随着果实由未熟向成熟过渡，果实内的糖酸比更加合适，食用口感变好，同时果蔬的一些营养成分如维生素C会有一些损失，颜色、硬度等也会有所变化。

四、移臭（串味）

所谓串味就是指吸附性较强的物品吸附其他气体、异味，从而改变了本来气味的变化现象。这与其表面状况、与异味物质的接触面积的大小、接触时间的长短，以及环境中的异味浓度有关。例如，洋葱与苹果放在一起冷藏，洋葱的臭味就会传到苹果上去。这样，食品原有的风味就会发生变化，使食品品质下降。有时冷藏室内放过具有强烈气味的物质后，室内留下的强烈气味会传给接下来放入的食品。如放入洋葱后，虽然洋葱已出库，但其气味会传给随后放入的苹果。

因此库房在管理上要做到专库专用，或在一种食品出库后严格消毒和除味。另外，冷藏库还具有一些特有的臭味，俗称冷藏臭，这种冷藏臭也会传给冷却与冷藏的食品。

五、成熟作用

刚屠宰的动物的肉是柔软的，并具有很高的持水性；经过一段时间放置后，就会进入僵硬阶段，此时肉质变得粗硬，持水性也大大降低；继续延长放置时间，在一定的温度、湿度和风速下肉中的乳酸成分会分解为二氧化碳、水和酒精，然后挥发掉，同时细胞内的大分子三磷酸腺苷在酶的作用下分解为鲜味物质肌苷酸（次黄嘌呤核苷酸）IMP（味精的主要成分），肉就会进入解硬阶段，此时，肉质又变软，持水性也有所恢复；进一步放置，肉质就进一步柔软，口味、风味也有极大的改善，肉的酸碱度被改变，新陈代谢产物被最大程度地分解和排出，从而达到无害化，同时改变了肉的分子结构，有利于人体的吸收和消化，即肉达到了最佳食用状态。这一系列变化是肉体内进行的一系列生物化学变化和物理化学变化的结果，这一过程称为肉的成熟，又称“肉的后熟”。

由于动物种类的不同，成熟作用的效果也不同。对猪、家禽等肉质原来就较柔嫩的品种来讲，成熟作用不十分重要。但对牛、绵羊、野禽等，成熟作用就十分重要，它对肉质的软化与风味的增加有显著的效果，提高了它们的商品价值。但是应该指出的是，成熟作用如果进行得过分的话，肉质就会进入腐败阶段。一旦进入腐败阶段，肉类的商品价值就会下降甚至失去。

六、脂类的变化

冷却冷藏过程中，食品中所含的油脂在高温、高湿和通风不良的情况下，可因微生物、酶、空气中氧的作用，发生水解、脂肪酸的氧化、聚合等复杂变化，其反应生成的相对分子质量较小的醛和酸的复杂混合物，使食品的风味变差、味道恶化，使食品出现变色、酸败、发黏等现象。这种变化进行得非常严重时，就被人们称之为“油烧”，使食品的质量下降。肉类在冷却初期水分蒸发得特别快，会在肉的表面形成干化层，加剧脂肪的氧化。

脂肪的酸败有两种类型，即水解酸败和氧化酸败。水解酸败是由于酶类等因素的作用而引起的，它在冷却与冷藏食品中缓慢的进行，使脂肪逐渐被分解成游离脂肪酸。而游离脂肪酸可作为催化剂，促进脂肪氧化酸败。氧化酸败通常是指脂肪自动氧化，此外还包括酶引起的氧化、风味劣变及乳脂和乳制品的氧化气味等不同形式。自动氧化是常见于各种含脂食品加工与贮藏过程中的劣质现象。

七、淀粉老化

普通淀粉大致由20%的直链淀粉和80%的支链淀粉构成，这两种成分形成微小的结晶，这种结晶的淀粉称β-淀粉。淀粉在适当温度下，在水中溶胀分裂形成均匀的糊状溶液，这种作用称糊化作用。糊化作用实质上是把淀粉分子间的氢键断开，水分子与淀粉形成氢键，形成胶体溶液。糊化的淀粉又称为α-淀粉。食品中的淀粉是以α-淀粉的形式存在的。但是在接近0℃的低温范围内，糊化了的α-淀粉分子又自动排列成序，形成致密的高度晶化的不溶性淀粉分子，迅速出现了淀粉的β-化，这就是淀粉的老化。老化后的淀粉与水失去亲和力，不仅口感变差，消化吸收率也随之降低。

防止和延缓淀粉老化的措施有以下几种。

（1）温度　老化的最适宜温度为2～4℃，高于60℃低于-20℃都不发生老化。

（2）水分　食品水分活度在30%～60%淀粉易发生老化现象，水分活度在10%以下的干燥状态或超过60%的食品，则不易产生老化现象。

（3）酸碱性　在pH 4以下的酸性或碱性环境中，淀粉不易老化。

（4）表面活性物质　在食品中加入脂肪甘油脂、糖脂、磷脂、大豆蛋白或聚氧化乙烯等表面活性物质，均有延缓淀粉老化的效果，这是由于它们可以降低液面的表面张力，产生乳化现象，使淀粉胶束之间形成一层薄膜，防止形成以水分子为介质的氢的结合，从而延缓老化时间。

（5）膨化处理　谷物或淀粉制品经高温、高压的膨化处理后，可以加深淀粉的α-化程度，实践证明，膨化食品经放置很长时间后，也不发生老化现象。淀粉老化的过程是不可逆的。淀粉老化作用的控制在食品工业中有重要的意义。

八、微生物增殖

食品中的微生物若按温度划分可分为低温细菌、中温细菌、高温细菌。在冷却、冷藏状态下，微生物，特别是低温微生物，它的繁殖和分解作用并没有被充分抑制，只是速度变得缓慢了一些，其总量还是增加的，如时间较长，就会使食品发生腐败。

低温细菌的繁殖在0℃以下变得缓慢，但如果要它们停止繁殖，一般来说温度要降到-10℃以下，对于个别低温细菌，在-40℃的低温下仍有繁殖现象。图3-8所示是食品中毒细菌与低温细菌的繁殖温度区域示意图。

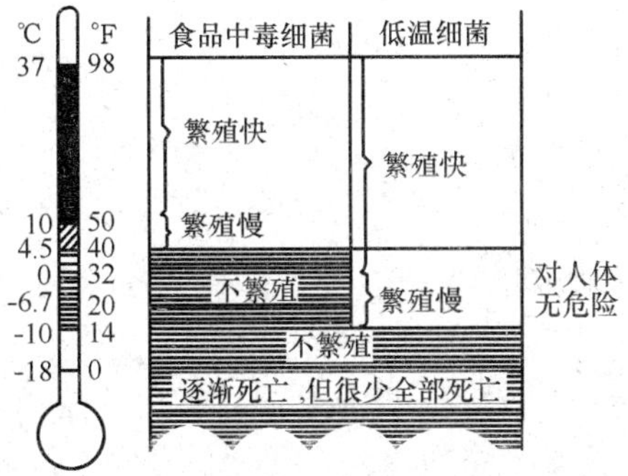

图3-8　食品中毒细菌与低温细菌的繁殖温度区域

九、寒冷收缩

寒冷收缩是牛、羊及仔鸡等肉类在冷却过程中常遇到的生化变质现象。如果牛、羊及仔鸡肉等在pH尚未降低至5.9～6.2，即在僵直之前，就将其温度降低到10℃以下，肌肉会发生显著收缩现象，这种现象称寒冷收缩。寒冷收缩与死后僵直等肌肉收缩有显著的区别，属于异常收缩。此过程不可逆。寒冷收缩的肉类，即使经过专门的成熟和烹煮，肉质也不会十分软化，仍然十分牢韧。

防止肌肉寒冷收缩，可采取下列两个措施：第一，增加冷却前的 ATP 和糖原的分解；第二，阻止肌肉纤维的收缩。

在实际冷却操作中，建议牛、羊胴体表面肌肉组织下 30mm 处的温度至少在死后 14h 内不应降到 10℃以下；对于小牛、青年公牛等牛肉应在死后 24h 以后，才降至 10℃以下。

模块小结

将食品的温度降低到接近食品的冰点，但不冻结的一种冷加工方法称为食品的冷却。食品冷却后的贮藏称为冷却冷藏。冷却是冷藏的必要前处理，有些冻结食品在冻结前也要先进行冷却。

在食品冷却冷藏过程中，与食品接触并将食品热量带走的介质，称为冷却介质。食品在冷却中可采取的冷却介质有气体冷却介质、液体冷却介质和固体冷却介质。食品冷却常采用的方法有冷风冷却、冷水冷却、碎冰冷却、真空冷却等。

食品在冷却贮藏时，虽然温度较低，但还是会发生水分蒸发、生理作用、成熟作用、淀粉老化、低温冷害、寒冷收缩、串味等一系列的变化。所有的变化中除肉类在冷却过程中的成熟作用外，其他变化均会使食品的品质下降。

思考练习

一、名词解释

干耗；食品的冷却；串味。

二、填空题

1. 食品在冷却贮藏时会发生一些变化，这些变化主要包括____________、__________、__________、__________等。

2. 真空冷却又称为________。因为水分在不同的压力有不同的__________，只要改变压力，就可以改变水分的__________，真空冷却装置就是根据这个原理设计的。

3. 寒冷收缩是畜禽屠宰后在未出现__________前快速冷却造成的，其中以__________肉和__________肉较严重。

三、判断并改正

1. 淀粉的老化速度与食品的贮藏温度没有关系。(　　)

2. 食品的冷却是将食品的温度降低到食品的冰点以下，但不冻结的一种冷加工方法。(　　)

四、简答题

1. 为什么冷却肉不宜长期贮藏?

2. 食品冷却的目的是什么?

3. 防止和延缓淀粉老化的措施有哪些?

4. 食品发生低温冷害时的特点是什么? 食品发生低温冷害的影响因素有哪些?

【实训一】 果蔬汁冰点的测定

一、 实训目的

通过本次实训使学生学习和掌握液体冰点的测定方法；进一步认识食品适宜的贮运温度及冻结温度与食品冰点的关系。

二、 实训原理

在低温条件下，液体温度随时间下降，当降至该液体的冰点时，由于液体冻结热的物理效应，温度不随时间下降，过了该液体的冰点，温度又随时间下降。据此，测定液体的温度与时间的关系曲线，其中温度不随时间下降的一段所对应的温度，即为该液体的冰点。冰点是食品重要的物理性状之一，对于许多果蔬而言，测定冰点有助于确定其适宜的贮运温度及冻结温度。

三、 主要设备与材料

(1) 设备 纱布、烧杯、玻璃棒、钟表、标准温度计（测定范围 -10 ~ 10℃)、冷盐水（-6℃以下，适量)、手持榨汁器、烧杯、玻璃棒、纱布、钟表。

(2) 原料 水果、蔬菜的汁液。

四、 实训内容

1. 方法与步骤

(1) 榨取汁液 取适量待测样品在捣碎器中捣碎，榨取汁液，用两层纱布过滤，滤液盛于小烧杯中，滤液的量要足够浸没温度计的水银球部位。

(2) 记录前的准备工作 将烧杯置于冰盐水中，插入温度计，温度计的水银球部必须浸入到汁液中，并不断搅拌汁液，待测果蔬汁液的温度随时间不断下降。

(3) 记录 当待测果蔬汁液的温度降至2℃时，开始记录温度随时间变化的数值，每30s记录一次。

2. 实训结果分析

根据记录结果，绘制出待测果蔬汁液温度随时间变化的曲线图，曲线平缓处相对应的温度即为汁液的冰点温度。

五、注意事项

（1）当待测果蔬汁液的温度降至冰点以下时，由于液态结冰发生相变释放潜热的物理效应，汁液仍不结冰，出现过冷现象。之后温度突然上升至某一点，并出现相对稳定，持续时间几分钟。此后果蔬汁液温度再次缓慢下降，直至果蔬汁液大部分结冰。

（2）在待测果蔬汁的温度随时间变化的曲线图中，冰点之前的最低点为过冷点，过冷点因冰盐水的温度不同而有差异。

六、实训报告

根据实训操作的步骤，书写实训报告。根据待测果蔬汁的温度随时间变化的曲线图找出待测果蔬汁的冰点。

【实训二】 冷藏品低温冷害的表现

一、实训目的

通过本次实训使学生熟悉冷藏品发生低温冷害的症状及表现；掌握冷藏品发生低温冷害的影响因素；掌握冷藏品在低温冷藏时防止低温冷害的方法；了解冷藏品低温冷藏的方法。

二、主要设备与材料

待冷藏的水果、蔬菜、冷却物冷藏间。

三、实训内容

（1）采集　在市场上买一定数量的待冷藏的果蔬，为了使实验的效果更清晰，可取用一些不同成熟度的水果、蔬菜。

（2）挑选分级　水果、蔬菜在采集后应进行挑选分级，剔除不合格的，畸形的以及坏、烂、伤的果蔬。分级后，果蔬的品质、色泽、大小、成熟度、风味、清洁度、损伤程度等基本上一致，以便于包装、贮藏。

（3）包装　包装容器兼有盛装和保护两种作用，因而要求其材料质轻而坚固，可耐重压，没有异味，价廉易得。用于水果、蔬菜包装的主要材料应依透气率要求选择透气膜或在膜上适当打孔，以满足果蔬的呼吸需要。包装果品时，一般在包装里衬垫缓冲材料，质地脆嫩的蔬菜容易挤伤，不易选择过大的容器。

（4）入库前的准备工作　入库前的检查，对有柄的水果在装框或装箱时应特别注意，勿将果柄压在周围的果实上，以免碰坏其他水果的果皮。果蔬无论箱装还是筐装，最好采用“骑缝式”或“并列式”，地面上要用垫木垫起。

四、注意事项

（1）冷藏品发生低温冷害的程度并不是随温度的降低而增加的。如某些李桃和葡糖柚类在3℃或5℃或7℃时最容易发生冷害，而在其他温度下则不宜发生。

（2）水果蔬菜在低于界限温度的环境中放置一段时间冷害才能显现，短时间放入冷藏库中，即使是在界限温度以下，也不会出现低温冷害症状。

（3）有一些水果、蔬菜，在低温环境中外观上看不出冷害的症状，但冷藏后再放到常温中，就丧失了正常的促进成熟作用的能力，这也是冷害的一种。

五、实训报告

根据实训过程写出实训报告，对冷藏品冷却冷藏过程的要点进行记录，就冷藏品发生低温冻害的质量变化进行分析评定。

模块四 食品的冻结与冻藏

知识目标

1. 了解食品冻结时的热负荷计算。
2. 了解食品冻结时的特点。
3. 掌握冻结食品的 T. T. T 理论的内容及应用。
4. 掌握食品在冻结、冻藏过程中的物理、化学变化。
5. 掌握食品常用冻结装置的工作原理。
6. 掌握食品解冻的目的及常用的解冻方法。

能力目标

1. 能够确定食品的冰点并正确绘制出食品的冻结曲线图。
2. 能够利用冻结食品的 T. T. T 理论计算出食品的贮藏期。
3. 能够确定食品的冻藏温度及冻藏期。

食品的冻结与冻藏是将食品的温度下降到使食品中绝大部分的水形成冰晶，达到食品长期贮藏的目的。主要包括食品的冻结和冻藏两个过程。

凡将食品中所含的水分绝大部分转变成冰的过程，称食品的冻结。冻结的食品放在使食品不解冻的低温下保藏的过程称为食品的冻藏。

项目一 食品的冻结过程

一、食品冻结时产生冰结晶的条件

（一）食品冻结的规律和特点

食品冻结的原理就是将食品的温度降低到其冻结点以下，使微生物无法进行生命活动、生物化学反应速率减慢，达到食品能在低温下长期贮藏的目的。

食品冻结首先应尽一切可能保持其营养价值和美味，也就是使在冻结过程中所产生的各种变化达到最大的可逆性。非活体食品的贮藏温度越低，其贮藏期越长。在冷藏条件下，动物性食品只能存放1~2周；如果温度降低至冻结点以下，国际上推荐-18℃以下，动物性食品呈冻结状态，就能做长期贮藏，并且符合温度越低、品质保持越好、实用贮藏期越长的原则。

（二）食品冻结时产生冰结晶的条件

冰结晶是表现冻结过程的最基本的实质。当食品中所含水分结成冰结晶时，既有热量从食品中传出，同时食品的温度也随之降低。图4-1为食品冻结时中心温度变化的曲线图。

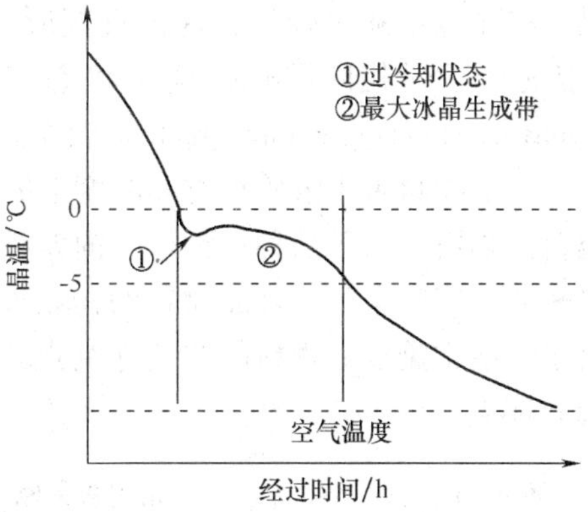

图4-1 冻结时食品中心温度的变化

从物质的分子结构来看，液体是介于气体和固体之间的。当液体温度降低至冰结点时，液相与结晶相处于平衡状态。要使液体变成冰结晶体，就必须破坏这种平衡状态，也就是使液体温度降至稍低于冰结点的温度，造成液体的过冷。由此可见，过冷现象是使液体中产生冰结晶的先决条件。

食品在冻结过程中，随着冻结时间的延长，冰晶将不断地发展，使食品内部的热量不断导出而在其内部产生冰结晶。总之，食品冰结晶形成的条件主要包括以下三点。

1. 液体过冷

当液体的温度降至冻结点时，液相与结晶相处于平衡状态。要使液相向结晶相转变，必须降温至稍低于冻结点，造成液体的过冷。过冷现象是冰结晶的先决条件。

2. 晶核形成

当液体处于过冷状态时，由于某种刺激作用会产生结晶中心，形成晶核。例如，溶液内局部温度过低，水溶液中的气泡、微粒及容器壁等。

3. 冰结晶生长

晶核形成后，冷却的水分子向晶核移动，凝结在晶核或冰结晶的表面，造成冰结晶生长。

二、食品的冻结点

食品中的水包括结合水和自由水。食品中的结合水与蛋白质、碳水化合物等胶体物质结合在一起。在冻结过程中这部分结合水不会转变成冰结晶，属于不冻结水。食品中的自由水并非纯水，而是溶有溶质的稀溶液，由于稀溶液中溶质的作用，造成溶液的蒸气压下降，使得食品开始结冰的冰点温度比水的冻结点0℃要低（拉乌尔定律）。根据拉乌尔定律第二法则，溶液冻结点降低与溶质浓度成正比，每增加1mol/L浓度冰点下降1.86℃。

冻结点（freezing point）是指一定压力下液态转向固态的温度点。低于冻结点的这一温度被称为过冷点，冻结点和过冷点之间的温度差为过冷度。冻结点和过冷点之间的水处于亚稳态（过冷态），极易形成冰结晶。冰结晶的形成包括冰晶的成核和冰晶的成长过程。

一般所指的溶液或食品物料的冻结点是它们的初始冻结温度。溶液或食品物料冻结时在初始冻结点开始冻结，随着冻结过程的进行，水分不断地转化为冰结晶，冻结点也随之降低，这样直至所有的水分都冻结，此时溶液中的溶质、水（溶剂）达到共同固化，这一状态点（*B*）被称为低共熔点（eutectic point, cryohydric freezing point）或冰盐冻结点。

食品物料由于溶质种类和浓度上的差异，其初始冻结点会不同。即使是同一类食品物料，由于品种、种植、饲养和加工条件等的差异，也使其初始冻结点不尽相同。实际上一些食品物料的初始冻结点多表现为一个温度范围。表4-1列出了一些常见食品物料的初始冻结点。表4-2则列出了一些溶液和食品物料的低共熔点。

表4-1　常见食品物料的初始冻结点

食品物料种类	初始冻结点/℃	食品物料种类	初始冻结点/℃
蔬菜	-2.8～-0.8	鱼类	-2.0～-0.5
水果	-2.7～-0.9	牛乳和鸡蛋	约-0.5
鲜猪、牛、羊肉	-2.2～-1.7		

表4-2　一些溶液和食品物料的低共熔点

食品物料种类	低共熔点/℃	食品物料种类	低共熔点/℃
葡萄糖溶液	-5	冰淇淋	-55
蔗糖溶液	-9.5	蛋清	-77
牛肉	-52		

三、食品的冻结曲线和最大冰晶生成带

（一）食品的冻结曲线

通常把在冻结过程中食品温度随冻结速度和时间变化的曲线称为食品冻结曲线。冻结曲线一般是指食品热中心的温度变化曲线。所谓食品的热中心，是指冻

结过程中食品内部温度最高的坐标点。对于均质和各向同性的食品，热中心就是几何中心。

食品冻结时的曲线是根据冻结速度而变化的，但不论快速或慢速冻结，在冻结过程中，温度的下降可分为三个阶段。

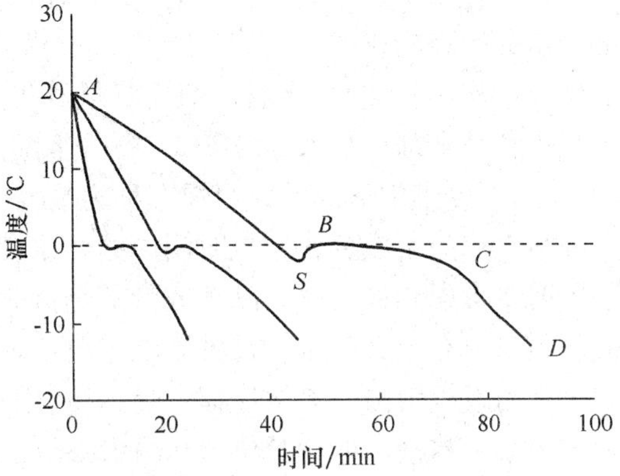

图 4－2 不同冻结速率的食品物料冻结曲线

图 4－2 为食品物料在不同冻结速率下的冻结曲线。图中，*A*→*S*：冷却过程，只除去湿热，*S* 为过冷点，多数样品都有过冷现象出现，但不一定很明显。过冷点的测定取决于测温仪在样品中的位置及测温仪的敏感度。样品组织表面的过冷程度较大，一般缓冻及测温仪深插难测出过冷点，若过冷温度很小或过冷时间很短，测定时需要用灵敏度很高的测温仪才能测得。*S*→*B*：结晶放热，温度回升到初始冻结点 *B*。*B*→*C*：大部分水（约3/4）在此阶段冻结，需要除去大量的潜热，*BC* 段为有一定斜率的平衡带，在此段的初始阶段水分近乎以纯水的方式形成冰结晶，后阶段则有复杂的结晶物形成。*C*→*D*：由于大部分水分已冻结，此时去除一定量的热能使样品的温度下降较多，样品中仍有一些可冻结的水分。只有当温度已达到低共熔点温度，所有自由水分才全部冻结。表 4－3 反映了冰淇淋中冻结水分比例和温度的关系。

表 4－3　　冰淇淋中冻结水分比例和温度的关系

冻结水分/%	温度/℃	冻结水分/%	温度/℃
0	－2.5	40	－4.2
5	－2.6	45	－4.6
10	－2.7	50	－5.2
15	－2.9	55	－5.9
20	－3.1	60	－6.8
25	－3.3	70	－9.5
30	－3.5	80	－14.5
35	－3.9	90	－30.2

注：冰淇淋的成分为，脂肪 12.5%，乳清固形物 10.5%，糖分 15%，稳定剂 0.3%，水 61.7%。

从图 4－2 可看到，冻结速率加大使冻结曲线各阶段变得不易区分，速率很大时，曲线几乎为一直线，显示不出稳定的平衡状态。

（二） 最大冰晶生成带

对许多食品来说，当其温度为 -5℃时，结冰率已经达到80%，即食品中绝大部分水分已经变成冰。从感官上看，-5℃的食品已经处于冻结状态，具有很高的硬度。从 -5℃继续降温，即使降低到使全部自由水分冻结的极低温，结冰量也只占食品全部自由水分的20%左右。因此，食品冻结时绝大部分冰是在 $-5 \sim -1$℃这一温度带中形成的，习惯上称为最大冰晶生成带。

在最大冰晶生成带，单位时间内的结冰量最多，热负荷最大，在选择食品冻结装置时要考虑到最大冰结晶生成带的热负荷。此外，最大冰晶生成带对于冻结食品的质量也有很大影响。这种影响主要表现在如下方面。

①食品组织结构在冻结过程中受到损伤的程度取决于冰结晶的形成情况（如冰晶的大小、数量、形状及位置），而冰结晶的形成情况又取决于通过最大冰晶生成带的时间长短。一系列的研究表明，通过最大冰晶生成带的时间越短，食品的质量就越好。

②肉鱼中的肌肉蛋白质，尤其是肌球蛋白，发生冻结变性速度最快的温度区间为 $-3 \sim -2$℃，恰好处于最大冰晶生成带内。为了减轻肌球蛋白的冻结变性，应该迅速通过最大冰晶生成带。

③对 α - 淀粉来说，发生 β - 化变化最快的温度区间为 $-1 \sim 1$℃，在 $-5 \sim -1$℃的温度范围，β - 化的速度仍然很快。因此，对于含有 α - 淀粉的烹调冷冻食品来说，迅速通过最大冰晶生成带也是很重要的。

④有些低温性微生物在 $-5 \sim -1$℃温度下仍能发育。为了抑制这一部分微生物的发育，有必要迅速通过最大冰晶生成带，使食品的温度尽快降低至 -12℃以下。

四、 食品冻结的热负荷

食品冻结时的热负荷，即食品在冻结过程中放出的热量，即冻结食品所消耗的冷量，它是冻结装置热负荷的主要构成部分，是设计和选择冻结装置的重要依据。

食品在冻结过程（包括冷却阶段）中放出的热量主要包括两个方面：食品由于冷却、冻结放出的显热和潜热；由于呼吸作用而放出的呼吸热（只在食品尚保持生机活动时才有呼吸热放出）。

1. 非生体食品的冻结热负荷

（1）高于冰点的初温冷却至冰点放出的热量为：

$$Q_1 = Gc_{高}\ (t_{初} - t_{冰}) \tag{4-1}$$

式中 G——冻结加工食品的质量，kg；

$c_{高}$——未冻结食品的比热容，kJ/（kg·℃）；

$t_{初}$——食品的初温,℃;

$t_{冰}$——食品的冰点,℃。

（2）冻结过程中水结冰放出的潜热。为方便计算，假设食品冻结中形成的冰都是在冰点温度下形成的。

$$Q_2 = Gamr \quad (4-2)$$

式中 a——食品的初始含水率,%;

m——食品冻结结束时，在平均温度下的结冰率,%;

r——水的结冰潜热，$r=335$kJ/kg。

（3）冰点温度下降至冻结结束时的平均温度放出的热量为：

$$Q_3 = Gamc_{冰}(t_{冰} - t_{冻平}) \quad (4-3)$$

式中 $c_{冰}$——冰的比热容，为2.1，kJ/（kg·℃）；

$t_{冻平}$——食品的平均冻结终温,℃。

（4）未冻结水分从冰点降至平均冻结终温放出的热量为：

$$Q_4 = Ga(1-m)c_{水}(t_{冰} - t_{冻平}) \quad (4-4)$$

式中 $c_{水}$——水的比热容，为4.187kJ/（kg·℃）。

（5）食品中的干物质从冰点降至平均冻结终温放出的热量为：

$$Q_5 = G(1-a)c_{干}(t_{冰} - t_{冻平}) \quad (4-5)$$

式中 $c_{干}$——食品中干物质的比热容，动物性食品为1.38～1.68kJ/（kg·℃），植物性食品低于0.9kJ/（kg·℃）。

以上五项热量之和即为食品在冻结过程中放出的热量。

（6）冻结过程中传质使冻结设备额外增加的热负荷　每有1kg水分从食品表面蒸发并在冻结设备表面结霜析出，将额外使冻结设备增加335kJ的热负荷。

食品在冻结过程中，只是冷却阶段中的水分汽化为水蒸气在冻结设备表面凝结为霜，才会使冻结设备的热负荷额外增加。设食品在整个冻结过程中传递的水分量为ΔG，其中50%是在冷却阶段传递的，则传质使冻结设备额外增加的热负荷为：

$$Q_6 = 0.5 \times \Delta G \times 335 = 168Gg \quad (4-6)$$

式中 g——食品冻结中的干耗率，$g=\Delta G/G$。

（7）只考虑食品热负荷与传质热负荷时，冻结设备的热负荷为：

$$Q = Q_1 + Q_2 + Q_3 + Q_4 + Q_5 + Q_6 \quad (4-7)$$

例题：试计算中等肥瘦的猪肉5t由5℃冻结至平均终温为－18℃时的热负荷。

解：已知猪肉$t_{冰}=-1$℃，含水率$a=65\%$，肉中干物质比热$c_{干}=1.5$kJ/（kg·℃）。

按式4－8求出冻结前猪肉的比热容为：

$$c_{高} = 4.1868a + c_{干}(1-a) \quad (4-8)$$

即 $$c_{高}=4.187\times0.65+1.5\times(1-0.65)=3.25\text{kJ/(kg·℃)}$$

猪肉平均冻结终温为 -18℃时结冰率按式 4-9 计算：

$$m=(1-t_{冰}/t_{实})\times100\% \tag{4-9}$$

式中 m——食品冻结率；

$t_{冰}$——食品冰点,℃；

$t_{实}$——食品实际温度,℃。

即 $$m=\left(1-\frac{-1}{5}\right)\times100\%=1:2$$

①肉体由 5℃冷却至 -1℃放出的热量为：

$$Q_1=Gc_{高}(t_{初}-t_{冰})=5000\times3.25\times(5+1)=97500\text{(kJ)}$$

②冻结过程中水结冰放出的潜热：

$$Q_2=Gamr=5000\times0.65\times0.94\times335=1023425\text{(kJ)}$$

③冰点从 -1℃降至 -18℃放出的热量：

$$Q_3=Gamc_{冰}(t_{冰}-t_{冻平})=$$
$$5000\times0.65\times0.94\times2.1\times(-1+18)=109064\text{(kJ)}$$

④未冻结水分从 -1℃降至 -18℃放出的热量：

$$Q_4=Ga(1-m)c_{水}(t_{冰}-t_{冻平})=$$
$$5000\times0.65\times(1-0.94)\times4.187\times(-1+18)=13880\text{(kJ)}$$

⑤肉类干物质从 -1℃降至 -18℃放出的热量：

$$Q_5=G(1-a)c_{干}(t_{冰}-t_{冻平})=5000\times(1-0.65)\times1.5\times(-1+18)=44625\text{(kJ)}$$

⑥传质食品引起的热负荷：设冷加工中的干耗率为 0.8%。由于食品初温为 5℃，比较低，冷却阶段占的时间较少，综合考虑，仍取冷却阶段的干耗量占全过程的 50%。

$$Q_5=0.5\times335\times\Delta G=168\times Gg=168\times5000\times0.008=6720\text{(kJ)}$$

⑦考虑传质因素的设备热负荷为：

$$Q=Q_1+Q_2+Q_3+Q_4+Q_5+Q_6=1295214\text{(kJ)}$$

2. 生体食品的冻结热负荷

在计算水果、蔬菜的冻结热负荷时，除了计算冻结放出的热量外，还要计算出冷却阶段的呼吸热，这两方面的热量才是生体食品的冻结热负荷。食品冷却热负荷分为两种：冷却食品的热负荷与冷却设备的热负荷。前者为食品在冷却过程中单位时间内放出的热量；后者为冷却设备单位时间内吸收的热量。冷却食品的热负荷在冷却过程中逐渐减小；食品冷却设备的热负荷包括冷却食品的热负荷及其他因素形成的热负荷。所以食品冷却热负荷是指食品冷却过程中的平均热负荷。

设生体食品初温时的呼吸热为 q_1（W/kg），终温时的呼吸热为 q_2（W/kg），冷却过程中的平均呼吸热 q 可用下式计算，求出近似值：

$$q=1/2(q_1+q_2) \tag{4-10}$$

于是，生体食品的冷却热负荷为：

$$Q_{食品} = G\ [c\ (t_{初} - t_{平})\ / t + q] \quad (4-11)$$

式中 G——食品质量，kg；

c——食品比热容，kJ/（kg·℃）；

t——冷却时间，s。

五、 冻结速度与冰结晶的分布

食品冻结过程中，食品组织内的水分发生相变而形成冰结晶。冰结晶的大小与分布情况对食品的质量有很大影响。较大的冰结晶能使食品的细胞结构遭受破坏，使汁液流失较大，食品在解冻后不能回到最初的新鲜状态，达不到可逆性，质量下降；细小的冰结晶则不会使食品结构遭到破坏，食品在解冻后能恢复到冻结前的状态，达到最大的可逆性，质量良好。而冰结晶的大小与冻结速度也有很大的关系。

（一） 冻结速度的表示方法

一般用冻结速率表示冻结速度。冻结速率（freezing velocity）是指食品物料内某点的温度下降速率或冰峰的前进速率。人们经常谈到缓慢冻结（slow freezing）、快速冻结（quick sharp，rapid freezing）和超快速冻结（ultrarapid freezing）等概念。实际上冻结速率与冻结物料的特性和表示的方法等有关，现时用于表示冻结速率的方法有以下几种。

1. 时间－温度法

一般以降温过程中食品物料内部温度最高点，即热中心的温度表示食品物料的温度。但由于在整个冻结过程中食品物料的温度变化相差很大，选择的温度范围一般是最大冰结晶生成带，常用热中心温度从－1℃降低到－5℃这一温度范围的时间来表示。若通过此温度区间的时间少于30min，称为快速冻结；大于30min，称为缓慢冻结。这种表示方法使用起来较为方便，多应用于肉类的冻结。但这种方法也有不足：一是对于某些食品物料而言，其最大冰结晶生成带的温度区间较宽（甚至可以延伸至－15～－10℃）；二是此法不能反映食品物料的形态、几何尺寸和包装情况等。为此在用此方法时一般还应标注样品的大小等。

2. 冰峰前进速率

冰峰前进速率是指单位时间内－5℃的冻结层从食品表面伸向内部的距离，单位cm/h。常称线性平均冻结速率、名义冻结速率。这种方法最早由德国学者普朗克提出，他以－5℃作为冻结层的冰峰面，将冻结速率分为三级：快速冻结5～20cm/h；中速冻结1～5cm/h；缓慢冻结0.1～1cm/h。该方法的不足是实际应用中较难测量，而且不能应用于冻结速率很慢以至产生连续冻结界面的情况。

3. 国际制冷学会（IIR）的定义

根据国际制冷学会的定义：食品表面与中心温度点间的最短距离（δ_0）与食品表面达到0℃后食品中心温度降至比食品冰点（开始冻结温度）低10℃所需时间t_0

之比，该比值就是冻结速率 v，单位 cm/h。如食品中心与表面的最短距离（δ_0）为 5cm，食品冰点 -5℃，中心降至比冰点低 10℃，即 -15℃，所需时间为 10h。

当冻结速率大于 0.5cm/h 时视为速冻。该划分规则考虑到食品外观差异、组成成分不同、冰点不同，其中心温度计算值随不同食品的冰点而变，与上述方法 -5℃为下限温度低得多，对速冻条件要求更为严格。按照 IIR 的定义，一般通风冷库的冻结速率为 0.2cm/h 左右，送风冻结器的冻结速率为 0.5 ~ 3.0cm/h；单体快速冻结的冻结速率可达 5 ~ 10cm/h，超快速冻结的冻结速率达 10 ~ 10^9 cm/h。

4. 其他方法

冻结食品物料的外观形态，包括冻结界面（连续或不连续）、冰结晶的大小尺寸和冰结晶的位置等也可以反映冻结速率。快速冻结的冻结界面不连续，冻结过程中食品物料内部的水分转移少，形成的冰结晶细小而且分布均匀；缓慢冻结可能产生连续的冻结界面，冻结过程中食品物料内部有明显的水分转移，形成的冰结晶粗大而且分布不均匀。

通过热力学的方法可以相当准确地测定单位时间内单位食品物料中冰结晶的生成量，以此表示冻结速率。但这种方法不适于快速冻结或者是需要很多繁琐的测定步骤的情况。

（二） 冻结速度与冰晶分布

1. 速冻

速冻是指食品中的水分在 30min 内通过最大冰晶生成区而冻结。在速冻条件下，食品降温速度快，食品细胞内外几乎同时达到形成晶核的条件，并且形成的晶核数目多而且细小，冰晶的分布接近于天然食品中液体水的分布情况。解冻后产品容易恢复到原来的状态，流汁量极少或不流汁，能够较好地保存食品原有质量。表 4 -4 为冻结速度与冰晶形状之间的关系（鲅、狭鳕）。当 $V > W$ 时冰晶体小且数量多。

2. 缓冻

缓冻是指不符合速冻条件的冷冻。食品在缓冻条件下，降温速度慢，细胞内外不能同时达到形成核晶的条件，通常在细胞间隙首先出现核晶，核晶数目少，水分在少数核晶上结合，形成的晶体很大，但数量少。由于较大的晶体主要分布在细胞间隙中，致使细胞内外受到的压力不均匀，易造成细胞机械损伤和裂解，解冻后，食品汁液流失现象严重，质地软烂，质量严重下降。

当采用不同冻结装置时，由于冻结速度不同，形成冰晶的大小就不一样，冻结速度快冰晶小，冻结速度慢冰晶大。在每 0.03mm^2 的冻结猪肉肌肉切片中发现，慢速冻结猪肉的冰晶数为 15 ~ 25 个，颗粒直径最大为 13.6μm，最小为 7μm 以上；而快速冻结猪肉的冰晶数为 28 ~ 30 个，颗粒直径最大为 12.5μm，最小为 6μm 以内。

表 4-4　　冻结速度与冰晶形状之间的关系

冻结速度（通过 -5 ~ 0℃的时间）	冰晶				冰层推进速度 V 水移动速度 W
	位置	形状	大小［直径（d）×长度（l）］	数量	
数秒	细胞内	针状	（1 ~ -5）μm ×（5 ~ 10）μm	无数	$V \gg W$
1.5min	细胞内	杆状	（0 ~ 20）μm ×（20 ~ 500）μm	多数	$V > W$
40min	细胞内	柱状	（50 ~ 100）μm × 100μm 以上	少数	$V < W$
90min	细胞外	块粒状	（50 ~ 200）μm × 200μm 以上	少数	$V \ll W$

食品在快速和慢速冻结时，其组织内冰晶的分布情况如图 4-3 所示。

液氮（-196℃）浸渍快速冻结中可看出肌肉中冰晶数量多，细小，（2 ~8）μm ×（5 ~10）μm（$d \times l$），冰晶均匀分布在细胞内，细胞膜完整，外形不变，组织结构与新鲜品相同。干冰（-78.5℃）快速冻结中肌肉中冰晶比液氮冻结稍大，每个肌细胞中有 5 ~10 个冰体，（2 ~10）μm ×（20 ~50）μm，均匀分布在细胞内，细胞膜完整，外形不变，组织结构基本不变。而单门冰箱空气（-8.4℃）慢速冻结，肌肉中冰晶大且数量少，（50 ~100）μm ×（120 ~ 250）μm，大部分在细胞外生成，分布不均匀，细胞膜变形、破损，组织结构遭到破坏。

所以冻结速度与冰晶的大小有很大关系，而冰晶的大小决定了冷冻食品的最终质量。

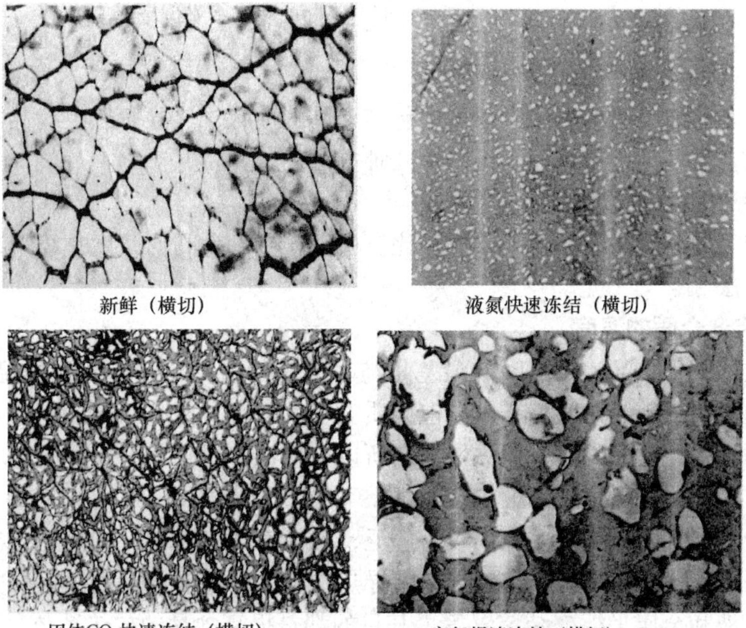

图 4-3　不同冷冻剂不同速度冻结食品内冰晶的分布情况

3. 重结晶

由于温度的变化，食品反复解冻和再冻结，会导致水分的重结晶现象。通常当温度升高时冷冻食品中细小的冰晶体首先融化，冷冻时水分会结合到较大的冰晶体上，反复的解冻和再冷却后，细小的冰晶体会减少乃至消失，较大冰晶体会变得更大，因此可对食品细胞组织造成严重伤害，解冻后，汁液流失现象严重，产品质量下降。另一种关于重结晶的解释是，当温度上升、食品解冻时，细胞内部的部分冰晶首先融化并扩散到细胞间隙中，当温度再次下降时，它们会附着并冻结在细胞间隙的冰晶上，使之体积增大。

可见冷冻食品质量下降的原因，不仅仅是缓冻，还有另一个因素为重结晶，即使采用速冻方法得到的速冻食品，在贮藏过程中，如果温度波动大，同样会因为重结晶现象造成产品质量劣变。

六、 缩短冻结时间的措施

（一） 国际制冷学会的食品冻结时间定义

（1）有效冻结时间　食品的温度中心点从初始温度冻结到规定的终止温度所需要的时间。一般说的冻结时间是指有效冻结时间，是指完成一个预定的冷冻过程所需要的时间，包括冷却时间和冻结时间。

（2）公称冻结时间　温度均匀一致为0℃的食品，其温度中心的温度降至比食品的冰点低10℃时所需时间。若食品的初温均匀一致为0℃，食品的冰点为 -1℃，则食品中心点的温度从0℃降至 -11℃所需时间即为公称冻结时间。

（二） 缩短冻结时间的措施

影响食品冻结速度的因素很多，包括食品的性状、热导率以及食品本身的温度。根据热交换原理，可以采用以下几种方法。

1. 减少食品的厚度

冻结时间与食品的厚度平方成正比。所以，减少食品的厚度是缩短冻结时间的有效方法。

2. 降低介质的温度

介质温度和食品冰点之间的温差是与冻结时间成反比的。介质的温度越低，则温差越大，其冻结时间就越短。但介质温度的降低，使冷冻机的动力消耗要增大，同时，也使食品的质量损失增加。所以，应该选择合理的介质温度。

3. 提高食品表面对介质的放热系数

这种方法在实际生产中应用较为广泛，如由空气自然对流的搁架式冻结发展到采用强烈吹风的隧道式冻结装置；由导热性很差的空气接触到采用导热性较好的不冻溶液和金属平板冻结装置等。其目的都是提高食品的放热系数。另外，食品的厚度过厚时（如超过0.3m），即使增大放热系数，冻结时间也不会缩短很多。

项目二 食品冻结时的变化

食品虽然在冻结过程中得到充分冷冻，但在冷冻过程中冰晶的产生、重结晶和贮藏过程中产生的物理化学和生物化学变化仍会导致食品品质下降。

一、 物理变化

（一） 体积变化

食品物料在冻结后也会发生体积膨胀，但膨胀的程度较纯水小。但也有一些例外情况，如高浓度的蔗糖溶液冻结后体积会出现很小的收缩。影响这一变化的因素包括：①成分，主要是物料的水分质量分数和空气体积分数。食品物料中溶质和悬浮物的存在有一“替代”效应，也就是这些物质的存在相对减少了物料中的水分含量，而水是导致物料体积发生变化的原因，水分的减少使冻结时物料体积的膨胀减少；物料内的空气主要存在于细胞之间（特别是对于植物组织），空气可为冰晶的形成与长大提供空间，因此空气所占的体积增大，会减少体积的膨胀。②冻结时未冻结水分的比例。食品物料中可以冻结的自由水分的减少意味着冻结时冰晶的减少，溶质的种类和数量会影响到物料中结合水的量和形成过冷状态的趋势。冻结前后物料的体积在不同温度段的变化规律不同，这些温度段可以分为冷却阶段（收缩）、冰晶形成阶段（膨胀）、冰晶的降温阶段（收缩）、溶质的结晶阶段（收缩或膨胀，视溶质的种类而定）、冰盐结晶的降温阶段（收缩）、非溶质如脂质的结晶和冷却（收缩）。多数情况下，冰晶形成所造成的体积膨胀起着主要作用。③冻结的温度范围。

（二） 水分的重新分布

冰晶的形成还可能造成冻结食品物料内水分的重新分布，这种现象在缓慢冻结时较为明显。因为缓慢冻结时食品物料内部各处不是同时冻结，细胞外（间）的水分往往先冻结，冻结后造成细胞外（间）的溶液浓度升高，细胞内外由于浓度差而产生渗透压差，使细胞内的水分向细胞外转移。

（三） 干耗

食品在冷却、冻结、冻藏过程中都会产生干耗，但因冻藏时间最长，干耗问题更为突出。食品冻结过程中，因蒸气压差作用，水分不断地从表面蒸发，造成食品质量减少的现象，俗称“干耗”。冻结食品的干耗主要是由于食品表面的冰晶升华而造成的。干耗不仅造成经济损失，还影响食品的质量和外观。

（四） 非水相组分被浓缩

由于冻结时物料内水分是以纯水的形式形成冰晶的，原来水中溶解的组分会转到未冻结的水分中而使剩余溶液的浓度增加。浓缩的程度主要与冻结速率和冻结的终温有关。冻结浓缩现象可以用于液态食品物料的浓缩。

冻结浓缩现象会导致未冻结溶液的相关性质，如酸度、离子强度、黏度、冻结点以及表面张力和界面张力、氧化还原电势等的变化。冻结浓缩可对食品物料产生一定的损害，如生化和化学反应加剧，大分子物质由于浓缩使分子间的距离缩小而可能发生相互作用，使大分子胶体溶液的稳定性受到破坏等。由冻结浓缩造成的对食品物料的损害因食品物料的种类而有差异，一般来说，动物性物料组织所受的影响较植物性的大。人们研究过食品物料冻结后 pH 的变化，结果表明高蛋白质的食品物料，如鸡、鱼冻结后 pH 会增加（特别是当初始 pH 低于 6 时），而低蛋白质的食品物料如牛乳、绿豆冻结后 pH 会降低。

二、组织变化

冻结对食品组织结构的不利影响，如造成的组织破坏，引起的软化、流汁等，一般认为不是低温的直接影响，而是由于冰晶体的膨大而造成的机械损伤，细胞间隙的结冰引起细胞脱水、死亡、失去新鲜特性的控制能力。目前的解释主要集中在机械性损伤、细胞的溃解和气体膨胀三个方面。

（一）机械性损伤

在冷冻过程中，细胞间隙中的游离水一般含可溶性物质较少，其冻结点高，所以首先形成冰晶；而细胞内的原生质体仍然保持状态，细胞内过冷的水分比细胞外的冰晶具有较高的蒸气压和自由能，因而促进细胞内的水分向细胞间隙移动，不断结合到细胞间隙的冰晶核上面。在这样的条件下，细胞间隙所形成的冰晶体会越来越大，产生机械性挤压，原来细胞间的相互结合发生分离，解冻后不能恢复原来的状态，不能吸收冰晶融解所产生的水分而流出汁液，组织变软。植物细胞内有大的液泡，含水量高，冻结时对细胞损伤更大。

（二）细胞的溃解

植物组织的细胞内有大的液泡，水分含量高，易冻结成大的冰晶体，产生较大的“冻结膨胀压”，而植物组织细胞的细胞壁比动物细胞膜厚而又缺乏弹性，因而易被大冰晶体刺破或胀破，细胞即受到破裂损伤，解冻后组织就会软化流水。冻结速度过快时，如液氮等超急速冻结个体较大的食品时，产生的“冻结膨胀压”较大，有时容易产生破裂，所以液氮不易冻结 10mm 以上的大个体食品。速冻荔枝也容易产生裂果。植物细胞的细胞膜外有以纤维素为主的细胞壁，而动物细胞只有细胞膜，细胞壁厚又缺乏弹性，冻结时容易被胀破，使植物细胞损伤致死。

（三）气体膨胀

组织细胞中溶解于液体中的微量气体，在液体结冰时发生游离而体积增加数百倍，这样会损害细胞和组织，引起质地的改变。

植物性食品如果蔬的组织结构脆弱，细胞壁较薄，含水量高，当冻结进行缓慢时，就会造成严重的组织结构的改变。故应快速冻结，以形成数量多、体积细小的冰晶体，而且让水分在细胞内原位冻结，使冰晶体分布均匀，才能避免组织受到损伤。

冷冻果蔬等食品的质地和外观与新鲜的原料比较，还是有差异的。组织的溃解、软化、流汁等的程度因原料的种类、成熟度、冷冻工艺和方法等的不同而异。当植物冻结致死后，因氧化酶活性增强，果蔬易发生褐变。为保持原有色泽，蔬菜速冻前一般要进行烫漂，水果要加糖或糖液处理。

三、 化学变化

（一） 蛋白质变性

食品中的结合水是与原生质、胶体、蛋白质、淀粉等结合的，在冻结时，水分从其中分离出来而结冰。这也是一个脱水过程，过程往往是不可逆的，尤其是缓慢的冻结，其脱水程度更大，冰晶体主要在细胞间隙中形成，胞内水分产生外移，原生质胶体和蛋白质等分子过多失去结合水，分子受压凝集，会破坏其结构，或者由于原生质体中因浓缩作用而使无机盐浓度提高，产生盐析作用而使蛋白质变性。蛋白质在贮藏过程中发生变性是肉类、乳类、蛋类、豆类等富含蛋白质的食品在贮藏或加工过程中发生的一种变性现象。蛋白质的水解和变性对食品质量有很大的影响。蛋白质的变性主要有热变性、冻结变性、脱水变性等。蛋白质冻结变性主要指含蛋白质的食品如动物肉类、鱼贝类等在冻结贮藏后，其所含蛋白质的 ATPase 活性减少，肌球蛋白的溶解性降低。防止蛋白质冻结变性的方法即为快速冻结、低温贮藏，冻结前添加糖类、磷酸盐类、山梨醇、天冬氨酸等氨基酸、柠檬酸等有机酸、氧化三甲胺等物质，均可防止或减轻蛋白质的冻结变性。

水产品中的脂肪在耐低温的磷脂酶作用下水解产生不稳定的游离脂肪酸，其氧化产物醛、酮等可促使蛋白质变性，此作用在冻藏时较突出。这些情况都会使这些物质失掉对水的亲和力，以后水分即不能再与之重新结合。蛋白质变性或不可逆的凝固，会造成细胞死亡，解冻后组织解体、质地软化、流出汁液、风味下降等。

（二） 淀粉老化

淀粉类食品在慢速冻结过程中，其保水性会减少，发生淀粉老化的现象。淀粉老化的最适温度是 2 ~4℃，亦称淀粉的最大老化温度带。慢速冻结过程中，食品不能快速通过这个温度带，淀粉类食品就易发生淀粉老化现象。在食品食用和保藏过程中，经常遇到食味不可口，如新鲜蛋糕放置几天后变硬，这种发生淀粉老化的面包和蛋糕吸水率减小，从而失去了原有的柔软度，可口性也差。

（三）变色

食品冻结中的变色主要是水产品的变色。从外观上看有褐变、黑变、退色等现象。水产品变色的原因如下。

（1）自然色泽被氧化、分解。如金枪鱼肉褐变，红色鱼皮的退色等。

（2）产生新的变色物质。如虾类的黑变，鳕鱼肉的褐变等。冻结产品的变色有褐变、黑变、退色等，会影响产品外观和风味。常见变色的原因有：美拉德反应，如鳕鱼肉中的核酸系物质反应生成核糖，再与氨基化合物反应发生的褐变；酪氨酸酶的氧化造成虾的黑变；肌肉的肌红蛋白受空气中氧的作用而变色。

四、生物和微生物的变化

（一）生物

生物是指昆虫、寄生虫之类的小生物。如牛肉中寄生的涤虫，猪肉中的旋毛虫，大麻哈鱼中的裂头涤虫及其幼虫等，经过冻结都会死亡。联合国粮农组织（FAO）和世界卫生组织（WHO）建议，肉类寄生虫不严重时，需在－10℃至少贮存10d。荷兰以法律形式规定，生食鱼类厂商须在－20℃冻结24h，以杀死鱼肉中寄生虫的幼虫。

（二）微生物

引起食品腐败变质的微生物有细菌、霉菌和酵母，其中关系最大的是细菌。冻结阻止了微生物的生长、繁殖，但不能杀死已污染的微生物。只要冻结食品温度一回升，微生物很快就繁殖起来。所以低温贮藏食品必须保持持续的低温。

项目三　食品冻藏时的变化

冻藏是指食品物料在冻结状态下进行的贮藏。食品在冻结和冻藏过程中，除了组织结构受影响外，还可能发生色泽、风味等化学或生物化学变化。

一、物理变化

（一）冰晶的生长和重结晶

重结晶是指冻藏过程中食品物料中冰晶的大小、形状、位置等都发生了变化，冰晶的数量减少、体积增大的现象。但这个过程很缓慢，若冻藏库温度波动则会促进这样的移动。人们发现，将速冻的水果与缓冻的水果同样贮藏在－18℃下，速冻水果中的冰晶不断增大，几个月后速冻水果中冰晶的大小变得和缓冻得差不多。这种情况在其他食品物料中也会发生。

众多结晶系统中，当小结晶存在时，大结晶有“长大”的趋势，这可能是融化-扩散-重新冻结过程中冰晶变大的原因，属于迁移性重结晶。在恒定温度和压力下，由于其很小的曲率半径，小结晶对其表面分子的结合能力没有大结晶那么大，因此小结晶的相对熔点较高。在温度恒定的情况下，当物料中含有大量的直径小于2μm的结晶时，迁移性重结晶可以相当大的速率进行。在速冻果蔬等食品物料（甚至包括冰淇淋）中冰晶的大小一般远大于2μm，而在一些速冻的小的生物材料中可能有直径小于2μm的冰晶，因此冻藏食品贮藏在恒定温度和压力下可以减少迁移性重结晶现象。冻藏中温度的波动及与之相关的蒸汽压梯度会促进迁移性重结晶。食品物料中低温（低蒸汽压）处的冰晶会在牺牲高温（高蒸汽压）处的冰晶的情况下长大，在高温（高蒸汽压）处的最小的冰晶会消失，较大的冰晶会减小；当温度梯度相反时，较大的冰晶会长大，而由于结晶能的限制，最小的冰晶不会重新生成。

冰晶相互接触也会发生重结晶，结晶数量的减少可导致整个结晶相表面能的降低，有人将此称为连生性重结晶。这也是造成冰晶数量不断减少、体积不断增大的原因之一。

重结晶同样会造成组织的机械伤，使产品流汁。因此，采用低温速冻使食品的水分来不及转移从而就在原来位置冻结，保持冻藏库温度的稳定，避免贮运温度波动，可减少冰晶的成长和重结晶对食品质量带来的不良影响。

（二）干耗

冻结食品在冷冻和冻藏过程中也会产生干耗，因冻藏时间长，干耗问题更为突出。冻结食品冻藏过程中因温度的变化造成水蒸气压差，出现冰晶的升华作用而引起表面出现干燥，质量减少，称为“干耗”。如图4-4所示。

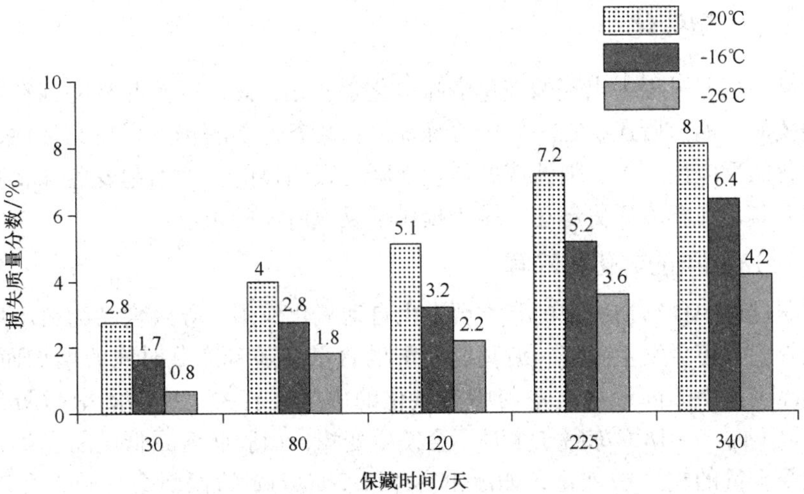

图4-4 不同保藏温度随保藏时间延长干耗变化情况

（三）冻结烧

冻结烧是冻结食品在冻藏期间脂肪氧化酸败和羰氨反应所引起的结果，它不仅使食品产生哈喇味，而且发生黄褐色的变化，其感官、风味、营养价值都变差。

冻结烧一般随着冻结食品的冰晶升华而加剧。因为冰晶升华会使食品表面水分下降，这种变化长时间逐渐向里推进，达到深部冰晶升华，造成质量损失，同时形成较多的微孔，增加了食品与氧气的接触面积而引起氧化酸败。酸败产物含有羰基，再与蛋白质、氨基酸等含氨基的成分发生羰氨反应，导致冻结烧。

冻结家畜肉脂肪较为稳定，不易产生冻结烧，禽类脂肪的稳定性稍次之，而鱼类脂肪最易引起冻结烧。采用较低的冻藏温度（一般不高于-18℃）、镀冰衣或密封包装等隔氧措施，均可以有效防止冻结烧的发生。

（四）冻干害

冻干害又称为冻烧、干缩，这是由于食品物料表面脱水（升华）形成多孔干化层，物料表面的水分可以下降到15%以下，使食品物料表面出现氧化、变色、变味等品质明显降低的现象。冻干害是一种表面缺陷，多见于动物性的组织。减少干缩的措施包括减少冻藏间的外来热源及温度波动，降低空气流速，改变食品物料的大小、形状、堆放形式和数量，采取适当的包装等。

（五）汁液流失

蛋白质等变性会使这些物质失掉对水的亲和力，以后水分不能再与之重新结合。这样，当冻品解冻时，冰体融化成水，如果组织又受到了损伤，就会产生大量“流失液”，流失液会带走各种营养成分，既影响了风味又造成营养损失，使食品的质量下降，所以流失液的产生率是评定速冻食品质量的指标之一。

二、化学变化

食品在冻藏过程中出现的变色变味等化学变化，许多都是与氧的存在和酶的活性相关的。如前所述，在一般的冷冻加工贮藏条件下酶仍然保持其活性，只不过其催化的反应慢多了，但造成的质量下降是很明显的，如引起变色和变味。此种变化尤其是在解冻后更迅速，因为提供了反应所需的条件。

（一）脂类的氧化和降解

冻藏过程中食品物料中的脂类会发生自动氧化作用，导致食品物料出现哈喇味。此外脂类还会发生降解，游离脂肪酸的含量会随着冻藏时间的增加而增加。牛乳和冰淇淋中的固形物含量与脂类氧化的敏感性有关，冰淇淋中脂肪含量在39.5%以上时，-18℃冻藏3个月不会发生变味，而脂肪含量低则易发生；脂类的氧化受少量的铜、铁催化，如冰淇淋中1.25mg/kg的铜即会导致氧化味的产生。浓缩乳中加入螯合剂可减少氧化味的产生。乳和乳制品冷冻前的加热和均质对抑制氧化有作用。加热对氧化的抑制主要是由于硫氢基化合物的形成。而含硫化合物与乳或冰淇淋的加热味有关，一般预冻藏的乳品应先进行加热处理，加热温度应稍高于市售牛乳和冰淇淋。均质的抑制效应与其可减少金属离子浓度有关。抗氧化剂对脂类氧化有抑制作用。此外冻藏的温度对稳定性也有一定的影响。

（二）蛋白质的溶解性下降

冻结的浓缩效应往往导致大分子胶体的失稳，蛋白质分子可能会发生凝聚，溶解性下降，甚至出现絮凝、变性等。冻藏时间延长往往会加剧这一现象，而冻藏温度低、冻结速率快可以减轻这一现象。成分（总固形物）不同的乳品长期贮藏（120天）后发生的变化明显不同，热处理可明显延长未变性贮藏期。均质对蛋白质的稳定性有降低作用，且浓缩前均质比浓缩后均质要小一些。冷冻前牛乳的冷藏和冷处理对蛋白质稳定性有不利的影响，但冷藏前的加热处理对减少此影响有好处。加热还可减少冷藏时乳糖结晶的形成。

（三）其他

冻藏过程中食品物料还会发生一些其他变化，如pH、风味和营养成分的变化等。pH的变化一般是由于食品物料的成熟和未冻结部分溶质的浓缩所导致的，冻藏过程中食品物料pH的变化速率和程度与物料的缓冲能力、所含盐的组成、蛋白质和盐的相互作用、酶活性和贮藏温度有关。pH的变化所引起的质量变化并不明显，但理论上可知pH会影响酶的活性和细胞的通透性。

从冻藏过程中非酶反应和酶促反应速率变化的角度看，温度的降低一般会导致反应速率降低，但在冻藏过程中食品物料的非酶反应速率往往会增加，这种现象在浓度低的食品物料中尤为突出。酶活性受抑制的程度与温度有很大关系，一般在冻结点以下的0～10℃范围内，酶的活性可能降低也可能增加，温度再低时，酶的活性一般受到抑制。

酶在解冻时，尤其是在组织受到损伤时，其活性会大大加强，因而引起一系列生化反应，造成变色、变味、营养损失等变化。这需要在冻结前用热烫处理或化学处理等方法来将酶破坏或抑制。蔬菜一般用热烫处理。对于不适用漂烫处理的食品如水果制品，需要用硫处理或加入抗坏血酸作为抗氧化剂以减少氧化，或加入糖浆减少与氧接触的机会，有利于保护产品的风味和减少氧化。

项目四 食品的冻藏温度

目前我国冷库或冻结物冷藏间的温度一般为－20～－18℃，而且要求在一昼夜间，引起库温的波动要尽量小，一般最大不超过±1℃。如库温升高，不得高

于 -12℃。由前面的叙述可知，无论是有生命的果蔬，还是无生命的肉类食品，在加工贮藏期间自身酶的催化反应和微生物的繁殖与生长是导致食品腐败的主要原因，而它们均与温度有关。温度低，酶活性及微生物繁殖速度也低，有利于食品的冻藏。冻藏温度越低，变化就越小，贮藏期限就越长。然而，过低的温度将增加冻藏成本。此外温度波动过大，会促进食品中冰晶的再结晶、小冰晶的消失和大冰晶的长大。因此要求食品在冻结时，其温度必须降低到不高于冻结物冷藏间的温度3℃，然后再转入冻结物冷藏间冷藏较为合理。但在生产旺季，对于就地近期销售的食品，冻结温度允许在 -10℃以下；长途运输中装车、装船的食品冻结温度不得高于 -15℃；对于外地调入的冻结食品，其温度高于 -8℃时，在入库前必须重新复冻至要求的温度。食品在进出库过程中，冻结物冷藏间的温度升高不应超过4℃，以保证库内食品的质量。

近年来，国际上冷藏库的贮藏温度趋向于低温化，水产类冷藏库温度一般在 -30 ~ -25℃，对用于做生鱼片的金枪鱼则在 -60 ~ -40℃，其主要原因是为了保持冻结水产品的良好品质。因为鱼类等水产品的肌肉组织细嫩，蛋白质容易冻结变性，特别是多脂鱼类含有大量高度不饱和脂肪酸，在冻藏过程中容易氧化而使产品发生油烧现象，表面黄褐变，使贮藏期缩短。英国对所有冻结鱼类制品推荐的贮藏温度为 -30℃，这已被欧洲众多的冷库经营者所采用。美国认为水产品的冻藏温度应在 -29℃以下，因为该温度下由细菌引起的腐败已完全被抑制，其他不良变化的进行速度也大为减缓。日本为了保持金枪鱼的鲜红色，采用 -60 ~ -40℃的超低温冻藏温度。

除了保证温度要求外，还要有足够高的空气相对湿度和合理的空气流速及分布，以减少干耗。当冻藏温度在 -18℃时，要求空气的相对湿度为96% ~100%，而且只允许有微弱的空气循环，才能保证食品的质量。

表4 -5 列举了一些食品在不同温度下冻藏时的允许贮藏期限。从表4 -5 中数据可以看出，在同一冻藏温度下，不同食品的冻藏期大体上存在如下规律：植物性食品的冻藏期大于动物性食品；在植物性食品中，蔬菜的冻藏期大于水果的；在水果中，加糖水果的冻藏期大于不加糖的水果；畜肉的冻藏期大于水产品；在畜肉中，牛肉的冻藏期最长，羊肉次之，猪肉最短；食品中，少脂鱼的冻藏期大于多脂鱼的，而虾、蟹的冻藏期则处于少脂鱼与多脂鱼之间。

表4 -5　　冷冻食品在不同温度下冻藏时的允许贮藏期

序号	冷冻食品的名称	贮藏期/月		
		-18℃	-25℃	-30℃
1	加糖的桃、杏或樱桃	12	18	24
2	不加糖的草莓	12	18	24
3	加糖的草莓	18	>24	>24

续表

序号	冷冻食品的名称	贮藏期/月		
		-18℃	-25℃	-30℃
4	柑橘类或其他水果果汁	24	>24	>24
5	扁豆	18	>24	>24
6	胡萝卜	18	>24	>24
7	菜花	15	24	24
8	甘蓝	15	24	>24
9	带芯的玉米	18	18	24
10	青豆	18	>24	>24
11	菠菜	18	>24	>24
12	牛白条肉	12	18	24
13	包装好的烤牛肉和牛排	12	18	24
14	包装好的肉糜（未加盐）	10	>12	>12
15	小牛白条肉	9	12	24
16	小牛烤肉和牛排	10	10~12	12
17	羊肉白条	9	12	24
18	烤羊肉和排骨	10	12	24
19	猪白条肉	6	12	15
20	烤猪肉和排骨	6	12	15
21	小腊肠	6	10	
22	腌制肉（新鲜而未经熏制）	2~4	6	12
23	猪油	9	12	12
24	小鸡和火鸡（包装良好、去内脏）	12	24	24
25	油炸小鸡	6	9	12
26	可食用内脏	4		
27	液态全蛋	12	24	24
28	多脂肪鱼	4	8	12
29	少脂肪鱼	8	18	24
30	比目鱼	10	24	>24
31	龙虾和蟹	6	12	15
32	虾	6	12	12
33	真空包装的虾	12	15	18
34	蛤蜊和牡蛎	4	10	12

续表

序号	冷冻食品的名称	贮藏期/月		
		-18℃	-25℃	-30℃
35	黄油	8	12	15
36	奶油	6	12	18
37	冰淇淋	6	12	18
38	蛋糕（干酪蛋糕、巧克力蛋糕、水果蛋糕等）	12	24	>24

我国目前冷藏库的冻藏温度大多为-18℃，库内相对湿度90%。这个温度对虾类、贝类、鳗鱼、金枪鱼等含脂肪较多和商品价值较高的水产品显然是不适宜的。因此根据不同食品品种的要求和国际市场客户的要求，我国水产品的冻藏温度正在逐步降低，已有部分冷库的库温达到-22℃、-25℃、-28℃，最低的达到-30℃。

项目五 食品冻结方法和冻结装置

食品的冻结方法及冻结装置多种多样，分类方式不尽相同。按冷却介质与食品接触的方式可分为空气冻结法、间接冻结法、直接冻结法等。其中每一种方法均包含了多种形式的冻结装置。表4-6给出了目前冻结食品生产中常用速冻装置的类型。

表4-6 冻结装置的类型

空气冻结装置	间接接触冻结装置	直接接触冻结装置
隧道式冻结装置	平板式冻结装置	载冷剂接触冻结装置
传送带式冻结隧道	卧式平板冻结装置	低温液体冻结装置
吊篮式连续冻结隧道	立式平板冻结装置	液氮冻结装置
推盘式连续冻结隧道	回转式冻结装置	液态 CO_2 冻结装置
螺旋式冻结装置	钢带式冻结装置	
流态化冻结装置	搁架式冻结装置	
斜槽式流态化冻结装置		
一段带式流态化冻结装置		
两段带式流态化冻结装置		
往复振动式流态化冻结装置		
搁架式冻结装置		

一、 空气冻结法

在冻结过程中，冷空气以自然对流或强制对流的方式与食品换热。由于空气的导热性差，与食品间的换热系数小，故所需的冻结时间较长。但是，空气资源丰富，无任何毒副作用，其热力性质早已为人们所熟知，所以，用空气作介质进行冻结仍是目前应用最广泛的一种食品速冻方法。

（一） 隧道式冻结装置

隧道式冻结装置的共同特点是：冷空气在隧道中循环，食品通过隧道时被冻结。根据食品通过隧道的方式，可分为传送带式、吊篮式、推盘式冻结隧道等几种。

隧道式冻结装置用隔热材料做成一条隔热隧道，隧道内装有缓慢移动的货物输送装置，隧道入口装有进料和提升装置，出口装有卸货装置和驱动设备，货物在传送带上缓慢移动时被强烈冷风冷却而迅速冻结。隧道内的温度一般为 -40 ~ -30℃，冷风速度为 3 ~ 6m/s，冷风吹向与货物移动方向相反。这种速冻装置在我国肉类加工厂和水产冷库中被广泛应用。该装置多使用轴流风机，风速大、冻结速度快（但食品干耗大），蒸发器采用热氨和水同时进行融霜。隧道式冻结装置分下吹风和上吹风两种，一般冻鱼用下吹风，冻猪肉用上吹风。该装置可用于冻结鱼、猪肉和预制过的小包装食品等。图 4 -5 为隧道式冻结装置外形图。

图 4 -5 隧道式冻结装置外形

该装置在设计和生产实践中应注意以下几点问题。

1. 冻结的均匀性

在设计和安装冻结装置中应特别注意冷量均匀分配的问题（如气流组织的均

匀分布等），以保证冻品质量。

2. 气流流动形式对均匀冻结的影响

冻结装置的气流流型与冻品的形状有关，气流流动形式应由冻品的形状来定。冻结鱼盘装的扁平状食品时，因为冷空气流与冻品最大的接触面是鱼盘上、下两个平面，所以气流平行于鱼盘做水平流动比较好。冻结猪、牛胴体时，因胴体竖挂，冷空气流与冻品最大的接触面是胴体周围的立面，所以使空气流平行于胴体表面做垂直流动比较合适。

3. 风机的位置对食品均匀冻结的影响

对于空气横向循环的冻结装置，风机的安装位置对冻结效果影响很大。为了减少冷量消耗，最好是将风机的电动机部分安装在冻结室外。一般情况下，因构造上的困难，仍然将整台风机放在冻结室内，这样轴流风机在室内放置的位置既要考虑有利于气流的均匀分布，又要方便与维修。经实测证明，放在上部位置比较合适。风机放在上部，可以使风机出口的高速气流有一个扩展均匀阶段，造成空气进入冻结区以前形成紧密而均匀的气流，以利于下一步的均匀分配而转弯导向。

4. 气流组织对水产品冻结的影响

冻结装置的气流方向是影响冻品均匀度的主要因素。冻区始、末端的空气有温差存在，这是由于单向气流与空气循环量大小有关。如果能使气流方向定期转换，可将冻区始、末端温度差值减少一半。为解决气流换向问题，目前，国外先进的隧道式管架式冻结装置都采用可逆式轴流风机。

隧道式冻结装置虽然有许多形式，但基本结构都是相似的，主要区别在于食品的传送方式。但无论其传送方式如何变化，最终应能够保证两点：一是尽量加快食品的降温速度，并保证冻结的均匀性；二是使装置实现自动化、连续化操作，减小劳动强度。

在隧道式冻结装置中，增大风速，可缩短冻结时间，加快食品冻结速度。但当风速达到一定值时，继续增大风速，冻结速度的变化却非常小。另外，风速增高还会增大干耗，所以，风速的选择应适当。

（二）螺旋式冻结装置

螺旋式冻结装置是20世纪70年代初发展起来的冻结设备，它克服了传送带式隧道冻结装置占地面积大的缺点，可将传送带做成多层，广泛用于冻结各种调理食品（如肉饼、饺子和鱼丸等）、对虾、鱼片等的冻结装置。图4-6、图4-7、图4-8、图4-9、图4-10分别为单螺旋式冻结装置结构示意图、单螺旋式冻结装置外形图、单螺旋冻结机内部结构和双螺旋式冻结装置结构示意图和内置蒸发器螺旋管式冻结装置内部结构。

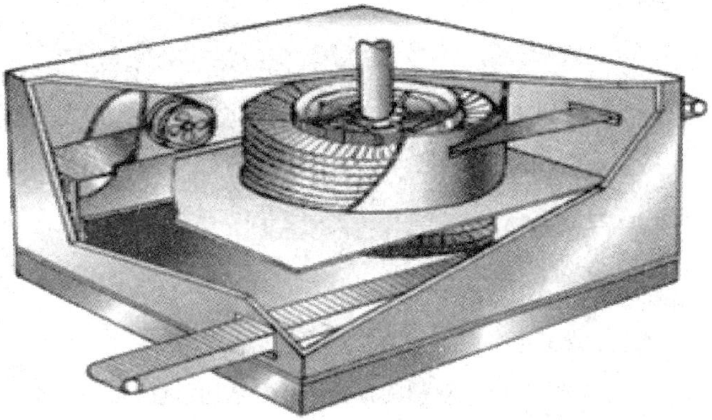

图4-6 单螺旋式冻结装置结构示意

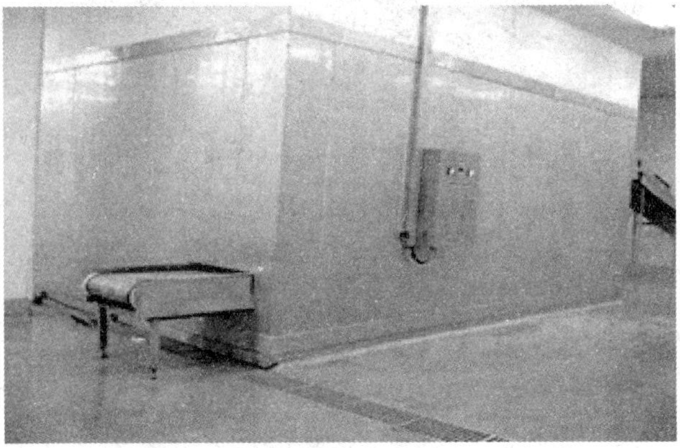

图4-7 单螺旋式冻结装置外形

图4-8 单螺旋冻结机内部结构

图 4－9　双螺旋式冻结装置结构示意

图 4－10　内置蒸发器螺旋管式冻结装置内部结构

螺旋式冻结装置由转筒、蒸发器、风机、传送带及一些附属设备等组成。其主体部分为一转筒，传送带由不锈钢扣环组成，按宽度方向成对地结合，在横、竖方向上都具有挠性。当运行时，拉伸带子的一端就压缩另一边，从而形成一个围绕着转筒的曲面。借助摩擦力及传动机构的动力，传送带随着转筒一起运动，由于传送带上的张力很小，故驱动功率不大，传送带的寿命也很长。传送带的螺旋升角约 2°，由于转筒的直径较大，所以传送带近于水平，食品不会下滑。传送带缠绕的圈数由冻结时间和产量确定。

被冻结的食品可直接放在传送带上，也可采用冻结盘，食品随传送带进入冻结装置后，由下盘旋而上，冷风则由上向下吹，与食品逆向对流换热，提高了冻结速度，与空气横向流动相比，冻结时间可缩短 30% 左右。食品在传送过程中逐渐冻结，冻好的食品从出料口排出。传送带是连续的，它由出料口又折回到进料口。

螺旋式冻结装置有以下特点：①紧凑性好。由于采用螺旋式传送，整个冻结装置的占地面积较小，其占地面积仅为一般水平输送带面积的25%。②在整个冻结过程中，产品与传送带的相对位置保持不变。冻结易碎食品所保持的完整程度较其他型式的冻结装置好，这一特点也允许同时冻结不能混合的产品。③可以通过调整传送带的速度来改变食品的冻结时间。④进料、冻结等在一条生产线上连续作业，自动化程度高。⑤冻结速度快，干耗小，冻结质量高。⑥在小批量、间歇式生产时，耗电量大，成本较高。

螺旋式冻结装置适用于冻结单体不大的食品（如饺子、烧麦、对虾）、经加工整理的果蔬，还可用于冻结各种熟制品，如鱼饼、鱼丸等。

（三）流态化冻结装置

随着我国速冻调理食品、速冻果蔬和虾类的迅速发展，用于单体快速冻结食品（IQF）的带式流态化冻结装置得到了广泛的应用。食品流态化冻结装置，按其机械传送方式可分为：斜槽式流态化冻结装置；带式流态化冻结装置（包括一段带式和两段带式流态化冻结装置）；振动流态化冻结装置（包括往复振动和直线振动流态化冻结装置）。如果按流态化形式可分为全流态化和半流态化冻结装置。

1. 一段带式流态化冻结装置

装置示意图如图4－11所示。该装置产品是靠传送带输送，而不是借助气动来通过冻结空间的。

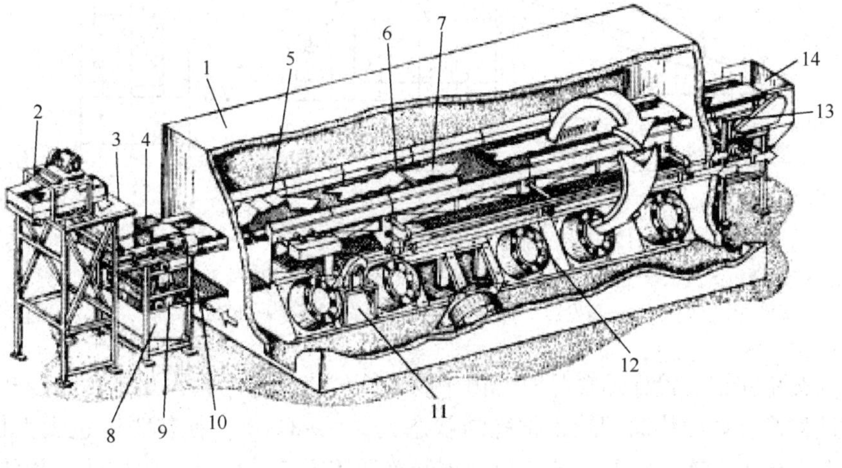

图4－11　一段带式流态化冻结装置

1—隔热层　2—脱水振荡器　3—计量漏斗　4—变速进料带　5—“松散相”区　6—匀料棒　7—“稠密相”区　8、9、10—传送带清洗、干燥装置　11—离心风机　12—轴流风机　13—传送带变速装置　14—出料口冻品首先经过脱水振荡器 2，去除表面的水分，然后随进料带 4 进入“松散相”区域 5，此时的流态化程度较高，食品悬浮在高速的气流中，从而避免了食品间的相互黏结。待到食品表面冻结后，经“匀料棒”6 均匀物料，到达“稠密相”区域 7，此时仅维持最小的流态化程度，使食品进一步降温冻结。冻结好的食品最后从出料口 14 排出。

该装置的特点是允许冻结的食品种类更多、产量范围更大；由于颗粒之间摩擦强度小，因此易碎食品通过冻结间时损伤较小。但由于食品厚度较小、冻结时间较长，所以占地面积较大。

2. 两段带式流态化冻结装置

该装置将一段带式冻结装置的传送带分为前后两段，其他结构与一段带式基本相同。第一段传送带为表层冻结区，功能相当于一段式的“松散相”区域；第二段传送带为深温冻结区，功能与一段式的“稠密相”区域相同。两段传送带间有一高度差，当冻品由第一段落到第二段时，因相互冲撞而有助于避免彼此黏结。

与一段带式冻结装置相比，两段带式系统更适合于大而厚的产品，如肉制品、鱼块、肉片、草莓等。上层带子的移动速度可比下层带子的快 3 倍，这样，上层带子上的产品层较薄，再加上该段的气流速度也较高，从而防止了食品颗粒黏结。图 4－12 为带式流态化冻结装置原理示意图。

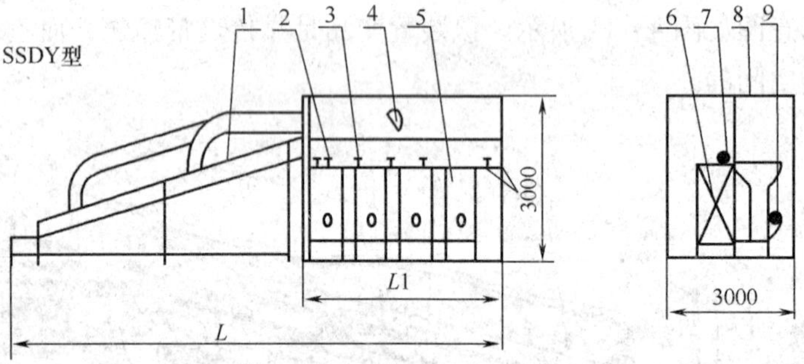

图 4－12 带式流态化冻结装置原理示意（单位：mm）
1—预冷间 2—传送带 3—机械脉冲 4—防护网 5—风池
6—蒸发器 7—传动装置 8—外围板 9—风板

流态化冻结装置冻结食品时，由于高速冷气流的包围，强化了食品冷却、冻结的过程，有效传热面积较正常冻结状态大 3.5～12 倍，换热强度也大大提高，从而大大缩短了冻结时间。流态化速冻装置适用于冻结球状、圆柱状、片状、块状颗粒食品，尤其适于果蔬类单体食品的冻结。

流态化冻结装置的型式虽然多种多样，但在设计和操作时，应主要考虑以下几个方面：冻品与布风板、冻品与冻品之间不粘连结块；气流分布均匀，保证料层充分流化；风道阻力小，能耗低。另外，对风机的选择、冷风温度的确定、蒸发器的设计等也应以节能高效、操作方便为前提。

二、 间接冻结法

间接冻结法指的是把食品放在由制冷剂（或载冷剂）冷却的板、盘、带或其他冷壁上，与冷壁直接接触，与制冷剂（或载冷剂）间接接触。

（一） 钢带式冻结装置

该装置有一条环形的厚约 1mm 的不锈钢传送板带，如图 4 - 13 所示。传送带下侧有低温不冻液（即载冷剂，常使用氯化钙盐水或丙二醇溶液）喷淋而进行冻结，食品上部装有风机，用冷风补充冷量，风的方向可与食品平行、垂直、顺向或逆向。传送带移动的速度可根据冻结时间进行调节。因为产品只有一边接触金属表面，食品层以较薄为宜。该装置传送带下部温度为 -40℃，上部冷风温度为 -40 ~ -35℃，因为食品层一般较薄，因而冻结速度快，冻结 20 ~ 25mm 厚的食品约需 30min，而 15mm 厚的只需 12min。

钢带式冻结装置的主要特点为：①连续流动运行；②干耗较少；③能在几种不同的温度区域操作；④同平板式、回转式相比，带式冻结装置结构简单，操作方便，改变带长和带速，可大幅度地调节产量。缺点是占地面积大。

该装置适于冻结鱼片、调理食品及某些糖果类食品等。

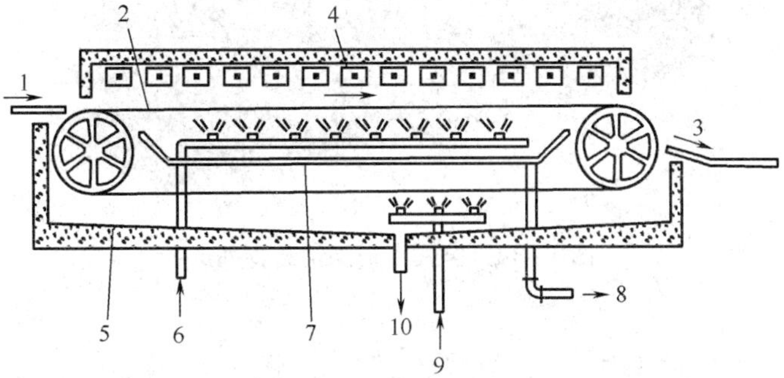

图 4 - 13 钢带式速冻装置示意

1—进料口 2—钢质传送带 3—出料口 4—空气冷却器 5—隔热外壳
6—盐水入口 7—盐水收集器 8—盐水出口 9—洗涤水入口 10—洗涤水出口

（二） 平板式速冻装置

平板式速冻装置的主体是一组作为蒸发器的空心平板，平板与制冷剂管道相连，它的工作原理是将冻结的食品放在两相邻的平板间，并借助油压系统使平板与食品紧密接触。由于食品与平板间接触紧密，且金属平板具有良好的导热性能，故其传热系数高。当接触压力为 7 ~ 30kPa 时，传热系数可达 93 ~ 120W/（m^2 · ℃）。

根据平板的工作位置，平板式冻结装置又可分为卧式平板冻结装置和立式平板冻结装置。

1. 卧式平板冻结装置

根据装置的操作方式和机械化程度，这种装置又可分为间歇式和连续式两种。卧式平板冻结装置主要用于冻结分割肉、鱼片、虾及其他小包装食品的快速冻结。本教材以间歇式卧式平板速冻装置为例进行介绍。

间歇式卧式平板速冻装置外形图及结构示意图分别见图 4－14 和图 4－15 所示。平板放在一个隔热层很厚的箱体内，箱体的一侧或相对的两侧有门。平板一般有 6～16 块，间距由液压升降装置来调节，冻结平板上升时，两板最大间距可达 130mm；下降时，两板间距视食品冻盘间距而定。为了防止食品变形和压坏，可在平板之间放入与食品厚度相同的限位块。冻结时，先将冻结平板升至最大间距，把食品放入，再降下上面的冻结平板，压紧食品。依次操作，直至把冻盘放进各层冻结平板中为止。然后供液降温，进行冻结。

图 4－14 卧式平板冻结装置外形

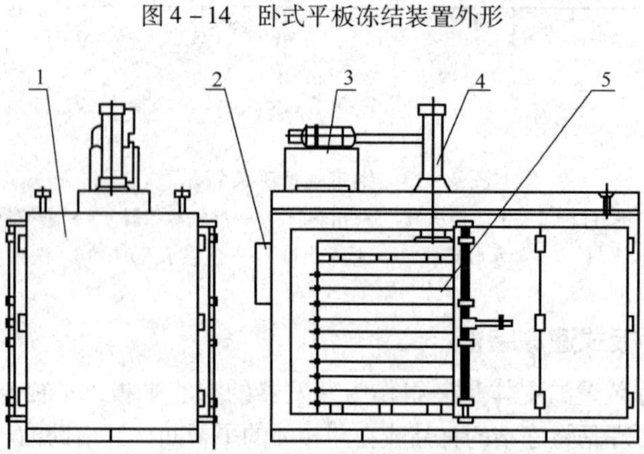

图 4－15 卧式平板冻结装置结构示意

1—围护结构 2—电控箱 3—液压站 4—升降油缸 5—平板蒸发器

2. 立式平板冻结装置

立式平板冻结装置的结构原理与卧式平板冻结装置相似，只是冻结平板垂直排列，如图 4－16 所示。平板一般有 20 块左右，冻品不需装盘或包装，可直接倒入平板间进行冻结，操作方便。冻结结束后，冻品脱离平板的方式有多种，分上进上出、上进下出和上进旁出等。平板的移动、冻品的升降和推出等动作，均由液压系统驱动和控制。平板间装有定距螺杆，用以限制两平板间的距离。立式平板冻结装置最适用于散装冻结无包装的块状产品，如整鱼、剔骨肉和内脏，但也可用于包装产品。

与卧式冻结装置比较，立式平板冻结装置不用贮存和处理货盘，大大节省了占用的空间。但立式的不如卧式的灵活，一般只能生产一种厚度的块装产品。

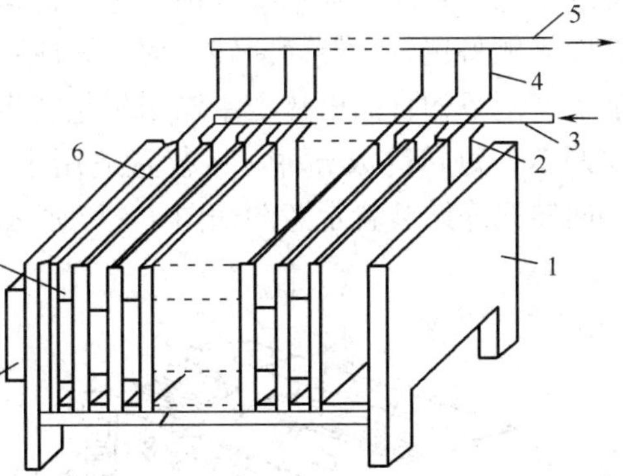

图 4－16 立式平板冻结装置结构示意

1—机架 2、4—橡胶软管 3—供液管 5—吸入管

6—冻结平板 7—定距螺杆 8—液压装置

3. 平板式冻结装置的特点

（1）对厚度小于 50mm 的食品来说，冻结速度快、干耗小，冻品质量高。

（2）在相同的冻结温度下，它的蒸发温度可比吹风式速冻装置提高 5～8℃，而且不用配置风机，电耗比吹风式减少 30%～50%。

（3）可在常温下工作，改善了劳动条件。

（4）占地少（建筑面积只有吹风搁架式冻结间的 1/4），节约了土建费用，建设周期也短。

（5）对于厚度超过 90mm 以上的食品（如全鸡）不很适用。

（6）未实现自动化装卸的装置，仍需较大的劳动强度。

4. 平板式冻结装置冻结效率的影响因素

（1）待冻食品的导热性；

（2）产品的形状；

（3）包装情况及包装材料的导热性；

（4）平板表面状况，是否有冰霜或其他杂物；

（5）平板与食品接触的紧密程度。

在这些影响因素中，尤以后两个因素的影响最为严重。如果平板表面结了一层冰，则冻结时间就会延长36%～60%；如果平板与食品之间留有1mm的空隙，则冻结速度将下降40%。

（三）回转式冻结装置

回转式冻结装置由不锈钢制成，它有两层壁，外壁即为冷表面，外壁与内壁之间的空间供制冷剂直接蒸发或供载冷剂流过换热。制冷剂或载冷剂从中间有孔的圆筒形转动轴中输入，从另一端排出。冻品呈散开状由入口被送到回转筒的表面，由于转筒表面温度很低，食品立即粘在上面，进料传送带再给冻品稍施加压力，使它与回转筒表面接触得更好。转筒回转一周，完成食品的冻结过程。冻结食品转到刮刀处被刮下，刮下的食品由传送带输送到包装生产线。转筒的转速根据冻结食品所需时间调节，每转约数分钟。该装置适用于冻结鱼片、块肉、虾、菜泥以及流态食品。回转式冻结装置示意图如图4－17所示。

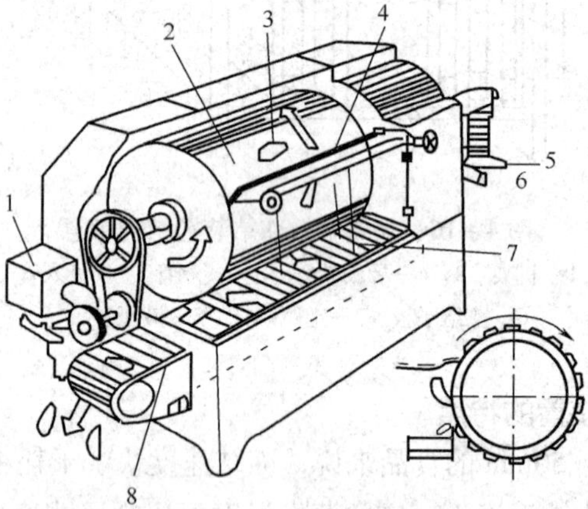

图4－17 回转式冻结装置示意

1—电动机 2—滚筒冷却器 3—进料口 4、7—刮刀

5—盐水入口 6—盐水出口 8—出料传送带

该装置的特点是：占地面积小，结构紧凑；冻结速度快，干耗小；连续冻结生产率高。制冷剂可用氨、R22或共沸制冷剂，载冷剂可选用盐水、乙二醇等。

（四）搁架式排管冻结间

搁架式排管冻结间也称为半接触式冻结间。在冻结间内设置搁架式排管作为冷却设备兼货架，需要冻结的产品、农副产品、分割肉块状食品可装在盘内或直接放在搁架上进行冻结，适用于每昼夜冻结量小于5t的情况。搁架式排管冻结间有空气自然循环和吹风式两种。采用空气自然循环时，排管与食品的热交换较差，冻结速率较慢。如果在冻结间内装上鼓风机，会加速空气的循环，此时搁架式排管的传热系数增大，单位面积制冷量也增大。图4－18为空气自然循环搁架式排管冻结间内部示意图，图4－19为搁架式排管示意图。

图4－18　搁架式排管冻结间（空气自然循环）内部示意

图4－19　搁架式排管示意

搁架式排管冻结间的主要优点是冻结可靠、均匀、省电，排管可以现场制作。不足之处是管架的液柱作用较大，不能连续生产，进出货搬动劳动强度大，无吹风的搁架式排管冻结间内空气与冻结食品之间换热效果较差，冻品的质量也较差，冻结速度慢。因此，仅适合于小型冷库使用。搁架式排管采用人工扫霜，并定期进行热氨融霜以排除管内积油。

三、 直接冻结法

该方法要求食品（包装或不包装）与不冻液直接接触，食品在与不冻液换热后，迅速降温冻结。食品与不冻液接触的方法有喷淋法、浸渍法，或者两种方法同时使用。

（一） 盐水浸渍冻结装置

盐水浸渍冻结装置是将水产品直接浸渍在低温盐水中进行冻结。20 世纪 30 年代初日本和前苏联等国就已在拖网渔船上使用。由于盐水对设备的腐蚀、盐水会使食品变色及盐分渗入食品等原因，这种方法曾一度停止使用。后来，人们发现某些罐头食品的原料用此法冻结后，质量变化甚微；用不透水的塑料薄膜将食品包装起来后再浸渍冻结，即可防止盐水渗入，又不会引起食品的变色；此外，大型鱼类由于体型大、鱼皮厚，浸渍冻结时吸收盐分并不多。鉴于以上原因，盐水浸渍速冻装置又重新得到了应用。图 4 - 20 是盐水连续浸渍速冻装置示意图。当盐水温度为 -20 ~ -19℃时，每千克 25 ~ 40 条沙丁鱼从初温 4℃降至中心温度 -13℃仅需 15min。

工艺流程：鱼在进料口 4（图 4 - 20）与冷盐水混合后进入进料管，进料管内盐水涡流下旋，使鱼克服浮力而到达冻结器的底部。冻结后，鱼体密度减小，慢慢浮至液面，然后由出料机构送到滑道 3，在此鱼和盐水分离，鱼进入出料口 2，冻结完毕。

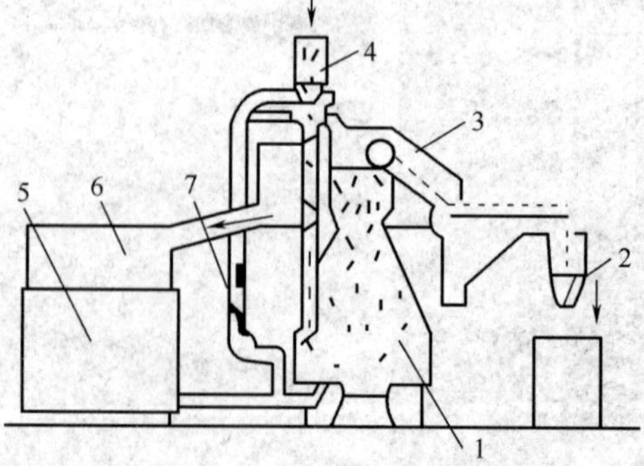

图 4 - 20 盐水连续浸渍冻结装置示意

1—冻结器 2—出料口 3—滑道 4—进料口

5—盐水冷却器 6—除鳞器 7—盐水泵

盐水流程：冷盐水被泵输送到进料口4，经进料管进入冻结器，与鱼体换热后，盐水升温，密度减小，由此，冻结器中的盐水具有一定的温度梯度，上部温度较高的盐水溢出冻结室后，与鱼体分离进入除鳞器6，除去鳞片等杂物的盐水返回盐水箱，与盐水冷却器直接换热后降温，完成一次循环。

用盐水作冷媒直接冻结鱼类，由于用盐水浸鱼冻结，盐分就会向鱼的表层渗透，当鱼表层冻至 -1.5℃时，这种渗透作用就会终止。用该装置冻结的鱼类略带咸味，但含盐量不超过1.5%，故不影响食用。但因冻鱼表面变色、失去光泽，其外观较差，所以多用来作为罐头原料。

（二） 液氮冻结装置

液氮冻结装置主要有浸渍式、喷淋式等。

1. 液氮喷淋冻结装置

图4-21、图4-22分别为喷淋式液氮冻结装置示意图及外形图，它使食品直接与喷淋的液氮接触冻结。液氮的有关性质参看模块三项目二中的相关内容。

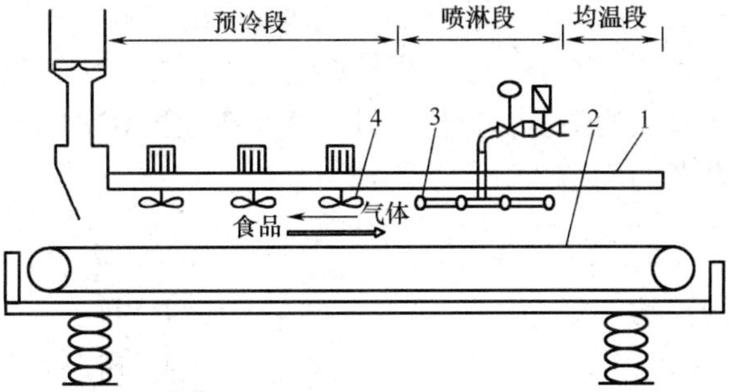

图4-21 喷淋式液氮冻结装置示意

1—壳体 2—传送带 3—喷嘴 4—风扇

图4-22 喷淋式液氮冻结装置外形

液氮喷淋冻结装置由隔热隧道式箱体、喷淋装置、不锈钢丝网格传送带、传动装置、风机等组成。冻品由传送带送入，经过预冷区、冻结区、均温区，从另一端送出。风机将冻结区内温度较低的氮气输送到预冷区，并吹到传送带送入的食品表面上，经充分换热食品预冷。进入冻结区后，食品受到雾化管喷出的雾化液氮的冷却而被冻结。根据食品的种类、形状，冻结温度和冻结时间，可通过调整贮液罐压力以改变液氮喷射量，以及通过调节传送带速度来加以控制，以满足不同食品的工艺要求。由于食品表面和中心的温度相差很大，所以完成冻结过程的食品需在均温区停留一段时间，使其内外温度趋于均匀。对于5cm厚的食品，经过10～30min即可完成冻结，冻结后的食品表面温度为－30℃，中心温度达－20℃。冻结每千克食品的液氮耗用量为0.7～1.1kg。

图4－23为一种旋转式液氮喷淋隧道示意图。其主体为一个可旋转的绝热不锈钢圆筒，圆筒的中心线与水平面之间有一定的角度。食品进入圆筒后，表面迅速被喷淋的液氮冻结，由于圆筒有一定的倾斜度，再加上其不断地旋转作用，食品及汽化后的氮气一同翻滚着向圆筒的另一端行进，使食品得到进一步的冻结，食品与氮气在出口分离。由于没有风扇，该装置的对流表面传热系数比带风机的小一些。但因为食品的翻滚运动，食品与冷却介质的接触面积增大，所以总的传热系数与带风机的系统差不多。不设风扇，也就没有外界空气带入的热量，液氮的冷量将全部用于食品的降温，单位产量的液氮耗量相对也就比较低。该装置主要用于块状肉和蔬菜的冻结。

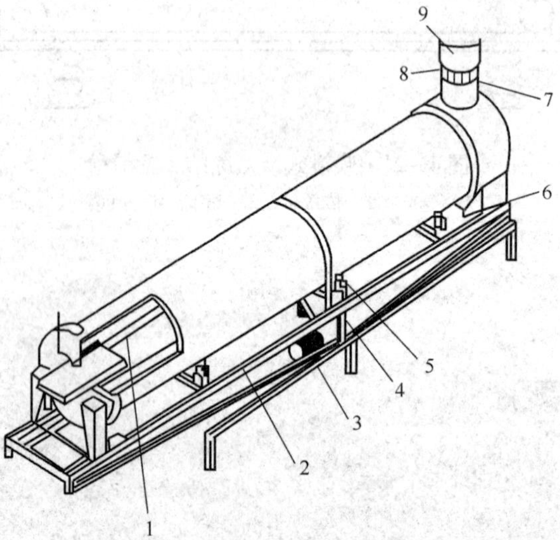

图4－23 旋转式液氮喷淋隧道示意

1—喷嘴 2—倾斜度 3—变速电机 4—驱动带 5—支撑轮
6—出料口 7—氮气出口 8—空气 9—排气管

2. 液氮浸渍冻结装置

图 4－24 为液氮浸渍冻结装置示意图，该装置主要由隔热的箱体和食品传送带组成。

食品从进料口直接落入液氮中，表面立即冻结。由于换热，液氮强烈沸腾，有利于单个食品的分离。食品在液氮中只完成部分冻结，然后由传送带送出出料口，再到另一个温度较高的冻结室做进一步的冻结。

据研究，对于直径为 2mm 的金属球，在饱和液氮中的冷却速率高达 1.5×10^3℃/s。如果降温速率过快，食品将由于热应力等原因而发生低温断裂现象，影响冻结食品的质量。因此，控制食品在液氮中的停留时间是十分重要的。这可通过调节传送带的速度来实现。除此之外，如果冻品太厚，则其表面与中心将产生极大的瞬时温差，引起热应力，从而产生表面龟裂，甚至破碎。因此，食品厚度以小于 10cm 为宜。液氮速冻装置几乎适于冻结一切体积小的食品。

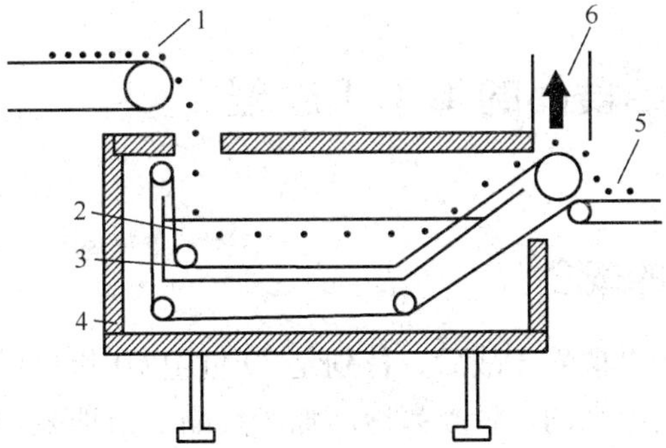

图 4－24　液氮浸渍冻结装置示意

1—进料口　2—液氮　3—传送带

4—隔热箱体　5—出料口　6—氮气出口

3. 液氮冻结装置的特点

（1）液氮可与形状不规则的食品的所有部分密切地接触，从而使传热的阻力降低到最小限度。

（2）液氮无毒，且对食品成分呈惰性，由于替代了从食品中出来的空气，可在冻结和带包装贮藏过程中使氧化变化降低到最小限度。

（3）冻结食品的质量高。因冻结速度快，结冰速度大于水分移动速度，细胞内外同时产生细小、均匀的冰晶，对细胞无损伤，故解冻时汁液流失少，可逆性大，解冻后能恢复到冻前的新鲜状态。

（4）冻结食品的干耗小。用一般冻结装置冻结的食品，其干耗率在 3%～6%，而用液氮速冻装置冻结，干耗率仅为 0.6%～1%。

（5）占地面积小，设备投资低，生产效率高。

（6）液氮冻结的主要缺点是成本高，但这要视产品而定。

（三）液态CO_2冻结装置

液态CO_2在大气压下的沸点为 -78.5℃，汽化潜热为575kJ/kg，比热容为0.837kJ/（kg·℃）。

CO_2在常压下不能以液态存在，因此，液态CO_2喷淋到食品表面后，立即变成蒸气和干冰。其中转变为固态干冰的量为43%，转变为气态的量为53%，二者的温度均为 -78.5℃。液态CO_2全部变为 -20℃的气体时，吸收的总热量为621.8kJ/kg，其中约15%为显热，由于显热所占份额不大，一般没有必要利用，因此，液态CO_2喷雾冻结装置不像液氮喷淋装置那样做成长形隧道，而是做成箱形，内装螺旋式传送带来冻结食品。

由于CO_2资源丰富，一般不采用回收装置，当希望回收时，应至少回收80%的二氧化碳。

项目六　冻结食品的 T. T. T 原理

一、T. T. T 的概念

冻结食品是第二次世界大战后，特别是20世纪60年代以来，在欧美、日本等工业国家迅速发展起来的一种新兴冷冻加工食品。当把某种冻结食品放在某种条件下冻藏时，人们需要知道该冻结食品能贮藏多长时间。也就是说，我们必须了解冻结食品在冻藏过程中的质量变化。

（一）T. T. T 的概念

冻结食品质量在某一时刻是否良好，与下列因素有关：①原料的性质；②以冻结为核心内容的冻结前的处理、冻结方法及冻结后的处理与包装；③从生产到该时刻的冷藏、运输、分配以及出售等所经历的温度和时间。

冻结食品的 T. T. T 概念是美国 Arsdel 等人在1948—1958年对食品在冻藏下经过大量实验总结归纳出来的，揭示了食品在一定初始质量、加工方法和包装方式，即3T原则下，冻结食品的容许冻藏期与冻藏时间、冻藏温度的关系，并把这种关系称之为冻结食品的 T. T. T 概念（Time、Temperature、Tolerance）。T. T. T 概念对食品冻藏具有实际指导意义。

由 T. T. T 概念可知道，速冻食品在流通过程中其品质变化主要取决于温度，速冻食品的温度越低，其优良品质保持得时间越长。如把相同的速冻食品分别放在 -10℃和 -20℃的冷库中贮藏，则放在 -10℃下的冷冻食品其品质下降速度要比 -20℃下的快得多。在销售时，相同的速冻食品分别放在 -18℃和 -15℃的冷藏陈列柜中，则 -18℃的速冻食品其品质保持时间要比 -15℃的长。我国目前对速冻食品采用的冻藏温度大多为 -18℃。随着人们对食品质量的要求越来越高，近年来国际上冻结食品的冻藏温度逐渐趋向低温化，一般都是 -30 ~ -25℃，特别是冻结水产品的冻藏温度更低。美国学者认为冻结水产品的冻藏温度应在 -29℃以下。

T. T. T 理论说明以下几点。

（1）对每一种冻结食品来说，在冷藏温度下，食品所发生的质量下降与所需的时间存在着一种确定的关系。

（2）在整个贮运阶段中，由冷藏和运输过程（在不同的温度条件下）所引起的质量下降是积累性的，并且是不可逆的。

（3）冻结食品的冷藏温度越低，则其贮藏期限越长。

（二） 冻结食品的 T. T. T 曲线与实用冷藏期

将刚生产出来的品质优良的速冻食品，放在流通过程中常见的各种温度范围内贮藏，并与放在 -40℃温度下贮藏的对照品做比较。随着时间的推移，放在各种温度下贮藏的速冻食品其品质逐渐下降，由熟练的感官评定小组成员做鉴定。当某一天感官鉴定小组中 70% 的成员能识别出此温度下的冷冻食品与 -40℃贮藏的对照品有品质差异时，则该贮藏温度下速冻食品所经历的时间称为高品质寿命 HQL（high quality life）。然而，实际上感官鉴定小组的成员在对冷冻食品做品质鉴定时，常把标准适当放宽，降低到以不失去速冻食品的商品价值为限。到此时该贮藏温度下速冻食品所经历的时间称为实用冷藏期 PSL（practical storage life）。

图 4 -25 中的曲线表示在 -30 ~ -10℃范围内，几种冻结食品实用冷藏期与食品贮藏温度之间的关系，我们把这样的曲线称为 T. T. T 曲线。根据 T. T. T 曲线的斜率可知道温度对于速冻食品品质稳定性的影响，用温度系数 Q_{10} 表示。Q_{10} 是温差 10℃，品质降低速度的比值。也就是温度下降 10℃，速冻食品品质保持的时间比原来延长的倍数。如果温度系数 Q_{10} 的值是 5，速冻食品温度从 -15℃降至 -25℃，品质降低的速度减小至原来的 1/5，冷藏期也比原来延长 5 倍。速冻食品的温度系数 Q_{10} 随速冻食品的种类不同而异，在 -25 ~ -15℃范围内，其值为 2 ~5。从 T. T. T 曲线可看出，水产速冻食品的品质稳定性最差，特别是多脂肪鱼的贮藏期最短。但对于大多数速冻食品来说，放在

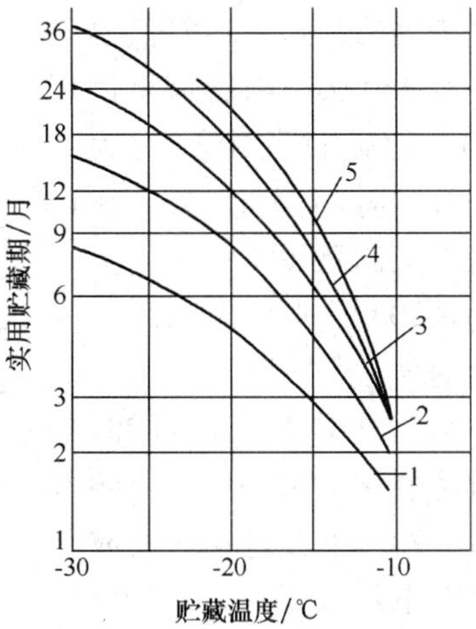

图 4 -25 速冻食品的 T. T. T 曲线

1—多脂肪鱼（鲑）和炸仔鸡

2—少脂肪鱼 3—四季豆和汤菜

4—青豆和草莓 5—木梅

-18℃的贮藏温度下可做1年的贮藏而不失去商品价值。T. T. T理论提供了监测速冻食品品质及预测速冻食品货架期的方法。

（三）T. T. T的意义

冻结食品的质量降低是逐渐的，而且这种降低是积累的，当达到一定程度，从感官检验看，认为已失去商品价值，称为质量降低量。根据质量降低的概念可以对食品的商品价值进行如下的分析。

假如某一冻结食品的初期质量是一定的，将此时的质量定为1，丧失商品价值时的质量定为0，质量由初期的1减少到0，所需天数为食品的实用冷藏期，则每天质量最大降低量就是用食品初期的质量1被实用冷藏期除，所得的商。

即：每天食品质量最大降低量 = 1/实用冷藏期

例如，对多脂肪鱼（鲑）和炸仔鸡，查资料得：在 -20℃时，实用冷藏期为140天；对少脂肪鱼，在 -20℃时，实用冷藏期为240天。则

多脂肪鱼（鲑）和炸仔鸡每天质量最大降低量 = 1/140 = 0. 00714

少脂肪鱼每天质量最大降低量 = 1/240 = 0. 00416

分析上述食品的每天质量最大降低量可得知：食品的每天质量最大降低量数值越大，标志着这种食品在同样温度下是质量降低速度快的食品。

二、T. T. T的计算

由于冻结食品质量下降是累积的，因此根据T. T. T曲线可以计算出冻结食品在贮运等不同环节中质量累积下降的程度和剩余的可冻藏性。

例如，上等花椰菜经过合理冻结后，在 -24℃低温库冻藏150天，随后运至销售地，运输过程中温度为 -15℃，时间为15天，在销售地又冻藏了120天，温度为 -20℃。求此时冻结花椰菜的可冻藏性为多少。

解：由图4 -26可知，花椰菜在 -24℃下经过540天或 -20℃下经过420天或 -15℃下经过270天，其可冻藏性完全丧失，变为零。

根据质量下降的累积性，得质量下降率为：

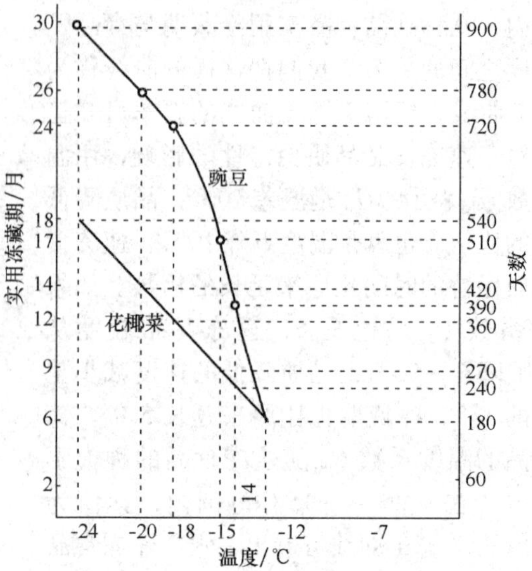

图4 -26 花椰菜和豌豆的实用冻藏期

$$(150/540+15/270+120/420)\times 100\% = (0.28+0.06+0.29)\times 100\% = 63\%$$

剩余的可冻藏性为：$1-63\% = 37\%$

这说明如果仍在 -20℃下冻藏，最多只能冻藏 155 天，若在 -12℃下仅能冻藏 67 天即失去了商品价值。

另外，T. T. T 理论指出，速冻食品在流通过程中因时间、温度的经历而引起的品质降低量是累积的，也是不可逆的，但与所经历的顺序无关。例如，把相同的冷冻食品分别放在两种场合下进行冻藏：一种是先放在 -10℃温度下贮藏 1 个月，然后放在 -30℃下贮藏 5 个月；另一种是先放在 -30℃贮藏 5 个月，然后放在 -10℃下贮藏 1 个月。这两种场合分别贮藏 6 个月后，速冻食品的品质降低量是相等的。

上述计算方法对多数冻结食品的冻藏是有指导意义的。由于食品腐败变质的原因与很多因素有关，如温度波动给食品质量造成的影响（冰晶长大、干耗等）、光线照射对光敏成分的影响等，这些因素在上述计算方法中均未包括，因此，实际冻藏中质量下降要大于用 T. T. T 法的计算值，即冻藏期小于 T. T. T 的计算值。另外，有时实际的质量降低率比用此计算方法所得的质量降低率更低。因此，还不能说 T. T. T 计算是很完备的方法。现给出几个例子加以说明。

（1）对于乳状或胶状的冻结食品，如遇到温度反复上下波动，食品的质量就会变劣，这时质量降低量比用 T. T. T 计算所求的降低量大得多。

（2）对于冰淇淋，由于温度升高将变软融化，如再降温又要再变硬，这样反复进行，将造成冰晶体变大，使人吃起来感觉粗糙，降低了商品价值。在这种情况下仅仅用 T. T. T 计算值是不能判断出食品质量的。

（3）冻结食品在存放期间，光线照明（灯光、阳光）容易使其干燥和变色，这与食品温度相同者存放暗处相比，其质量劣化程度较严重，质量降低率肯定比 T. T. T 值判定的大得多。

（4）冻结食品冻藏时，即使有包装，如果冻藏温度波动幅度大，且频繁的话，冻结食品变干燥也很严重，因此，会带来比用 T. T. T 计算所求得的质量降低率更大的损失。

（5）食品的温度上下波动的次数虽然少，但若温度回升到 -10℃以上，而且保存的期限较长时，则会使细菌复活而不断繁殖，造成食品的质量下降快，这也比用 T. T. T 计算所得的值大得多。

项目七　冻结食品的解冻

随着冻结食品市场量的增加，冻结已经作为食品工业原料的主要贮藏手段。为了满足食品加工业生产的需要，使解冻原料在数量和质量方面得到保证，生产出高质量的后续加工产品，必须重视解冻工序。近年来，许多研究表明，解冻技术的优劣将对产品的质量产生较大影响，因而关于解冻技术的研究与开发也逐渐引起人们的重视。

一、解冻的目的

将冻结的食品升温，使其恢复到冻结前的状态称为食品的解冻。解冻的目的是将食品的温度回升到所指定的温度，使食品内的冰晶融化，并保证最完善地恢复到冻结前的新鲜状态，获取最大限度的可逆性及其营养价值与质量。冷冻食品食用前的煮熟也属于解冻。就热交换的情况而言，解冻可以说是冻结的逆过程。然而，操作起来解冻却要比冷冻困难。在解冻过程中，热量不能充分地通过已解冻层传入食品内部；此外，为避免表面首先解冻的食品被微生物污染和变质，解冻所用的温度梯度也远小于冻结所用的温度梯度。因此，解冻所用的时间远大于冻结所用的时间。

二、解冻过程

（一）解冻曲线

将某个冻结食品放在温度高于其自身温度的解冻介质中，解冻过程即开始。如果将整个解冻过程中冻结食品的温度随时间变化的关系在坐标图中描绘出来，即得到所谓的解冻曲线，见图 4－27。

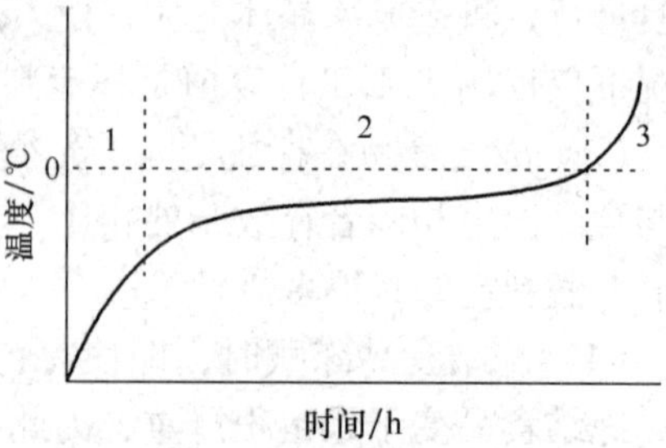

图 4－27　典型的解冻曲线

1—加热升温阶段　2—解冻　3—补充加热

解冻曲线依升温的顺序可分为三个阶段：①冻品被加热到解冻曲线的平稳阶段。在此阶段中，冻品的温度由初温升高到－5℃左右，是食品内冰晶体融化前的温度范围，由于冰的比热容较小，热导率较大，故曲线的斜率大，温度上升的速度较快。②冻品温度由－5℃左右升高到－1℃，相当于最大冰晶生成带的温度范围。在此阶段中，因食品内冰晶融化需要吸收大量的相变热，越处于食品的深部，曲线中平坦的这一段越明显，说明加入的热量大部分用作冰融化的潜热，因此食品温度上升的速度缓慢，曲线平缓，这一温度带称为有效解冻温度带。③产品继续加热，使其温度升高到冰点以上某一点。在此阶段中，食品吸热显然使温度升高，温度上升的速度大于第二阶段。但由于冰晶融化后的水热导率比冰大，故曲线斜率小于第一阶段。

（二）解冻程度

食品解冻后温度升高到多少度为宜，应根据解冻食品的种类和用途来决定。

解冻状态可分为半解冻（-5℃）、完全解冻和高温解冻，视解冻后的用途而定。但无论是半解冻还是完全解冻，都应尽量使食品在解冻过程中品质下降最小，使解冻后的食品质量尽量接近于冻结前的食品质量。食品在解冻过程中常出现的主要问题是汁液流失，其次是微生物繁殖和酶促或非酶促等不良生化反应。

1. 完全解冻

解冻后的温度高于食品的冰点，食品中所有的冰晶都融化成为水，称为完全解冻。在完全解冻时，解冻介质的温度特别重要。某些冻品，特别是大体积的冻品，当整个食品完全解冻时，最先到达-1℃的部位已经接近解冻介质的温度，而其他部位长时间处于较高的温度下，容易导致食品质量降低。如果解冻介质的温度为30℃，在这样的环境温度下，水分蒸发、氧化、酶与微生物的作用都比较强烈，对保持食品的质量非常不利。总之，在使整个食品完全解冻的场合，食品各部位的温差必然很大。所以在食品完全解冻的场合，所用解冻介质的温度必须低一些，以抑制食品中发生的水分蒸发、氧化、酶与微生物的作用。

2. 半解冻

冻结食品完全解冻时，表面与内部温度上升速度不一致，特别是体积较大的食品，表面与内部温差较大。为了避免表面在较高的温度下加速质量变化，可在半解冻的状态下进行处理。半解冻即解冻后的终温为-10～-3℃。在半解冻状态下，食品的冻结率较小，食品的硬度处于用刀可以切割的程度。其后的解冻，可在加热烹调中进行，不仅操作简单方便，而且可减少流失汁液。加工灌肠的原料肉等，一般可采用半解冻。另外，许多水果在半解冻状态下口感更好，尤感清凉美味。

3. 高温解冻

高温解冻的最终温度因下列两种情况而异：一种是食品冻结前没有经过热处理，解冻后必须经过充分加热才能食用；另一种是冻结前已经过热处理的方便食品，解冻后加热至适口即可食用。对于前一种情况，解冻与热处理可同时进行，解冻介质可分为热水、蒸汽、空气、油、调味液或金属器械等，解冻的最终温度必须在80℃以上；对于后一种情况，解冻的最终温度因食品种类不同而不同，一般在50℃以上。

（三）解冻时间

解冻时间就是完成某个预定的解冻过程所需要的时间。冻结食品解冻所需要时间主要受两方面因素的影响。一方面是热源和解冻介质，包括热源向食品的传热情况、解冻介质的温度和热力特性等因素；另一方面是食品本身的因素，如食品的大小、形状、物理性质和传热特性等。由于被解冻食品表面的热导率小于冻结食品表面的热导率，因此，在相同的温度区间内进行解冻所需要的时间比冻结时间更长。

在解冻过程中冻品的内部将同时存在导热、对流等换热方式，因此解冻时间计算较冻结时间的计算更复杂些，一般采用经验公式。

$$t = m/(t_{介} + n)$$

式中 t——解冻时间，h；

$t_{介}$——空气介质的温度，℃；

m 和 n——经验常数，其数值见表4-7。

表4-7 解冻时间公式的经验常数

经验常数	猪半胴体（平均质量30kg）	牛的1/4前胴体（平均质量60kg）	牛的1/4后胴体（平均质量60kg）
m	325	455	575
n	1.5	1.8	1.8

三、解冻方法和装置

食品解冻的方法很多。食品在解冻过程中要发生许多生化变化，因此要将冻结食品恢复到冻结前的状态是非常困难的。食品在解冻过程中，若方法不得当，还易使食品腐败变质。

（一）分类

（1）按加热介质的种类分类　一般可将解冻方法分为空气解冻法、水解冻法、电解冻法及组合式解冻法等。

（2）按热量传递的方式分类　可将解冻方法分为表面加热解冻法和内部加热解冻法两种。

（二）解冻方法和装置

1. 空气解冻

空气解冻又称为自然解冻，是目前应用最广泛的解冻方法。该方法是依靠空气把热量传递给冻品，使冻品升温、解冻。空气解冻的速度取决于空气流速、空气温度和食品与空气之间的温差等多种因素。

（1）静止空气解冻　静止空气解冻要求：环境温度为15℃以下，相对湿度为90%～92%，利用低温空气的自然对流来解冻。此方法解冻的食品温度比较均匀，汁液流失也比较少，可进行半解冻，食品质量和卫生都很好。缺点是解冻时间长，食品由于水分蒸发而质量损失较大。采用此方法解冻时，为了减少微生物的污染，在解冻间可装设紫外线灯杀菌。

（2）流动空气解冻　流动空气解冻要求：风速1m/s，空气温度为15～25℃，相对湿度为85%～95%，是通过加快低温空气的流速来缩短解冻时间的方法。

流动空气解冻可用风机连续送风使空气循环，送风方向有垂直送风和水平送风两种。此方法解冻的食品能大大缩短解冻时间，食品的干耗也减少。但在解冻过程中因食品表面的汁液融化快，使肌肉组织来不及吸收，造成汁液流失，比缓慢解冻流失的多；同时在食品表面有干燥的倾向。为此应加以调节温度和湿度，并带有包装解冻较好。图4－28为低温加湿流动空气解冻装置示意图。

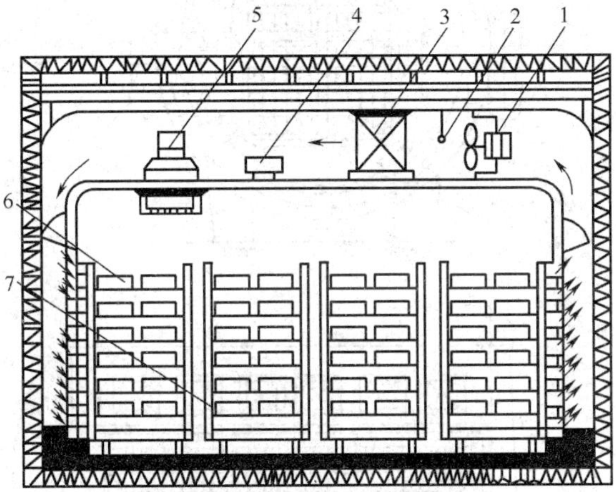

图4－28 低温加湿流动空气解冻装置

1—风机 2—杀菌灯 3—冷风机 4—加热器 5—加湿器 6—鱼块 7—鱼车

(3) 热空气解冻 热空气解冻要求：一般室内温度25～40℃，相对湿度为98%～100%。此方法解冻是利用热空气向食品表面冷凝，利用冷凝热来加速解冻。由于空气温度高，使食品表面先融化而内部暂时不融化，等内部融化时，外部温度又降低了，故能影响食品的质量。

(4) 加压空气解冻 即在铁制的容器内通入压力为0.2～0.3MPa的压缩空气，容器内的温度为15～20℃，由于压力升高，冻品的冻结点降低，故在同样解冻介质温度下，冻品容易融化，解冻时间缩短，解冻品质量也较好。如果在加压容器内使空气流动，风速在1～1.5m/s，把加压和流动空气组合起来，会使食品表面的传热状态大大改善，可缩短解冻时间。图4－29为加压流动空气解冻装置示意图。

(5) 高湿度空气解冻 高湿度空气解冻是利用高速、高湿的空气进行解冻的方法。解冻温度在－3～20℃范围可调，空气的相对湿度为90%～98%，解冻品表面风速为2.5～3m/s。

该解冻装置有一个高效低耗的低温加湿装置——气液接触器，解冻时利用低温高湿空气进行。在气液接触器中，空气得到高效率的加湿和热交换，并被除尘、除菌、脱臭，得到净化后送到解冻室中循环，当它与冻品接触时，就在冻品表面凝结并放出凝结潜热，使冻品升温而被解冻。这种解冻方法解冻终温低，能避免冻品在解冻过程中发生干燥和失重现象，解冻后食品质量较好。图4－30为高湿度空气解冻装置示意图。

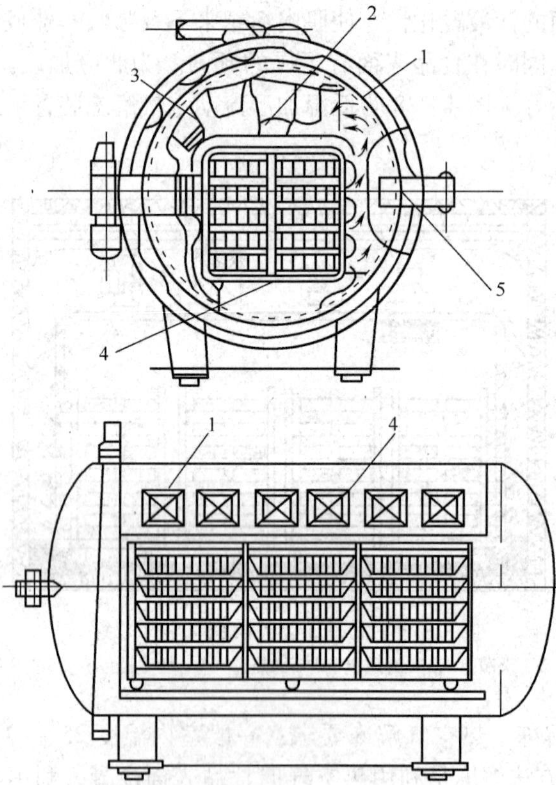

图 4-29　加压流动空气解冻装置示意

1—解热器　2—鼓风机　3—冷却器　4—鱼车　5—门开关把手

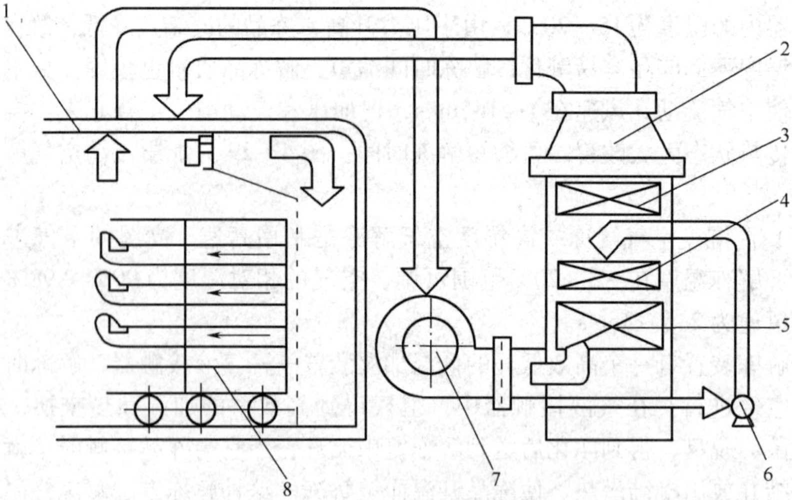

图 4-30　高湿度空气解冻装置示意

1—解冻室　2—加湿塔　3—空气净化器　4—气液接触装置
5—换热器　6—泵　7—风车　8—手推车

2. 水解冻

由于水的传热性能比空气好，故把冻品浸在水中解冻时，解冻时间可明显缩短。水解冻速度快，同时避免了质量损失，适用于有包装的食品、冻鱼，以及破损小的果蔬类。

（1）静水式解冻　此方法解冻时是将冻品放置于放满水的水槽或容器中，经过一段时间后，冻品就会吸收水中的热量而解冻。由于水温随着解冻的进行而降低，可以得到较低的解冻终温。这种解冻方法应根据解冻品的数量控制好水量；水太少时，解冻时间太长，甚至会达不到解冻要求的终温；水太多时，虽然解冻时间可缩短，但解冻终温高，对食品质量不利。

（2）低温流水解冻　流水解冻是将冻品浸没于流动的低温水中进行解冻。解冻时间由水温、水的流速决定。流水解冻装置是分批式流水浸渍型的，槽两端处设有除鳞网，槽底一端装有搅拌器，可正反转。槽可长可短，根据解冻量的多少，可以数个槽连在一起，也可以分开使用。槽内水通过热交换器保持一定的温度。空载时槽内水流速为0.25m/s，搅拌器每5min换向运转一次，以改变槽内水流动的方向。水温由换热器保持在5～12℃，解冻时间一般为80～90min。图4－31为低温流水解冻装置。

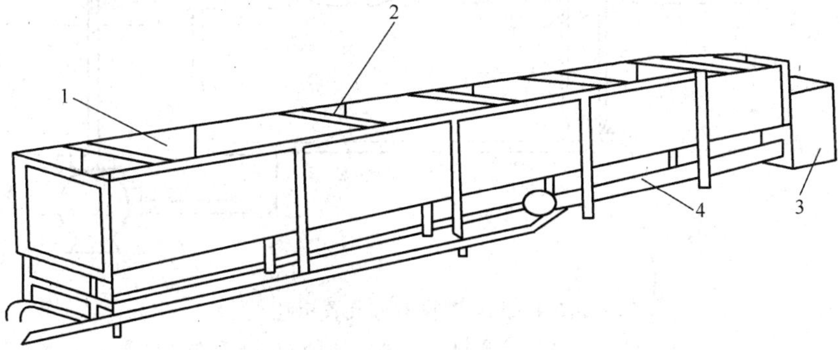

图4－31　低温流水解冻装置

1—水槽　2—除鳞网　3—控制箱　4—换热器

（3）喷淋解冻　喷淋解冻是将冻结食品放在传送带上，用蒸汽将水加热至18～20℃，然后用水泵将水输送到喷淋装置上向速冻食品喷淋解冻。水可以循环使用，但需有过滤器、净水器以保持卫生。图4－32为喷淋解冻装置示意图。

另一种喷淋和浸渍相组合的解冻装置如图4－33所示，鱼块由进料口进入传送带上的网篮中，经喷淋再浸渍解冻，到出料口鱼已解冻完毕。

（4）低温盐水解冻　对乌贼鱼等海水鱼来说，为防止解冻时其鱼皮退色，常用低温盐水解冻。盐水温度不超过20℃，盐水流速为13m/s，盐水浓度2%～3%。

存在的问题：食品吸水后膨胀；食品中的可溶性物质流失；被解冻水中的微

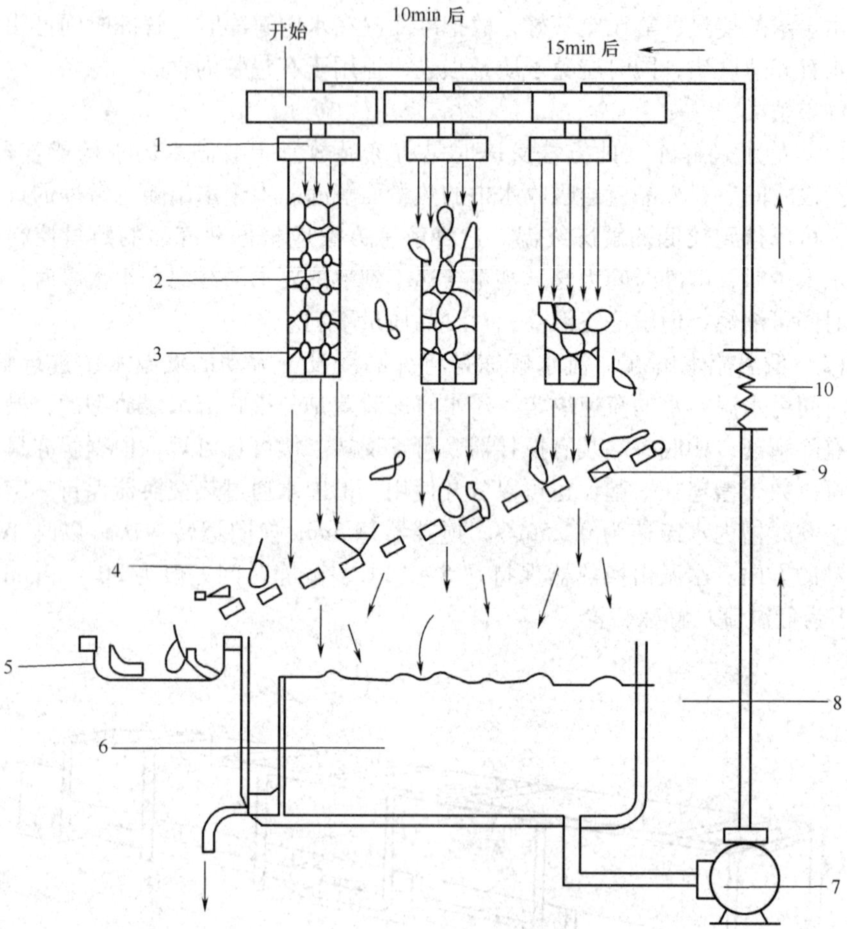

图 4－32 喷淋解冻装置示意

1—喷淋器 2—冻虾块 3—冰 4—虾 5—移动盘

6—水槽 7—水泵 8—进水口 9—滑道 10—加热

生物污染等。

3. 真空解冻

（1）真空解冻的原理及特点 在低压下，水在低温即会沸腾，产生的水蒸气遇到更低的冻品时，就会在其表面凝结成水珠，这个过程会放出凝结热。该热量被解冻品吸收，使其温度升高而解冻。

此种解冻方法比空气解冻法提高效率 2～3 倍，解冻时间显著缩短，而且在抽真空、脱气状态下解冻，大多数细菌被抑制，有效地控制了食品营养成分的氧化和变色。由于脱离了与水直接接触，食品的汁液流失量比在水中解冻有显著减少。同时，由于是低温的饱和水蒸气，食品不会出现过热现象和干耗损失，而且

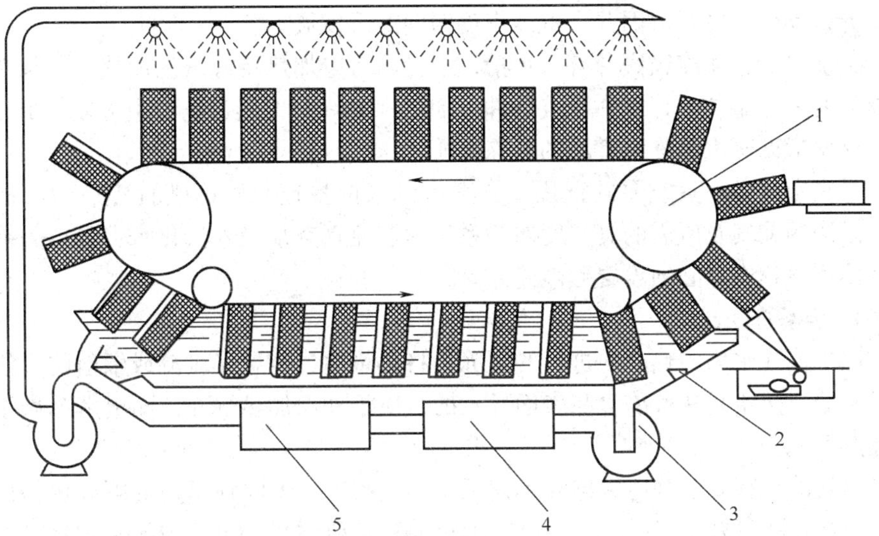

图 4-33 浸渍和喷淋组合解冻装置示意

1—传送带 2—水槽 3—水泵 4—过滤器 5—加热器

色泽鲜艳、味道良好，从而保证了食品的质量。缺点是该装置成本高，运行费用高，解冻成本高。

真空解冻要求：真空度为 97～99kPa（730～745mmHg），温度为 15～30℃，适用于肉类、禽兔类、鱼类、蛋类、果蔬类以及浓缩状等冻结食品。

（2）真空解冻的装置组成 如图 4-34 为真空解冻装置示意图。

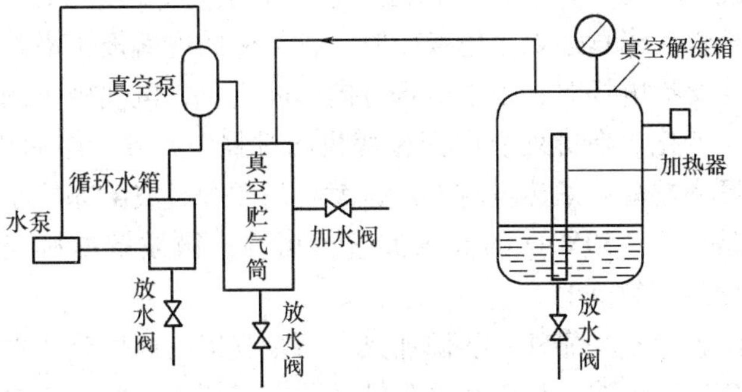

图 4-34 真空解冻装置示意

①真空解冻箱：解冻箱内的真空度是靠真空泵和解冻室的密封决定的。真空解冻装置中各部件的连接线路、引入箱体的大门等，都应有可靠的密封。如果设计不正确，密封材料选用不当，加工不合适，就很难达到解冻所要求的真空度。

解冻室设计为圆形较为合理，受力均匀且节省材料，加工方便。但是圆形空间利用率低，操作不方便，因此，解冻室逐渐向方形发展。

②加热器：解冻箱底部有一水槽，水槽内有电加热器或蒸汽加热器，加热器四周放有一定量的水，水在真空条件下加热到10～15℃时沸腾产生大量的低温蒸汽。这些低温蒸汽是冻结食品的解冻介质。

③真空设备：真空泵的选用，要考虑到泵的抽速与解冻装置中应放出的气量、系统的漏气及所需的真空度的关系。为避免真空泵吸入汽化水，真空解冻装置在使用过程中，必须设置贮液筒。

4. 电解冻

以空气或水为传热介质进行的解冻是将热量通过传导、对流或辐射的方法使食品升温，热量是从冷冻食品表面导入的，属于外部加热解冻，而电解冻属于内部加热解冻。

电解冻包括高压静电解冻和不同频率的电解冻。不同频率的电解冻包括低频（50～60Hz）解冻、高频（1～50MHz）解冻和微波（915MHz或2450MHz）解冻。

（1）低频解冻　低频解冻又称为欧姆加热解冻、电阻型解冻。此方法是将冻结食品视为电阻，利用电流通过电阻时产生的焦耳热，使冰晶融化。所用电流为变流电，采用频率为50～60Hz的低频率电。采用这种方法比空气和水解冻快2～3倍，耗电较少，费用不高。缺点是只能解冻表面平整的块状食品，当解冻食品的质地不均匀或电极不能密切贴合时，常发生解冻不均匀或局部过热现象。

（2）高频和微波解冻　从导电性能看，食品基本上属于绝缘体。像大多数绝缘体一样，食品中有许多分子（如水分子等）是带有等量正负电荷的电偶极子。当食品不处于电场中时，各个电偶极子的排列方向是任意的、随机的，整个食品并不显示极性。当食品处于电场中时，食品中的电偶极子沿着电场方向定向排列。当电场是交流电场时，由于电场方向不断变化，电偶极子的排列方向也以同样的频率发生变化。在排列方向交替变化的过程中，各个电偶极子相互碰撞、摩擦而发热，频率越高，发热量越多。这就是高频和微波解冻的原理。

高频解冻是用1～50MHz的高频波进行解冻；微波解冻则是用915MHz或2450MHz的微波进行解冻。

高频和微波解冻不是靠外部热源加热，而是利用内部加热使食品表面与深层同时解冻，解冻速率很快，只要几十分钟即可完成解冻；食品质量基本上不发生变化，汁液流失少，除了金属包装容器外，食品可以带着包装进行解冻，而且包装材料不会被加热；卫生条件好，不易被微生物污染。缺点是装置成本高；食品成分复杂，对微波能的吸收能力各不相同，会引起食品各部分解冻不均匀，有局部过热现象出现；微波对人体有害，应严格防止泄漏。图4－35为微波解冻装置原理图。

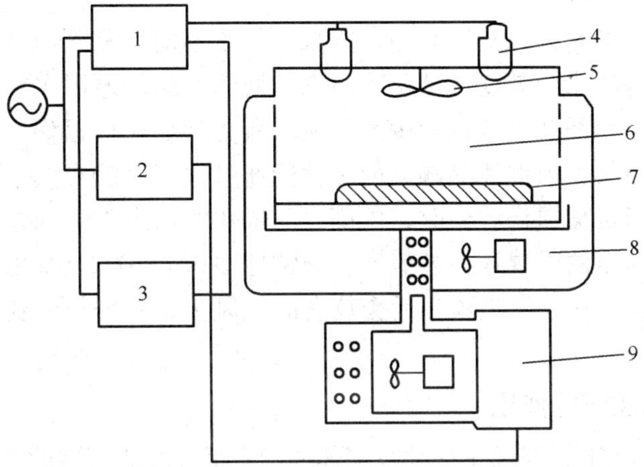

图 4－35　微波解冻装置原理

1—磁控管电源　2—冷风机电源　3—控制电路
4—磁控管　5—搅拌器　6—解冻室　7—冻结水产品
8—冷风循环通道　9—冷风机组

5. 组合式解冻

（1）电和空气的组合解冻　此方法是在微波解冻装置上再装以冷风装置，冷风可防止微波所产生的部分过热现象。先由电加热到刀能切入的程度，停止电加热，继之以冷风解冻，这样可避免引起部分过热，还可避免品温的不均匀。

（2）电和水的组合解冻　冷冻品在完全冻结时，电流很难通过它的内部。可利用水把冻结食品表面稍融化，使冻结食品表面温度升高到－10℃左右，然后再利用电解冻。这种组合解冻工艺不但可以改善电极板与食品的接触状态，同时还可以减少随后解冻中的微生物繁殖。

（3）微波和液氮组合解冻　微波解冻中产生的过热现象由喷淋液氮来避免。喷淋液氮时加上静电场能使液氮喷淋面集中，冷冻品放在装盘上转动亦使冻品受热均匀。此种解冻方法成本低，设备占地面积小，解冻品品质好。

四、 食品在解冻过程中的质量变化

（一） 氧化作用

食品解冻时，其表面和空气接触，大大加快了食品被氧化的速度，使食品色泽变坏并产生异味，甚至产生有毒物质，俗称的食品“哈喇味”大多是在解冻过程中产生的。

（二）汁液流失

冻结食品解冻时，内部冰晶融化成水，如果不能回复到原细胞中去、不能被肉质吸收，这些水分就变成液滴流出来。液滴产生的原因主要是由于食品在冻结过程中产生冰晶及冻藏过程中冰晶成长所受到的机械损伤。当损伤比较严重时，食品间隙大，内部冰晶融化的水就能通过这些缝隙自然地向外流出，称为流出液滴；当机械损伤轻微时，内部冰晶融化的水由于毛细管作用还能保持在肉质中，当加压的时候才往外流出。通常把加0.1~0.2MPa的压力向外流出的汁液称为压出汁液。汁液流出后会使食品的风味、营养价值变差，造成质量损失。

（三）微生物的作用

微生物繁殖和食品本身的生化反应速率随着解冻升温速度的增加而加速。解冻过程中，随着食品温度的升高，冻结食品中的微生物恢复活性并迅速繁殖，外界的微生物也会附着在食品表面，使食品表面产生黏液和异味，从而导致食品腐败。

（四）解冻时汁液流失的影响因素

1. 冻藏的温度对汁液流失的影响

在冻结温度和解冻温度相同的条件下，如果冻藏温度不同，也会导致解冻时汁液流失不一样。这是由于在较高的温度下冻藏，细胞间隙中冰晶体生长的速度较快，形成的大型冰晶对细胞的破坏作用较为严重，解冻时汁液流失较多；而在较低温度下冻藏，冰晶体生长的速度较慢，解冻时汁液流失就较少。如在－20℃下冻结的肉块在不同温度下冻藏3天，然后在空气中缓慢解冻，肉汁的损耗量如表4－8所示。

表4－8　－20℃时冻结的肉块在不同温度中冻藏3天在空气中缓慢解冻时肉汁的损耗量

冻结温度/℃	肉汁损耗率/%
－1.5~－1	12~17
－9~－3	8
－19	3

2. 冻结的速度对汁液流失的影响

慢速冻结的食品，汁液流失较为严重，这是由于冻结时造成细胞严重脱水，经长期冻藏后，细胞间隙存在的大型冰晶对组织细胞造成严重的机械损伤，蛋白质变性严重，以致解冻时细胞对水分重新吸收的能力差。表4－9为不同冻结温度的冻结肉在20℃空气中解冻时的肉汁损失。

表 4－9　不同冻结温度的冻结肉在 20℃空气中解冻时的肉汁损失

冻结温度/℃	肉汁损耗率/%
－8	11
－20	6
－43	3

3. 生鲜食品的 pH 对汁液流失的影响

蛋白质对水的亲和力与 pH 有密切关系。在等电点时，蛋白质胶体的稳定性最差，对水的亲和力最弱，如果解冻时生鲜食品的 pH 正处于蛋白质的等电点附近，则汁液的流失就较大；pH 远离等电点时，汁液的流失就较少。因此，畜、禽、鱼、贝类等生鲜食品解冻时的汁液流失与其成熟度（pH 随着成熟度不同而变化）有直接的关系。

4. 解冻的速度对汁液流失的影响

解冻速度有缓慢解冻和快速解冻之分。缓慢解冻和快速解冻之间并没有严格的界限，一般把在静止的低温空气或低温的水（不超过 5℃）中的解冻称为缓慢解冻；把吹热风解冻、流水解冻及电阻解冻等称为快速解冻。但以何种速度解冻可减少汁液的流失、保持食品的质量，要视食品的种类、大小、用途而定。

关于解冻速度对食品品质的影响存在两种观点：一种认为快速解冻使汁液没有充足的时间重新进入细胞内；另一种观点认为快速解冻可以减轻浓溶液对食品质量的影响，同时也缩短了微生物繁殖与生化反应的时间。因此，解冻速度多快为最好是一个有待研究的问题。一般认为，小包装食品（速冻水饺、烧麦、汤圆等）、冻结前经过漂烫的蔬菜或经过热加工处理的虾仁、蟹肉、含淀粉多的甜玉米、豆类、薯类等，多用高温快速解冻法，而较厚的畜胴体、大中型鱼类常用低温慢速解冻。

此外，造成汁液流失的原因还与解冻的速度、生鲜食品的 pH、食品的切分方式、冻结方式、冻藏条件以及解冻方式等有关。

模块小结

食品的冻结与贮藏是将食品的温度下降到使食品中绝大部分的水形成冰晶，达到食品长期贮藏的目的。主要包括食品的冻结和冻藏两个过程。食品在冻结和冻藏过程中，除了组织结构受到影响外，还可能发生色泽、风味等化学或生物化学变化而造成食品质量的下降。

食品冻结时可采用的冻结方法及装置多种多样，按冷却介质与食品接触的方式可分为空气冻结法、间接冻结法、直接冻结法等。其中每一种方法均包含了多种形式的冻结装置。

根据冻结食品质量保存期与食品温度之间的关系绘制的曲线称为冻结食品的 T. T. T 曲线，根据此曲线可计算出冻结食品在贮运等不同环节中质量累积下降程度和剩余的可冻藏性。

食品在解冻过程中要发生许多生化变化，在解冻过程中常出现的主要问题是汁液流失，其次是微生物繁殖和酶促或非酶促等不良生化反应。造成汁液流失的原因很多，与食品的切分方式、冻结方式、冻藏的温度、冻藏条件以及解冻方式等有关。

思考练习

一、名词解释

食品冻结；食品冻藏；最大冰晶生成带；T. T. T 概念。

二、填空题

1. 食品解冻时按加热介质的种类可将解冻方法分为________、__________、__________及组合法解冻四大类。

2. 食品冻结后冻藏时，影响食品品质的主要因素包括__________、____________、__________等。

3. 食品冻藏时发生很多物理化学变化等，其中物理变化包括__________、__________、__________、__________和汁液流失等；化学变化包括________、__________、__________、__________和 pH、营养成分降低等变化。

三、判断题

1. 食品冻结首先应尽一切可能保持其营养价值和美味，也就是使其在冻结过程中所产生的各种变化达到最大的可逆性。(　　)

2. 食品的每天质量最大降低量数值越大，标志着这种食品在同样温度下是质量降低速度快的食品。(　　)

3. 在最大冰结晶生成带，单位时间内的结冰量最多，热负荷最大。(　　)

4. 间接冻结法指的是把食品放在由制冷剂（或载冷剂）冷却的板、盘、带或其他冷壁上，与冷壁直接接触，与制冷剂（或载冷剂）直接接触。(　　)

5. 酶在解冻时，尤其是在组织受到损伤时，其活性会大大加强，因而引起一系列生化反应，造成变色、变味、营养损失等变化。(　　)

四、简答题

1. 食品冻结的目的是什么？

2. 哪些食品采用 T. T. T 理论计算食品保藏期时偏差较大？

3. 隧道式冻结装置在设计和生产实践中应注意哪些问题？

4. 食品解冻时汁液流失的影响因素有哪些？

5. 缩短冻结时间的措施有哪些？

【实训一】 食品冻结曲线的测定

一、 实训目的

通过本次实训使学生了解食品的冻结过程；熟悉冻结速率对冻结食品质量的影响；掌握冻结过程中温度曲线的测定方法。

二、 实训原理

食品在冻结的不同温度阶段中，放出的热量是不均衡的。当食品刚被冻结时，食品的温度下降较快，但降至某一温度时，食品中的水分开始冻结，并形成冰晶，这个温度即为食品的冻结点，也称为冰点。在此过程中食品内部的大部分水分冻结成冰，同时放出相变热，因此，在较长时间内食品的温度几乎恒定，曲线呈水平状态，这段温度区间通常在 -5 ~ -1℃，称为最大冰晶生成带。对于新鲜食品来说，一般温度降到 -5℃，已有 80% 的水分生成冰结晶。此后，食品温度又快速下降，直至冻结结束。食品在冻结过程中，食品温度与所经历的时间关系的曲线称为食品的冻结曲线。

三、 主要设备与材料

待速冻的水果、蔬菜，速冻装置一台或冻结间一间。

四、 实训内容

（1）检查待冻食品、温度计、速冻装置或冻结间；
（2）准备记录食品材料表面温度和内部不同点处的温度；
（3）启动制冷系统，并设定冻结温度为 -25 ~ -23℃；
（4）做好食品试样，并固定温度计于不同处；
（5）开始记录数据；
（6）当温度趋于内外一致时，冻结结束；
（7）分析不同材料、不同形状与尺寸的食品，其温度曲线的异同。

五、 注意事项

（1）当待测果蔬汁液的温度降至冰点以下时，由于液态结冰发生相变释放潜热的物理效应，汁液仍不结冰，出现过冷现象，之后温度突然上升至某一点，并出现相对稳定，持续时间几分钟。此后果蔬汁液温度再次缓慢下降，直至果蔬汁液大部分结冰。

（2）在待测果蔬汁的温度随时间变化的曲线图中，冰点之前的最低点为过冷点，过冷点因冰盐水的温度不同而有差异。

六、 实训报告

根据实训的操作情况书写实训报告，并分析以下问题：

（1）为什么要测量食品的冻结曲线，对食品冷冻生产有什么意义？

（2）食品冻结曲线最大冰晶带的时间长短与哪些因素有关？

【实训二】 库房环境参数测量 （温度与湿度测量）

一、 实训目的

通过本次实训使学生了解温度、湿度对食品贮藏质量的影响；掌握库房温度、湿度的测量方法；熟悉库房温度、湿度调控方法。

二、 主要设备与材料

待测食品、温度控制设备、湿度控制设备、冷却物冷藏间、冻结物冷藏间。

三、 实训内容

（1）确定参数 各种食品在冷却冷藏间要有适宜的温度、湿度和气体成分等。查有关资料，确定冷库中所贮藏食品的温度、湿度条件。冷冻食品的贮藏参数参见项目四模块四中的有关内容（表4－5）；冷藏食品的贮藏参数见表4－10。

表4－10 冷藏食品的冷藏条件

品种	温度/℃	相对湿度/%	贮藏期	品种	温度/℃	相对湿度/%	贮藏期
苹果	0~4	90~95	2~6月	芦笋	0~2	95	2~3周
杏子	0	90	2~4周	卷心菜	0	95	1~3月
樱桃	0	90~95	1~2周	胡萝卜	0	>95	5~6月
椰子	0	80~90	1~2月	菜花	0	95	2~3周
枣（鲜）	0	85	1~2月	芹菜	0	>95	4~12周
葡萄	－1~0	90~95	1~4月	甜玉米	0	95	1周
猕猴桃	－0.5	90~95	8~14周	芒果	7~12	90	3~7周
柠檬	0~4或5	85~90	2~6月	宜母子	5~10	85~90	3~6周
桃	0	90	2~4周	柠檬（青）	10~14	85~90	1~4月
梨	0	90~95	2~5月	石榴	8~10	90	2~3周
李	0	90~95	2~4周	柚子	10	85~90	2~3月
覆盆子	0	90~95	1~4天	香蕉（熟）	13~16	85~90	5~10天
草莓	0	90~95	1~5天	香蕉（青）	12~13	85~90	10~20天
朝鲜蓟	0	95	3~4周	鳄梨	7~12	85~90	1~2周

续表

品种	温度/℃	相对湿度/%	贮藏期	品种	温度/℃	相对湿度/%	贮藏期
马铃薯（工业用）	7~10	90~95	2~5月	茄子	7~10	90~95	10天
马铃薯（食用）	4~6	90~95	4~8月	小黄瓜	13	90~95	5~8天
菜豆	7~8	92~95	1~2周	生姜	13	65	6月
西瓜	5~10	85~90	2~3周	锦葵花	7.5~10		
山竹果	4~5	85~90	6~7周	南瓜	10~13	50~75	2~5月
橘子	4~6	85~90	4~6周	甜椒	7~10	90~95	1~3周
酸乳	2~5		2~3周	白薯	13~16	85~90	4~7月
咸肉	4	85~95	3~5周	青番茄	12~13	85~90	1~2周
小牛肉	-1.5~0	85~95	3周	熟番茄	8~10	85~90	1周
不去内脏禽类	0	60~70	3周	芋头	16	85~90	3~5月
去内脏禽类	-1~0	85~95	1~2周	干牛乳（乳粉）	10~12		5月
大蒜	0	65~70	6~7周	浓缩牛乳	20		5月
韭菜	0	>95	1~3月	荷兰奶酪	12~15	85	5月
莴苣	0	95	1~2周	牛肉	1.5~0	85~95	3~5周
蘑菇	0	90~95	5~7天	黄油	0~4		2~4周
干洋葱	0	65~70	6~8周	干酪	0~5	80~85	3~6月
带皮豌豆	0	95	1~3周	奶油	-2~0		15天
小红萝卜	0	90~95	1~2周	食用内脏	-1.5~0	85~95	7天
大黄茎	0	90~95	2~4周	鸡蛋	-1~0	90	6~7月
菠菜	0	95	1~2周	鱼	0		6~14天
大头菜	0	95	4~5月	油脂	-1~0		4~8月
甜瓜	7~10	85~90	1~12周	羊肉	-1.5~0	85~95	3~4周
木瓜	7~10		1~3周	消毒牛乳	4~6		7天
青菠萝	10~13	85~90	2~4周	肉馅	4	85~95	1天
熟菠萝	7~8	90	2~4周	猪肉	-1.5~0	85~95	3周
黄瓜	9~12	95	1~2周	贝类	0		4~6天

（2）设定波动范围　按照食品要求的温度波动范围设定温度、湿度的控制上限设定值和下限设定值。具体的操作说明详见设备控制的说明书。

（3）确定温度控制设备、湿度控制设备　为了保证此两项参数在食品规定的范围内，除了将设备参数设定在规定的范围内外，还要求设定食品的超高温报警功能，以保证食品的温度、湿度处于要求的范围内，从而保证食品的冷藏质量。

（4）要求做好食品不同时刻的温度记录和湿度记录，做好产品的冷藏质量记录。库房温度、湿度记录表参考表4-11。

表 4-11 库房温度、湿度记录表

仓库编号			测量位置							月份：	年		月
贮藏货物				适宜温度范围					适宜湿度范围				
	上午						下午						
		温度						温度					
日期	记录时间	干球	湿球	相对湿度	调整措施	调整效果	记录时间	干球	湿球	相对湿度	调整措施	调整效果	备注
1													
2													
3													
4													
…													

四、 注意事项

1. 温度、 湿度控制的常用方法

控制库房温湿度方法很多，如人工吸潮、排潮、加热、降温和密封库房等，特别是利用自然通风的办法调节库内温湿度，对仓库保管更具有经常和普遍的应用价值。

（1）通风　通风是根据大气自然流动的规律，有计划、有目的地组织库内外空气的对流与交换的重要手段，是调节库内温湿度、净化库内空气的有效措施。

①通风方式：仓库通风按通风动力可分为自然通风和强迫通风两种方式。

②通风作用：通风降温和通风降湿。

（2）密封　密封是使用密封材料将贮存物品在一定空间内尽可能严密地封闭起来，使之与周围大气隔离，防止或减弱自然因素对物品的不良影响，创造适宜的保管条件。密封的目的通常主要是防潮，但同时也能起到防锈蚀、防霉、防虫、防热、防冻、防老化等综合效果。密封是相对的，不可能达到绝对严密的程度。密封可用不同的介质在不同的范围内进行。

（3）除湿

①冷却法除湿。

②吸湿剂吸湿。这种除湿方法是最常用的方法之一，可分为静态吸湿和动态吸湿。

（4）空气调节自动化　是借助于自动化装置，使空气调节过程在不同程度

上自动地进行，其中包括空调系统中若干参数的自动测量、自动报警和自动调节等。

2. 其他注意事项

（1）为了保证冷藏食品的质量、延长食品的贮藏时间，冷库管理人员一定要严格管理温度、湿度控制设备，按照食品需要的温湿度要求控制好冷藏间内的温湿度，并做好参数记录。

（2）冷库设备管理人员要定期检测设备的控制精度及灵敏度，确保设备测试的温度、湿度为冷藏间内的实际温度、湿度，特别是水果、蔬菜保鲜库，要防止食品冷害。

（3）要选定冷藏间内不同位置的温度、湿度测试点，保证冷藏间的温度、湿度是均匀的。所测温度和湿度为冷藏间的实际环境温度和湿度。

（4）要经常检查制冷设备，看其运行参数是否正常，要保证制冷设备运转良好，以满足制冷温度的要求。

（5）要定期检查冷风机出风口的温度和湿度，防止冷害和干耗。

（6）不同产品在库中要进行相应的温湿度调节。以葡萄的保存为例。保鲜库的降温：在入贮前三天即可开机降低库温，使库房温度稳定在 -1 ~0℃，强制通风预冷。当库房温度降至 -2℃时，对果实进行强制通风降温处理，在 24h 之内使果温降至 0℃。葡萄预冷时，1 次入库量不能超过库容量的 15%，暂不能进行果实预冷处理时，需把葡萄放置在阴凉通风处，但不得超过 24h。入库温度：入库期间库房温度尽量避免出现波动，波动幅度不得超过 ±1℃。葡萄最佳冷藏品的品温为 -1 ~0℃，不同品种的葡萄都有相应的最适冷藏温度、入库湿度。贮藏期间的最适相对湿度为 90% ~95%。测量湿度的仪器，精度要求在 5% 之内。为确保库内空气新鲜，还要利用夜间或早上低温时进行通风换气，但要严防库内温湿度的波动过大。

五、 实训报告

根据实训的操作情况书写实训报告。

模块五　肉、禽的冷冻冷藏技术

知识目标

1. 了解冷却肉、冷冻肉的概念。
2. 了解冷却肉、冷冻肉特点及加工方法。
3. 掌握肉贮藏保鲜的基本原理。
4. 掌握冷却肉冷藏期间与冷冻肉冻藏期间的质量变化。

能力目标

1. 能够对肉类进行冷却加工及冷冻加工处理。
2. 能够对禽肉进行冷加工处理。

所谓肉类，一般理解为动物经屠宰后剥皮或者不剥皮的，去头尾、蹄爪和内脏后的胴体部分，而把头尾、蹄爪和内脏统称为副产品，不列入肉的范畴。很显然，肉包括了肌肉、脂肪、软骨、筋膜、神经、脉管等各种组织。本书所讲的肉主要指家养的牲畜猪、牛、羊除去头、蹄、内脏后剩余的胴体部分，即猪肉、牛肉、羊肉。

项目一　肉的组成与特性

一、肉的组织结构

从结构学的观点来看，肉是由各种组织（肌肉组织、脂肪组织、骨骼组织和结缔组织）组成的。各种组织在肉中的数量与比例，因动物的种类、品种、性别、年龄、饲养方法、饲养条件和用途的不同而有差异。

1. 肌肉组织

肌肉组织是肉的最重要组成部分，不仅所占比例大，而且也是最有食用价值的部分。各种畜禽的肌肉平均占活重的27%～44%，或整个肉尸质量的50%～60%。肉用品种肌肉组织含量较多，肥育的畜禽较未经肥育的含量为低，幼年与成年、公畜与母畜之间也有差异。

肌肉组织在畜禽体内分布很不均匀。通常臀部、颈部和腰部远较肋部和四肢下部丰满，但家禽则以胸肌和腿肌最发达。

肌肉组织的基本单元是肌纤维，肌纤维因动物种类与性别的不同而有粗细之不同，水牛肉的肌纤维最粗，黄牛肉、猪肉次之，绵羊肉最细，公畜肉粗，母畜肉细。故检验时常借助于这种特性来鉴别各种动物肉。

畜禽的肌肉通常呈不同程度的红色，这是由于肌纤维内含有肌红蛋白的缘故。后者发生氧化还原反应，色泽随之变化。部分残存于毛细血管内的血红蛋白也有同样的效果。肌红蛋白和血红蛋白的含量越多，肌肉颜色就越红。不同种类的动物和不同的肌肉群含有不同量的肌红蛋白，肌肉活动越多，肌肉中肌红蛋白的含量也越多。日粮中的含铁量、肌肉中的血液和氧的供应，都能够影响肌红蛋白的含量而影响肌肉颜色。此外，铁原子价位以及肌肉的物理性质，如封闭或开放的肌纤维结构也影响着组织的颜色。

2. 脂肪组织

脂肪组织是仅次于肌肉组织的第二个重要组成部分，具有较高的食用价值，对于改善肉质、提高风味均有影响。脂肪在肉中的含量变动较大，决定于动物种类、品种、年龄、性别及肥育程度。

脂肪组织存在于畜禽身体各部分，是由脂肪细胞聚集而成，常被疏松的结缔组织分隔成许多小叶。脂肪在体内的蓄积，依动物种类、品种、年龄、肥育程度不同而异。猪多蓄积在皮下、肾周围及大网膜；羊多蓄积在尾根、肋间；牛主要蓄积在肌肉内；鸡蓄积在皮下、腹腔及肠胃周围。有时也贮存于肌肉间甚至肌束间，而使肉的断面呈所谓大理石外观。肌肉间脂肪的贮积，能改善肉的滋味和品质。

不同种类牲畜的脂肪具有不同的颜色，如猪、羊脂洁白，马脂则呈黄色，牛脂呈微黄色。脂肪的颜色不仅决定于牲畜的种类，而且因品种、年龄以及饲料而改变。不同动物的脂肪硬度、熔点也是不同的。

3. 结缔组织

结缔组织是将动物体内不同部分联结和固定在一起的组织，在动物体内对各器官组织起到支持和连接作用，使肌肉保持一定弹性和硬度。结缔组织是构成肌腱、筋膜、韧带及肌肉的主要成分，广泛分布于畜肉各部分，包括肌肉组织和脂肪组织中的膜以及血管、淋巴管等，在体内主要起支持作用和连接作用，并赋予肉以韧性和伸缩性。结缔组织除了细胞成分和基质外，主要是胶原纤维和弹性纤维。胶原纤维有较强的韧性，不能溶解和消化，只70～100℃湿热处理时发生水解，变为明胶；弹性纤维在高于160℃时才水解，通常水煮不能产生明胶。富含结缔组织的肉，不仅适口性差，营养价值也很低。

4. 骨骼组织

骨组织是肉的次要部分，食用价值和商品价值较低，在运输和贮藏时要消耗一定能源。成年动物骨骼的含量比较恒定，变动幅度较小。猪骨占胴体的5% ~9%，牛占15% ~20%，羊占8% ~17%，兔占12% ~15%，鸡占8% ~17%。

骨由骨膜、骨质和骨髓构成，骨膜是由结缔组织保卫在骨骼表面的一层硬膜，里面有神经、血管。骨骼根据构造的致密程度分为密致骨和松质骨，骨的外层比较致密坚硬，内层较为疏松多孔。按形状又分为管状骨和扁平骨，管状骨密致层厚，扁平骨密致层薄。在管状骨的管骨腔及其他骨的松质层空隙内充满有骨髓。骨髓分红骨髓和黄骨髓。红骨髓含的化学成分，水分占40% ~50%，胶原蛋白占20% ~30%，无机质约占20%。无机质的成分主要是钙和磷。

骨骼中一般含5% ~27%的脂肪和10% ~32%的骨胶原，其他成分为矿物质和水。所以煮熬骨骼时能产生大量的骨油和骨胶，可增加肉汤的滋味，并使之具有凝固性。

上述四种组织中，肌肉组织和脂肪组织是肉的营养价值之所在，这两部分占全肉比例愈大，食用价值和商品价值愈高，质量愈好。结缔组织和骨骼组织，人们难于食用吸收，占比例越大，肉的品质越低。

二、 肉的化学组成

肉的化学组成包括水、蛋白质、脂肪、矿物质（灰分）和少量的碳水化合物。这些物质的含量，因动物的种类、品种、性别、年龄、个体、畜体部位以及营养状况而异。几种主要肉类的化学成分见表5－1。

表5－1 几种主要肉类的化学成分

肉的种类	水分/%	蛋白质/%	脂肪/%	碳水化合物/%	灰分/%
猪肉（肥瘦）	29.3	9.5	59.8	0.9	0.5
猪肉（肥）	6.0	2.2	90.8	0.9	0.1
猪肉（瘦）	52.6	16.7	28.8	1.0	0.9
牛肉（肥瘦）	68.6	20.1	10.2	0	1.1
牛肉（肥）	43.3	15.1	34.5	6.4	0.7
牛肉（瘦）	70.7	20.3	6.2	1.7	1.1
羊肉（肥瘦）	58.7	11.1	20.8	0.8	0.6
羊肉（肥）	67.7	17.3	13.6	0.5	1.0
羊肉（瘦）	33.7	9.3	55.7	0.8	0.5
马肉	75.8	19.6	0.8	—	—
驴肉	77.4	18.6	0.7	—	—

（一）水分

水是肉中含量最多的成分，不同组织水分含量差异很大，其中肌肉含水量为70%～80%，皮肤为60%～70%，骨骼为12%～15%。畜禽愈肥，水分的含量愈少，老年动物比幼年动物水含量少。肉中水分含量多少及存在状态影响肉的加工质量及贮藏性。肉中水分的存在形式大致可分为结合水、不易流动水、自由水三种。

1. 结合水

肉中结合水的含量，大约占水分总量的5%。通常在蛋白质等分子周围，借助分子表面分布的极性基团与水分子之间的静电引力而形成的一薄层水分。结合水与自由水的性质不同，它的蒸汽压极低，冰点约为-40℃，不能作为其他物质的溶剂，不易受肌肉蛋白质结构或电荷的影响。通常这部分水分分布在肌肉的细胞内部。

2. 不易流动水

肉中不易流动水的含量，大约占水分总量的80%，存在于纤丝、肌原纤维及膜之间。这些水分能溶解盐及溶质，并可在-1.5～0℃下结冰。不易流动水易受蛋白质结构和电荷变化的影响，肉的保水性能主要取决于此类水的保持能力。

3. 自由水

自由水指能自由流动的水，存在于细胞外间隙中，约占水分总量的15%。

（二）蛋白质

肉的化学成分除水外，固体部分约有4/5是蛋白质，其含量在18%左右。依其构成位置和在盐溶液中的溶解度可分为下列三种。

1. 肌原纤维蛋白质

肌原纤维蛋白质是肌肉收缩的物质基础，负责把化学能转变成机械能，在肌肉中约占10%，差不多占到骨骼肌总蛋白质量的2/3。肌原纤维蛋白质的含量随肌肉活动而增加，并因静止或萎缩而减少，它主要包括肌球蛋白、肌动蛋白、肌动球蛋白和2～3种调节性结构蛋白质。

2. 肌浆蛋白质

肌浆是浸透于肌原纤维内外的液体，含有机物与无机物。通常将磨碎的肌肉压榨便可挤出。肌浆中的蛋白质一般占肉中蛋白质含量的20%～30%，它包括肌溶蛋白、肌红蛋白、肌粒蛋白等。这些蛋白质易溶于水或低离子强度的中性盐溶液，是肉中最易提取的蛋白质，故称之为肌肉的可溶性蛋白质。

3. 结缔组织蛋白

结缔组织蛋白亦称基质蛋白质或间质蛋白质，在肌肉中约占2%。肌细胞中基质内的蛋白质是一种不溶性蛋白质，是组成肌纤维坚硬组织（肌纤维膜、网状硬蛋白纤维、线粒体）的主要成分，有胶原蛋白、弹性硬蛋白和网硬蛋白三类。

胶原蛋白属于硬蛋白类。胶原蛋白与水共煮（70～100℃）可变成明胶，此种反应在胃内也能进行。胶原可被胃蛋白酶水解，但胰蛋白酶对它则没有作用。弹性硬蛋白与胶原则不同，与水共煮时不能变为明胶，也不易被胃蛋白酶或胰蛋白酶水解，只有在加热至160℃时才开始水解。网硬蛋白在湿熟时也不能变为明胶。此外，在肌基质中还有存在于肌束和肌纤维间、便于肌肉滑动的黏蛋白和类黏蛋白以及作为神经纤维组成成分的神经角蛋白等。

（三）脂肪

脂肪组织存在于动物各个器官中，较多地分布在皮下、肾脏周围和腹腔内，是畜禽胴体中仅次于肌肉组织的第二个重要组成部分，具有较高的食用价值，对于改善肉质、提高风味均有影响。肌肉组织中的脂肪含量和品质，因动物种类和特性而异。肥度和性别不同的牲畜，体内脂肪的分布也不同。阉割过的畜禽和幼小动物脂肪均匀地分布在各个肌群之间，使肉柔软而有香味。

动物脂肪可分为蓄积脂肪和组织脂肪两大类。蓄积脂肪包括皮下脂肪、肾周围脂肪、大网膜脂肪及肌肉块间的脂肪等；组织脂肪为肌肉组织内、脏器内的脂肪。动物脂肪是由各种脂肪酸的甘油三酯（如硬脂、软脂等）、少量的卵磷脂、胆固醇、游离脂肪酸及脂溶性色素组成的。不同动物脂肪的脂肪酸组成不一致，相对来说鸡脂肪和猪脂肪含不饱和脂肪酸较多；牛脂肪和羊脂肪中含饱和脂肪酸较多。

动物脂肪的熔点差不多接近体温，但经常接触寒冷部位的脂肪熔点较低。脂肪熔点越接近人体体温，其消化率越高，熔点在50℃以上者则不易消化。动物贮存的体脂，数量固然与日粮组成（尤其是脂肪含量的多寡）有关，其性质也最易因日粮中脂肪的性质而改变。脂肪对肉的食用品质影响较大，肌肉内脂肪的多少直接影响肉的多汁性和嫩度，它对肉制品的质量、颜色、气味具有重要影响。

（四）碳水化合物

在肉中，碳水化合物是以糖原（动物淀粉）的形式存在的。动物肉中糖原一般不足1%，只在马肉中可达2%以上。同种动物因肥瘦程度和疲劳程度不同，其糖原含量亦有差异。动物宰前休息越好，糖原含量就越多。正常的畜肉内也含有少量的葡萄糖及麦芽糖，两者在马肉和兔内中含量较多。糖原在畜肉的保存过程中，由于酶的分解作用，含量逐渐减少，其生成物乳酸含量则相应增加，因而肉的pH逐渐下降。糖原的损失限制着肉的物理性质，保水性、颜色和嫩化等。

（五）矿物质

肉中所含矿物质是指肉中的无机物，含量占1.5%左右。其种类主要有硫、钾、磷、钠、氯、镁、钙、铁、锌等无机物，其中以钾、磷、硫、钠含量较多。这些无机盐在肉中有的以游离状态存在，如镁离子、钙离子；有的以螯合状态存在，如肌红蛋白中含铁，核蛋白中含磷。肉中主要矿物质含量见表5－2 。

表5－2　　每100g肉中主要矿物质含量

项目	钙	镁	锌	钠	钾	铁	磷	氯
含量/mg	2.6~8.2	14~31.8	1.2~8.3	36~85	451~297	1.5~5.5	10~21.3	34~91
平均/mg	4.0	21.1	4.2	38.5	395	2.7	20.1	51.4

（六）浸出物

浸出物是指除蛋白质、盐类、维生素外能溶于水的可浸出性物质，包括含氮浸出物和无氮浸出物。

含氮的有机物在肌肉中约占1.5%，主要有各种游离氨基酸、肌酸、磷酸肌酸（CP）、核苷酸类物质（ATP、ADP、AMP、ITP、IMP）、肌肽、鹅肌肽、组胺、维生素等，这些物质可溶于盐水，而不被三氯乙酸沉淀（TCA能沉淀肌原纤维蛋白和肌浆蛋白），表明它们不是蛋白质，而是由含氮物组成的复合物，故又称为非蛋白含氮物。肉中含氮浸出物越多，味道越浓，越能刺激食欲，促进胃液分泌的作用越强。肌肉中除了蛋白质含氮浸出物外，尚有约0.5%的无氮浸出物，属于这类的有机物有淀粉、糊精、麦芽糖、葡萄糖、琥珀酸、乳酸等。

（七）维生素

肉中的维生素主要有维生素A、维生素B_1、维生素B_2、维生素PP、维生素C、维生素D、叶酸等，其中脂溶性维生素较少，但水溶性B族维生素含量丰富。猪肉中维生素B_1的含量比其他肉类要多得多，而牛肉中叶酸的含量则比猪肉和羊肉高。此外，动物的肝脏，几乎各种维生素含量都很高。

三、肉的营养价值

肉的化学成分决定了肉的营养价值。

蛋白质是肌肉中最重要的成分，一般含量高达18%左右，而肌肉组织又是肉最主要的组成部分。在构成肉类蛋白质的氨基酸中，人体自己不能合成而必须从食品中摄取的氨基酸应有尽有，不仅有相当含量，而且其利用率也相当高，几乎与全鸡蛋接近。

肉中无机盐的含量不平衡，成酸元素量偏高。肉不是钙的良好来源，但是骨组织中却含有较多的钙和磷，血液中则含有较多的铁。更主要的是肉食类食品中的无机盐的生物有效性（即利用的实际可能性）优于植物性食品。此外，肉中维生素虽然总的数量不多，但却被认为是大部分B族维生素的良好来源，硫胺素、核黄素、烟酸、泛酸、生物素、叶酸都有一定含量，其中特别是硫胺素含量最多。内脏实质性器官中含有维生素A和维生素C，特别是肝脏含维生素A、维生素C、维生素B_6、维生素B_1较丰富，这些都能保证它们作为动物性食品的营养价值。肉在加工（特别是加热）时维生素含量常会降低，其损失程度决定于处理方式和维生素的敏感性，但是由于含量高，即使煮好的肉，仍被认为是上述几种维生素的良好来源。

牲畜肉中的脂肪酸，虽然多半是饱和脂肪酸，含卵磷脂又较少，但除羊脂消化率较低（88.0%）外，猪脂、牛脂的消化率分别为97%与93%。当肉中含有脂肪时，可以提高肉的适口性。但过多的脂肪也会影响肉的口味甚至食用者的消化情况。

总之，肉是营养价值很高的食品，它除了供给人类大量的全价蛋白、脂肪、无机盐及维生素外，还具有吸收率高、耐饥、适口性好和适合制作多种佳肴等优点。

四、 肉的成熟与腐败

肉的成熟实际上是动物体死亡后，体内继续进行着的生命活动作用的结果，它包括一系列的生物化学变化和物理化学变化。这些变化主要有死后僵直、解僵成熟、自溶和腐败四个阶段。在肉的成熟过程中因糖原分解生产乳酸，使肉的pH降低，故肉的成熟亦称为排酸。

1. 肉的僵直

刚屠宰的牲畜，其肌肉呈中性或弱碱性，pH为7.0～7.2，而且是松弛的、柔软的和可伸展的，并具有最大的含水量和保水能力。经过一定时间，肌肉即会变得僵硬和收缩，肉的咀嚼感变得比较硬并缺乏汁液，失去肉的风味，这种现象称为肉的僵直，是生化反应的结果。

动物被屠宰以后，由于血液和氧的供应停止，糖原不能像有氧时那样被氧化成二氧化碳和水，而是通过糖酵解使糖原分解成乳酸，致使肉的pH下降。在正常有氧的条件下，每个葡萄糖单位可氧化生成36个或38个ATP，而在无氧条件下只能生成2个ATP，因而供给肌肉的ATP急剧减少。

由于肌肉中ATP的减少，肌纤维的肌质网体崩溃，使内部保存的钙离子释放出来，导致肌球蛋白纤维粗丝和肌动蛋白纤维细丝结合形成肌动球蛋白，同时肉中的ATP在不断减少，使肌肉收缩，并且是不可逆的，这就是死后僵直的原因。虽然这一解释还有很多不清楚的地方，但已被基本接受。发生僵直时，pH降到最低，同时保水性极差。

肌肉僵直出现的迟早和持续时间的长短与动物种类、年龄、环境温度、牲畜生前的生活状态和屠宰方法有关。从肉的冷加工质量来看，必须使僵直过程迅速完成而进入成熟过程，因为处于僵直期的肉弹性差，无芳香味，不易煮熟，消化率低。所以刚宰杀的牲畜的味道并不鲜美，而且不易被人体吸收。

2. 肉的成熟

肌肉僵直达到顶点之后继续保持一定时间，则粗糙的肉又变得比较柔软嫩化，具有弹性，切面富含水分，有令人愉快的香气和滋味，易于煮烂和咀嚼，而且风味也有极大的改善。肉的这种变化过程称为肉的成熟。肉在供食用之前，原则上都需要经过成熟过程来改进其品质，特别是牛肉和羊肉，成熟对提高风味是完全必要的。

肉的成熟机理主要有钙离子学说和酶学说。由于钙离子从肌质网中释放，造成肌原纤维断裂，肌动蛋白和肌球蛋白结合变弱，网状蛋白由不溶变为可溶；由于酶的存在也使蛋白质分解，这就是僵直解除的原因。

肉的成熟与温度有关，温度高成熟的快，但容易造成微生物的生长。家畜从屠宰后尸僵开始到成熟结束的时间越长，肉保持新鲜的时间也越长。延长死后尸僵阶段的持续时间，是肉类保鲜的关键。因此，在家畜屠宰之后，应尽快采取降温措施，迅速冷却，以延长其尸僵阶段。

3. 肉的自溶

肉在自溶过程中虽有种种变化，但主要是蛋白质的分解，除产生多种氨基酸外，还会放出硫化氢与巯醇等有不良气味的挥发性物质，但一般没有氨或氨含量极微。当放出的硫化氢与血红蛋白结合，形成含硫血红蛋白时，能使肌肉和肥膘出现不同程度的暗绿色斑，故肉的自溶亦称变黑。此时肌肉松弛，缺乏弹性，无光泽，带有酸味，并呈强烈的酸性。

自溶不同于腐败，自溶过程只分解蛋白质至可溶性氨与氨基酸为止。自溶是承接或伴随着成熟过程进行的，两者之间很难划出界限。同样自溶和腐败之间也无绝对界限。自溶过程的产物低分子氨基酸是腐败微生物的良好营养物质，在环境适宜时微生物就大量繁殖导致更严重的后果，可使蛋白质进一步分解到最基础的产物。因此在成熟时微生物的繁殖是非常有害的，保持肉的清洁十分必要。

4. 肉的腐败

肉类因受外界因素作用而产生大量的人体所不需要的物质时，称为肉类的腐败。它包括蛋白质的腐败、脂肪的酸败和糖的发酵等作用。

肉在成熟和自溶阶段的分解产物，为腐败微生物的生长、繁殖提供了良好的营养物质，随着时间的转移，微生物大量繁殖的结果，必然导致肉更加旺盛和复杂的分解过程。此时，蛋白质不仅被分解成氨基酸，而且将由氨基酸的脱氨、脱羧、分解作用使之分解成更基础的产物，如引哚、甲基引哚、酚、腐胺、尸胺、酪胺、组胺、色胺等及各种含氮的酸和脂肪酸类，最后生成硫化氢、甲烷、硫醇、氨及二氧化碳等，这就是由微生物作用所引起的腐败过程。硫化氢、引哚、甲基引哚都有强烈的令人厌恶的臭气，胺类还具有很强的生理活性，如酪胺是一种强烈的血管收缩剂，能使血压升高；组胺能引起血管扩张；尸胺、腐胺等胺类化合物即所谓尸毒（ptomaines），在注射到组织中时有毒性。腐败过程被认为是变质中最严重的形式。

肉类腐败的速度取决于温度的高低、宰前家畜的健康状况、屠宰场的卫生条件等。肉类腐败的原因虽然不是单一的，但主要是微生物造成的。因此，只有被微生物污染，并且有微生物发育繁殖的条件，腐败过程才能发展。

综上所述，肉从死后僵直开始到成熟结束的时间越长，肉保持新鲜的时间越长。所以，延长死后僵直阶段的持续时间，是肉类保鲜的关键，对保持肉的质量具有重要的意义。因此家畜宰杀后，应尽快采取降温措施，迅速冷却、冻结，以延长其僵直阶段。

项目二 肉的冷却与冷藏技术

肉的贮藏保鲜方法很多，有物理贮藏方法（低温、高温、辐射等）和化学贮藏方法（腌制、烟熏、气调、添加化学制剂等）。其中低温贮藏方法是应用最广、效果最好的一种方法。

一、肉的冷却与冷藏

（一）冷却的目的

常温下肉的成熟要比低温下速度快，但常温下微生物容易生长繁殖，酶也有较高的活性。特别是牲畜刚屠宰完毕时，体内热量还没有散去，肉体温度一般为38~39℃。屠宰后其体内新陈代谢作用大部分仍在进行，所以体内温度略有升高，如宰后1h的肉体温度较刚宰杀时体温高1.5~2℃，肉体较高的温度和湿润的表面最适宜微生物生长和繁殖。因此，屠宰后肉体内的热量必须迅速排出，快速使肉体的温度降到0~4℃。

通过冷却，可以抑制微生物生长繁殖；使肉体表面形成一层完整而紧密的干燥膜，这样即可以阻止微生物的入侵，又可以减缓肉体内的水分蒸发，延长肉的贮存时间，冷却后的肉一般可以保存1~2周。肉在冷却的同时，也在进行着成熟过程。肉体从原来的弱碱性变为弱酸性，完成成熟过程的肉，肉质嫩而多汁，持水性增强，煮熟后容易咀嚼，肉的风味得到了改善，具有香味和鲜味。

此外，冷却也是冻结的准备过程，整胴体或半胴体的冻结，由于肉层厚度较厚，若用一次冻结，常是表面迅速冻结，而内层的热量不易散发，从而使肉的深层产生“变黑”等不良现象，影响成品质量；通过冷却排酸，可延缓脂肪和肌红蛋白的氧化，使肉保持鲜红色泽。

（二）冷却条件的选择

1. 冷却温度的确定

冷却温度的确定主要是从利于抑制微生物的生长繁殖考虑的。肉品上存在的微生物除一般细菌外，还有病原菌和腐败菌两类。当环境温度降至3℃时，主要病原菌如沙门菌、金黄色葡萄球菌等均停止生长。将胴体保存在0～4℃范围，可以抑制病原菌的生长，保证肉品的质量与安全。若超过7℃，病原菌和腐败菌的增殖机会大大增加，因此肉类冷却的温度确定在0～4℃。近十年来，鉴于肉类工业逐步现代化，质量卫生意识加强，和一系列管理系统的执行，肉品的卫生状况日益改善，并从节能角度考虑，国际上已将冷却肉的上限从4℃提高到7℃。

2. 空气湿度的选择

湿度不仅影响微生物的生长繁殖，而且是决定冷却肉干耗大小的主要因素。在整个冷却过程中，冷却初期冷却介质和肉之间的温差较大，冷却速度快，表面水分蒸发量在开始初期的1/4时间内，占总干耗量的50%以上。因此，空气的相对湿度大致分为两个阶段，第一阶段（6～8h，约占总冷却时间的1/4），空气湿度维持在95%～98%，尽量减少水分蒸发，由于时间较短，微生物不会大量繁殖；第二阶段（约占总冷却时间的3/4），空气湿度维持在90%～95%，在冷却将要结束时，维持空气相对湿度90%左右。这样既能使肉体表面尽快形成干燥膜，表面又不会过分干燥。

3. 空气流速的选择

为提高冷却速度只有增加空气流速，但过高的空气流速又会增加肉体表面水分蒸发和电能消耗。在冷却过程中空气流速以不超过2m/s为宜，一般采用0.5m/s。

（三）冷藏条件的选择

冷藏过程中主要控制的工艺条件包括冷藏温度、空气的相对湿度和空气的流速等。

1. 冷藏温度的确定

在冷藏工艺条件中，冷藏温度是最重要的因素。冷藏温度不仅指的是冷库内空气的温度，更重要的是食品物料的温度。

冷藏室内的温度应严格控制，任何温度的变化都可能对冷藏的食品物料造成不良的后果。大型冷藏库内的温度控制要比小型冷藏库容易些，这是由于它的热容量较大，外界因素对它的影响较小。

2. 空气湿度的选择

冷藏室内空气的相对湿度对食品物料的耐藏性有直接的影响。冷藏室内空气的相对湿度不宜过小或过大。

低温的食品物料表面如果与高湿空气相遇，就会有水分冷凝在其表面，导致食品物料容易发霉、腐烂。空气的相对湿度过低时，食品物料中的水分会迅速蒸发并出现萎缩。畜、禽肉类冷藏时适宜的相对湿度一般也在85%～90%。

3. 空气流速的选择

一般冷藏室内的空气要保持一定的流速以保持室内温度的均匀和进行空气循环。空气的流速过大，空气和食品物料间的蒸汽压差随之增大，食品物料表面的水分蒸发也随之增大，在空气相对湿度较低的情况下，空气的流速将对食品干缩产生严重的影响。只有空气的相对湿度较高而流速较低时，才会使食品物料的水分损耗降低到最低的程度。

（四） 冷却肉的冷藏

冷却肉的冷藏要在冷藏间进行。冷藏间基本都是采取风冷的形式。分割肉按照不同部位进行真空小包装后放入托盘，然后放入冷藏间的货架进行冷藏。也有不经包装，用肉钩吊挂在货架上进行冷藏的，当然也有其他的包装形式。

冷却肉贮存时应按标示要求，置于 -1 ~4℃贮存库中，产品中心温度应保持在 0 ~4℃，相对湿度应保持在 85% ~90%。如果冷藏库采用较低温度时其湿度可大些。贮藏冷却肉的冷藏库应保持清洁、整齐、通风，应防霉、除霉，定期除霜，并符合国家有关卫生要求，库内有防霉、防鼠、防虫设施，定期消毒；贮存库不应放有碍卫生的物品；同一库内不得存放可能造成相互污染或者串味的食品；贮存库内肉品码垛与墙壁距离应不少于 30cm，与地面距离应不少于 10cm，与天花板应保持一定距离；分类、分批、分垛存放，标识清楚。

为了保证冷却肉在冷藏期间的质量，冷藏间的温度应保持稳定。冷藏间的空气循环应当均匀，速度应采用微风速。一般冷藏间内空气流速为 0.05 ~0.1m/s，接近自然循环状态，以维持冷藏间内温度均匀即可，减少冷藏期间的干耗损失。

表 5 -3 为冷却肉冷藏时有关的技术参数，表 5 -4 为国际制冷学会推荐的冷却肉冷藏期限（在实际应用时应将此表列时间缩短 25% 左右为好）。

表 5 -3　　冷却肉冷藏间的有关技术参数

库内温度/℃	4	3	2	1	0
相对湿度/%	72	76	82	87	92

表 5 -4　　国际制冷学会推荐的冷却肉冷藏期限

肉别	温度/℃	贮藏期
牛肉	-1.5 ~0	4 ~5 周
仔牛肉	-1 ~0	1 ~3 周
羊肉	-1 ~1	1 ~2 周
猪肉	-1.5 ~0	1 ~2 周
兔肉	-1 ~0	5 天
副产品（内脏）	-1 ~0	3 天

二、冷却方法与设备

（一）冷却间的管理

我国对肉类主要采用冷风机进行冷却，即在冷却间（排酸间）内装设落地式冷风机或吊顶式冷风机，将经过屠宰加工修整分级后的胴体由轨道分别送入冷却间。

肉在冷却间冷却时，要求符合以下条件。

（1）肉体与肉体之间要有3～5cm间距，不能贴紧，以便使肉体受到良好的吹风，散热快，空气速度保持适当、均匀。

（2）最大限度地利用冷却间的有效容积。

（3）在肉的最厚部位——大腿处附近要适当提高空气运动速度。

（4）尽可能使每一片肉在同一时间内达到同一温度。

（5）保证肉在冷却过程中的质量。冷却终了时，在大腿肌肉深处的温度如达到0～4℃，即达到了冷却质量要求。

例如，肉体吊挂时，应将较大或较肥的肉体吊挂在冷风机的出风口处，较小的可挂在冷风机的吸风口处，半片肉体的外侧应朝向出风口方向，这样能使每一片肉体在同一时间内达到同一温度，从而保证冷却肉的质量。

为了缩短冷却时间、保证冷却质量、减少肉体在冷却过程中的干耗，除了将胴体按不同等级进行分室冷却外，宜采用机械传送装置，这样既可减轻工人的劳动强度，又可定时移动胴体在冷却间轨道上的位置，以解决冷空气循环死角的问题，达到均匀冷却、缩短冷却时间的目的。

冷却间内还应装设紫外光灯，如装功率1W/m^3的紫外光灯，每昼夜连续或间隔照射5h，可使空气达到99%的灭菌效率。

（二）冷却方法

肉的冷却工艺有一次冷却工艺、二阶段冷却工艺和超高速冷却法。

1. 一次冷却工艺

我国的肉类加工企业普遍采用一次冷却工艺。为了缩短冷却时间，在装鲜肉之前，应将冷却间内的空气温度预先降到-3～-1℃。在大批鲜肉入库的同时，开启干式冷风机，进行供液降温。由于肉体中热量的散发会使冷却间的空气温度急剧上升，温度升幅最高控制在不超过3～4℃。在经过10h后，室内温度应稳定在0～1℃，不能有较大的波动幅度。

在冷却开始时，相对湿度一般在95%～98%，随着肉温下降和肉体中水分蒸发强度的减弱，相对湿度逐渐降低至90%～92%。库内相对湿度的高低对肉的冷加工质量有直接的影响，如过高，会造成微生物繁殖；过低，会使肉体水分过多蒸发而引起质量损失。

在一定的空气温度和流速下，肉的冷却时间主要取决于肉体的肥瘦、肉块的厚薄以及肉体的表面积大小。猪 1/2 胴体肉冷却时间一般为 24h，牛 1/2 胴体肉的冷却时间一般为 48 ~ 72h，羊整腔为 10 ~ 12h。肉体最厚部位（一般指后腿）中心温度降至 0 ~ 4℃即可结束冷却过程。国际上有些国家要求经屠宰加工后的肉胴体应在 1h 之内即进行冷却，山羊肉和羔羊肉应当在 12h 内将肉体中心温度冷却至 7℃，猪肉、牛肉和小牛肉应当在 15 ~ 20h 内将肉体中心温度冷却到 10 ~ 15℃，当胴体最厚部位中心温度冷却到低于 7℃时，即认为冷却完成。

空气的温度和流速影响着冷却速度和冷却期的食品干耗。在冷却间内肉片之间的空气流速一般为 0.5 ~ 1.5 m/s，其干耗量平均为 1.3%。如果将热肉送入 -5 ~ -3℃、风速 1 ~ 2 m/s 的冷却间内进行冷却，则肉的冷却干耗比在 -1℃的冷却间冷却 24h 要减少 15%。

2. 二阶段冷却工艺

在国际上，随着冷却肉消费量的不断增大，各国对肉类的冷却工艺方法加强了研究，其重点围绕着加快冷却速度、提高冷却肉质量等方面来进行。其中较为广泛采用的是丹麦和欧洲其他一些国家提出的二阶段快速冷却工艺方法，其特点是采用较低的温度和较高的风速进行冷却。

二阶段冷却工艺一般是：第一阶段，将畜肉在快速冷却隧道或在冷却间内进行冷却，空气温度降得较低，一般为 -15 ~ -10℃，空气速度一般为 1.5 ~ 2.5 m/s，经过 2 ~ 4h 后，胴体表面在较短的时间内降到接近冰点，迅速形成干膜，而后腿中心温度还在 16 ~ 25℃。第二阶段，将冷却间温度逐步升高至 0 ~ 2℃，以防止肉体表面冻结，直到肉体表面温度与中心温度达到平衡，一般为 2 ~ 4℃，冷却间内的空气循环同时随着温度的升高而慢下来。

采用二阶段冷却工艺方法的设备有两种形式：一种是全部冷却过程在同一冷却间中完成，另一种是在分开的冷却间内进行。

在同一冷却间内进行二阶段冷却如图 5 - 1 所示。首先将冷却间内温度降至 -15 ~ -10℃，然后进货，进货过程中，变速风机停开或降低转速，使温度上升到 -5℃；进货结束后，立即用强烈的空气冷却，经 2 ~ 3h 库温降至 -10℃，这时肉胴体表面温度为 0℃左右，肉中心温度约为 20℃；关闭风机后胴体仍挂在冷却间内，经过 12 ~ 13h 肉体温度均衡到 4℃，即在进货后 16h，肉胴体中心温度降到 4℃，这样可以在次日早晨出库，也可以继续存放在冷却间内。这种冷却系统的主要缺点是每一个冷却间需要安装相当大的蒸发器（冷风机）。一般每吨进货量需要 $60m^2$ 的蒸发器面积，且热负荷的不平均系数较大。为克服这一缺点，可采用中央强烈通风系统，如图 5 - 2 所示。中央强烈通风系统的冷风机安装在冷却间的上部，作为第一阶段冷却用，而安装在冷却间天花板顶部的若干个小型冷风机用于第二阶段冷却和在进一步贮藏中维持冷却间所需的制冷量。

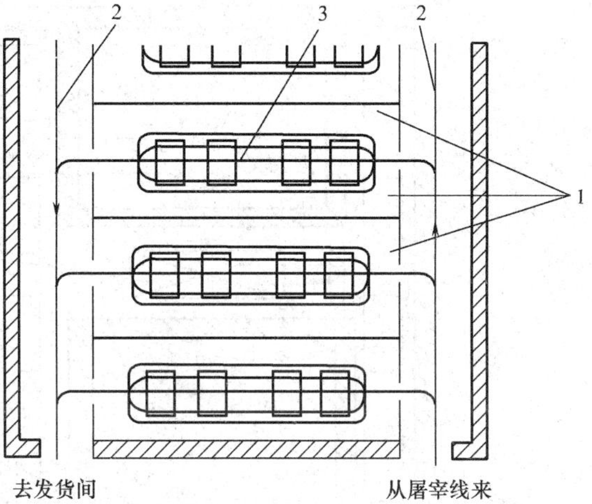

(a)平面图

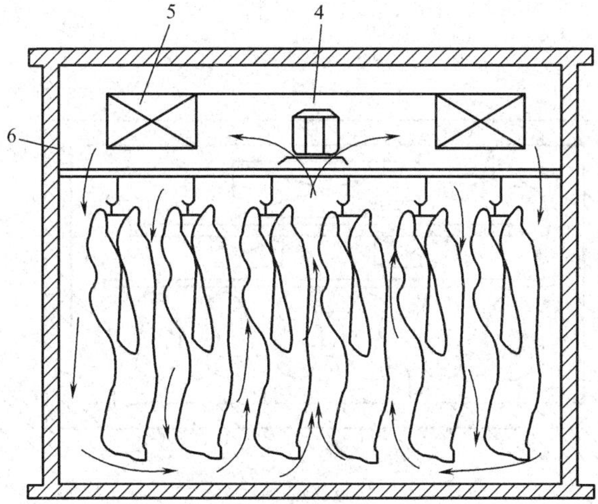

(b)剖面图

图5-1　在同一冷却间内进行二阶段冷却

1—快速冷却、均温和冷藏间　2—传送带　3、5—吊顶式冷风机　4—变速风机　6—隔热墙

二阶段快速冷却工艺方法的主要优点是：质量优于普通方法，外观良好，肉表面干燥，肉味很好，质量损失比普通方法减少40%～50%。对新鲜的猪肉和牛肉，欧洲一些国家的平均质量损失为1%。另外，提高了冷却间的生产能力，一般比传统的冷却方法提高1.5～2倍。

从经济观点上看，采用二阶段冷却工艺方法并不节省投资和操作费用，只是降低了肉类在冷却过程中的干耗和减少了细菌污染，而且二阶段冷却工艺方法能

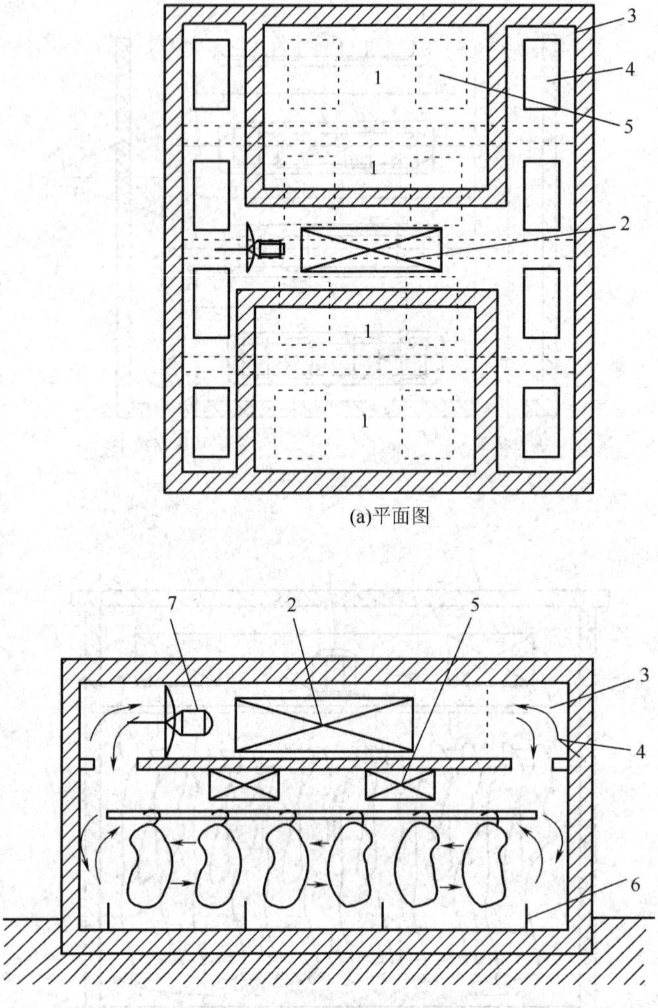

(b)剖面图

图 5－2　中央强烈通风两阶段冷却系统

1—快速冷却、均温和冷藏间　2—中央强力通风冷风机

3—风道　4—用电加热保护防霜的液压操作阀门站　5—吊顶式冷风机　6—挡风板　7—风机

引起牛、羊肉冷收缩的问题，使肉在进一步成熟时也不能充分软化，致使肉硬化，汁液流失大。因此有的学者认为牛羊肉宜采用慢速冷却，或一般快速冷却工艺。但有的学者认为对加工周转量较大和加工出口的牛羊肉也可采用二阶段冷却工艺方法。

3. 超高速冷却法

此方法是将库温降至 －30℃，空气流速为 1m/s，或将库温降至 －25 ~ －20℃，空气流速 5 ~ 8m/s，大约 4h 就可完成冷却。此法能缩短肉类冷加工的时间，减少干耗，缩短吊轨的长度和冷却间的面积。

三、肉在冷却与冷藏过程中的质量变化

经冷却的肉，因冷却过程中开始成熟，其风味、嫩度等都比热鲜肉好。但由于冷却肉是在0℃条件下贮藏，在这种温度条件下，嗜冷性微生物仍能继续生长，肉中酶的作用仍在继续进行，故肉的质量将发生变化。

（一）干耗

肉在冷却过程中，最初由于肉体内较高的热量和水分，致使水分蒸发得较多、干耗较大。随着温度的降低，肉体表面产生一层干膜后，水分蒸发也就相应减少。肉体的水分蒸发量取决于肉体表面积、肥度、冷却间的空气温度、风速、相对湿度、冷却时间等。

为减少冷却干耗，可用植物油、动物油和鱼油制成单酰甘油，用它和水稀释后喷溅到肉类上形成一层保护膜。这样，冷却肉的冷却干耗可减少60%，且商品外观不变，能减缓脂肪氧化的过程，延长贮藏时间。有条件的企业也可采用特制的湿白布将胴体套装起来，每次使用之后应清洗消毒后再使用。

（二）成熟作用

由于肉类在僵直后的变化过程中，其本身的分解作用是在低温下缓慢进行的，因此，肉体开始进行着成熟作用，再经过冷藏过程，肉体的成熟作用就完成了。肉经过成熟过程的变化，将使肉质软化，味道变佳，增加了香气和商品价值。但在成熟的后期，即成熟完了的肉是微生物繁殖的最好环境，易使肉表面长白毛，产生表面发黏现象。

（三）色泽的变化

肉在冷却过程中，其表面切开的颜色由原来的紫红色变为亮红色，然后呈褐色，这主要是由于肉体表面水分蒸发，仅肉汁浓度加大，由肌红蛋白所形成的紫红色经轻微地冻结后生成亮红色的氧合肌红蛋白所致。当肌红蛋白或氧合肌红蛋白强烈氧化时，生成氧化肌红蛋白。当这种氧化肌红蛋白的数量超过50%时，肉就变成了不良的褐色。

（四）寒冷收缩现象

采用二阶段快速冷却工艺易造成肉体产生寒冷收缩现象。当屠宰的肉进行二阶段快速冷却、肌肉的温度下降太快时，即肉的pH降为6.2以前、冷却间温度在-10℃以下时，肌肉会发生强烈的冷收缩现象，致使肌肉变得老硬。这样的肉在进一步成熟时也不能充分地软化，即使加热处理后也是硬的。这对于牛肉和羊肉尤为重要，肉的柔性被破坏很大，这是一个不好的现象。为此，可采用电击方法来防止牛、羊肉的寒冷收缩。而对于猪肉来说，由于脂肪层较厚、导热性较差，其pH比牛、羊肉下降快，不会发生寒冷收缩现象。

（五） 肉体内部骨头的腐败

由于肉冷却得不充分，初期中心温度高，又因为断面的血管被细菌侵入并在肉体内大量繁殖，如果冷藏时间过长，极易在肉体内部（股骨和肩胛骨及腰骨周围部分）发生腐败变质，有阴沟的臭味，肌肉呈灰白或黑紫色，呈碱性，但肉的外观有时无异常现象。为此，应特别注意肉在冷却与冷藏期间的质量，另外冷藏时间不宜过长。

四、 冷却肉常见质量问题

1. 货架期短

冷却肉虽处于低温控制下（0～4℃），但肉上仍有一些细菌，低温仅使这些细菌的生长繁殖受到抑制，如果在运输、贮藏、销售过程中温度控制不当，这些细菌就会大量生长和繁殖，最终导致冷却肉发生腐败变质。货架期短的问题一直是限制冷却肉大量推广和普及的最重要问题之一。目前最有效的方法是加强从原料（家畜）到屠宰、分割等整个加工过程中的卫生管理，并结合先进的屠宰加工工艺，尽量降低肉体上的细菌数，同时运用合理的包装，并严格控制运输、销售过程中的温度，这样可使冷却肉的货架期达到 15 天以上。

2. 表面褐变

冷却肉的表面褐变是冷却肉在销售过程中常出现的一种情况。所谓褐变，是指冷却肉由原来的鲜红色变为褐色的过程。冷却肉在销售过程中可能会呈现出三种颜色，即鲜红色、暗红色和褐色。这三种颜色是肉中肌红蛋白与环境中的氧气之间发生的正常反应所致。虽然暗红色和褐色的肉，其内在质量和可食性在一定时间内并没有降低，但是，考虑到食品安全性，发生褐变的肉要及时下架处理。目前国外常通过气调包装或胴体到超市后再分割等措施来相对延长冷却肉的颜色稳定性。

3. 渗出物

肌肉组织中的渗出物损失是不可避免的。渗出物可积聚于真空包装袋内，易滋生大量的微生物且引起消费者对冷却肉感官上的不舒服，而目前尚没有彻底解决这一问题的方法。方便的运输条件及贮存期间保持最佳温度对减少渗出物的损失是非常必要的，另外可以通过往袋内添加吸水垫来缓和。

五、 延长冷却肉冷藏期的方法

现国内外常用的冷却肉保鲜技术有冰温保鲜技术、减压保鲜技术、辐照保鲜技术、超高压保鲜技术、真空包装保鲜技术、气调包装保鲜技术等。

（一） 冰温保鲜技术

冰温保鲜技术的保鲜效果主要取决于以下三个方面：冰温的温度控制，不同种类的食品有不同的冰温带，需要通过实验进而得知；保鲜过程中应注意温度的精确性和稳定性，冰温的变温范围很小，温度控制不精确或温度波动大将使冰温效果受到影响；包装的种类以及包装的严密性也将直接影响到冰温效果。

（二）减压保鲜技术

减压保鲜技术是指将常压贮藏改为真空环境下气体交换的贮藏方式。

国外研究发现，在冷藏环境（-1℃）压力从0.1MPa降到1.333kPa时，氧的体积分数小于0.2%，低氧有助于抑制细菌和霉菌的侵染。结果显示，减压冷藏时冷鲜肉保鲜可提高到50天。

（三）辐照保鲜技术

辐射保鲜技术是利用放射线照射肉品，杀死肉品表面和内部的微生物，从而达到延长货架期的目的。

辐射一般分为非电离辐射和电离辐射。非电离辐射包括紫外线、红外线和微波。电离辐射包括γ-射线，其能量高，能引起有机物分子的激发或电离，具有很强的杀菌作用。辐照剂量对微生物的杀灭有很大关系，现在常采用高、中、低三种辐射剂量，其中高剂量放射线照射后能完全杀灭肉品中带芽孢的微生物，达到无菌状态；中等剂量辐射能够杀灭无芽孢的病原微生物；低剂量辐射能够杀死部分腐败微生物，延长肉品贮藏期。目前部分学者认为辐射的剂量掌握不当将会引起食品的毒理学危害，相关研究正在进行。

（四）超高压保鲜技术

超高压保鲜技术是当前备受重视、广泛研究的一项食品高新技术，它是指用100~1000MPa的压力，在常温或较低的温度下，使食品中的酶失活、蛋白质变性、淀粉糊化，同时杀死微生物达到灭菌保鲜的物理过程。超高压保鲜对食品的天然味道、风味和营养价值没有或很少有影响，它耗能低、效率高，不产生毒素。

项目三　肉的冻结与冻藏技术

一、冻结方法与设备

（一）肉类冻结的目的

肉类经过预冷后只能做短暂的贮存，但在实际的工业生产和贸易中往往需要肉保存更长的时间，如肉制品加工厂对于原料肉的贮存、肉类的进出口贸易以及国内肉类的调节贮存和贸易等，都需要肉有一个较长的保质期。要达到这些目的就必须对肉进行冻结，使其温度降低到冰点以下，将肉内的大部分水分冻结，延缓肉内的各种生化反应，防止肉的品质下降，这就是肉类冻结的目的。

肉经过冻结后品质和新鲜肉相接近，但由于冻结过程中冰晶的形成以及水分的散失会使肉的品质略有下降，特别是经过解冻后肉的品质与鲜肉的差异会更大。但对肉的营养性和加工性影响不大。

（二）肉类冻结的工艺

肉类冻结的工艺通常分一次冻结工艺（也称直接冻结工艺）和二次冻结工艺（也称二阶段冻结工艺）两种。

1. 一次冻结工艺

一次冻结工艺是指胴体或热分割产品不经过冷却过程，直接进入冻结间进行冻结的工艺。胴体采用直接冻结时，一般要把屠宰后的胴体在晾肉间自然冷却一段时间，这样主要是为了晾干胴体表面的水分。热分割的产品在采用直接冻结工艺时，一般要对产品采用单块包装的形式，并用铁盒冻结，大包装产品尽可能不采用直接冻结，以避免产品出现发闷变质的现象。

2. 二次冻结工艺

二次冻结工艺是指胴体或热分割产品先在0～4℃条件下冷却到4℃以下，然后再送入冻结间进行冻结的方式。采用冷分割生产工艺加工的分割产品，由于分割前胴体的温度已经降到4℃以下，因而分割后可以直接包装进入冻结间进行冻结。

在实际的应用中，一次冻结的工艺比较适合于胴体的冻结，二次冻结的工艺比较适合于分割产品及副产品的冻结。就目前我国的生产情况而言，由于冻白条肉几乎没有厂家生产，因而目前我国屠宰厂除部分热分割工厂采用一次冻结工艺对分割及副产品实行冻结外，大部分厂家，特别是新建的大型屠宰厂基本上都是采用二次冻结工艺进行产品的冻结。当然两种冻结工艺各有优缺点，对比如下。

（1）冻结时间比较　一次冻结与二次冻结相比所用的时间要短，因为冻结时的空气温度要远低于冷却时的温度，空气温度和肉温的温差大，冻结速度远高于冷却速度。对于胴体而言，一般一次冻结的时间在20h以内，肉体温度即可达到－15℃，冷加工工艺周期为24h；而采用二次冻结的时间为36h左右，冷加工工艺周期为48h，显然采用一次冻结工艺可以节省50%的冷加工时间。对于分割产品而言，采用铁盒式小包装的产品一次冻结时间为48h左右，二次冻结的时间加上预冷时间约为60h，相比可以节省25%左右的时间，如果算上生产周期也可节省50%的时间。

（2）冻结损耗的比较　试验数据表明采用一次冻结工艺生产的冻肉，其冻结损耗比采用二次冻结的损耗要小，约低0.88%，但其冷藏损耗要比二次冻结的冷藏损耗要大，综合比较起来两种冻结的总体损耗基本相同。表5－5给出了一次冻结和二次冻结的损耗对比。

表 5－5　　一次冻结与二次冻结的损耗对比

项目	冻结干耗/%	8 个月冷藏干耗/%	18 个月冷藏干耗/%	总计/%
一次冻结	1.66	1.93	2.97	6.56
二次冻结 （其中冷却）	2.56 1.74	1.42	2.61	6.59

（3）能耗比较　采用一次冻结工艺，每冻结 1 t 肉耗电 63 kW · h，采用二次冻结工艺每冻结 1t 肉耗电 23.6 kW · h（冷却）+57 kW · h（冻结）= 80.6 kW · h。一次冻结比二次冻结每吨可节电 17.6kW · h。

（4）投资比较　一次冻结工艺与二次冻结工艺相比较，不需要建设预冷间，大约可节省 30% 的建筑面积，从而可节约基本建设投资。

（5）人员比较　采用一次冻结工艺对胴体冻结时，由于不经过预冷环节，因此可以节省约 50% 的人员；但分割品的冻结采用一次冻结工艺时，很多产品往往不能一次性包装到位，在冻品出库时还要增加包装人员，而二次冻结工艺对很多产品要一次性包装到位，因而对于分割品而言，节省人员并不明显。

（6）肉品质量及解冻质量比较　胴体采用一次冻结工艺时，由于胴体未经过成熟，是在死后僵直期内被冻结的，因而在解冻时就易发生解冻僵直，使肌肉发生收缩变形，汁液大量流失，对肉的品质造成不良影响，特别是在快速冷却时极易发生冷缩的牛、羊肉更不能采用一次冻结工艺。对于分割产品和副产品而言，由于冻结时产品温度较高，包装和冻结不当极易导致产品发闷变质，特别是在夏季气温较高时，这种情况更易发生。因而分割品或副产品最好采用二次冻结工艺。另外，无论是胴体还是分割产品，采用一次冻结工艺的产品，其解冻损耗通常要比二次冻结工艺的产品高出 1% ~2% 。

随着屠宰技术的发展和人们对肉品品质要求的提高，国内越来越多的工厂都采用冷分割工艺作为屠宰加工的生产工艺，因而一次冻结的工艺在国内应用得越来越少。

（三）肉类冻结的设备

用于肉类冻结的设备主要有以下几种。

1. 吹风式冻结设备

这种冻结设备在肉类加工业中应用较为广泛，主要是在冻结间内装设落地式干式冷风机，也有采用吊顶式冷风机的。详细内容参见模块四中项目五“食品冻结方法和冻结装置”的内容。

2. 半接触式冻结设备

这种冻结设备主要用于冻结经分割加工后的块状肉类和肉的副产品。一般在冻结间安装格架式蒸发器并配备相应的鼓风设备，也有采用平板冻结器的。详细内容参见模块四中项目五“食品冻结方法和冻结装置”的内容。

（四）胴体的冻结

胴体的冻结加工和胴体的冷却十分相似，胴体在屠宰加工间修整检疫合格后，将需要冻结的胴体直接推入胴体冻结间进行冻结。胴体冻结间的温度一般要求在 -28℃以下，经过 48h 的冻结后，后腿中心温度可达到国标要求的 -15℃以下。在冻结时为了减少水分的损失，可以在胴体进入冻结间之前，用特制的聚乙烯方体袋将胴体包裹起来，这样可以有效地防止冻结过程中的水分损耗。

胴体肉的冻结一般采用不连续冻结，可以采用一次冻结工艺，也可以采用二次冻结工艺。采用一次冻结工艺，除了猪肉不会产生冷收缩外，牛、羊胴体都容易产生冷收缩。小胴体肉（如羔羊肉）提高冻结速度可以防止冷收缩，但不能防止解冻僵直。所以牛胴体不采用一次冻结的工艺，一般先把肉冷却到 10 ~ 15℃，直到僵直发生后，再进行冻结。从肉的品质方面来说，二次冻结肉的品质比一次冻结的要好，其主要优点是对冷收缩敏感的肉类便于控制，其次是冷藏 3 天以上的肉冻结后解冻保水能力提高，汁液流失减少，肉的嫩度较好。

胴体冻结的时间，是从肉开始降温到后腿中心温度达到要求温度所需要的时间。我国要求冻肉的中心温度不得高于 -15℃，除了特殊需求外，通常把后腿中心温度达到这一温度视为冻结过程的结束。胴体的冻结速度受胴体品种、冻结间的空气温度、风速等多种因素的影响。表 5 -6 给出 70 ~ 110kg 的牛半胴体后腿中心温度降低到 -8℃时的冻结时间，猪半胴体和羊胴体的冻结时间分别为牛半胴体冻结时间的 80% 和 60%。

表 5 -6　70 ~ 110 kg 的牛半胴体后腿中心温度降低到 -8 ℃时的冻结时间　单位：h

冻结间空气温度/℃	热鲜肉		4℃冷鲜肉	
	空气自然对流	空气强制对流（$v \geq 0.8$m/s）	空气自然对流	空气强制对流（$v \geq 0.8$m/s）
-23	—	35	35	28
-26	32	27	26	22
-35	—	23	—	18

胴体的冻结，通常在装有吊轨的吹风式冻结间内进行。牛 1/4 胴体、猪半胴体、小牛胴体、羊和羔羊胴体可用单钩或双钩吊挂进行冻结。胴体冻结间按风机的布置方向可分为纵向吹风式冻结装置和横向吹风式冻结装置。采用纵向吹风的冻结间的风速通常为 2 ~ 3 m/s，实际吹风的断面为冻结横断面的 82% ~ 85%。由冷风机吹出的低温气流遇到吊轨首端的胴体肉后，分别散流在胴体之间。这样吊轨首端的胴体首先被强烈的低温气流吹过，造成整个冻结间胴体肉冻结不均匀，首端和末端冻结时间相差可达 6 h。

采用横向吹风的冻结间，空气流速通常为 0.5 ~ 1.5m/s，实际吹风的断面为冻结横断面的55%～60%。横向吹风与纵向吹风相比气流分布比较均匀，先被低温强气流吹过的胴体肉和最后被散流吹过的胴体肉，冻结时间相差1～4h。图5－3为横向吹风的胴体冻结间的内部情况，图5－4为横、纵向吹风胴体冻结间。

图5－3　横向吹风的胴体冻结间的内部情况

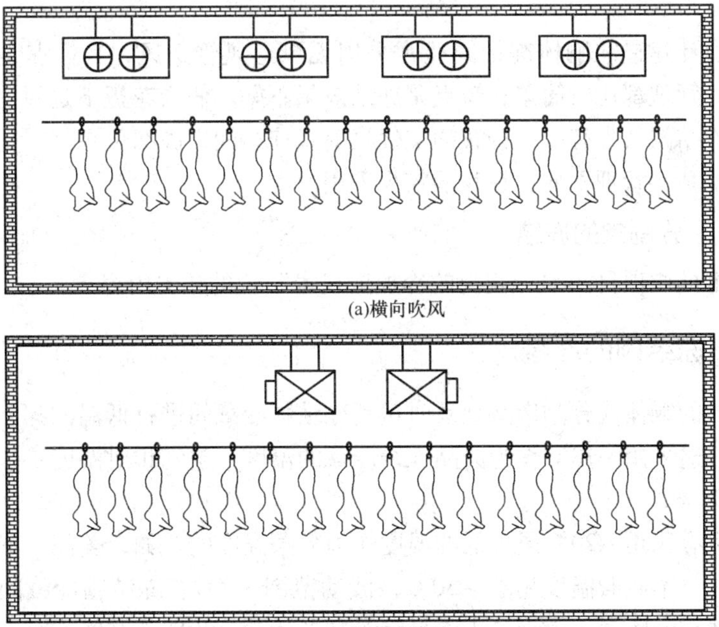

(a)横向吹风

(b)纵向吹风

图5－4　横、纵向吹风胴体冻结间

为了改善冻结效果，也可在冻结间内做假天花板。假天花板上开有30mm宽的条缝，条缝距吊轨中心90mm，假天花板距天花板800～1400mm。这种假天花板可以设计成顶吹纵向吹风和顶吹横向吹风，冷风机（落地或吊顶）把低温空气送到假天花板上的空间，气流经条缝吹到吊轨上的胴体之间，最后被冷风机重新吸入降温。图5-5为带有假天花板的胴体冻结间示意。在胴体冻结间的设计中，也有的采用风道+风嘴的喷射送风的冻结方式。

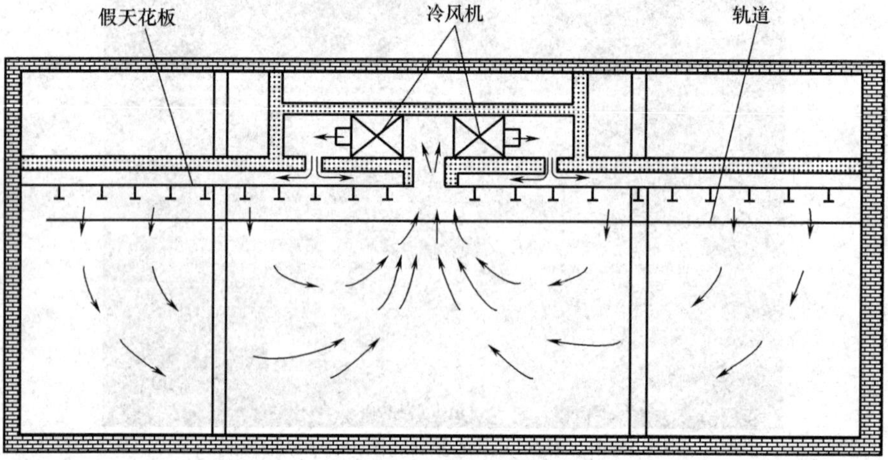

图5-5 带有假天花板的胴体冻结间示意

我国设计建造的胴体冻结间经常采用无风道风管送风，其优点是初次投资少，安装、管理都比较简单；缺点是冻结效果不好。假天花板下送风冻结间、空气喷射式冻结间及带有冷却排管的空气喷射式冻结间，冻结效果好，但初次投资大，安装复杂，管理不便，在我国较少采用。

（五） 分割肉的冻结

参见本模块项目四“分割肉的冷加工技术”中的相关内容。

二、 冻结肉的冻藏

冻结后的胴体或分割肉必须及时送到冻结物冷藏间进行低温贮藏。我国冻结物冷藏间普遍采用-18℃作为肉品冻结冷藏的温度，空气相对湿度一般要求控制在95%~98%。

国外也有采用-20℃或更低的温度作为贮藏温度的。如，美国一般冷藏温度为-25℃，日本冷藏温度趋于-30℃，波动范围±2℃。冻结物冷藏间在装货前必须进行清洁、除霜、消毒、去除异味等准备活动。我国冻结物冷藏间大多数采用顶排管进行降温，一些小型的氟利昂冷库中也有采用冷风机进行降温的。从速冻库出库的肉品中心温度必须达到-15℃以下，从外部调入的分割肉中心温度必须在-8℃以下方可进入冷藏间，否则大量高温度产品的入库，将使冷藏间温度发生大的波动，库温恢复到-18℃以下将需要较长的时间。对于温度高于-8℃

的产品，必须进入速冻库重新冻结到 -15℃以下后方可进入冷藏间。

冻结肉在冻结物冷藏间存放时，必须码放整齐。目前我国常用的冻肉包装规格主要有以下几种：25 kg/件、20 kg/件、15 kg/件和 10 kg/件。大多数分割瘦肉、肥膘均采用 25 kg/件的包装；心、肝、肚、蹄、舌以 10 kg/件的包装居多；骨类产品多数以 20 kg/件、15 kg/件包装居多。冻结好的肉类产品在码放时，根据规格的不同可以码成“五顶头（25 kg/件或 20 kg/件）”、“九顶头”和“十顶头”，图 5 -6 给出“五顶头”和“十顶头”的码垛方法。

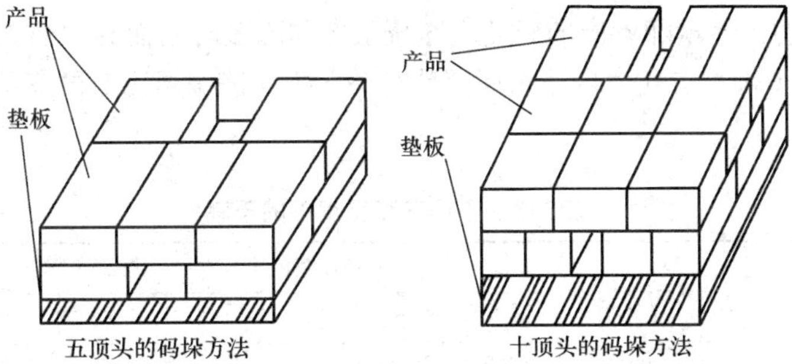

图 5 -6 两种常见码垛方法

肉类产品的贮藏期限不但和贮藏的温、湿度条件有关系，而且还和产品的包装形式有直接的关系。纸箱包装的产品比编织袋包装的产品，表面出现风干氧化的速度要慢得多；采用薄膜小包装的产品比采用方体袋大包装的产品，表面风干氧化的速度要慢得多；没有包装物的裸装产品，其表面极易出现风干、氧化，使肉的质量状况恶化。

需要说明的是，冻结肉的贮藏期限并不是严格意义上的保质期限，超过贮藏期的肉，并不是不能食用或做工业使用。这个保存期限严格意义上来讲，应该是冻肉的最佳食用贮藏期限。超过保存期限的肉，如果保存不当，可能表层出现风干氧化的情况较大，内部水分损失较大，冰晶的成长对细胞的破坏比较严重。但只要其挥发性盐基氮、微生物的指标不超标仍然可以食用，只是肉的营养、口感和风味相对变差了一些。

三、 冻结肉在冻藏过程中的质量变化

（一）物理变化

1. 结实度

冻结肉经长期冻藏，其肌肉组织会逐渐干燥变薄，肌纤维在垂直切断时，彼此容易分开，脂肪呈颗粒状且易碎裂。

2. 颜色

随着冻藏期的延长，肌肉组织中肌红蛋白的氧化作用日趋剧烈，肉体表面的

水分不断蒸发，导致冻肉表面颜色逐渐呈现不良的暗褐色。同时由于氧化作用，脂肪组织也由原来的白色逐渐变为黄色。

3. 干耗及冻结烧

在冻藏过程中，如果管理不善，库外热量进入库内或库内温度波动较大，对于没有包装的冻肉体则会引起表面水分蒸发，造成冻肉的质量损失，表面肉层组织粗糙。严重时，冻肉体水分靠冰的升华连续失去，在不断发生脱水现象后，肌肉组织形成海绵体，使空气充满其间，发生氧化和风味变化，导致肉质坚硬，烹调后呈锯木渣状，肉的鲜味和营养价值大大降低。这种现象称为冻结烧。

冻藏肉的干耗量随着肉的肥度、冻藏条件和冻藏时间而异。当冻藏间相对湿度为85%～90%，空气为自然循环流动时，在不同冻藏温度时的冻结肉干耗量如表5－7所示。

表5－7 冻结肉在不同冻藏温度下的干耗

冻藏温度	冻藏期限的干耗/%			
	1个月	2个月	3个月	4个月
－8℃	0.73	1.24	1.71	2.47
－12℃	0.45	0.70	0.90	1.22
－18℃	0.34	0.62	0.86	1.00

冻肉的干耗率与冻藏间容积利用率成反比，因为绝对干耗损失的量（t/年）与冻藏间内的冻肉量无关，而与冷却排管的表面积和冻肉表面积的蒸发条件有关。

冻肉的干耗率大小，也与冻藏间内的空气饱和蒸汽压力与肉表面的饱和蒸汽压力差等因素有关，并和冻肉表面的性质，以及临近肉表面的空气流动速度有关。而水蒸气压力差和空气的流动速度，取决于冻藏条件（冻藏间、室温、排管温度、空气循环系统、包装形式以及堆垛方法等），而且在同一冻藏间内也有很大差异，接近外墙或热墙损耗为最大。

（二）化学变化

1. 游离脂肪酸增加

冻结肉在冻藏过程中，由于脂肪酶的作用，脂肪易于被水解和氧化酸败，游离脂肪酸大量增加，外观上颜色开始出现黄点，继而整体变黄，出现强烈的发酵气味，同时，肉的滋味劣化而带苦涩味。脂肪酸败变化的程度与冻藏温度有关。如在－18℃以下冻藏一年时间不会出现明显变化，而在－8℃下冻藏6个月时，脂肪表面即变成黄色，产生哈喇味。控制好冻藏温度和防止氧气过多进入冻藏间是防止冻肉脂肪酸败的重要因素。

肉类冻藏中游离脂肪酸的变化与冻结前的处理有关，如屠宰后畜肉快速冷却与常温下冷凉，然后在同一温度下冻结、冻藏，在冻藏中游离脂肪酸的增加量后者比前者明显。

2. 肉的褐变

肉的颜色能左右消费者的选购。肌肉的肌红蛋白可受空气中氧的作用而变色。当氧化肌红蛋白超过50%时肉成褐色，较少则呈鲜红色。此外，肉的血红素亦会变，其过程和肌红蛋白一样。放血完全则影响就少。

3. 蛋白质变性

冻结肉在冻藏时，蛋白质的变性仍在继续。随着蛋白质胶体中水分的外析，蛋白质的质点逐渐地相互集结而凝固。冻藏温度越高，贮藏时间越长，蛋白质变性越强。

4. 乳酸增加

随着肌肉中糖原的分解，乳酸继续增多，肉的 pH 向酸性方面变动。贮藏 6 个月后，肉的 pH 一般为 5.6 ~5.7。

（三）组织变化

在冻藏期间冻结肉的组织变化主要是冰晶的再结晶现象。冻藏间空气温度的波动，是引起再结晶的主要原因。

经实验测定，快速冻结后冻藏 6 个月的肉，一个肌肉纤维横断面的冰晶直径由刚冻结后的 7 ~ 15μm，增长为 20 ~ 25μm，其冰晶数量由 10 ~ 30 个减为 4 ~5 个；而缓慢冻结的肉变化更大，直径由 15 ~ 20μm 增长为 30 ~ 40μm，冰晶数量由 3 ~ 15 个减为 1 ~2 个。体积增大的冰晶体对肌纤维细胞的挤压作用加大，从而使肌肉纤维出现不正常萎缩，组织结构受到严重破坏。当解冻时，冰晶所融化的水不能被肉体组织吸收而造成汁液流失，汁液流失量一般为3%左右，其内含有蛋白质、氨基酸、B 族维生素等，肉的营养价值和质量都受到一定程度的损失。

此外，由于肌肉纤维内的细小冰晶体在冻藏过程中也会发生升华现象，因而，表面脱水的海绵层会逐渐向内部延伸加厚，致使肌肉纤维分离，出现干脆粗糙现象。

（四）微生物的变化

冻结肉在 -18℃ 冻藏间内贮藏时，由于表面水分减少造成干燥条件，可以有效地延缓和抑制微生物的生长繁殖。但是，如果冻结肉在冻藏前已被细菌或霉菌污染，或者冻肉长期在不良的冻藏条件下贮存，冻结肉表面就会生霉，尤其是在空气不流通的部位、反复冻融的肉体表面，更容易引起霉菌的生长和繁殖。对有霉菌大面积繁殖的冻结肉，必须经过理化和细菌检验，确保无问题时，方能食用。

项目四 分割肉的冷加工技术

所谓分割肉，是指屠宰后经兽医卫生检验合格的胴体（公母种猪不能用来加工分割肉），按不同部位切割成不同大小的肉块，经冷却、冻结、包装后销售的肉。根据国内外市场的需要，猪、牛、羊胴体肉均可分割加工成带骨分割肉或剔骨去皮、去脂肪等不同规格的冷却分割肉或冻结分割肉。

我国对猪分割肉以前是采用热分割工艺，即经过屠宰加工后的猪肉胴体经晾肉后被直接送入分割肉车间进行分割加工。在国际上较多采用冷分割工艺，即将原料肉冷却到4℃后再进行分割。采用这种工艺除了有保证肉品质量的因素外，还因为分割肉加工车间与屠宰加工车间不是设在同一地，原料肉需要经过长途运输后才能进行分割加工。根据试验对比，采用冷分割工艺工人的劳动生产率明显低于我国采用的热分割工艺，但质量较好。

一、 冷却分割肉

随着我国人民生活水平的提高，近几年冷却分割小包装肉的消费需求不断上升。冷却分割肉生产是将经分割加工后的分割肉送入冷却间进行冷却，冷却间内装有干式冷风机和可移动的货架。冷却间温度一般要求控制在0～4℃，也可调整为0～2℃。经过20h左右的冷却，肉体温度冷却至4℃左右即可进行包装。包装采用透明的塑料薄膜，经包装后的分割肉放入专用的托盘内，由专用车辆运至设有冷藏陈列柜的食品超市销售。

二、 冻结分割肉

需要长期贮存和出口远销的分割肉采用低温冻结的方式进行加工。冻结分割肉的生产是将经过冷却的分割肉按照规格进行整修包装后装入纸箱或专用的金属冻盘内送入冻结间进行冻结。分割肉的冻结可以采用一次冻结工艺，也可以采用二次冻结工艺，目前绝大多数都是采用二次冻结工艺。冷分割产品由于分割前胴体已得到充分冷却，因此，分割后可以直接包装入库冻结。极少量进行的热分割产品，一般将分割后的肉、膘、骨类等产品先在冷却间冷却到0～4℃后，再进行包装冻结。

分割产品多数采用铁盘冻结，极少数采取将产品包装好后直接装入纸箱进入冻结库进行冻结。铁盘可以放在冻结架上，也可以在冻结间将肉码成“品”字形的花垛，纸箱包装产品必须放在冻结架上进行冻结，不能直接码成“品”字形的花垛。采用铁盒冻结时，产品冻结完成后，还要将产品从铁盒中取出，然后用纸箱或编织袋包装；采用纸箱冻结时，由于产品一次性包装成形，冻结完成后可直接进入冻结物冷藏间码垛存放。分割肉产品在包装冻结时，可以采用不分块的大包装，即将产品直接放在铺有塑料方体袋的铁盒或纸箱中入库冻结；也可以采用分自然块的小包装，即用聚乙烯膜将分割肉缠裹成圆柱形，然后再放入铁盘或纸箱中入库冻结。无论是大包装还是小包装，一般均调整到25kg/件的标准。图5－7给出分割肉自然块包装冻结的图片。

图5－7　分割肉的自然块包装冻结

分割产品的冻结多数在专门的速冻库内进行，也可以在平板冻结器和速冻隧道中进行。速冻库一般采用吹风冻结装置，冻结间内装设吊顶式冷风机或落地式冷风机。采用平板冻结器可以获得较快的冻结速度，但是由于平板的液压作用，肉在冻结时被压成块状，虽然可以提高冻结的效率和贮藏库的利用率，但是平板冻结后的肉，其自然形状变形很大，产品市场认可度不高，对于一些有特殊要求的产品无法满足要求，产品售卖的形象较差。

分割产品的冻结速度，与冻结设备、空气温度、包装形式等多种因素有关。目前我国速冻库的温度一般蒸发温度取－38℃、库房温度取－28℃，风速4～6m/s或7～8m/s；平板冻结间装置和速冻隧道冻结温度可达－35℃。按照我国关于食品冻结的一般规定，食品冻结结束时产品中心温度不得高于－15℃，一般20～24h即冻结完毕。副产品的冻结，除了猪头等外形特殊的产品采用挂架冻结外，其他产品的冻结方式和分割肉的冻结相同。猪心、肝、蹄、肚、肠等都先在副产品冷却间冷却，然后装入纸箱或铁盒进行冻结。对于网油、板油等用水洗过的副产品一般用铁盒冻结，不易采用纸箱直接包装。板油受售卖习惯的影响，有直接用铁盒冻成块装的，也有采用吊挂冻结的。图5－8给出空气温度、流速、肉块厚度（在铝盘中）与冻结时间的关系。

从细菌学角度看，冷冻肉要比“热鲜肉”好，因为冷冻过程中细菌就会被冻死或抑制其生长繁殖，卫生且比较安全。但肌肉中的水分在冷冻时体积会增加9%，细菌膜将被冻裂，然后在解冻时细胞中的汁液会渗透出来，造成“汁液流失”。在这种汁液中含有营养物质，所以随着汁液的流失，营养物质也随着流失。

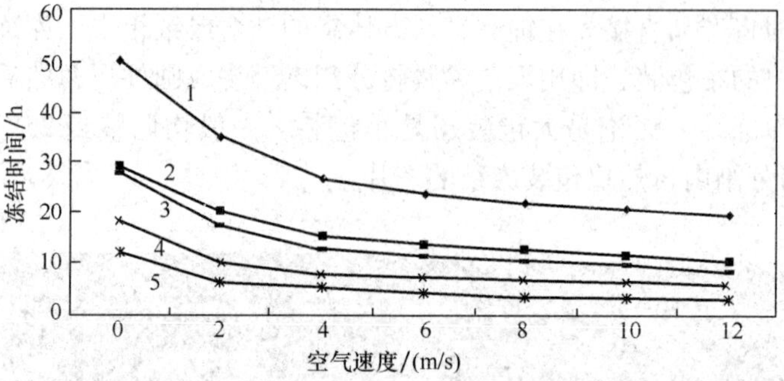

图5-8 空气温度、流速、肉块厚度（在铝盘中）与冻结时间的关系

1—20cm 厚的肉块，-35℃ 2—12cm 厚的肉块，-20℃ 3—12cm 厚的肉块，-35℃

4—7.5cm 厚的肉块，-20℃ 5—7.5cm 厚的肉块，-35℃

假如解冻后没有及时食用，而再次冻结和解冻，则营养物质的流失就会更严重，风味也会大大地下降。所以，冷冻肉虽有较长的保存期，但并不是保存肉的最好方法。

项目五 禽类的冷加工技术

一、 禽肉的组织结构和特性

1. 禽肉的营养价值

禽肉的蛋白质含量较高，脂肪含量相对较低。优良品种的家禽，每 100g 肌肉中含蛋白质可高达 24.4 g，超过其他肉类，而脂肪含量最低的仅为 1.2g。禽肉蛋白质的质量极优，含有人体营养所需的所有必需氨基酸。而且，其脂肪中所含有的不饱和脂肪酸的比例高于畜肉类的脂肪，胆固醇含量则少于其他畜肉脂肪。如鸡肉中的三种主要脂肪酸是油酸、亚油酸和棕榈酸，这三种脂肪酸约占禽肉中所有脂肪的 79%。其次，由于禽肉含有较丰富的肌酸和肌酐，所以具有特殊的香味和鲜味。

此外，禽肉所含的维生素和矿物质相对来说也比较高，主要含有钙、磷、铁、硫胺素、核黄素、烟酸和维生素 A、维生素 D、维生素 E 等。

2. 禽肉的组织结构和特性

禽肉的结构与畜肉一样，也是由肌肉组织、脂肪组织、骨骼组织和结缔组织所组成，其中，禽肉的肌肉组织所占的比例比其他畜肉多。禽肉中各主要组织，即肌肉、脂肪、骨骼和结缔组织的比例，决定了禽肉的食用价值和商品价值相对较高。禽类因种类、年龄、性别不同，各部分的比例也不同：雏禽的肌肉组织纤维较为丰满，肌纤维组织膜较薄，结缔组织较少；水禽的肌肉纤维较母鸡及吐绶鸡为厚实，而结缔组织却相反；雄禽的肌肉组织一般都比雌禽粗糙。

禽类肌肉组织最发达的部位是胸部和腿部，躯干背部的肌肉则不发达。躯体上的主要肌肉呈白色（即所谓白肉），胴体内腔、颈及腿部肌肉中则因为分布较多的微细血管而呈暗色，（称为暗肉）。禽肉中的结缔组织多少决定着肉的品质，一般来说结缔组织越少，其肉就越嫩而软；相反则干而硬。雌禽的肌肉纤维较厚，结缔组织较少；雄禽的肌肉组织较雌禽的粗糙；鸭、鹅等水禽的肌肉组织较为粗糙。

家禽肉的脂肪呈白色、淡黄色、黄色，常以单独状态集中存在，这与畜肉脂肪的存在形式有差异，而只有肥育较好的禽，其脂肪才能均匀分布到肌肉组织中，增加禽肉的风味和柔嫩性。在禽肉中，除鸭、鹅等水禽的肌肉纤维束之间有少量的脂肪沉积外，在鸡肉中没有明显的脂肪沉积。肉用禽比卵用禽的脂肪要多。

禽肉除脂肪的存在形式与畜肉有差异外，同时还具有畜肉所没有的特点，如禽的腱，特别是四肢的长腱硬化较早，禽肉的结缔组织不如畜肉的结缔组织发达等。

3. 禽肉的成熟与腐败

禽肉的成熟和腐败过程基本上与畜肉相同。它们的成熟过程所需的时间根据其温度、种类和年龄不同而异。如2～4℃时，鸡死亡后3～4h就可达到最大僵直，解僵后变软，经过48h完成熟化。而在常温下，宰后3h左右即达到肉的成熟。老禽因含结缔组织较多，成熟时间要比幼禽稍长些，成熟禽肉的肉质变得较柔软，富有汁液，具有芳香气味，肉的pH在6.0左右，呈酸性反应，肉尸表面形成一层能防止微生物入侵而保护肉面的干皮，此时的肉易熟，也最易消化和吸收。

禽肉的变质主要是微生物和酶的作用所致。腐败的禽肉，其外观、颜色和硬度等均发生变化，不能再食用。

二、禽肉的冷却贮藏

（一）禽的宰杀

禽类在宰杀前要休息良好，减少刺激和肌肉的活动。冷加工前的加工操作程序包括：电麻、宰杀、放血、浸烫、拔毛、燎毛、拉肠和去嗉囊、冲洗、去内脏、卫生检验、造型、分级、包装（或不包装）等。

宰杀的方法一般有两种：一种是口腔宰杀法，就是用特制的尖头小刀，从口腔刺入喉咙，割断颈动脉放血，血液从口腔流出；另一种方法是从颈部割断颈动脉、气管、食管，血从颈部流出，也称三管齐断法。前者禽体外观整齐，但操作较为复杂，生产效率低；后者生产效率高，但外观不整齐，适用于分割禽肉。浸烫、拔毛后的禽体表面必须洁净，无残留羽毛、血迹或污物。

放血时要充分、彻底，体内不得有残留瘀血，否则将影响肌肉的色泽。再者，浸烫的形式共有3种：低温浸烫，温度控制在50～55℃，时间60～180s；中温浸烫，温度55～65℃，时间40～100s；高温浸烫，温度65～80℃，时间3～8s。低温浸烫能使禽胴体表皮保持完整，采用吹风冷却后不至于变色，但去毛设备要求高，并要另外设置燎毛设备。中温浸烫经普通的去毛设备去毛后，可使胴体完全脱毛，但表皮一般都受到一定的损伤。高温浸烫一般用来烫松不易脱掉的腿毛和颈毛，特别适用于鹅、鸭脱毛。

拉肠时不能将肠管、胆囊拉破，若破断时，应及时用水冲洗，以免污染。且体腔内不允许有粪便和胆汁。

嗉囊必须完整去掉，颈部不能有积食和淤血。

去内脏后，整胴体进行冷却加工的，内脏杂件（心、肝等）放入胴体腔内。分割胴体，把内脏杂件分类收集在一起加工。

造型是先对胴体外表进行检查，看是否残留绒毛，特别是头、颈、腋窝等部位；胴体表皮是否完整，然后做成类似球形的造型。

整禽去内脏后的出品率（包括颈和杂件），仔鸡为70%～73%（占活鸡重）；分割仔鸡，胸部20%～25%，小腿15%～16%，翅膀10%～14%，后背12%～18%，颈5%～8%，杂件6%～8%。

分级按禽的年龄、性别、肥瘦度、加工质量、体重分类等，不能混杂。

（二）冷却前对禽胴体的整理

经过初步加工后的禽胴体，在冷却之前需要进行整理，包括塞嘴、包头和造型等，其目的是防止微生物的侵袭和增加胴体的美观度。

胴体经过分级和卫生检验后，即用白纸团成纸团塞入喉咙中，以吸收体内（腔中）继续渗出的水分。将嘴塞好后，再使用包头纸将胴体的头包上。若无头时则将脖子包上。塞嘴和包头的目的是防止微生物从口腔中侵入。为了增加胴体的美观和便于包装，在冷却之前，将胴体进行一次造型是很有必要的。

造型的方法通常是采用翻插腿翅法，即将双翅从关节以下，反贴上胴体的背部、双腿，从关节以后向臀部反贴，这样则使双腔对称，双脚趾蹼分开并贴在胴体上。经过造型，并滴干其表面的水分后，即可进行冷却。

自宰杀加工到冷却的时间不得超过2h。出口禽肉不得进行二次冻结，否则肉颜色变暗，外观不良，肉品质量降低。

（三）禽类的冷却方法

宰杀和加工后的禽类，肉体平均温度在37～40℃。具有这样高的体温和潮湿表面的禽体，刚好适于酶的反应和微生物的生长繁殖，如不立即进行销售或做加工原料使用，应及时进行冷却，使肉体温度降至3～5℃。一般的冷却方法有以下两种。

1. 空气冷却

（1）吊挂式冷却 在国内一般是在冷却间内进行，它是使光禽吊在挂钩上进行空气冷却，即用架子吊挂冷却。将每一胴体都以其脚倒悬在横档上，互相不接触，送入冷空气冷却。吊挂冷却的优点是可以缩短冷却时间10%～20%，冷却间的空气温度为2～3℃，相对湿度为80%～85%，风速为1.0～1.2 m/s，经过7h左右，鹅、鸭的胴体温度即可降低到3～5℃。鸡的冷却时间不需这样长即可达到冷却要求。但在冷却过程中，因禽体吊挂下垂，往往引起禽体伸长，需要人工整形，以保持禽的外形丰满美观。禽体冷却干耗为1.5%～2%。

（2）装箱法冷却 冷却禽肉胴体时，箱子不需加盖，可在冷却间的地面堆成方格形，最好放在木架上，每2～3层为一格。每$1m^2$地面上的装载量为150～200kg。冷却所需时间在空气自然对流的条件下12（小鸡）～36 h（大鹅）不等。胴体安置方法、肥瘦度及操作情况都会影响冷却所需要的时间。冷却终了箱内温度不应超过2℃，冷却时质量损失一般在0.5%～1.2%内。

若在管架式冷却间内冷却时，箱子可放在管架上，但箱与箱之间要留有一定的距离，以便空气流通。

对鸡肝、心、颈皮、鸡尾、鸡肫等产品，在常温25℃以上时，要放在冷却间进行30min～1h的冷却，避免肉变味。

（3）隧道式冷却 图5-9所示为隧道式冷却装置。这种装置是由许多小冷却室（单体）组装而成的。每一个小冷却室中都设置有冷风机，其数量由宰杀的生产能力来确定。空气在隧道中流动的方向是横向流动，被冷却的禽胴体放在多层小车上。

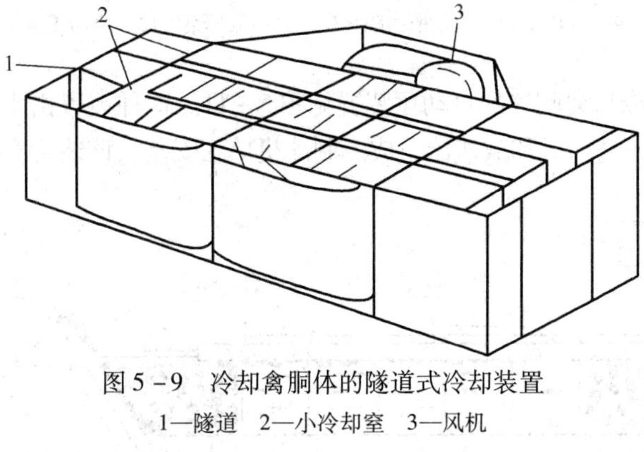

图5-9 冷却禽胴体的隧道式冷却装置

1—隧道 2—小冷却室 3—风机

（4）连续低温吹风冷却 连续冷却法的第一区段，首先利用15℃的干空气吹15min，目的是干燥禽体表面过多的水分，在这同时还有冷却效果；连续冷却法的第二区段，是用-1~0℃的高速气流冷却75min，胴体温度下降至10℃或以下，符合包装条件。包装后在-2℃的高速气流中，继续进行冷却，冷却时间为165min。全部冷却过程大约4h。该方法冷却的禽胴体外观好看，冷却速度快，而且包装袋内又无汁液渗出，冷藏期也长。

2. 水冷却

(1) 浸渍冷却　浸渍冷却是指用冷却水或冰水混合物进行的冷却，限用饮用水。优点是：具有漂白效果，产品的表面呈白色；冷却速度快，易实现流水作业，没有干耗，而且会增重。缺点是：微生物污染增加，禽胴体带水量多，如仔鸡平均增重5.5%~12%，在个别情况下增重高达30%之多；包装后袋内易渗出水分且逐渐增加，影响产品的外观，并为微生物的生长繁殖创造了条件。

浸渍式冷却装置见图5-10。这种装置是由水槽、带有冷却排管的大桶、倾斜传送带、管道和循环泵组成的。被冷却的禽胴体一面沿着水槽向前移动，一面被预冷，然后进入最后的冷却大桶。冷却好的禽胴体由倾斜传送带从大桶中捞出。水是用设在大桶中的冷却排管冷却的。该装置操作管理比较简单，但它还存在着缺点，水槽中水温升高，达4~5℃，这会延长冷却过程。用冰水混合物冷却就可克服这一缺点。

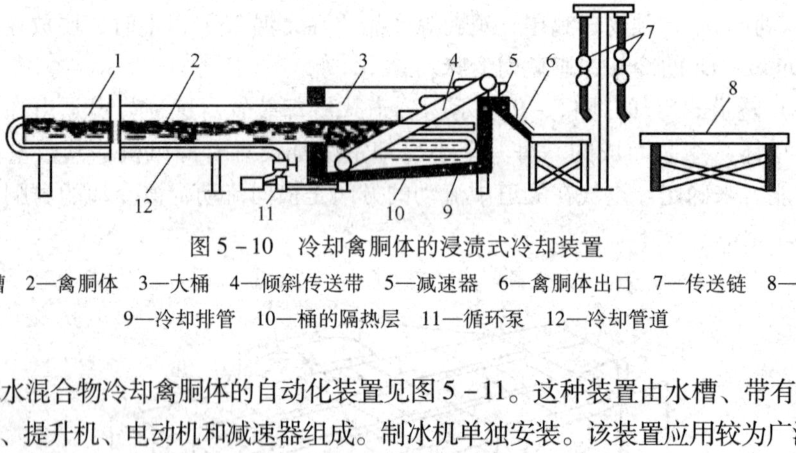

图5-10　冷却禽胴体的浸渍式冷却装置

1—水槽　2—禽胴体　3—大桶　4—倾斜传送带　5—减速器　6—禽胴体出口　7—传送链　8—包装台　9—冷却排管　10—桶的隔热层　11—循环泵　12—冷却管道

冰水混合物冷却禽胴体的自动化装置见图5-11。这种装置由水槽、带有挡栅的传送带、提升机、电动机和减速器组成。制冰机单独安装。该装置应用较为广泛。

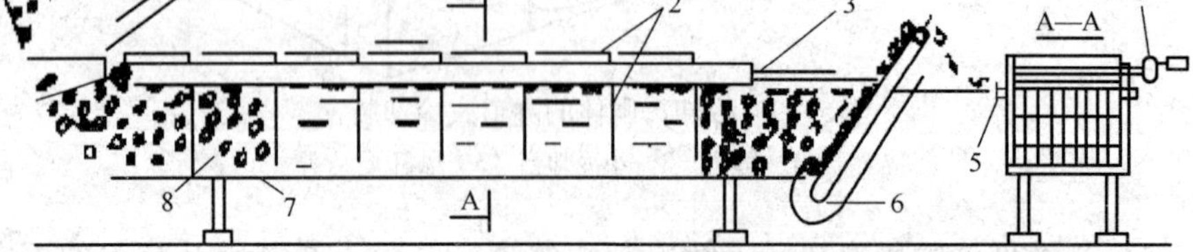

图5-11　冰水混合物冷却禽胴体的自动化装置

1—制冰机　2—挡栅　3—传送带　4—电动机和减速器　5—溢水口　6—提升机　7—水槽　8—小室

禽胴体从传送带上自动掉到大桶中。同时，两个相邻的挡栅形成的笼形小室充满禽胴体和碎冰。每个挡栅把一定数量的禽胴体和冰推到水槽的末端送入提升机。如果禽胴体没有进入提升机，那么在挡栅抬起来时把禽胴体托起来，一旦挡栅达到垂直的位置，胴体就会重新掉到水槽里，这时又被后面的一个挡栅推到提升机中。挡栅从上边的垂直位置转换到水平位置，是因为挡栅是从一面以按链连接而倒向一边的。挡栅以水平方向转到桶的始端，并渐渐打开再推动禽体和冰。这种装置的优点是，挡栅可以拨动它前面的每一只禽胴体，不论是浮着的还是沉底的，都会被挡栅推向末端。

（2）喷淋冷却　喷淋冷却的效果与浸渍冷却相同，但需要较多的动力。禽胴体增加质量比浸渍式大致减低 85%。若喷淋水不循环使用，可减少微生物的污染，但耗水量大。

喷淋式冷却装置见图 5－12。该装置可以用循环水也可以不用循环水。装置由小室、悬挂禽胴体的传送带和离心喷雾的集管及管道组成。离心喷雾器是用于喷水的。喷雾器交叉布置在集管的格点上，并且向传送带的轴倾斜。在冷却室内采用这种方法安装喷雾器时，沿着放禽胴体的传送带形成了一个完整的水帘。

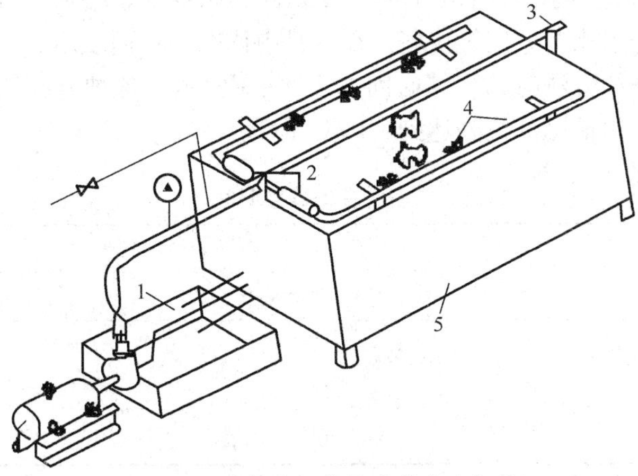

图 5－12　冷却禽胴体的喷淋式冷却装置

1—管道　2—集管　3—带有挂色的传送带　4—离心喷雾器　5—冷却室

这种装置能保证禽胴体得到充分的洗涤，并使禽胴体达到快速冷却。离心喷雾器的水压要达到 150～200kPa，集管的间距为 450mm。传送带的速度用减速器和变速器进行调节。胴体通过装置的时间是它冷却到 4～5℃所需要的时间。

在冷却结束之前，应进行一次全面的质量检查，以防止不符合要求的胴体混入，特别应注意检查有无胆囊已破的胴体混入。轻微的破胆，由于输胆管破裂的口很小，其胆汁一时不易流出，因而在初步加工后的检查中很难发现。但经过冷却后，由于胆囊受肌肉收缩压力的影响，其胆汁便易从肛门流出。采用吊挂式冷却，若有此种现象时，很容易发现。在质量检查时，若发现有不合要求的胴体混入时，应一律剔除。

三、 禽肉的冻结贮藏

（一） 禽的冻结

冷却后的禽肉，若要进行长期保藏，必须在较低的温度下进行冻结。禽的冻结方式在我国分吹风冻结和不冻液喷淋与吹风式相结合冻结两种，大部分采用吹风冻结法。

1. 吹风冻结

吹风冻结即将经过冷却的胴体放在镀锌的金属盘内进行冻结。冻全禽时，如果是用塑料袋包装的，可放在带尼龙网的小车或吊篮上进行吹风冻结。没有包装的禽大部分放在金属盘内冻结，脱盘后再镀冰衣冻藏。分割禽也用金属盘冻结，然后脱盘包装。装盘时将禽的头颈弯回插入翅下，腹部朝上，使胴体平整地排列在盘内。

冻结禽时，冻结间的温度一般为 -25℃或更低些，相对湿度在 85% ~90%，空气流动速度为 2 ~3m/s。冻结的时间在相同的条件下，与禽的种类及采用的方法有关，一般是鸡比鸭、鹅等快些，在铁盘内比在木箱内或纸箱中快些。各种禽在采用不同的冻结方法时的冻结时间如表 5 -8 所示。各种禽冻结终了时的胴体温度，一般在肌肉最厚部位处达到 -10℃即可。

表 5 -8　　各种禽的冻结时间

禽的种类	冻结时间/h	
	装在铁盘内	装在箱内
鸡	11	24
鸭	15	24
鹅	18	36

现在国外冻禽是在空气温度 -40 ~ -35℃和风速 3 ~6m/s 的条件下进行的，冻结时间的长短随禽体大小和包装材料的不同而异。

2. 不冻液喷淋与吹风式相结合冻结

不冻液喷淋与吹风式相结合的冻结工艺主要分为三个部分：第一部分，为了保持禽体本色，袋装的禽胴体进入冻结室后，首先用 -28℃的强冷风吹 10 多分钟，使禽体表面快速冷却，起到色泽固定的作用。第二部分，用 -25 ~ -24℃的乙醇溶液（浓度 40% ~50%）喷淋 5 ~6min，使禽体表面层快速冻结，不仅使家禽外表呈现乳白或微黄的明亮色调，使制品色泽美观，还可加快冻结周期。第三部分，在冻结间内用 -28℃空气吹风冻结 2. 5 ~3h。三个部分形成了一条适应大量而且连续生产的禽体冻结流水线，如图 5－13 所示。

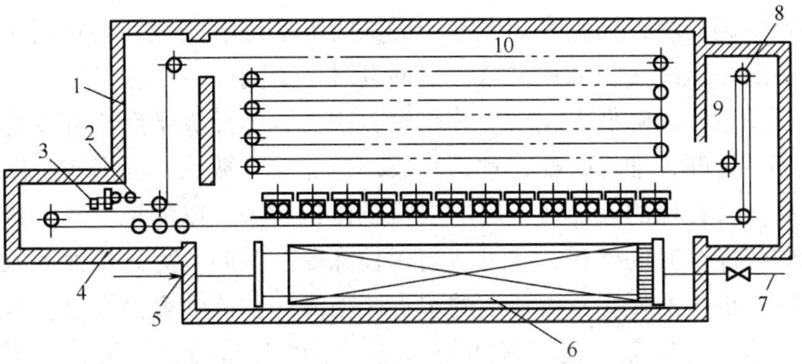

图 5－13　连续生产的禽体冻结流水线

1—卸鸡口　2—减速装置　3—电动机　4—装鸡口　5—冲霜进水管　6—冲霜水管
7—蒸发器回气管　8—不冻液喷嘴　9—淋冻间　10—风冻间

在禽类冻结的工艺上采用了不冻液喷淋式和送风式相结合的冻结方法，由于不冻液在喷淋时和禽体接触，低温的乙醇溶液能迅速吸收禽体热量，可使禽体表面快速冻结，不仅解决了禽体的外观质量问题，还进一步缩短了冻结时间，提高了冻结装置的生产效率。

总之，快速冻结的禽类，不仅制品外观色泽佳，而且内在质量好，商品干耗大大降低。快冻与慢冻鸡的质量比较情况见表 5－9。

表 5－9　快冻和慢冻鸡的质量比较

项目	慢冻鸡	快冻鸡
外观	禽体表皮干燥、发红	滋润，乳白色或微黄色
肌肉	发红	乳白色，微红
冰晶体（细胞显微）	冰晶颗粒大	冰晶颗粒细小
干耗（冻后失重）	3% 左右	用塑料袋包装，基本上无干耗；无包装时，在 2% 以下
品味	肉老、走味	肉嫩、味美

（二）禽的冻藏

按包装情况，禽的冻结贮藏可分为有包装冻藏和无包装冻藏两种。

1. 有包装冻藏

有包装的易于堆放，一般都是每 100 箱堆成一垛。为了提高冻藏间有效容积的利用率，每垛上也可以堆放更多箱。在堆垛时，垛与垛之间应留有一定的间距，最底层用垫木垫起，还应注意不得将箱子倒置。

2. 无包装冻藏

无包装冻藏又分为块状冻藏和散状冻藏。块状是指多只禽胴体冻在一起，这种块体不容易码好垛，因其表面光滑，码垛时务必注意安全，要堆码牢固。块状码垛方法一般是压缝法，如砌砖式，这种垛不宜过小，要减少与空气的接触面，减少水分蒸发量，以降低干耗。散装码垛，因禽胴体经冻结后格外发脆，尤其颈部较细，容易折断，堆垛时要轻拿、轻放，避免拿、放和堆垛损害禽体的完整。

堆垛后，可在垛的表面镀一层冰衣将胴体包起来，以隔绝空气，这样不仅可以减少胴体在冻藏时的干耗，还可适当延长冻藏的时间。冻禽垛镀冰衣的方法很简单，用喷眼很小的喷雾器将清洁的水直接喷洒到胴体的表面即可。在整个冻藏过程中镀包冰衣的次数，视冻藏间的温度、湿度及冰的升华情况而定，一般是10～15天镀一次冰衣。

无包装的冻禽在冻藏时，直接暴露在空气中，被微生物和其他污物污染的机会很多，因而除在每垛最底层必须铺垫经过消毒处理的木板、席子等物外，还必须切实地做好冻藏间内的日常卫生工作。

不论有包装或无包装的冻禽，堆成的垛都必须是坚固稳定和整齐的，不得有倾斜现象，同时，不同种类和不同等级的胴体，不能混堆在一起，以防错乱。

冻藏间的温度应保持在－18～－15℃，相对湿度在95%～100%，空气流动速度应以自然循环为宜。在冻藏过程中，冻藏间的温湿度均不得有较大幅度的波动。在正常情况下，一昼夜内温度升降的幅度不要超过1℃，否则将引起重结晶等现象。冻藏的时间与禽的种类及冻藏间温度有关，一般是鸡比鸭、鹅耐藏些，冻藏间的温度越低，越有利于禽的长期冻藏。

【模块小结】

所谓肉类，一般理解为动物经屠宰后剥皮或者不剥皮的，去头尾、蹄爪和内脏后的胴体部分，而把头尾、蹄爪和内脏统称为副产品，不列入肉的范畴。

肉的成熟实际上是动物体死亡后体内继续进行着的生命活动作用的结果，它包括一系列的生物化学变化和物理化学变化。这些变化主要有死后僵直、解僵成熟、自溶和腐败四个阶段。

肉的贮藏保鲜方法很多，有物理贮藏方法（低温、高温、辐射等）和化学贮藏方法（腌制、烟熏、气调、添加化学制剂等）。其中低温贮藏方法是应用最广、效果最好的一种方法。肉类在冻结与冻藏过程中，肉体中的水分冻结成冰，因而会发生各种物理、化学和生物化学的变化。

肉类产品的贮藏期限不但和贮藏的温、湿度条件有关系，而且还和产品的包装形式有直接的关系。

禽肉的成熟和腐败过程基本上与畜肉相同。它们的成熟过程所需的时间根据其温度、种类和年龄不同而异。禽肉冷加工前的加工操作程序包括：电麻、宰杀、放血、浸烫、拔毛、燎毛、拉肠和去嗉囊、冲洗、去内脏、卫生检验、造型、分级、包装（或不包装）等。

思考练习

一、解释下列名词

肉的冻结；肉的干耗；肉的冻藏。

二、填空题

1. 冷却保鲜是常用肉制品的保存方法之一，这种方法是将肉品保藏在________，便在此温度下进行短期贮藏。

2. 肉类冻结常采用的方法有：________、板式冻结法和浸渍式（液体）冻结法。

3. 肉在冻结和冻藏期间常见的物理变化有：体积增大、产生________和冻结烧，且还出现冰的重结晶现象。

4. 冻结肉的解冻方法常见的有：________、水解冻、真空解冻和微波解冻等。

三、判断题

1. 由于缓慢冻结的时间长，所以形成的冰晶个体小，冰晶数量多。(　　)

2. 快速冻结法的冻结时间长，形成的冰晶个体小，冰晶数量多，所以在结冻时肉汁流失少。(　　)

四、选择题

1. 肉类冷却的短期贮藏保鲜的常用温度是(　　)。

A. −18℃以下　　　　B. 0~4℃

C. 10~15℃　　　　D. 30~45℃

2. 要将鲜猪肉保藏4~6个月，其最好的贮藏方法是(　　)。

A. 真空包装贮藏　　　　B. 辐射保藏法

C. −1~0℃的冷藏法　　　　D. −23~−18℃的冻藏法

3. 在冻结和冻藏期间，肉类要发生一系列影响到肉的品质的物理变化，这些变化是(　　)。

A. 肌肉中的水由液态变成固态的冰，导致肉的体积加大

B. 在冻藏期间，由于水分蒸发而导致肉的体积减小

C. 在冻藏期间，由于肉表层水分升华，形成许多细微孔隙而发生肉的冻结烧

D. 对于未包装的肉，在冻结、冻藏和解冻期间会发生干耗

E. 在冻藏期间，因贮藏温度波动，肌肉中的大冰晶变得更大、小冰晶变得

更小的重结晶现象

五、简答题

1. 肉类速冻前要进行哪些预处理?

2. 肉类的冻结的方法有哪些?

3. 肉类速冻常用哪些设备?

六、技能题

试述肉类速冻时易出现的质量问题及控制措施。

【实训一】 冷却肉的冷加工与保鲜

一、 实训目的

通过实训要求学生掌握冷却肉的保鲜原理;了解冷却肉保鲜的基本方法,采用化学保鲜时常用的保鲜剂。

二、 主要设备和材料

冷却间、冻结间、冷却物冷藏间、合适的保鲜剂(如乙酸、乳酸、抗坏血酸等)、待冷加工的原料猪肉。

三、 实训内容

1. 保鲜剂配制

选择合适的保鲜剂(如乙酸、乳酸、抗坏血酸等)并配制成一定浓度的溶液待用。

2. 取样

活猪宰杀后取猪后腿瘦肉,置于 $-30 \sim -28$℃下急冻 1.5h,再转入 $0 \sim 4$℃下的冷却间冷却 $6 \sim 8$h,或将猪后腿瘦肉置于 $0 \sim 1$℃的冷却间冷却 20h 左右,待肉的中心温度小于 4℃后于冷却间内剔骨,分割为 $100 \sim 159$g 的小块。

3. 保鲜处理

将冷却肉样品放入保鲜剂溶液中浸泡 $15 \sim 30$s 后沥干,采用合适的包装方式对样品进行包装(如真空、气调或其他包装形式)。允许有定量或不定量包装,包装材料要符合国家规定。

4. 冷藏

将包装后的样品放在 $0 \sim 4$℃下的冷却物冷藏间进行冷藏。

5. 检测

样品在高温库冷藏期间,每隔 3 天进行一次感官评定和微生物指标的测定,以检测冷却肉的保鲜效果。

四、注意事项

（1）用于冷却肉加工的生猪应来自非疫区，并持有产地动物防疫监督机构出具的检疫证明，公母猪及晚阉猪不应用于加工冷却猪肉。冷却肉应严格进行宰前检验、宰后检验，采用科学的屠宰工艺，在低温环境下进行分割加工，使屠体或分割肉深层中心温度在24h内迅速降至0～4℃，并在冷藏、运输等环节中始终保持在0～4℃环境下。

（2）感官指标评定一般包括肉品的色泽、气味、弹性、持水力、肉汤品等项目的检测，一般在有经验或专业人员指导下进行打分评定，避免由于主观因素的影响对实验结果带来较大差异；微生物指标检测包括细菌总数和大肠菌数的测定，检测方法参照相应国家标准。

五、实训报告

根据实训的操作步骤，书写实训报告。

【实训二】　禽类的冷加工

一、实训目的

通过实训要求学生了解禽类冷加工的操作步骤；掌握禽肉保鲜的基本方法；掌握禽肉入库前的操作步骤。

二、主要设备和材料

冷却间、冻结间、冻结物冷藏间、待冷加工的原料禽类、禽类屠宰设备一套。

三、实训内容

1. 禽类的宰杀

包括电麻、宰杀、放血、浸烫、拔毛、燎毛、拉肠和去嗉囊、冲洗、去内脏、卫生检验等。

2. 冷却前对禽胴体的整理

包括塞嘴、包头和造型等。

3. 禽类的冷却

可以采用空气冷却和水冷却的方法。

（1）空气冷却　根据具体情况选用（吊挂式冷却、装箱法冷却、隧道式冷却、连续低温吹风冷却）其中的一种。

（2）水冷却　根据具体情况选用（浸渍冷却、喷淋冷却）其中的一种。

4. 禽类的冻结

可采用吹风冻结，冻结间的温度一般为 -25℃或更低些，相对湿度在85% ~ 90%，空气流动速度为2 ~ 3m/s。

5. 冻藏

按包装情况，禽的冻结贮藏可分为有包装冻藏和无包装冻藏两种。有包装的易于堆放，一般都是每100箱堆成一垛；无包装冻藏又分为块状冻藏和散状冻藏。

冻藏间的温度应保持在 -18 ~ -15℃，相对湿度在95% ~ 100%，空气流动速度应以自然循环为宜。

四、 注意事项

（1）禽胴体在冷却之前需要进行整理，其目的是防止微生物的侵袭和增加胴体的美观度。

（2）有包装禽肉冻藏时，为了提高冻藏间有效容积的利用率，每垛上也可以堆放更多箱。在堆垛时，垛与垛之间应留有一定的间距，最底层用垫木垫起，还应注意不得将箱子倒置。

（3）无包装禽肉冻藏时注意，块体不容易码好垛，因其表面光滑，码垛时务必注意安全，要堆码牢固。散装码垛时，因禽胴体经冻结后格外发脆，尤其颈部较细，容易折断，堆垛时要轻拿、轻放，避免拿、放和堆垛损害禽体的完整。

（4）禽肉无包装冻藏时，堆垛后，可在垛的表面镀一层冰衣将胴体包起来，以隔绝空气，这样不仅可以减少胴体在冻藏时的干耗，还可适当延长冻藏的时间。

（5）禽类在冻藏过程中，冻藏间的温湿度均不得有较大幅度的波动。在正常情况下，一昼夜内温度升降的幅度不要超过1℃，否则将引起重结晶等现象，对禽的长期冻藏极为不利。

（6）冻藏的时间与禽的种类及冻藏间温度有关，一般是鸡比鸭、鹅耐藏些，冻藏间的温度越低，越有利于禽的长期冻藏。

五、 实训报告

根据实训的操作内容书写实训报告。

模块六 水产品与鲜蛋的冷冻冷藏技术

知识目标

1. 了解水产品的冷却与微冻保鲜方法。
2. 了解鲜蛋的腐败变质过程。
3. 掌握蛋的贮藏保鲜方法。
4. 熟悉冰蛋的加工方法。

能力目标

1. 能运用冰冷却法保鲜水产品。
2. 会对蛋进行冷却与冷藏保鲜。
3. 会制作冰蛋。

水产冷冻食品加工技术就是将水产品在低温条件下加工、保藏的技术。由于水产品含有丰富的蛋白质、脂肪等营养物质，这些营养物质在高温条件下，很容易发生变化，致使食品腐败变质。因此，水产品的低温加工技术，能较好地保持水产品原有的品质。

项目一 鱼体死后的变化

鱼类经捕获致死后，其体内仍进行着各种复杂的变化，这种变化主要是鱼体内存在的酶和生前、死后附着在鱼体上的微生物不断作用的过程。其变化过程要明确区分是很困难的，但根据特征大体可分为死后僵硬、自溶和腐败变质三个阶段。

一、 死后僵硬阶段

刚死的鱼体，肌肉柔软而富有弹性，其状态与活体差不多。放置一段时间后，肉收缩变硬，缺乏弹性，如用手指按压，指印不易凹下；手握鱼头，鱼体及鱼尾不会有明显的弯曲；口紧闭，鳃盖紧合不易打开，整个躯体挺直，此时的鱼体进入僵硬状态。经过一段时间后，僵硬状态慢慢消失，鱼体又能弯曲，肌肉重新变得柔软却失去了弹性，此时的鱼体已开始进入自溶阶段。死后僵硬可作为判断鱼类鲜度良好的重要标志。

鱼体从死亡到开始进入僵硬的时间及僵硬的持续时间，与鱼的品种、个体大小、年龄及环境温度有关。一般情况下，扁体鱼类较圆体鱼类僵硬开始得迟，小鱼、喜动的鱼比大鱼更快进入僵硬期。环境温度对僵硬期有决定性的影响。另外鱼体僵硬期的长短，还与鱼体捕获时的状态、致死的方法有关。一般来说春夏季节捕获的鱼比秋冬季节捕获的鱼，僵硬开始得迟，僵硬持续时间也长；另外，捕获后迅速致死的鱼，因体内糖原消耗少，比剧烈挣扎、疲劳而死的鱼进入僵硬期迟，持续时间长，因而有利于保藏。表6-1列举了环境温度与鱼类僵硬期的关系。

表6-1　　环境温度与鱼类僵硬期的关系

鱼种	温度/℃	从鱼上甲板到进入僵硬的时间/h	从鱼上甲板到僵硬终了的时间/h
拖网捕获的鳕鱼	冰中	2~8	20~65
同上	2.7	4.5~8.5	54~64
同上	5.5~5.6	5	45
同上	16.5	2~5.5	16~20
同上	30		1.5~2
水族池中的鳕鱼	2.7	14~15	72~69

死后僵硬是鱼类死后的早期变化，鱼体进入僵硬期的迟早和持续时间的长短取决于鱼的种类、环境温度、捕获时的状态和致死的方法等。死后僵硬发生的原因，主要是糖原无氧分解生成乳酸，ATP发生分解反应，与此同时，肌球蛋白与肌动蛋白结合生成肌动球蛋白，肌肉收缩，使鱼体进入僵硬状态。

二、自溶阶段

自溶作用是指鱼体自行分解（溶解）的过程，主要是水解酶积极活动的结果。所谓水解酶就是催化各种水解反应的一类酶的总称，如蛋白酶、脂肪酶、淀粉酶等。

经过僵硬阶段的鱼体，由于组织中的水解酶（特别是蛋白酶）的作用，使蛋白质逐渐分解为氨基酸以及较多的简单碱性物质，所以鱼体在开始时由于乳酸和磷酸的积聚而成酸性，但随后又转为中性。鱼体自进入自溶阶段，肌肉组织逐渐变软，失去固有的弹性。自溶作用并非无限制地进行，在使部分蛋白质分解成氨基酸和可溶性含氮物后即达到平衡状态，不易分解到最终产物。由于鱼肉组织中的蛋白质越来越多地变成氨基酸之类物质，为腐败微生物的繁殖提供了有利条件，从而加速了腐败进程。自溶阶段的鱼货鲜度已在下降。

自溶作用的快慢同鱼的种类、保藏温度和鱼体组织的 pH 有关，其中温度仍然是主要的。因为在一般气温下，温度越高，水解酶的活性越强，自溶作用就越快。在低温保藏中，酶的活性受到抑制，从而使自溶作用缓慢到几乎完全停止。

三、 腐败阶段

鱼类等的腐败是一些腐败微生物在鱼体内繁殖分解的结果。腐败微生物侵入鱼鳃时，它就分泌出胞外酶，分解鱼鳃中的血红素，把鳃中的血红素变为变性血红素，因而使鱼鳃失去固有的颜色，成为褐色乃至灰色。腐败性微生物侵入鱼的皮肤时，会破坏鱼鳞与皮肤相结合的坚韧性，使鱼鳞很容易同皮肤分离。腐败性微生物从体表黏液进入眼部组织时，使角膜发生变化，并使眼球陷入眼窝，眼部色泽也从明亮而变得浑浊而模糊。腐败微生物从鱼肠透出时，首先侵入实质性的脏器中。当蛋白质分解产生气体物质时，使腹腔的压力升高，因此部分鱼肠从肛门脱出，此时肛门黏液呈褐色，腹腔因气体而膨胀；由于肝脏剧烈分解，使肝脏内分泌出脂肪滴，积集于腹腔器官表面。微生物逐渐侵入沿脊柱走行的大血管里，并引起其中的血液溶血。发生溶血现象的血液进入周围的肌肉组织，把脊柱旁的肌肉染成红色，产生“脊柱旁发红”现象。当脊柱周围的组织中蛋白质分解得非常显著时，脊柱则带有腐败气味。腐败过程向组织深部移行时，沿着鱼体内的结缔组织层和骨膜，波及一块又一块的新组织，其结果使鱼体组织的蛋白质、氨基酸以及其他一些含氮物被分解为氨、三甲胺、硫化氢、吲哚以及尸胺、组胺等腐败的产物。

当上述腐败产物积累到一定程度，鱼体即产生具有腐败特征的臭味进入腐败阶段，与此同时，鱼体的 pH 也增加，即从中性到碱性。因此，当鱼肉腐败后，就完全失去了食用价值，误食会引起中毒。

严格地说，鱼体微生物的繁殖实际上从死后即缓慢开始，是与死后僵硬和自溶同时进行的。一般大型鱼或者在气温较低的条件下，自溶阶段较长；而一些小型鱼类或者在气温较高的季节，微生物繁殖分解很快，有时腐败和自溶阶段差不多同时开始，难以清楚地划分为两个先后不同的阶段。

项目二　水产品的冷却与微冻保鲜

水产品的冷却保鲜，是将水产品温度降低到接近冰点，抑制或减缓鱼体中酶和微生物的作用，使鱼在一定时间内保持鲜度的过程。微冻保鲜是将水产品的温度降低至略低于其细胞汁液的冻结点，并在该温度下进行保藏的一种保鲜方法。微冻时，食品表层会有一层冻结层，故又称为“过冷却”或“部分冻结”。

一、冰冷却法

用冰冷却水产品保鲜又称冰冷却（即碎冰冷却，冰藏或冰鲜）。用冰冷却水产品使用的一般为淡水冰。由于冰携带、使用方便，冷却时不需动力，冰鲜鱼最接近活鲜鱼的生物特性，故各国至今仍把这个传统保鲜方法放在极重要的地位，是新鲜水产品保藏运输中使用最普遍的方法。我国传统的冰保鲜方法是渔船归港卸货后，出海时带上机制冰。由于冰是在陆地冰厂生产的，一般都是淡水冰。一般不设隔热层的渔船冰舱带冰出海捕捞作业时，冬天有1/3、夏天有1/2的冰融化即不能用来作冷却使用。

淡水鱼可用淡水冰，也可用海水冰；而海水鱼最好用海水冰。海水冰与淡水冰相比有以下优点：①冰的熔点比淡水冰低（-1℃）；②冰与鱼体的含盐量相接近，能抑制酵解作用；③用海水冰保鲜鱼体，能使鱼体不失去固有的色泽和硬度，保持了鳃的颜色和眼球的透明度等。海水冰的缺点是：熔点低（一般低于-1℃），因此保藏温度相对要求低；冰表面不干燥，被人们俗称为“湿冰”。目前有的国家已在生产工业海水冰了，而我国海水冰生产的研究重点放在了渔船用海水制冰机上。

冰按其形状可分为块冰、管冰、片冰、颗粒冰。块冰在使用前需经过碎冰机粉碎成碎冰。管冰的特点是与鱼体接触面积大，冷却速度快；缺点是相对密度小。片冰的优点是使用方便，不易损伤鱼体，撒布和冷却容易均匀。

水产品冰冷却的方法有两种，即撒冰法与水冰法。

1. 撒冰法

撒冰法是将碎冰直接撒到鱼体表面。撒冰法一般用于整条鱼。其操作方法：洗净鱼体→理鱼→撒冰→装箱（撒冰要均匀，层冰层鱼，薄冰薄鱼）。

撒冰法保鲜的鱼类应是死后僵硬前或僵硬中的新鲜品，加工时必须在低温、清洁的环境中，迅速、细心地操作。小型鱼类一般不做处理，以整条的方式同碎冰或片冰层冰层鱼地装入容器，排列于船舱或仓库中。具体做法是：先在容器的底部撒上碎冰，称为垫冰；在容器壁上垒起冰，称为堆冰；把小型鱼整条放入，紧密地排列在冰层上，鱼背向下或向上皆可，但要略为倾斜，在鱼层上均匀地撒一层冰，称为添冰；然后再一层鱼一层冰，并在最上部撒一层较厚的碎冰，称为盖冰，如图6-1所示。容器底部要开孔，让融水流出。大型鱼类撒冰冷却时，要除去内脏和鳃，并洗净，且在腹部填装碎冰，称为抱冰。整个过程用的冰要求冰粒要细小，冰量要充足，不允许发生脱冰现象，层冰层鱼及薄冰薄鱼。对特种鱼或体型较大的鱼，必要时可去鳃剖腹除内脏，洗净，腹内抱冰，撒冰装箱或装桶。容器底、壁及鱼表面都要均匀撒冰，容器底部要开口，便于融水流出。

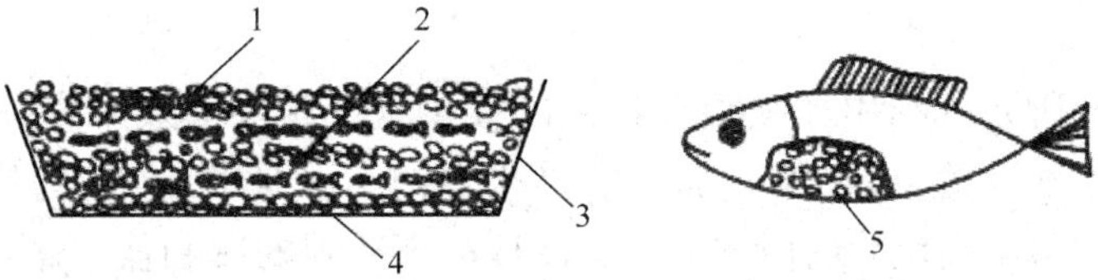

图 6－1　冰藏法图例

1—盖冰　2—添冰　3—堆冰　4—垫冰　5—抱冰

2. 水冰法

水冰法就是先用冰把淡水或海水的温度降下来（淡水 0℃，海水 －1℃），然后把鱼类浸泡在水冰中的冷却方法。水冰法一般都用于迅速降温，待鱼体冷却到 0℃时即取出，改用撒冰法保藏。因为如果整个保鲜过程都用水冰法保鲜，鱼体会因浸泡时间长而吸水膨胀、体质发软，易腐败变质。

二、 冷海水冷却法

冷海水保鲜是将渔获物浸渍在温度为 －1 ~0℃的冷海水中的一种保鲜方法。

冷海水保鲜装置主要由小型制冷压缩机、冷却管组、海水冷却器、海水循环管路、泵及隔热冷却海水鱼舱等组成。冷却海水鱼舱要求隔热、水密封以及耐腐蚀、不沾污、易清洗等。制冷机组使用的工质以氟利昂为较多见。

冷海水冷却法的供冷方式有机械制冷冷却和机械制冷加碎冰结合冷却两种。一般认为，要在短时间内冷却大量渔获物，采用机械制冷加碎冰的冷却方式较合适，因为冰具有较大的融化潜热，可借助它来把渔获物冷却到 0℃。冷海水冷却法的最大优点是冷却速度快，可在短时间内处理大量鱼货，操作简单，保鲜效果好，又可用吸鱼泵装卸鱼货，减轻了劳动强度。

冷海水冷却法的缺点是鱼体吸取水分和盐分，使鱼体膨胀、鱼肉略咸、体表稍有变色，以及由于船身的摇动而使鱼体损伤和存在脱鳞现象。另外，海水产生的泡沫可造成污染，鱼体鲜度下降速度比同温度的冰藏鱼要快，加上冷却海水装置需一次性投资，船舱制作的要求高。由于以上缺点，影响了冷海水保鲜技术的推广和发展。

为了克服上述缺点，在国外一般有两种方法：一种是作为预冷用，即把鱼体温度冷却到 0℃左右，再取出撒冰保鲜；另一种是在冷却海水里冷却贮藏，但时间只允许 3 ~5d。

三、 冰盐混合微冻

冰盐混合物是一种有效的起寒剂。当将盐掺在碎冰中时，盐就会在冰中溶解而产生吸热作用，使冰的温度降低。冰盐混合在一起，在同一时间内会发生两种吸热现象：一种是冰的融化吸收融化热，另一种是盐的溶解吸收溶解热，因此，在短时间内能吸收大量的热，从而使冰盐混合物的温度迅速下降，它比单纯冰的温度要低得多。

冰盐混合物温度的高低取决于掺入盐的量，当掺入3%的食盐时，微冻温度达到－3℃。

东海水产研究所利用冰盐混合物微冻梭子蟹，其保鲜效果较好。操作方法是：一层梭子蟹（约10cm厚）加一层碎冰（约5cm厚），再均匀掺入冰重2%的渔用盐。在鱼箱或鱼舱的面冰上，应逐日补充适当的冰和盐。保鲜期可达12d左右，比一般碎冰或冷却水冷藏保鲜期延长一倍以上。

四、低温盐水微冻

盐水微冻船的主要装置有盐水微冻舱、保温鱼舱和制冷系统三部分。由于盐水传热系数大，一般为350～580W/（m^2·K），而空气仅为11.6～58W/(m^2·K)，因此盐水微冻的速度很快。

其操作工艺是：在船舱内预制浓度为10～12°Bé的盐水，用制冷机降温至－5℃。渔获物经冲洗后装入放在盐水舱内的网袋中进行微冻，盐水温度会有所回升，继续冷却到盐水温度－5℃时微冻结束，此时鱼体中心温度为－2～－1.5℃。将微冻鱼移入预冷到－3℃左右的鱼舱，并继续维持鱼舱温度在(－3±1)℃。每次微冻后的盐水要测定浓度，以便补充相应的盐量。盐水污染严重时，要及时更换清洁的盐水。

五、吹风冷却微冻

用制冷机冷却的风吹向渔获物，使鱼体表面的温度达到－3℃，此时鱼体内部温度一般为－2～－1℃，然后在－3℃的舱温中保藏，保藏时间最长可达20d。缺点是鱼体表面容易干燥，另外还需要制冷机。

项目三　水产品的冻结与冻藏

冷却或微冻的鱼类都不能长期贮藏。冷却或微冻一般都用于鲜鱼的运输、加工、销售前的暂时贮藏。为了长期贮藏鱼类，必须将鱼体温度降到更低限度，使鱼体内大致有90%的水分冻结成冰，即冻结加工。

一、鱼的冻结

（一）鱼的冻结工艺流程

由于鱼类产品种类繁多，包括整条鱼、鱼片、鱼段、鱼糜制品等，其冷加工工艺流程各有其特点，冻整条鱼的冷加工工艺流程为：

新鲜原料鱼→清洗→放血、去鳞、去鳃、去内脏→清洗→分级→过秤→摆盘

→冻结→脱盘→包冰衣和包装→冻藏。

（二）冻前处理

冻前处理必须在低温、清洁的环境下迅速、妥善地进行。各种鱼产品的冻前处理都不一样，特别是水产品冷冻小包装加工更是多种多样。一般地，前处理包括原料鱼捕获后的清洗、分类、冷却保存、速杀、放血、去鳃、去鳞、去内脏、漂洗、切割、挑选分级、过秤、装盘等操作。

在实际冷加工操作过程中，有的海水鱼不进行放血、去鳞、去鳃、去内脏等工序，但对淡水鱼必须进行这些工序。对一些鱼类还必须进行去头、去内脏、去尾加工，合起来统称“三去”或“四去”（加上去鳞）。对淡水鱼的前处理更应迅速、细心。

有些鱼类若不经过特殊处理，就进行冻结、冻藏和解冻，其品质将显著降低。为防止其品质降低，需进行适当的预处理。这种预处理称为特殊前处理，主要包括盐水处理、加盐处理、加糖处理、脱水处理等。应根据不同的鱼产品合理选用，在符合国家食品卫生标准的前提下提高冻鱼成品的质量。

对多脂鱼类，由于其肌肉组织中的脂肪和脂类化合物含较多不饱和脂肪酸，易于氧化酸败，造成变色变味，必须采取一些保护措施。主要包括采用适当的包装材料包装和向鱼产品中加入适量的食品添加剂。

原料鱼经过前面一系列处理加工工序后，按照鱼货鲜度质量和一定的商品规格标准进行分级，然后过秤。过秤时要注意加上适当的让水量，为鱼品质量的2% ~5%，目的是保证鱼产品解冻后的净重符合规定的要求。

鱼产品过秤后立即摆盘。摆盘是冻结前的最后一道工序，其目的是使冻块平整，外观形状良好，方便包装和贮运，同时保证每盘中鱼产品质量和大小均匀一致，摆布整齐均匀，使得鱼品各部分冻结也均匀，缩短冻结时间，减少损耗。鱼产品种类繁多，摆盘方式要求不尽相同，同一品种、不同的产地，其摆盘方式也不相同。总的原则是整齐、美观、均匀、便于包装。

（三）冻结

1. 空气冻结法

空气冻结法是利用空气作为介质来冻结鱼类的一种方法，其装置有管架式鼓风、隧道式送风和流态床三种。前两种装置用来冻结块冻鱼，后一种装置用来进行单体冻结。

（1）管架式鼓风冻结　制冷剂在组成管架的蒸发管内蒸发，因而在管架之间形成了低温，鱼盘放在兼作格架的管架上，通过鱼盘与蒸发管组的接触换热以及鱼与低温空气的对流换热，使鱼体失去热量。管架式冻结间设鼓风机鼓风，是为了加强空气循环，缩短冻结时间。此法的优点是：冻结温度均匀，冻结量大，耗电量少。缺点是：冻结间施工周期长，耗钢管量大，工人劳动条件差、劳动强度大，不能连续作业。

（2）隧道式送风冻结　隧道式冻结装置在我国冷冻厂中应用最多。该装置也被称为鼓风式冻结装置，分为上吹风、下吹风或侧吹风。一般认为，上吹风式用来冻猪的半胴体较好，下吹风式较多地用来冻鱼。

隧道式冻结装置冻结时，鱼放入鱼盘后装入鱼车，鱼车由吊轨或轨道导入冻结室内，工人一般不需进入冻结室。冻结室的布置形式一般有回转式及通过式两种。

（3）流态床冻结　流态床冻结装置一般只能冻小颗粒水产品如小型鱼、虾类等。较大型的鱼如鲳鱼，虽也能用流态床冻结，但达不到流态化，只能靠进料时在网带上分开摆放来达到鱼体冻结的目的。

详见模块四项目五中的相关内容。

2. 盐水浸渍式冻结

盐水浸渍式冻结分为直接接触式和间接接触式两种。由于与盐水接触，会改变水产品的质地与味道，因此只能用来冻结加工罐头的原料鱼。

（1）直接接触冻结　直接接触冻结即将鱼浸在盐水里或向鱼喷淋盐水进行冻结，所用盐水是饱和氯化钠溶液，盐水温度为 -18℃。此法的优点是冻结速度快，缺点是鱼肉含盐量高、外观差。详见模块四项目五中的相关内容。

（2）间接接触冻结　所用的盐水是氯化钙水溶液，通过搅拌器的强制作用，盐水在池内不断循环流动，并经过蒸发器冷却，从而使池内盐水均处于低温状态，如图 6-2 所示。被冻的鱼货经清洗后装入桶内，并浸于盐水池中进行冻结。此法优点是冻结速度比空气冻结快，又避免了盐分渗入鱼体。缺点是与盐水接触的所有容器、设备都会受到腐蚀。

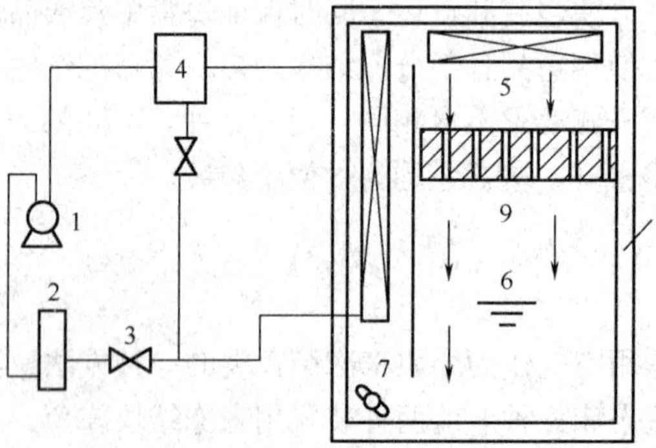

图 6-2　盐水浸渍式冻结间接接触式装置示意

1—氨压机　2—冷凝器　3—膨胀阀　4—分离器　5—蒸发器

6—盐水　7—搅拌器　8—盐水槽（池）　9—鱼桶

（四）冻后处理

冻后处理主要指鱼品冻结后所进行的脱盘、包冰衣和包装等操作工序。冻后处理也必须在低温、清洁的环境下迅速仔细地进行，它直接影响到冻品的质量。冻后处理包括脱盘、镀冰衣及包装处理。

1. 脱盘

采用盘装的水产品在冻结完毕后依次移出冻结室，在冻结准备室中立即进行脱盘。脱盘方式分为两种：手工脱盘和机械脱盘。

（1）手工脱盘　操作工人双手戴有棉手套，从鱼车或输送带上取下冻结鱼盘，两手将鱼盘翻转，将冻结鱼盘的一端轻轻地敲击在包有金属板的桌面上，冻鱼块即脱落在桌面上。如果轻敲脱盘不下时，可调换另一端轻敲，或者盘底向上，用自来水（10～20℃）向盘底冲淋一下使其稍为解冻，冻鱼块即可脱出。也可以把冻结鱼盘浮在水槽中，借水温融化脱盘。脱盘时，易碎的冻水产品宜采用水脱盘为宜。

（2）机械脱盘　此法需专用的脱盘机械，冻结好的鱼盘由输送带传送到脱盘机，借淋水或浸水作用使接触冻结鱼盘四周和底部的冻鱼块部分融解，然后将冻结鱼盘翻身并用力敲击，使冻鱼块和冻结盘分开，完成脱盘工序。脱盘时用水的水温应维持在10～20℃，水质符合生活饮用水标准，清洁卫生。

2. 镀冰衣

脱盘后紧接着应给冻鱼块镀冰衣。镀冰衣用水必须清洁卫生，符合饮用水标准，可以是淡水也可以是海水，水温控制在0～4℃。

（1）浸渍式镀冰衣　将刚脱盘的冻结水产品浸入低温水中，利用其自身的低温使周边水变成冰层附着在冻结水产品表层而形成冰衣。镀冰衣浸水时间第一次8s左右。有时连续进行二道镀冰，在第一次镀冰后，应将冻鱼块移出水面半分钟等冻鱼体上附着的水分冻成冰后，随即进行第二次镀冰衣。第二次镀冰衣时间为5s左右。浸水时间应适当，时间太长，会使冻品表面轻度解冻；时间太短则冰衣厚度较薄，甚至冰衣不完整，这都会影响冻品的质量。镀冰衣的质量可占冻鱼块净重的5%～12%。

（2）喷淋式镀冰衣　喷淋式镀冰衣一般是连续机械化操作，上下两面喷淋，喷淋时间可以自行调整，以使鱼体镀上一层完整的厚薄均匀的冰衣为原则。镀冰衣的量可占冻鱼块净重的2%～5%。此法国内较少使用。

清水给冻鱼块镀冰衣附着量少，附着力弱，有时出现龟裂而剥落；冻藏中冰衣升华消失快，要每隔2～3个月就得再镀上一次冰衣，很费劳力。为了克服这些缺点，可在镀冰衣的清水中加入糊料食品添加物，如羧甲基纤维素（CMC）、聚丙烯酸钠（PA·Na）等，然后镀冰衣。在相同的条件下，它们比只用清水的冰衣附着量多2～3倍，可以得到理想的表面保护作用，镀冰间隔期相应延长2～3倍。对多脂鱼类冻品镀冰时可在镀冰衣用水中加入抗氧化剂，如维生素C、维生素E等，增强其抗氧化作用的效果，延长产品的贮藏期。

3. 包装

冻鱼制品在镀冰衣后还应进行适当的包装。包装的目的主要是保持产品具有良好的感官品质；不受污染；防止冻结表面干燥和氧化作用；不使产品感染其他的气味和色泽等；维护产品原有的质量；方便贮运。同时，良好的包装还能提高水产品的商品价值，起到增值作用。冻鱼制品的包装对包装材料和包装技术有一定的要求。详见模块七项目三中的内容。

二、 鱼的冻藏

经过镀冰衣和加包装的鱼类即可进入低温库进行冻藏。冻藏温度对冻品品质影响极大，温度越低，品质越好，贮藏期限越长。但考虑到设备的耐受性及经济效益等，一般冻藏温度设置在 -30 ~ -18℃或者更低一些。我国低温库的温度一般在 -18℃以下，相对湿度为98% ~100%。水产品与牛肉、猪肉、禽肉等陆地动物相比，其性质不稳定，保质期短。为了保持冻结食品的良好品质，不同种类的鱼要求不同的贮藏温度，一般对带鱼、鲥鱼等含脂肪多的鱼，或墨鱼、黄鱼和对虾等色泽容易变化的鱼，库温应在 -20 ~ -18℃，或者更低一些。

冻鱼在冻藏期间的变化，主要有脂肪氧化、色泽变化、质量损失（干耗）及冰晶成长等。

（一）干耗

鱼类冻藏过程中的干耗，是由于冻藏间中鱼品表面温度、室内空气温度、盘管表面温度三者之间存在着温差，因而形成了水蒸气压差而出现了表面干燥现象。

鱼类在冻藏中所发生的干耗，除了造成经济上的损失外，更重要的是引起冻鱼品味、质量下降。一般以镀冰衣、包装、降低冻藏温度等来减少干耗；有的在冻鱼堆垛上盖一层塑料薄膜，再覆帆布，帆布上浇一层水，使形成一层冰衣，相对代替鱼体水分的蒸发（升华）。

（二）冰晶成长

鱼经过冻结以后，鱼体组织内的水结成冰，体积膨胀。冰晶的大小与冻结速度有关，冻结速度快，冰晶细小，分布也均匀。但在冻藏过程中，往往由于冻藏间的温度波动，使冰晶长大而不均匀。

冰晶体长大，往往会挤破细胞的原生质膜，解冻时液汁流失，营养成分下降。要防止冰晶体长大，则在贮藏过程中要尽量使温度稳定，冻藏间要少开门，进出货要迅速，尽量避免外界热量的传入。

（三）色泽变化

鱼、贝类一经冻结，其色泽有明显变化，冻藏一段时间以后，色泽变化更为严重。如黄花鱼的姜黄色变为灰白色，乌贼的花斑纹变为暗红色。鱼、贝类变色的原因包括自然色泽的分解和新的变色物质的产生两个方面。自然色泽的破坏表现为红色鱼肉的退色，如冷冻金枪鱼的变色；产生新的变色物质，如白色鱼肉的褐变、虾类的黑变等。上述变色不仅使商品外观不佳，而且会产生臭气，使其失去香味，营养价值下降。

鱼、贝类变色反应的机制是复杂的，不仅仅是单一的反应机制。具体有如下几种变化。

1. 还原糖与氨化合物反应造成的褐变

也称美拉德反应，这个反应通过一系列的中间体、配糖物、紫外光吸收物和荧光物质聚合产生褐变的类黑精（melanoidin）。如鳕鱼是由于鱼死后肉中核酸系物质反应生成核糖，然后与氨化合物反应造成褐变。

2. 酪氨酸酶的氧化造成虾的黑变

虾类在冻结及冻藏时，其头、胸、足、关节处会发生黑变，这与鱼类经过冻结产生的黑变是同类现象，其原因主要是氧化酶（酚酶、酚氧化酶）使酪氨酸产生黑色素造成的。

防止的办法是煮熟，使酶失去活性，然后冻结；或去内脏、头、壳、血液，水洗后冻结；或用水溶性抗氧化剂浸渍后冻结以及真空包装等。

3. 血液蛋白质的变化造成的变色

金枪鱼肉在 -20℃下冻藏两个月以上，其肉色变化从红色—深红色—红褐色—褐色。这种现象是鱼肉中的肌红蛋白（myoglobin，Mb）氧化产生氧化肌红蛋白（metmyoglobin，Met - Mb）的结果。

根据不同的海水鱼可以进行不同的处理。例如，在海上冻结的鱼片，常在切断面上出现褐变，要是去头、去尾，再向血管注入海水，则可防止褐变。

4. 旗鱼类的绿变

冻旗鱼类为淡红色，在冻藏时变绿色。还有金枪鱼、黑皮旗鱼也是如此，把鱼切开时，在脊骨处可以看到绿变。这是由于鲜度下降，细菌繁殖产生硫化氢，与血红蛋白（hemoglobin，Hb）、肌红蛋白在贮藏中产生硫络血红蛋白与硫络肌红蛋白造成的。目前，尚无防止办法，就只能注意冻前的保鲜工作，防止鲜度下降。

5. 红色鱼的退色

有些鱼的体表有红色素，在冻结和冻藏时会发生退色现象，如绿鳍鱼、带纹红纳、红娘鱼等。大麻哈鱼、龙虾也能看到有此退色现象，它受光线的影响大。脂溶性红色色素在脂酶的作用下，使不饱和脂质产生二次氧化造成此现象。至于退色机理在本质上还不清楚。

防止退色的方法：用不透紫外光的玻璃纸包装，或用0.1% ~0.5%的抗坏血酸钠、山梨酸钠溶液浸渍或用此液镀冰均有效果。

（四）脂肪氧化

鱼按含脂量分为多脂鱼和少脂鱼。多脂鱼都为洄游性鱼类，肌红蛋白多；少脂鱼都为底栖性鱼类。要防止冻鱼在冻藏过程中的脂肪氧化，一般可用以下措施。

（1）避免和减少与氧的接触。镀冰衣、装箱都是有效方法，也是减少干耗、变色的有效方法。

（2）冻藏温度要低，而且要稳定。许多试验证明，即使在 -25℃也不能完全防止脂肪氧化，只有在 -35℃以下才能有效地防止脂肪氧化。库温要稳定，避免冰晶长大产生内压把游离脂肪酸由内向表层转移。

（3）使用抗氧化剂，或抗氧化剂与防腐剂两者并用。

（4）防止冻藏间漏氨。

总之，冻鱼在冻藏中，冻藏温度应低于 -18℃。为了减少鱼类在冻藏期中的脂肪氧化、变色、干耗及冰晶成长，除了镀冰衣、装箱、使用抗氧化剂等措施外，应把冻藏温度降到更低一些为好。库温要保持稳定，尽量少开门，进出货要迅速，以免外界热量传入库内。对于散装冻鱼，最好每隔 1 ~2 个月镀一次冰衣。

项目四 鲜蛋的冷却与冷藏

一、 鲜蛋冷却前的挑选和整理工作

鲜蛋在冷却前必须经过严格的挑选、检查和分级，挑出对长期保藏有影响的次劣蛋。

其工艺流程是：上蛋→槽带输送→风筒除草→输送→照蛋→胶滚输送→下蛋斗→称重装箱。

鲜蛋的包装一般采用木箱、竹篓和纸箱，包装材料必须坚固、干燥、清洁、无异味，不易吸潮。包装好的鲜蛋，要使容器内外通气，以便使鲜蛋易于散热降温，切不可封严密。

进行长期冷藏的鲜蛋，必须是经过挑选检查的新鲜一类蛋和二类蛋。春季产的蛋耐贮藏。4 ~5 月产的蛋比春季的蛋略差，但也适合长期贮藏。6 ~9 月产的蛋质量较差，蛋内水分多，蛋黄不坚实，浓厚蛋白少，容易变质，而且雨淋、“出汗”、生霉、受热的多，因此最好不做长期冷藏。10 ~12 月产的蛋品质量又有好转，可作冷藏。这只是粗略划分，各地可根据具体情况区别对待。

鲜蛋在运输时，一般在箱、筐内都有垫草。除草、照蛋，过去一直是手工操作，生产效率低，劳动强度大。现在通过技术革新，制成了除草、照蛋、装箱联合装置。

二、 鲜蛋的冷却

鲜蛋的冷却是将鲜蛋由常温状态缓慢地降低到接近冷藏温度的降温过程。经过肉眼和光照严格挑选的鲜蛋装箱后送专用冷却间内进行冷却。

鲜蛋的冷却应在专用的冷却间进行，也可利用冷库的穿堂、过道等。冷却间采用微风速冷风机，以便使室内空气温度均匀一致和加快降温速度。在冷却时，要求冷却温度与蛋体温度相差不大。

一般冷却间的空气温度应较蛋体温度低2～3℃，每隔1～2h把冷却间温度降低1℃，相对湿度为75%～85%，空气流速应为0.3～0.5m/s。一般经过24～48h，蛋体温度降到1～3℃，即可停止冷风机降温，结束冷却工作，将蛋转入冷藏间内冷藏。如在生产旺季，冷却可在有冷风机的冷藏间内进行，要求一批进蛋，逐渐降温。有的冷库在鲜蛋进行挑选、整理过程中就降温冷却，然后再冷藏，质量也能得到保证。另外应特别指出，在母鸡下蛋后的48h内，蛋质量下降最快，因此应将刚下的蛋立即在10℃左右温度下冷却10h，可将质量下降减少到最低限度，然后再包装、运输并冷藏。

三、鲜蛋的冷藏

（一）鲜蛋的冷藏工艺

鲜蛋的冷藏是在已经冷却的基础上开始的。在高温库中冷藏鲜蛋已积累了比较丰富的经验，概括起来主要有三句话：库房要消毒，按质专室存；管理责任明，装卸四个轻；堆垛要留缝，日夜不停风。

1. 库房要消毒，按质专室存

鲜蛋是鲜活商品，它需要新鲜空气，因此在鲜蛋旺季到来之前，对高温库要进行全面消毒。每到淡季对库房进行全面清扫，用漂白粉或石灰消毒，对冷库垫木等用具进行清洗（用热肥皂水）、消毒、晒干，彻底消灭霉菌。冷藏室打干风换新鲜空气。

鲜蛋进库冷藏前要把库内温度降至－1～0℃，相对湿度在80%～85%，这样有利于保持鲜蛋的质量。

按质专室存，是指高质量的同类食品应用专门冷藏室贮存。如每年三四月份的鲜蛋质量较好（一、二类蛋），就应划定专门冷藏室，贮满为止，不再进出，保持温度、湿度的稳定，有利于贮存期的延长。这类鲜蛋贮存八个月后，一般变质率仅4%～5%，而非专室贮存的鲜蛋六个月后变质率达7.4%。专室贮藏鲜蛋既有利于保证质量，又有利于其他商品的贮存。

2. 管理责任明，装卸四个轻

冷藏室要有专职管理人员，仓管员对冷库性能要心中有数。贮藏时，鲜蛋不应和其他有异味的食品如葱、蒜、鱼类、汽油等一起堆放。鲜蛋与苹果可以并仓贮存，因为苹果含水分较少；而橘子、梨因为含水分多，就不能与鲜蛋并仓，以免鲜蛋湿度高而生霉变质。装卸时要做到四个轻，即做到轻拿、轻放、轻装、轻卸。

3. 堆垛要留缝，日夜不停风

鲜蛋在堆装时每隔几箱要留一条缝，堆垛与堆垛之间留一点距离，能够顺利通风，以保证鲜蛋质量。

鲜蛋在冷藏期间，冷藏温度以低于0℃为好，这样有利于保持蛋的品质。但如果温度过低会使蛋内容物冻结而膨胀，使蛋壳冻裂而损伤。多年来的试验证明，主要可采用两种贮存鲜蛋的温度及湿度：第一种，温度0～1.5℃，相对湿度80%～85%，冷藏期为4～6个月；第二种，温度为-1.5～2.5℃，相对湿度为85%～90%，冷藏期为6～8个月。在鲜蛋冷藏期间，库温波动在24h内不超过±0.5℃。冷藏间温度高，打冷风；温度低，打干风，保持24h不停风。在整个冷藏过程中，每昼夜应不少于两次检查库内温度、湿度变化情况。同时应注意要及时换入新鲜的空气，排除污浊的气体。新鲜空气的换入量一般是每昼夜2～4个库室的容积。

（二）鲜蛋在冷藏间内的堆码

1. 堆码要求

（1）码架规格　一般码架规格为，高0.1m，长1.5m，宽1m。每块码架1.5m^2，由横（短）5根、纵（长）9根方木条组成。纵横为上下两层，上层9根纵木条，每根长1.5m、宽0.07m、高0.03m；下层5根横木条，每根长1m、宽0.05m、高0.07m。上层的木条之间与下层的木条之间的距离均相等。

（2）堆码时应顺着冷空气循环流动方向，并保证垛位稳固、操作方便和库房的合理使用。

（3）垛距墙壁0.3m，距冷风机要远一些，以保证冷风机旁的蛋不冻坏为原则。

（4）垛与垛之间距为0.25m，箱与箱间距0.03～0.05m，垛与库柱的距离为0.1～0.15m。

（5）两个垛位的长不超过8m，宽不超过2.5m，高不超过冷风机风道出风口的高度。

（6）垛与风道间应留有一定的空隙，冷风机吸入口处要留有通道。

（7）堆垛时，要考虑到稳固性堆放量。一般木箱堆码高度为8～10层；竹筐为5～7层，其中每3层垫一层码板，纸箱堆码至2～3层或4～5层时就应加固，垫一层码板。

（8）在每个垛位上做好垛的登记工作，便于检查质量。

2. 堆码后的注意事项

（1）应注意按时翻箱和抽检。凡蛋白的黏度越大，蛋黄流动性越小，则翻箱的次数应减少。

（2）箱的间隔日期应视库室的温湿度和蛋的品质情况而定。在-1.5～0℃温度下冷藏，要求每月翻箱一次并做好记录；在-2～-1.5℃温度下冷藏，一般每隔2～3个月翻箱一次。以纸板箱逐只竖着放置时可以不必进行翻箱工作，但每隔10～20d应在每垛中抽检1%～2%的鲜蛋，鉴定其品质，以确定是否继续保藏。若发现鲜蛋已经开始长霉不能长期贮存时应及时加以处理。

（三）鲜蛋在冷藏过程中的变化

1. 物理变化

（1）质量减轻　鲜蛋经长期冷藏后，由于蛋壳表面的气孔与内容物相通，使水分不断蒸发，以致蛋的重量减轻。贮藏时间越长，减重越多。这个变化过程与冷藏间的温度、湿度、空气流动速度、包装材料的吸湿性、贮藏期蛋的新鲜度、个体大小、蛋壳上气孔数量的多少及内蛋壳膜透气性的强弱等有密切关系。

（2）气室变化　蛋的气室大小不仅可以说明蛋的新鲜度，同时也是蛋的干耗的明显标志。蛋的质量减少，气室会增大。气室的大小和变化的快慢与冷藏间的温度、湿度。蛋壳上气孔数量和大小有关。在其他条件相同的情况下。贮藏时间越长，气室越大。

（3）相对密度减小　冷藏期间，由于鲜蛋的水分蒸发，相对密度会减小。

（4）蛋黄、蛋白的冻结点变化　蛋黄、蛋白的含水量相差较大，因此冻结点相差也大。但经过长期冷藏后它们的含水量接近，故冻结点也都接近。

2. 化学变化

（1）蛋黄、蛋白的氨含量的变化　蛋内的蛋白质及其他氮化合物，随着冷藏时间的延长将分解为氨及氨态化合物，使蛋黄的含氨量增加。因此，从蛋的含氨量测定，可以判知蛋的冷藏期及蛋的新鲜、陈旧程度。

（2）可溶性磷酸的变化　随着冷藏期的延长。蛋黄中的卵磷蛋白、磷脂体、甘油磷酸等，将逐渐分解成游离无机态磷酸，致使蛋的腐败加重。

（3）酸碱度的变化　由于蛋黄和蛋白的营养成分不同，其pH也不同。新鲜蛋的蛋黄pH为6.0～6.3，呈酸性，随着冷藏期的延长和蛋的营养成分的变化，pH可逐渐增加到7，接近中性；新鲜蛋的蛋白pH为7.8～8，8，呈碱性，在长期冷藏过程中，蛋白会由碱性变为酸性，pH下降到7。如果蛋白质继续分解，则氨的含量逐渐增多，将使pH上升，又向碱性发展。因此，测得蛋白pH即可知蛋的新鲜程度。

（四）冷藏蛋出库前的升温

经过冷藏的鲜蛋出库前必须进行升温工作，否则因温差过大蛋壳表面就会凝结一层水珠，俗称“出汗”。这将使壳外膜被破坏，蛋壳气孔完全暴露，为微生物顺利进入蛋内创造了有利条件。蛋壳着水后也很容易感染微生物，这就加速了蛋的腐败和蛋大量为霉菌所污染，影响了蛋的质量。

冷藏蛋的升温工作最好是在专设的升温间进行，也可以在冷藏间的走廊或冷库穿堂进行。冷藏蛋升温时应先将升温间温度降到比蛋温高1～2℃，以后再每隔2～3h将室温升高1℃，切忌库温突然上升过高。当蛋温比外界温度低3～5℃时，升温工作即可结束。

项目五　冰蛋的冷加工技术

鲜蛋除可带壳低温保藏外，还可去掉蛋壳将蛋液进行冻结处理，这是长期贮存蛋的一种有效方法，且损耗量小，节省容积，便于贮存搬运。冻结的蛋液解冻后，几乎和新鲜蛋没有区别，这种冻结蛋液俗称“冰蛋品”。冰蛋可分为冰全蛋、冰蛋黄和冰蛋白三种，其冷加工工艺大致相同。

一、冰蛋的加工前处理

1. 检蛋

鲜蛋质量的鉴定通常使用光照法，以此检查蛋内是否有血液之类异物以及蛋壳上有否裂缝。当后面的一些工序是在自动化条件下进行时，蛋壳上只要有一点点缝隙，就有可能因蛋壳破损而使内容物流出，沾污机械和器具。在蛋由输送带运送时，光从输送带下面投射到蛋上，检查者位于两侧。应全神贯注地进行检查，不漏过蛋壳上带有微小缝隙的蛋品。通过检蛋鉴别蛋内变化，分出其好坏，列出次劣蛋。

2. 洗蛋和蛋壳消毒

无论是采用手工操作或机械操作打开蛋壳，在打开蛋壳前，都必须洗涤蛋壳的表面并进行消毒，除去蛋壳上污染的微生物，以防止在打蛋时蛋液被微生物污染。污壳蛋应分开洗涤。

一般采用40℃左右的温水洗蛋，洗后的蛋用有效氯浓度不低于1000mg/kg的漂白粉溶液进行消毒，消毒时间一般不少于5min。消毒后的蛋再使用60℃的温水冲洗或浸泡半分钟，以消除残留于蛋壳表面的漂白粉溶液。在大量生产时常将蛋放在运输带上，通过相当于97～100℃温度的蒸汽通道，控制运输带的传送速度，使蛋在其中受热7s左右进行消毒。

经过热水冲洗或蒸汽消毒后的鲜蛋，如用于生产冰蛋白和冰蛋黄，消毒后应及时进行冷却，以使蛋黄膜收缩，使蛋黄、蛋白分开。

3. 晾蛋

晾蛋是将蛋壳上的水晾干，以免余水在打蛋时混入蛋液中。晾蛋要迅速，一般应在设有通风设备与风扇的专用车间内进行。

4. 打蛋去壳

打蛋去壳分为打全蛋和打分蛋两种。打全蛋是蛋壳打开后，将蛋黄和蛋白放在一个容器内；打分蛋要用特殊工具，将蛋黄与蛋白分别放在不同容器中。国外多采用各种自动化去蛋壳机，打蛋去壳速度大大提高。

去蛋壳时每个蛋各打在一个小容器内，应该检查其外观和气味，剔除不合格者。坏蛋的混入将可能降低大量蛋液的品质。去壳后的全蛋液大致是鲜蛋质量的82%～84%。打下来的蛋壳应经篮式离心机分离，回收附着在蛋壳上的蛋白，蛋白的回收率是原料鲜蛋的2%～5%，但是由于回收蛋白被离心分离中破碎的蛋壳表面的微生物严重污染，所以不宜食用，应经专门处理。

5. 搅拌和过滤

为使加热杀菌完全，保证成品质量纯净，须把去壳后得到的蛋液由搅拌机打成均匀的乳状液。若过分地搅拌会破坏蛋白的纤维构造，降低其发泡性能，同时因为蛋液经搅拌后容易产生泡沫，所以搅拌时应注意尽量减少发泡。蛋液一旦发泡过多，后一工序的处理就受影响，因为泡沫部分容易导致杀菌不完全，影响产品质量。

过滤是为了除去蛋液中的蛋壳碎片、系带和蛋黄膜等，以保证蛋液不含杂质，更加均匀稳定。

国内和国外许多国家目前都规定不允许在蛋液中添加防腐剂，因而对于蛋液的杀菌一般只采用加热杀菌法。有的国家从法规上规定必须对原料蛋液进行加热杀菌，例如，英国就规定全蛋液若不在64.4℃下加热2.5min以上就不能出售。这种情况下，为了检查是否按规定的条件进行了加热杀菌，通常采用淀粉酶检查法，因为在上述加热条件下，蛋黄中的淀粉酶会完全失去活性。

目前，各国的加热杀菌条件，全蛋和蛋黄大致是62～64.4℃下加热2.5～3.5min，蛋白大致是60～62℃下加热2.5～3.5min。蛋液的加热杀菌效果因pH、食盐和糖的添加量不同而有所区别，为提高最终产品质量，还采用了一些改进方法，如在蛋白中添加铝盐增大其热稳定性的加热杀菌法和调节pH后再加热的方法等。

为减少蛋白和全蛋因加热而带来的品质下降，蛋液的加热杀菌最好使用片板式消毒设备，利用巴氏高温短时的杀菌原理，使蛋液与蒸汽进行热交换。消毒设备是以优质不锈钢制成的片板式热交换器，整个消毒过程包括“预热”、“消毒”、“预冷”、“冷却”四个部分。消毒时以蒸汽在隔板中与蛋液进行热交换，消过毒的蛋液首先以未消毒蛋液本身具有的温度进行“预冷”，然后进入预冷罐中，以普通冷水和冷盐水对其进行“冷却”。当全部蛋液温度达到-4～0℃后，流至贮液缸内等待灌装。

二、 冰蛋的冻结和冻藏

（一）蛋液的冻结

将冷却好的蛋液装入一定大小的马口铁听或灌入塑料袋中，置于有强力通风设备的冻结间内进行冻结。目前冻结间的空气温度一般采用 -25 ~ -20℃为宜，当冰蛋中心温度降至 -15℃以下时，冻结即告完成。添加了食盐和糖类的蛋液，为使冻结迅速进行，有时要把冻结室温度降至 -30℃以下。对于蛋黄液的冻结，如无高速搅拌和均质处理时，应采用较高温度的冻结方法，要求冻结间温度在 -13 ~ -10℃，蛋黄液温度不得低于 -8℃，否则成品解冻后将有糊状颗粒产生。另外，对于未做加热杀菌处理的蛋液，应保证快速冻结，否则存在细菌在冻结过程中增殖的危险。冰蛋冻结完成后，在铁听外套一厚纸箱，外面涂刷商标、号码、质量等标志。盘状冰蛋脱盘后，用蜡纸包装。

（二）冰蛋冷藏

将包装好的冰蛋放入冷藏间内冷藏。如作长期贮藏，必须放在 -18℃以下的冷藏间内。如果是冰蛋黄，应放在 -8 ~ -6℃的冷藏间内。冰蛋的冷藏期一般为 6 ~ 12 个月。

（三）蛋液成分在冻结冻藏中的变化

1. 蛋白的变化

冻结蛋白解冻时呈水样化，浓厚蛋白状态几乎完全消失，而且蛋白的发泡性能有所降低。如将解冻后的蛋白发泡，虽然可以得到大体上同新鲜蛋白容积相同的泡沫，但是前者所需的时间一般要比后者长些，而且前者在泡沫的稳定性方面要比后者差。

蛋白因冻结而产生的这种变化是由于卵白蛋白质因冻结而发生了变化，伴清蛋白、卵球蛋白和卵黏蛋白等就是几种容易因冻结而发生变化的卵白蛋白质，通常认为冻结后蛋白产生泡沫的稳定性的降低与卵黏蛋白的变化有很大关系。总而言之，这些蛋白的变化程度取决于冻结和解冻的速度。

2. 蛋黄的变化

蛋黄因冻结而发生的变化要比蛋白明显得多。在 -6℃以下冻结的蛋黄变成凝胶状态，解冻后也不能恢复到冻结前的性状，而变成一种黏度极大的胶状凝胶。蛋黄的凝胶化多发生在 -30 ~ -10℃冻结温度范围内，温度越低，凝胶化的速度越快。但是若用 -190℃左右的液态氮冻结蛋黄时，则不会产生凝胶化现象。

为了防止蛋黄因冻结而凝胶化，现在一般采用在冻结前添加食盐或糖类的方法。这些添加物在防止凝胶化方面的作用机理目前尚不十分清楚，据推测是糖类对蛋黄中的脂蛋白膜具有保护作用所致。

模块小结

鱼类经捕获致死后，其体内仍进行着各种复杂的变化，根据特征大体可分为死后僵硬、自溶和腐败变质三个阶段。水产品鲜度评定的方法通常有感官评定和指标测定两大类。水产品的冷却方法有水冷却法和冷海水冷却、冰盐混合冷却等方法。冷却或微冻一般都用于鲜鱼的运输、加工、销售前的暂时贮藏。为了长期贮藏鱼类，必须将鱼体温度降到更低限度，使鱼体内大致有90%的水分冻结成冰，即冻结加工。

鲜蛋在贮存中，在微生物的作用下会腐败变质。鲜蛋在进行贮藏之前必须经过严格的挑选，入库冷却冷藏的蛋越新鲜，蛋壳越整洁，则其耐藏性越强。为了延长贮藏期限，鲜蛋在冷藏前应先进行冷却处理。鲜蛋的冷却应在专用的冷却间进行，也可利用冷库的穿堂、过道等。鲜蛋除可带壳低温保藏外，还可去掉蛋壳将蛋液进行冻结处理。

思考练习

一、填空题

1. 鱼类经捕获致死后，其体内仍进行着各种复杂的变化，根据特征大体可分为________、自溶和________三个阶段。

2. 水产品的冷却方法有水冷却法、________冷却法和________等方法。

3. 鲜蛋在冷藏前应先进行________处理，然后才能进行低温冷藏，以延长贮藏期限。

4. 鲜蛋在冷藏期间，冷藏温度以低于________℃为好，这样有利于保持蛋的品质。但如果温度过低会使蛋内容物冻结而膨胀，使蛋壳冻裂而损伤。

二、判断题

1. 蛋黄因冻结而发生的变化要比蛋白明显得多。(　　)

2. 将解冻后的蛋白发泡，虽然可以得到大体上同新鲜蛋白容积相同的泡沫，但是前者所需的时间一般要比后者长些，而且前者在泡沫的稳定性方面要比后者差。(　　)

3. 冻鱼在冻藏中，冻藏温度应低于 -18℃。(　　)

三、简答题

1. 鱼体死后的变化有哪些?

2. 水产品的冷却方法有哪些?

3. 鱼的微冻保鲜方法有哪些?

4. 简述鱼的冻结过程。

5. 简述鲜蛋的腐败变质过程。

四、技能题

1. 简述鲜蛋冷却前的挑选和整理工作。

2. 冰蛋的加工前处理工作有哪些?

【实训一】 鱼类的冷冻加工

一、 实训目的

通过实训使学生熟悉鱼类冷冻加工的操作步骤。

二、 实训设备及材料

原料鱼、冻结间、冻结物冷藏间、鱼类整理屠宰设备、镀冰衣的设备、包装材料。

三、 实训内容

(一) 冻结前的清洗和整理

鲜鱼在冻结前需经过挑选和整理。清洗时，应先整理出腐败变质和受机械损伤的鱼和杂鱼，然后将鱼放在3~4℃的清洁水中洗涤，以清除鱼体上的黏液和污物（无鳞而多脂肪的鱼，如带鱼、鲳鱼等不必清洗）。清洗时要轻拿轻放，在水中停留时间不得过长，鱼清洗完要进行整理，鱼类冻前的处理工艺为：清洗、分类、冷却保存、速杀、放血、去鳃、去鳞、去内脏、漂洗、切割、挑选分级、过秤、装盘等操作。

(二) 鱼的冻结

将鱼类装盘后，放入温度为-25~-20℃的冻结间进行冻结，冻结间采用冷风机为冷却设备，风速为3~5m/s，根据鱼体的大小不同冻结时间在8~11h，鱼体的中心温度达到-18~-15℃，冻结即为结束。

(三) 冻后处理

1. 脱盘

采用盘装的水产品在冻结完毕后依次移出冻结间，在冻结准备室中立即进行脱盘。脱盘方式分为两种：手工脱盘和机械脱盘。

2. 镀冰衣

脱盘后紧接着应给冻鱼块镀冰衣。镀冰衣用水必须清洁卫生，符合饮用水标准，可以是淡水也可以是海水，水温控制在0~4℃。

3. 包装

冻鱼制品在镀冰衣后还应进行适当的包装。包装的目的主要是保持产品具有良好的感官品质；不受污染；防止冻结表面干燥和氧化作用；不使产品感染其他的气味和色泽等；维护产品原有的质量；方便贮运。

4. 冻藏

不同种类的鱼要求不同的贮藏温度，一般对带鱼、鲥鱼等含脂肪多的鱼，或墨鱼、黄鱼和对虾等色泽容易变化的鱼，库温应在 -20 ~ -18℃，或者更低一些，相对湿度以98% ~100%为宜。

四、 注意事项

(1) 原料鱼经过前面一系列处理加工工序后，按照鱼货鲜度质量和一定的商品规格标准进行分级，然后过秤，过秤时要注意加上适当的让水量，为鱼品质量的2% ~5%，目的是保证鱼产品解冻后的净重符合规定的要求。

(2) 冻前处理时，对于多脂鱼类，由于其肌肉组织中的脂肪和脂类化合物含较多不饱和脂肪酸，易于氧化酸败，造成变色变味，必须采取一些保护措施。它主要包括采用适当的包装材料包装和向鱼产品中加入适量的食品添加剂。

(3) 手工脱盘时，操作工人需双手戴有棉手套，从鱼车或输送带上取下冻结鱼盘，两手将鱼盘翻转，将冻结鱼盘的一端轻轻地敲击在包有金属板的桌面上，冻鱼块即脱落在桌面上。如果轻敲脱盘不下时，可调换另一端轻敲，或者盘底向上，用自来水（10 ~20℃）向盘底冲淋一下使其稍为解冻，冻鱼块即可脱出。也可以把冻结鱼盘浮在水槽中，借水温融化脱盘。脱盘时，易碎的冻水产品宜采用水脱盘为宜。

五、 实训报告

根据实训操作步骤书写实训报告。

【实训二】　鲜蛋的冷却与冷藏

一、 实训目的

通过实训使学生掌握鲜蛋的冷却与冷藏的操作步骤。

二、 实训设备与材料

冷却物冷藏间、冷却间、待冷藏的鲜蛋、包装材料。

三、 实训内容

1. 鲜蛋冷却前的挑选工作

鲜蛋在冷却前必须经过严格的挑选、检查和分级，挑出对长期保藏有影响的次劣蛋。鲜蛋的包装一般采用木箱、竹篓和纸箱。

2. 鲜蛋的冷却

鲜蛋冷却时，应将冷却间空气温度调至较蛋体温度低 2 ~ 3℃，以后每隔 1 ~ 2h 把冷却间温度降低 1℃，相对湿度控制在 75% ~ 85%，空气流速控制为0. 3 ~ 0. 5m/s。一般经过 24 ~ 48h，蛋体温度降到 1 ~ 3℃，即可结束冷却工作，将鲜蛋转入高温库内冷藏。

3. 鲜蛋的冷藏

鲜蛋进冷藏间前要把库内温度降至 -1 ~ 0℃，相对湿度控制在 80% ~ 85%。鲜蛋冷藏时可采用两种贮存鲜蛋的温度及湿度：第一种，温度 0 ~ 1. 5℃，相对湿度 80% ~ 85%，冷藏期为 4 ~ 6 个月。第二种，温度为 -1. 5 ~ 2. 5℃，相对湿度为 85% ~ 90%，冷藏期为 6 ~ 8 个月。在鲜蛋冷藏期间，库温波动在 24h 内不超过 ±0. 5℃。

四、 注意事项

（1）鲜蛋的包装材料必须坚固、干燥、清洁、无异味、不易吸潮。包装好的鲜蛋，要使容器内外通气，以便使鲜蛋易于散热降温，切不可封严密。

（2）鲜蛋的冷却可在专用的冷却间进行，也可利用冷库的穿堂、过道等。

（3）在 -1. 5 ~ 0℃温度下冷藏，要求每月翻箱一次并做好记录。

（4）鲜蛋出冷藏间时要做升温处理。冷藏蛋的升温工作最好是在专设的升温间进行，也可以在冷库穿堂进行。冷藏蛋升温时应先将升温间温度降到比蛋温高 1 ~ 2℃，以后每隔 2 ~ 3h 将室温升高 1℃，切忌库温突然上升过高。当蛋温比外界温度低 3 ~ 5℃时，升温工作即可结束。

五、 实训报告

根据实训操作步骤书写实训报告。

模块七 果蔬的冷冻冷藏技术

知识目标

1. 了解果蔬的主要化学成分、特性及种类。
2. 掌握果蔬冷却贮藏的方法。
3. 掌握果品、蔬菜的速冻加工工艺。

能力目标

1. 能够对果蔬进行冷却贮藏。
2. 能够对各种水果、蔬菜分别进行速冻加工。
3. 能够对食品进行气调贮藏。

由于果蔬生产具有季节性、地域性和多样性的特点，因此，果蔬生产的淡、旺季十分明显。同时，果蔬是鲜活产品，组织柔嫩、含水量高，易腐烂变质，不耐贮运，采后极易失鲜，品质降低，从而使营养价值和商品经济价值降低或失去。为使人们获得果蔬的均衡供应，除了加强反季种植、促进栽培、选择品种、分期收获等栽培技术措施外，还要做好采后贮藏、加工和运输工作，以调节淡、旺季的矛盾，满足市场常年对果蔬种类的需求。

项目一 果蔬的化学组成

一、 果蔬的种类

果蔬是水果和蔬菜的简称，加工成的产品属植物性食品。在植物学上，果蔬食品是指植物体上可供食用的并通过加工而成的产品。果蔬是人类食物中为人体提供所需维生素和矿物质等的主要原料。因此，果蔬原料加工成食品具有重要意义，在食品工业中亦占有重要地位。

果蔬原料种类繁多，按可食用部分可分为以下几类。

（一） 水果类

1. 温带落叶水果

（1）仁果类　苹果、沙果、海棠果、梨、山楂等；

（2）核果类　桃、李、杏、梅、樱桃等；

（3）坚果类　胡桃、西洋胡桃、栗、山核桃等；

（4）浆果类　葡萄、无花果、猕猴桃、草莓、醋栗等；

（5）其他　柿、枣等。

2. 温带和亚热带常绿水果

（1）柑橘类　甜橙、橘、柑、柚、柠檬、金橘等；

（2）多年生草本类　菠萝、香蕉等；

（3）其他常绿木本类　荔枝、龙眼、枇杷、杨梅、番石榴等。

（二） 蔬菜类

（1）根菜类　其可食部分是变态的肥大的植根，含有丰富的糖分和蛋白质。这类菜耐贮藏，如胡萝卜、根用芥菜、根用甜菜、山药等。

（2）茎菜类　茎菜类的可食部分是茎和变态茎。这类蔬菜大都富含淀粉和糖分，含水分较少，适于长期贮藏。但在贮藏过程中必须控制温度和湿度，否则会出芽。如芦笋、竹笋、莴笋、茎用芥菜、马铃薯、荸荠、莲藕、芋头、姜、洋葱、豆芽等。

（3）叶菜类　可食部分是菜叶和叶柄，含有大量的叶绿素、维生素和无机盐等。这类蔬菜含水分多，不易贮藏，如大白菜、结球甘蓝、菠菜等。

（4）花菜类　其可食部分是花部器官，如花椰菜、朝鲜蓟等。

（5）果菜类　可食部分是果实，富含糖分、蛋白质、胡萝卜素以及维生素 C。如黄瓜、越瓜、苦瓜、西瓜、甜瓜、南瓜、番茄、茄子、甜椒、青豌豆、青刀豆、蚕豆、菜豆、毛豆、赤小豆、甜玉米、黄秋葵、菱角等。

（6）食用菌类　蘑菇、草菇、香菇、金针菇、银耳等。

二、 果蔬的化学组成

果蔬中含有人体所需的丰富的碳水化合物、矿物质、维生素、无机盐和可食性纤维素等营养成分，有益于人的身体健康；含有的有机酸、芳香物质、单宁物质以及辛辣物质等，都是构成果蔬风味的主要成分，具有促进食欲、帮助消化的功效；另外，果蔬中还含有蛋白质、脂肪等，也是人体所需的营养成分。果蔬中所含化学物质种类很多，根据其溶解性，可分为两大类：水溶性物质和非水溶性物质。

（1）水溶性物质　包括糖类、果胶、有机酸、单宁物质、矿物质以及部分色素、维生素、酶、含氮物质等。

（2）非水溶性物质　包括纤维素、半纤维素、原果胶、淀粉、脂肪以及部分维生素、色素、含氮物质、矿物质和有机酸盐等。

1. 水分

新鲜的水果、蔬菜中，水占绝大部分。它是维持果蔬正常生理活性和新鲜品质的必要条件，也是果蔬的重要品质特性之一。果蔬含水量因其种类品种的不同而不同。一般果蔬的含水量在80%～90%；西瓜、草莓含水量高达90%以上；葡萄含水量在77%～85%；山楂含水量较低为65%左右；大白菜含水量93%～96%；胡萝卜含水量86%～91%；黄瓜含水量94%～97%；大蒜含水量70%左右。

果蔬采摘后，水分供应被切断，而呼吸作用仍在进行，带走了一部分水，造成了水果、蔬菜的萎蔫，从而促使酶的活力增加，加快了一些物质的分解，造成营养物质的损耗，并且减弱了果蔬的耐贮性和抗病性，引起品质劣变。为防止失水，贮藏室内应进行地面洒水、喷雾，或用塑料薄膜覆盖，增大空气中的相对湿度，使果蔬的水分不易蒸发散失。

2. 糖类

果蔬干物质中最主要的成分是糖类。果蔬中的糖类很多，已经发现的有40种以上，其主要有单糖、寡糖和多糖三种。

单糖和寡糖，主要存在于果品中，主要有葡萄糖、果糖和蔗糖等。果品种类不同含有的糖的类别也不尽相同。仁果类中主要含有果糖，其次是葡萄糖和蔗糖；核果类中主要含有蔗糖，其次是葡萄糖和果糖；浆果类主要含有葡萄糖和果糖；柑橘类含蔗糖较多；樱桃、葡萄、番茄则不含蔗糖；叶菜类、茎菜类含糖量较低。以淀粉为主的淀粉含量较多者有马铃薯（14%～25%）、藕（12%～19%）、香蕉（22%左右）等。

糖是水果、蔬菜贮藏期呼吸的主要基质，也是微生物繁殖的必需营养物质。随着贮藏时间的延长，糖类含量逐渐消耗而减少。一般情况下，含糖量高的果蔬耐贮藏、耐低温，相反，则不耐贮藏。

3. 纤维素和半纤维素

纤维素类主要指纤维素、半纤维素以及由它们与木质素、栓质、角质、果胶等结合成的复合纤维。纤维素是含绿色素的植物细胞壁和输导组织的主要成分。纤维素和表皮的角质层，对果实起保护作用。纤维素是反映水果、蔬菜质地的物质之一。果蔬中含纤维素太多时，吃起来感到粗老、多渣。一般幼嫩果蔬中含量低，成熟果蔬中含量高。纤维素对人体无营养价值，但它可促使肠胃蠕动，有助于消化。

4. 果胶物质

果胶物质是由多聚半乳糖醛酸脱水聚合而成的高分子多糖类物质。主要存在于植物的初生细胞壁和细胞之间的中层内，在果实、块茎、块根等植物器官中最为丰富。在山楂、苹果、番石榴、柑橘等果实中含量丰富，它以原果胶、果胶、果胶酸等几种不同的形态存在于果实组织中。果胶是由原果胶在原果胶酶的作用下分解而成的。果胶是水果成熟度的标志，果胶含量越多，水果成熟度越高，果实质地越软。成熟的果实会向过熟期变化，此时果胶在果胶酶作用下生成果胶酸，导致果蔬呈现软烂状态。了解果胶这些性质的变化规律，可以掌握果蔬采收时的成熟度，以满足果蔬加工、贮藏和运输的需要。

5. 有机酸

果蔬中含有多种有机酸，因而具有酸味。各种有机酸在果蔬组织中是以游离状态或酸式盐类的状态存在的，它们的含量不仅由于果蔬的种类和品种不同而异，即使同一品种，在不同成熟期，或同一果实的不同部位，其含量亦有所差异。

果蔬中的有机酸主要有苹果酸、柠檬酸和酒石酸等，这些有机酸通常称为果酸。此外，还含有少量的草酸、苯甲酸和水杨酸等。

6. 含氮物质

果蔬中存在含氮物质的种类很多，主要的是蛋白质和氨基酸，此外还有少量的酰胺、铵盐、硝酸盐及亚硝酸盐等。水果中存在的含氮物质较少，一般含量在0.2% ~1.2%，其中以核果、柑橘类含量较多，仁果类和浆果类含量较少。尽管含量少，含氮物质却是形成水果味浓、味鲜的重要成分。蔬菜中的含氮物质远高于水果，一般含量在0.6% ~9.0%，其中以豆类含量最高，叶菜类次之，根菜类和果菜类含量最低。

7. 单宁物质

单宁又称鞣酸，是一类由儿茶酚、焦性没食子酸、根皮酚、原儿茶酚和五倍子酸等单体组成的复杂混合物。单宁具有收敛性的涩味，对果蔬及其制品的风味起着重要作用。单宁在水果中普遍存在，而在蔬菜中含量较少。其对果蔬原料和制品的品质影响很大，与风味和色泽有密切关系。

8. 糖苷类

糖苷类是单糖分子与非糖物质，如醇类、醛类、酚类、甾醇、嘌呤等相结合的化合物，广泛存在于植物的种子、叶和皮内。大多数糖苷都具有苦味或特殊的香味，其中一些苷类不只是果蔬独特风味的来源，也是食品工业中主要的香料和调味料。部分糖苷则有剧毒，如苦杏仁苷、茄碱苷等，在食用时应予以注意。常见的糖苷有黑芥子苷、柑橘类糖苷等。

9. 色素物质

果蔬色素物质是表现果蔬颜色的物质的总称。果蔬中的天然色素是果蔬赖以呈色的主要物质，随着果蔬成熟度的不同，以及环境条件的改变，各种色素也发生变化。在多数情况下，颜色常作为果蔬成熟度的主要判断因素，也与风味、质地、营养成分的完整性相关。果蔬中所含的色素依其溶解性能及其在植物体中的存在状态分为两类：一类是脂溶性色素（质体色素），包括叶绿素（绿色）、类胡萝卜素（橙色），类胡萝卜素主要包括胡萝卜素、叶黄素和番茄红素；另一类是水溶性色素（液泡色素），主要包括花青素（红、蓝等色）和花黄素（黄色）。

10. 维生素

果蔬中含有大量的维生素，如维生素 A、维生素 D、维生素 B_1、维生素 B_2、维生素 B_3、维生素 B_5、维生素 B_{12}，以及维生素 C 等。因此，果蔬是人们日常生活中不可替代的主要维生素来源。在贮藏过程中，果蔬中维生素的含量会随着贮藏期的延长而减少，甚至消失，这些都与贮藏条件有关。因此，贮藏新鲜果蔬，不仅要尽可能保存它们原有的外观和风味，而且要最大限度地使其中的维生素含量少受损失。

11. 芳香物质

果蔬特有的芳香是由其本身含有的各种不同的芳香物质所决定的。此类物质大多是挥发性的油状物质，故又称挥发性油。由于其含量极少，故又被称为“精油”。果蔬中的芳香物质虽然含量极少，但结构极其复杂，种类繁多，它的主要成分一般为醇、酯、醛、酮、烃、萜类及烯烃等。

有些植物的芳香物质不是以精油形式存在的，而是以糖苷或氨基酸形式存在的，在酶的作用下分解，生成挥发性物质后才具备香气，如苦杏仁油、芥子油及蒜油等。蒜油是无味的蒜氨酸在酶的作用下水解而成的，大蒜、洋葱及辣根等所含的香精油具有杀菌作用，在食品的保藏上均具有一定的意义。

果蔬的种类不同，所含芳香物质的种类亦有所差异；同种果蔬的部位不同，其所含挥发油亦有所不同。在一般果实中，除核果类在种子中含有较多的芳香物质外，其余均存在于果皮中，而果肉中含量较低。果蔬中所含有的芳香物质，不仅构成了果蔬及其制品的香味，而且能刺激食欲，有助于人体对其他营养成分的消化吸收。

果蔬的成熟度及贮藏加工过程中的温度、湿度等条件，对其风味影响很大，如温度过高，则芳香物质很快分解，香味减弱，因此果蔬贮藏条件应适当。

12. 油脂类

果蔬中所含的油脂类主要是难挥发的油脂、蜡质及角质，此外还包括膜物质及一些代谢产物。油脂多存在于植物的种子中，是提取植物油的主要原料。核桃中的脂肪含量 65%，花生中 45%，西瓜籽中 19% 等，这些种子中含有的油脂均是优质油脂。脂肪容易氧化酸败，尤其是不饱和脂肪含量较高的油脂原料，如核桃仁、花生、瓜子等干果类及其制品，在贮藏加工中应注意这些特征。

植物的茎、叶和果实表面常有一层薄薄的蜡质，它的主要成分是由高级脂肪酸和高级一元醇所组成的高分子酯。它既可以防止茎叶和果实的凋萎，又可以防止微生物侵害，有利于果蔬的贮藏。因此，果蔬在采收、分级、包装、贮运时，必须保护蜡质层。

13. 矿物质

水果、蔬菜中矿物质的含量不多，一般为1.2%左右，但对人体非常重要，它是构成人体的成分，并保持人体血液和体液有一定的渗透压和pH。所以常食水果、蔬菜，才能维持人体正常的生理机能，保证身体健康。矿物质在水果和蔬菜中有的以盐的形式存在，有的与某些有机物（如蛋白质）结合存在。

14. 酶

酶是一类本质为蛋白质的生物催化剂，在果蔬的贮藏加工过程中，酶一直进行着各种活动，影响着果蔬及其制品的品质和营养成分，造成果蔬的化学成分不断变化。

新鲜果蔬耐藏性和抗病性的强弱与它们代谢过程中的各种酶有直接关系，同时，在果蔬加工过程中，酶是引起果蔬品质变差、造成营养成分损失的重要因素。合理地控制和利用这些酶，是果蔬贮藏加工中进行各种处理的基础。

项目二 果蔬的冷却贮藏

一、果蔬的采收、分级和包装

（一）采收

果蔬采收工序至关重要，采收工作做得如何，会直接影响到原料的品质、运输和贮藏等环节。

为了保证果蔬冷加工产品的质量，果蔬要达到最适宜的成熟度方可采收。果蔬的成熟过程大体可分为绿熟、坚熟、软熟和过熟四个时期。绿熟期的果实已充分长成，但尚未显现出色彩，色泽仍为绿色（绿色品种除外），果肉坚硬，缺乏香气和风味，肉质坚密不松软，适于贮藏和运输。

软熟期的果蔬，果实色、香、味已得到充分表现，肉质松软，适于食用和加工，但不宜贮藏和运输。过熟的果实，组织细胞解体，失去食用和加工价值。蔬菜一般以幼嫩为好，水果类宜在坚熟和软熟期采收，洋葱和马铃薯则宜在充分长成后再采收。有后熟能力的果蔬，如番茄、苹果、梨、柑橘等可在成熟度七八成时采收，香蕉采收可更早一些。

正确鉴定果蔬的成熟度是非常重要的，因为它与果蔬的品质、运输和贮藏均有着密切关系。目前鉴定果实成熟度的方法主要有以下几种。

1. 果梗脱离的难易度

一些种类的果实，在成熟时，果柄与果枝间常产生离层，一经振动即可脱落。此类果实即以离层的形成为品质最好的成熟度，如不及时采收就会造成大量落果。

2. 果皮颜色

许多果蔬在成熟时均显示出其固有的果皮颜色，在生产实践中，果皮的颜色成了判断果实成熟的重要标志之一。一般果实首先在果皮上积累叶绿素，随着果实成熟度的提高，叶绿素逐渐分解，如类胡萝卜素、花青素等则逐渐呈现出来。

3. 主要化学物质的含量

果实中的主要化学物质有淀粉、糖、酸、总可溶性固形物以及抗坏血酸等。总可溶性固形物中主要是糖分，还包括其他可溶性固形物，因它能表示果实品质，又加上有专用的而且方便的测定仪器，故在生产上和科学试验中，常以总可溶性固形物的高低来判定成熟度，或以可溶性固形物与总酸比来衡量品种的质量，要求糖酸比达到一定比值时才进行采收。糖与酸两者的比例对风味有一定影响，与其成熟度的关系也十分密切。如四川甜橙在采收时，糖酸比为 10:1 左右；山东苹果的糖酸比约为 30:1 时采收则风味浓郁。

4. 果实的硬度

果实硬度是指果肉抗压力的强弱，抗压力越强果实的硬度就越大；反之，抗压力越弱，果实的硬度越小。

5. 果实的生长期

栽种在同一地区的果树，其果实从生长至成熟，大致都有固定的天数。因此，可以计日定成熟度和收获时间，如山东济南的金帅苹果，4 月 20 日前后落花，9 月 15 日前后成熟，生长期为 145d 左右，国光为 160d 左右。由于每年的气候条件不同，栽培管理不一致，生长期的计算，应该以数年的平均数做参考。

（二） 分级

果蔬分级的主要目的，是使之达到商品标准化，从国家的整体利益出发来制定果蔬商品标准，同时也要考虑生产者和消费者的实际要求，并以现有的生产技术水平为基础，使分级标准在经济和技术上发挥积极作用。

果蔬的分级有两种方法：品质分级与大小分级。

1. 品质分级

果蔬可按品质分级，比如，凡有良好的一致性、无病虫害和机械伤、品种特性正确、成熟度适宜、品质优良的为一级品。凡在这几方面有缺陷的，则按其程度依次降低等级。

2. 大小分级

按大小进行分级，即根据果实横径最大部分的直径区分为若干等级。比如我国出口的红星苹果，山东、河北两省从 65 ~ 90mm，每差 5mm 为一组，分为 5 组；广东省对香港、澳门输送的柑橘、蕉柑 51 ~ 85mm，每差 5mm 为一组，共分 7 组。从上述例子可以看出，按大小分级是根据果实的种类、品种、大小以及销售对象等来进行，并且随着情况的变化而进行修订。大小分级可借助分级板和量果器进行分级，也可使用分级机（如豌豆分级）。目前还有的应用光电分级机，对柑橘等果实的大小进行分级。

（三）包装

果蔬包装的好坏，与果蔬的运输和销售、减少损耗、保持新鲜、延长贮存期有着密切关系。目前，应特别重视包装的改进和创新，以利于提高国际市场上的竞争力。果蔬的包装容器多用纸箱和木箱等，这类容器比较坚固耐压，容量固定，适于长途运输。

所有包装容器里最好有衬纸，以减少果蔬的擦伤。有些质量好能长期贮存的水果，可逐只包裹后再装入容器。包纸可以减少水果的水分蒸发，使其不易萎缩，纸张又有隔热作用，能阻止果温的剧变。另外，包纸可以减少腐烂的蔓延，减少机械伤以及降低水果的呼吸强度。包装用纸不宜过硬或过薄，要有足够的大小，使果实完全被包住。为了防止果品的腐烂和防止霉菌的繁殖，可采用经化学处理过的包装纸。例如，用经过硫酸铜或碳酸铜溶液浸泡过的包装纸，对防止青霉菌的活动有一定效果；用浸过碘液的纸包水果效果更好；又如用浸过联苯的纸包柑橘，可减少腐果率；用蜡纸或者经矿物油处理过的纸包苹果，不仅可减少水分损失，还可预防一种生理病——烫伤病的发生。

果实装入容器时要仔细排列，使互相紧挨着，不晃动也不会挤压。为了避免在搬运时或在运输途中摇动和摩擦，减少摔碰磕压的损耗，可在果实周围空隙加些填充物，填充物应干燥、不吸水、无臭味、质轻，如纸条、锯屑、刨花等均可，对于苹果、梨等可以这样处理。在寒冷地区运输时还有防冻作用。

总之，果蔬的包装，应该符合科学、经济、牢固、美观、适销的原则。

二、果蔬入库前的准备工作和合理堆码

刚采收的果实带有大量的田间热，呼吸作用十分旺盛，果实内物质的消耗较快，极易腐烂变质。对于长期贮藏的果蔬，应在产地进行冷却。果蔬在采收后冷却得越快越好，尤其是对那些组织娇嫩、营养价值较高、采后寿命短的呼吸高峰型的果实，如果不快速预冷，果实会很快腐烂，会影响其寿命和品质。例如，采收后24h内冷却的梨，在0℃下，贮藏5周不腐烂变质；但采收后经过96h才冷却的梨，在0℃下，贮藏5周就有30%腐烂。在我国北方地区，昼夜温差较大，多采用自然冷却的方法冷却，即将采收后的果蔬堆放在田间、树下或临时搭盖的棚内，利用夜间冷空气冷却降温。

目前，大部分果蔬不在产地冷却，而是将果蔬包装后直接运往冷库进行冷却和冷藏，这就要求果蔬在入库前要进行抽验、整理工作，剔除不能长期贮存的果蔬，如在运输中有机械伤或已经腐烂的果蔬。一般将运到的果蔬按1%～2%的量抽样检验，查明烂耗比例和成熟情况，如果烂耗比例超过冷库的保质制度范

围，必须将整批货重新挑选包装。

经过挑选的质量好的水果如要长期冷藏，应逐个用纸包裹，然后装箱、装筐。带柄的水果在装箱或装筐时应特别注意，勿将果柄直接接触周围的果实，以免碰破其他水果的果皮。果蔬不论是装箱还是装筐，最好采用骑缝或并列式（每层垫木条）的堆垛方式。要求地面上要用垫木垫起，垛与垛之间、垛与墙之间、垛与风道之间都应该留有一定的空隙，便于冷空气的流通。在冷藏的过程中，还应经常对果蔬质量进行检查，从冷藏间内各个不同部位抽验，对于不能继续进行冷藏的果蔬应及时剔除，以防止引起大批量果蔬腐烂。

三、 果蔬的贮藏温度和湿度

（一） 果蔬的贮藏温度

降低冷藏温度，能使果蔬的水分蒸发、呼吸作用减弱，营养成分的消耗降低，微生物的繁殖能力减弱，从而使果蔬的贮藏期延长。一般情况下，果蔬的冷藏温度在0℃左右。对于水果而言，生长在南方或是夏季成熟的果实，适宜在较高温度下贮藏，不适当的低温或冻结会影响果实的正常生理功能，使风味、品质发生变化或产生生理病害，不利于贮藏。例如，香蕉长期放在12℃以下的温度下贮藏，便不能催熟，即使是短期受到低温危害的香蕉，催熟以后，仍然果心发硬、果皮发黑。而在北方生长的秋、冬成熟的水果，比如苹果、山楂、梨等，一般都能耐受较低的温度，甚至在轻微冻结的情况下，也不损害它们的活体性质。这一类水果，一般都能在0℃左右贮藏，仅仅以防止冻结为限。因此，果蔬的冷却贮藏应根据不同品种控制其最适贮藏温度，即使是同一类，也会由于品种、成熟程度、栽培条件等的不同而有所差异。在进行大量贮藏时，应事先对它们的最适温度做好选择试验。在贮藏间，要求贮藏温度稳定，避免剧烈波动。常见果蔬的冷藏温度参见表4－10的内容。

（二） 果蔬的贮藏湿度

果蔬中含有大量的水分，这是维持其生命活动和保持其新鲜品质的必要条件。果蔬在贮藏过程中会逐渐蒸发失水，一般情况下，如果质量损失达到5%以上，新鲜度就会明显地下降。果蔬水分蒸发的量主要取决于贮藏的条件，其中湿度条件与蒸发作用关系很大，一般多是以湿度85%～95%进行贮藏。如果湿度过高，可减少水分的蒸发量，避免了因干燥而造成的质量下降；但另一方面，微生物的繁殖却旺盛起来，果蔬也容易腐烂变质。如果湿度过低，虽然微生物的危害小，但又会造成因空气干燥而引起水分蒸发，造成果蔬的质量下降，不仅使果蔬失去新鲜饱满的外观，而且降低了对病虫害的抵抗能力，对长期贮藏十分不利。所以在果蔬贮藏时，不仅要保持最适的温度，同时也要保持最适的湿度。

如果冷库内湿度过低时，可在风机前配合自动喷雾器，随着冷风将细微小雾送入库房，加湿空气；也可在地面上洒一些清洁的水或将湿的草席盖在包装容器上，增加库内空气的相对湿度。湿度过高时，可用机械除湿机进行除湿，也可在库内墙角放些干石灰、无水氯化钙以及干燥的木炭来吸潮。果蔬的贮藏湿度参见表 4－10 中的内容。

四、 变温贮藏

为了提高贮藏质量，减少果蔬在冷藏过程中生理病害的发生，在贮藏中对某些品种采用变温贮藏的方法。例如，鸭梨采收后直接放入 0℃冷库迅速降温，很容易发生黑心病，黑心病率高达 40.7% 左右。如果将鸭梨先放在 15℃的库内，预藏 10d 左右，再在 6℃温度条件下贮藏一段时间，然后每隔半个月降低 1℃，一直降到 0℃贮藏。结果表明，鸭梨在较高温度下入库后，经过较长时间的降温过程，逐步把库温降至所要求的贮藏温度，可大大减少黑心病的发生。

五、 出库前的升温

果蔬从冷库中直接取出，常会在表面凝结有水珠，尤其是夏天，凝结的水珠量会更多，俗称“发汗”现象；再加上有较大温差的影响，会促使果蔬呼吸作用大大加强，使果蔬容易变软和腐烂；另外，某些包装材料，如纸板箱，也可能受凝结水的损害；经过长期低温贮藏的果实，骤遇高温色泽也会变暗。为了防止结露和保持原有品质，果蔬在出库前要进行逐步升温。

升温过程最好在专设的升温间内进行，也可在冷藏库的走廊内进行。果蔬在升温时，空气温度应比果蔬温度高 2～4℃，相对湿度在 75%～80%，当果蔬温度上升到与外界气温相差 4～5℃时才能出库。经过升温后出库的冷藏果蔬能更好地保持其原有的品质，有利于销售和暂时存放，减少了损耗。

项目三 果蔬的气调贮藏

气调贮藏的研究最早是从水果开始的，研究最多的是苹果。1860 年，英国人建立了一座气密性较高的贮藏库，用铁板作冷库里衬进行密封，用冰进行库房的冷却，他们将苹果放在库房里，得到了较好的贮藏效果。经过十多年的研究，于 1941 年发表了论文报告，提供了气体成分、温度的参考数据，以及气调库的建筑方法和气调库的操作。在这份论文报告中这种方法被正式称为 CA（controlled・atmosphere）贮藏或称“快速降氧法”，意思是将环境中的氧气、二氧化碳和贮藏温度保持特定的标准。这一术语现在一直被全世界采用。

严格地讲，CA 贮藏是在冷藏的条件下，将氧气和二氧化碳的量控制在一定的指标内，并允许有较小的变动范围。而在 1960 年以前，各国普遍采用的气调贮藏方法，是靠水果、蔬菜自身的呼吸作用来降低氧的含量和增加二氧化碳的浓度。

1962 年，美国研制成功燃烧洗涤式气体发生器，通过燃烧丙烷使空气中的氧气减少、二氧化碳浓度增高，再输入冷藏库内，从此达到了真正的 CA 贮藏，或称机械气调贮藏。该技术的发明，使气调贮藏技术进入了一个新的阶段。总之，气调贮藏实际上包括 CA 贮藏和 MA 贮藏两大类。

近年来，随着气调贮藏研究的不断发展，国外许多国家采用新的超低氧（ULO）技术贮藏苹果，其贮藏条件中氧气浓度在 2% 或更低的水平。

一、 气调贮藏的生理基础和气调贮藏的原理

气调贮藏（CA）是在冷藏的基础上，把果蔬放在特殊的密封库房内，同时改变贮藏环境的气体成分的一种贮藏方法。

（一） 气调贮藏的生理基础

在正常的空气中氧的含量为 20.9%，二氧化碳含量为 0.03%。新鲜水果、蔬菜采收后面临如下不利条件：衰老、失水、腐烂、呼吸、皱缩、霉菌。

如果把空气中的氧含量降低，适当地增加二氧化碳的浓度，可以降低果蔬的呼吸强度，其新陈代谢也就减弱了，从而推迟了水果、蔬菜的后熟期。同时在较低浓度的氧和较高浓度的二氧化碳条件下，能使果蔬产生乙烯的作用减弱，抑制乙烯的生成，从而延长了果蔬的贮藏期。低温可以减弱呼吸作用，于是延长了呼吸高峰的到来，从而抑制了果蔬的衰老和死亡，达到了贮藏的目的。

但是环境中氧含量过少会产生缺氧呼吸，二氧化碳量过高会产生中毒，温度太低会引起冷害。所以在气调贮藏中应恰当地掌握每一种果蔬的贮藏温度和气体成分的含量。

（二） 果蔬的呼吸作用

果蔬采摘后仍然是一个“活”的、有生理机能的有机体，在流通和贮藏中仍然需要进行呼吸、蒸发等生理活动，从而维持其生命。果蔬由于贮藏环境条件的不同，可分为有氧呼吸和无氧呼吸两种类型。

1. 有氧呼吸

果蔬等植物从外界获得氧气，在体内进行有生命活动的生化反应，产生二氧化碳、水和热量，人们称这样的呼吸为有氧呼吸，也叫正常呼吸。

2. 无氧呼吸

果蔬在缺氧条件下，或者即使有氧但缺乏氧化酶或生命力衰退所进行的呼吸

称为无氧呼吸，又叫异常呼吸。这种呼吸基质不是彻底氧化，而是产生各种分解的中间产物，如酒精、乙醛、乳酸等，因此也将这种呼吸称为酒精发酵或乳酸发酵。

3. 呼吸时期

有的果蔬在采后的成长及成熟过程中，呼吸速度表现为从高速下降到最低点，又逐步上升到最大值，以后又逐步下降。这个过程可按照呼吸速度的最大值划分为三个时期，即呼吸高峰前期、呼吸高峰期、呼吸高峰后期；也称呼吸跃变前期、呼吸跃变期、呼吸跃变后期。

据果蔬在成长及成熟过程中的呼吸方式可将果蔬分为两大类：高峰型和无高峰型。

高峰型果蔬，如苹果，在成熟时期出现淀粉转化为糖、不溶性原果胶转化为可溶性果胶、叶绿素消失、类胡萝卜素增多等各种变化。无高峰型果蔬，如柑橘，并无呼吸速度突然上升的现象，成长及发育的过程较长，并且只能在树上或植株上成熟。如甜橙从开花到成熟需 8 ~ 11 个月，而苹果只需 4 ~ 5 个月。

由于果蔬的种类和品种不同，其收获时呼吸速度有很大差别。呼吸速度大的，其耐藏性差，如小白菜、菠菜等，呼吸速度比马铃薯、胡萝卜大，故耐藏性差。无呼吸高峰的果蔬，在用乙烯刺激时，也会出现呼吸上升现象。

为了长期贮藏，果蔬采收期应根据呼吸高峰而采用不同的处理方法。具有呼吸高峰的果蔬应在呼吸高峰前适当时期采收，而无呼吸高峰的果蔬，应在成熟后采收。

（三）影响呼吸的因素

影响呼吸速度强弱的原因很多，除了与果蔬的种类和品种有关之外，主要还与外界的环境温度、气体成分、相对湿度和机械损伤等因素有关。

1. 温度

温度对果蔬贮藏的影响是诸多因素中最重要的一个。据有关研究资料表明，贮藏温度每降低 10℃，水果的呼吸强度可减弱至 1/2 ~ 1。当贮藏温度由 0℃升高到 3 ~ 4℃时，水果的呼吸强度可升高 0.5 ~ 1 倍。也就是在一定温度范围内，温度越高，呼吸强度越大，贮藏期也越短。但温度高至 35 以上时，果蔬的呼吸强度反而降低，如果温度继续升高，酶就被破坏，则呼吸停止。一般来说温度降低时，果蔬的呼吸强度也降低。

2. 相对湿度

一般来说，湿度降低时可抑制呼吸作用；相反，高湿度会促进呼吸作用。但不同品种的果蔬受湿度的影响也各不相同。

大部分水果、蔬菜在相对湿度过低时都会很快萎蔫。为了延缓产品由于失水而造成的变软和萎蔫，除核果、干果、洋葱等少数品种外，大部分易腐园艺产品贮藏的相对湿度以保持在85% ~100% 为好。CA 贮藏中推荐的相对湿度应以既可防止失水又不利于微生物的生长为度。

3. 氧气

氧气是果蔬呼吸的必需条件，它能极大地促进水果、蔬菜的呼吸作用。但当氧气低到一定限度时，呼吸作用就急剧降低，但氧的体积分数过低（< 2%）会产生缺氧呼吸，易引起生理病害。因此，果蔬在贮藏中可通过适当降低氧气浓度的办法来减少其呼吸量，可以推迟后熟期、抑制叶绿素降解、减少乙烯产生、降低抗坏血酸的损失、改变不饱和脂肪酸的比例、降低不溶性果胶物质的减少速度等，以延长保质期。

4. 二氧化碳

贮藏库中二氧化碳浓度的变化对呼吸作用的影响比氧气浓度的影响更为显著。二氧化碳含量增加，果蔬的呼吸作用就受到抑制，但二氧化碳的浓度过大时，又会产生无氧呼吸。当新鲜果蔬食品置于二氧化碳含量高达2% ~10% 的贮藏环境中时，随着呼吸量的下降，作为呼吸基质的有机酸的消耗也受到抑制。因为有机酸的含量对品质有直接影响，从而二氧化碳对生命活动的抑制效果就特别显著。如苹果适当地增加二氧化碳的浓度，则其呼吸作用就会被抑制，贮藏期延长；但二氧化碳的含量为20% 时就会产生发酵的气味，使苹果质量下降。

果蔬短时间放在高浓度二氧化碳的空气中能急剧地降低其呼吸作用，即使在温度较高的情况下也有效。如把苹果放置在温度10℃左右、二氧化碳为40% 的贮藏环境中2 天，可以推迟苹果的后熟。

果蔬由于品种繁多，生物学特征各不相同，对二氧化碳的感受性千差万别，因此对呼吸速度的影响也各不一样。即使同一品种，也会由于贮藏环境的温度、湿度等条件的不同而变化。在贮藏中最适宜的二氧化碳的浓度，应该多方面考虑，必须通过试验来决定。另外在果蔬的气调贮藏时，还要注意调整二氧化碳和氧气的比例。

5. 乙烯

蔬菜和水果，尤其是果实在成熟的时候，会产生较多的乙烯气体，当果实受伤害后也会增加乙烯的生成。空气中乙烯的含量即使极微，如百万分之一(1mg/kg)，对蔬菜水果的呼吸作用就会产生影响。此外，乙烯会促进叶绿素的分解。经研究发现，它对香蕉、柑橘等有色果实的着色和对促进果实的成熟、提高品质等方面都有效果。但乙烯对果蒂部分分离层的形成有促进作用，往往会造成蒂落后的褐色斑点，而有损外观，造成过熟，从而有损果蔬的品质。因此在具体应用时还需注意。

（四）气调贮藏的原理

气调贮藏是通过调节和控制各种环境因素，为水果、蔬菜的贮藏提供一个良好的气候环境，达到果蔬长期保鲜、保质的目的。在上述环境因素中，温度的调节和控制是最主要的。在冷藏的基础上，进一步提高贮藏环境的相对湿度，并人为地造成特定的环境气体成分，在维持果蔬正常生命活动的前提下，有效地抑制呼吸、蒸发、激素作用及微生物的活动，延缓果蔬的生理代谢，推迟其后熟、衰老进程，防止其腐败变质，从而减少贮藏损失，延长果蔬的保鲜期，使其更长久地保持优质的食用状态。这就是气调贮藏的原理。

气调贮藏是一种果蔬长期保鲜的方法。其保鲜效果不单取决于“贮藏”的环节，而是取决于果蔬采收、贮藏、销售等采后处理的全过程。贮藏只是其中的一个主要环节，采后处理全过程中任一环节出现问题，都会影响气调贮藏的最终效果。

二、 气调贮藏的特点

与通用的常规贮藏和冷藏相比，气调贮藏（CA）具有以下特点。

1. 保鲜效果好

气调贮藏由于强烈地抑制了果蔬采后的衰老进程而使其得以很好地保存，不少水果经气调长期贮藏（6～8 个月）之后，仍然色泽艳丽、果柄青绿、风味纯正、外观丰满，与刚采收时相差无几。

2. 贮藏时间长

低温气调环境强烈抑制了果蔬采后的新陈代谢，使贮藏时间得以延长。据陕西苹果气调研究中心观察，一般认为气调贮藏 5 个月的苹果质量，相当于冷藏 3 个月左右的苹果质量。用目前的 CA 技术处理优质苹果，已完全可以达到周年供应鲜果的目的。

3. 降低贮藏期间的损耗

气调贮藏有效地抑制了果蔬的呼吸作用、蒸腾作用和微生物的危害，明显地降低了贮藏期间的损耗。据河南生物研究所对猕猴桃的观察证实，在贮藏时间相同的条件下，普通冷藏果蔬营养的损耗高达 15%～20%，而气调贮藏的总损耗不足 4%。

4. 延长货架期

货架期指果蔬结束贮藏状态后在商店货架上摆放的时间。从经营和消费的实际出发，果蔬必须有货架期，且货架期越长越好。气调贮藏的货架期长，与贮藏中品质损失小，贮后的果蔬具有较强的抗环境因素变化的能力有关。

气调贮藏由于长期受到低氧和高二氧化碳的作用，当解除 CA 状态后，果蔬仍有很长一段时间的“滞后效应”，这就为延长货架期提供了理论依据。

5. 有利于开发无污染的绿色食品

在果蔬气调贮藏过程中采用的是物理方法，不用任何化学药物处理，不存在污染或毒性残留问题，卫生、安全、可靠。果蔬所能接触到的氧气、氮气、二氧化碳、水分和低温等因子都是人们日常生活中所不可缺少的物理因子，不会造成任何形式的污染，符合绿色食品的标准。

三、 气调贮藏的方式

（一） 自然降氧法 （即 MA 贮藏）

1. 机理

自然降氧法是靠果蔬自身的呼吸作用来降低氧含量和增加二氧化碳浓度的一种贮藏方法。

自然呼吸降氧法（普通气调冷藏，即 MA 贮藏）指的是最初在气调系统中建立起预定的调节气体浓度，在随后的贮存期间不再受到人为调整，是靠果蔬自身的呼吸作用来降低氧的含量和增加二氧化碳的浓度。自然降氧是依靠水果、蔬菜的呼吸作用，使环境 O_2 含量下降，CO_2 浓度上升，又称自发气调贮藏（modified atmosphere storage，MA 贮藏）。图 7－1 为普通气调贮藏库示意图。

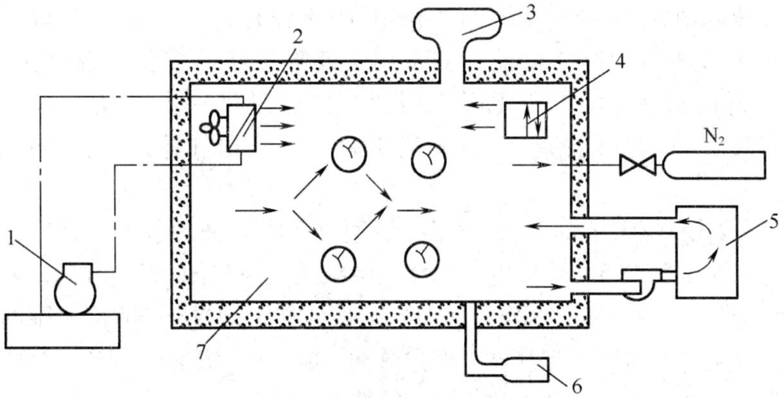

图 7－1　普通气调贮藏库示意

1—冷冻机　2—冷却器　3—橡皮囊　4—脱臭器　5—气体洗涤器　6—气体分析仪　7—气调库

2. 自然降氧法的特点

此方式的最大优点是工艺简单、降氧设备成本低，适合在经济不发达地区普遍推广。特别适用于库房气密性好、贮藏的果蔬为一次整进整出的情况。

此方式存在以下不足。

（1） 对气体成分的控制不精细　稍作改进也只是在最初贮藏时加入一些干

冰，以使 CO_2 浓度快速提高。

（2）降氧速度慢　降氧一般需 20 天，中途不能打开库门进货或出货。此外，由于呼吸强度、贮藏环境的温度均高，故前期气调效果较差，如不注意消毒防腐，难以避免微生物对果蔬的危害。

（3）贮存一段时间后，需补充新鲜空气，以冲淡 CO_2 和补充 O_2。

（4）果蔬在贮藏过程中产生的乙烯等气体易在库内积累。

目前自然降氧法是在农产品大规模的商业气调贮藏中广泛采用的方式。

（二）充氮降氧法

1. 机理

氮气是一种惰性填充气体，它不影响肉的色泽，能防止氧化酸败、霉菌的生长和寄生虫害。

充氮降氧是用充氮的方法置换库内气体以达到降氧的目的。从气调库内用真空泵抽除富氧的空气，然后充入氮气，这两个抽气、充气过程交替进行，以使库内氧气含量降到要求值。所用氮气的来源一般有两种：一种用液氮钢瓶充氮；另一种用碳分子筛制氮机充氮。其中第二种方法一般用于大型的气调库。

2. 充氮降氧法的特点

充氮降氧法是自然降氧法与快速降氧法相结合的一种方法。

用快速降氧法把氧含量从 21% 降到 10% 较容易，而从 10% 降到 5% 就要耗费较大，成本较高。因此，先采用快速降氧法，使氧迅速降至 10% 左右，然后再依靠果蔬的自身呼吸作用使氧的含量进一步下降，二氧化碳含量逐渐增多，直到规定的空气组成范围后，再根据气体成分的变化进行调节控制。

曾有人采用 0.0329mm 的低密度乙烯塑料薄膜帐密封包裹荔枝后，先抽真空，再充入 N_2，置于 5℃的环境中贮藏。结果是荔枝经 40 天贮藏后，好果率为 70%，糖度仅下降 4.2%；而作为对照，不做任何处理置于 5℃冷柜中的样品在 13 天内已丧失商品价值。经测试，在贮藏初，帐内 O_2 浓度在 13% ~15%，贮藏过程中 O_2 浓度在 8% ~10%，CO_2 浓度保持在 3% 左右。

这种方式可实现快速降氧，一般可在 24h 或稍长时间内达到气体浓度的规定值。

（三）快速降氧法（CA 贮藏）

1. 机理

气体置换是指人为地将 O_2、CO_2 等气体按最适浓度指标配置成混合气体向贮藏环境输入，并同时将贮藏环境中的原有气体抽出，以维持最适浓度指标的一种气调方法，又称人工控制气调法（controued atmosphere storage，CA 贮藏）或气调冷藏库法（CA 库法）。

该方法是使用气体反应器，通过对丙烷气体的完全燃烧来减少氧气和增加二氧化碳含量的。当气体发生器制出果蔬最适宜气体组成后，就把这种气体送入冷库中，这样的冷库称作机械气调贮藏库，图 7－2 为机械气调贮藏库的示意图。

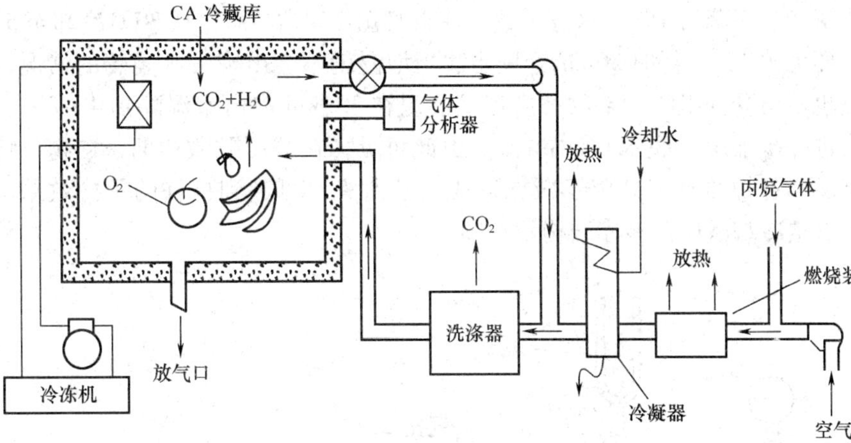

图 7－2　机械气调贮藏库

2. 特点

快速降氧法与自然降氧法相比有下列优点。

（1）降氧速度快，贮藏效果好。尤其对不耐贮藏的果蔬更加显著。如草莓，自然降氧贮藏 2～3 天，就有坏的；而采用快速降氧可贮藏 15 天以上，且果实新鲜、优质。

（2）及时排除库内乙烯，推迟果蔬的后熟作用。

（3）库内气密性要求不高，减少建筑费用。快速降氧法要求的气密性不像自然降氧法那样高，只要 2 天的漏气量为一次换气量就可以；而自然降氧法则要求在 50 天内漏气量为一次换气量。由于气密性要求低，可将普通的高温库改造成 CA 贮藏库，这样气密结构所需的经费就可以减少了。

（四）减压气调法

1. 机理

减压气调是通过真空泵将密闭贮存室中的部分气体抽出以降压，同时将外界新空气减压、加湿后输入贮室。这种方式是通过降低气体密度来造成低氧环境，它通过不断抽气和输入新鲜空气使水果蔬菜的代谢产物排出室外，以延缓衰老。通常经减压处理后的库房内压力降至 1.333～9.333kPa。

减压气调是在冷藏和气调贮藏的基础上进一步发展起来的一种特殊的气调贮藏方法。它是将水果、蔬菜置于密闭容器或密闭库内，用真空泵将容器或库内的部分空气抽出，使内部气压降到一定程度，同时经压力调节器输送新鲜湿润的空气（相对湿度80%～100%），整个系统不断地进行气体交换，以维持贮藏容器内压力的动态恒定和保持一定的湿度环境。在低压条件下，可以抑制果蔬的呼吸作用，降低空气中氧气的含量，阻止果蔬贮藏期间乙烯、乙醇等有害气体的积累，从而延长保鲜期。

此方法通过抽真空使水蒸发带走大量热量，可使贮物迅速降温达到预冷目的。果蔬产品每蒸发1%的水分大致可使自身温度下降6℃，从30℃冷却至5℃，大约需要失水4%，耗时30min。只要适当增湿就不会出现失水萎蔫的情况，风味品质也不会受到影响。谷物类农产品品温在30 min内由室温降到4～8℃，并能得到进一步干燥（脱水6%左右）。由此可见，在减压贮藏初期，贮物，特别是肉制品和谷物类农产品由于减压造成的蒸发失水可起到良好的预冷效果。图7－3为真空冷却减压贮藏库结构示意图。

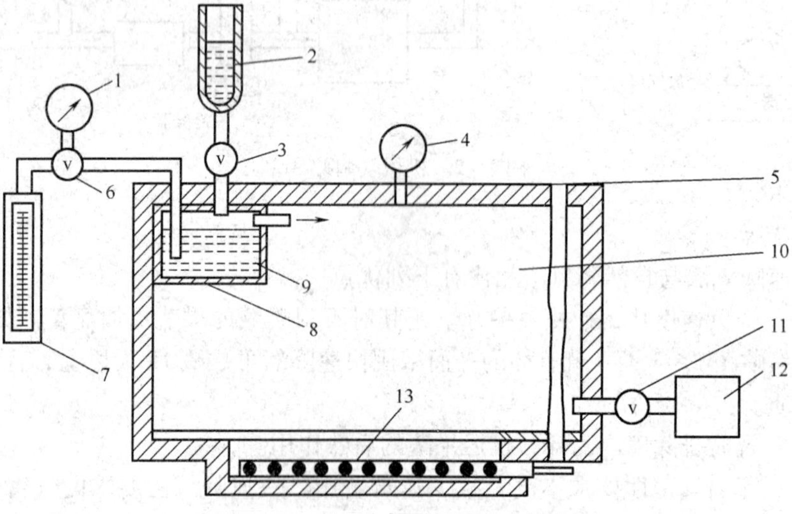

图7－3 真空冷却减压贮藏库结构

1—真空度表 2—加水器 3—阀门 4—温度表 5—隔热墙 6—真空调节器 7—空气流量计 8—加湿器 9—水 10—减压贮藏库体 11—真空节流阀 12—真空泵 13—制冷系统的冷却管

2. 特点

可实现预冷与减压气调的同库并行，实现快速降氧，并能迅速排出CO_2、C_2H_4等有害气体；可实现超低氧贮藏，这特别有利于鱼、虾、肉防止氧化哈变和农产品种子的抑芽；保鲜效果明显。据报道，有人通过减压贮藏在荔枝保鲜研究上获得突破，达到60天保鲜期，好果率在90%以上。

项目四 果蔬的速冻

一、 蔬菜的速冻工艺

蔬菜的速冻是将新鲜的蔬菜经过加工处理后，利用低温使之快速冻结并贮藏在 -18℃或以下，以达到长期贮藏的目的。速冻能较大程度地保持蔬菜原有的色泽、风味和各种营养素，而且食用方便，能起到对蔬菜市场淡旺季的调节作用。我国是速冻蔬菜的原料生产大国，速冻蔬菜主要有甜玉米、豌豆、青花菜、菜豆、芦笋、青豆、毛豆、荷兰豆、马铃薯、胡萝卜和香菇等 20 多个品种，绝大部分产品销往欧美及日本，年创汇达 2 亿多美元。

生产优质的速冻蔬菜，一定要严格遵守速冻蔬菜的加工工艺，如原料收获后向工厂运输、水洗、挑选、除去次要部分、烫漂、冻结和包装等条件和加工技术对速冻蔬菜制品的初期品质均有影响。销售环节中，除了上述因素对品质有影响外，冷藏、送货、出售等环节中温度的影响也很大。由于速冻蔬菜原料的种类很多，每种原料其性质和形状都有差异，因此虽然从生产到销售都在同样的条件下处理，但对速冻蔬菜的影响并不完全相同。

速冻蔬菜的一般加工工艺流程为：原料选择→分级→冷却→清洗→预处理→烫漂→冷却、沥水→速冻→包装→冻藏。

1. 原料选择

原料的好坏是关系到速冻蔬菜制品品质的最重要的条件。蔬菜的种类和品质直接影响速冻蔬菜制品的质量。此外，采摘期、采摘方法、气候条件、耐病虫害的能力、农药污染以及最佳成熟度都是影响初始质量的重要因素。一般来讲，含水分和纤维多的蔬菜抗冻结性弱，即对冻结速度敏感性强一些；而含水分少含淀粉多的蔬菜抗冻结性强，即对冻结速度敏感性弱一些。蔬菜中适合速冻的种类有：青豌豆、菜豆（豆角、扁豆）、蚕豆、毛豆、青刀豆、荷兰豆、花菜、菠菜、蘑菇、芋艿、马铃薯、胡萝卜、芦笋、蒜苗、青椒、花菜、莲藕、甘薯等。

选择原料时，应观察其成熟度、大小、形状、外观，选择色泽鲜艳、气味浓郁、具有良好组织特性及均匀性外观的蔬菜品种，如竹笋原料要求：冬笋新鲜脆嫩，肉质乳白或淡黄色，无病虫害，允许嫩茎的粗老部分有轻微损伤，但不得伤及笋肉。春笋新鲜良好，肉质白色或黄白色，允许轻微拔节，笋劈无明显空洞，无畸形，不干缩。青豌豆原料要求：豆荚新鲜饱满，呈青绿色，成熟适度（即青荚饱满），无病虫害及机械伤，豆荚青绿柔嫩，含糖多，含淀粉少。蘑菇原料要求：菌体新鲜，菇色洁白，无机械伤和病虫害，允许菌伞略带小斑点、小畸形，无开伞，无异味。菌柄切口平整，无大空心，不带泥根，长度不超过1.5cm。

2. 冷却

蔬菜是收获后仍然继续着呼吸作用与新陈代谢的生命体。为了最大限度地保持蔬菜原料的新鲜程度和原有品质，就必须在蔬菜原料采收以后的最短时间内，在蔬菜原产地，用人工方法帮助释放田间热，使得呼吸作用和蒸发作用降低到能维持正常新陈代谢的最低水平。蔬菜的冷却方法有空气冷却、水冷却、真空冷却。

3. 清洗

蔬菜表面沾有泥沙、灰尘和农药等，尤其是根菜类表面和叶菜类的根部带有较多的泥土，应注意洗净。速冻蔬菜在食用时一般不再洗涤，直接加热烹调。

4. 预处理

蔬菜在冻结前都要进行必要的处理，处理的内容和工序根据蔬菜的种类和产品要求等不同而异。清洗后的蔬菜除去皮、种子等不可食部分，再依制品的不同要求切分成各种规格形状。在预处理过程中原料不能直接与铜或铁的容器直接接触，否则产品易变色、变味，所以加工过程中应使用不锈钢器具。

速冻后会减弱果蔬的脆性，可以将原料浸入0.5%～1%的碳酸钙（或氯化钙）溶液中，浸泡10～20min，以增加其硬度和脆性。有些蔬菜如花椰菜、西蓝花、菜豆、豆角等，要在2%～3%的盐水中浸泡15～30min，以驱出内部的小虫，浸泡后应再漂洗。盐水与原料的质量比不低于2:1。

5. 烫漂

（1）烫漂的作用　新鲜蔬菜直接冻结解冻时就会发生褐变，食用时失去了鲜味并带有异常的味道。这种变化的原因主要是由于蔬菜中含有各种酶类，尽管处于冻结状态但仍具有活力，解冻时活力变强，使蔬菜发生品质变化，色泽变暗。除此之外，蔬菜内还有空气和有害微生物，为了保证冷冻蔬菜的制品品质，冷冻前需要进行烫漂处理。蔬菜经过烫漂处理后起到以下几个方面的作用。

第一，破坏酶的活力、稳定色泽、改善风味和组织。大多数新鲜、未经烫漂的速冻蔬菜在-25～-18℃的常规冻藏温度范围内只能做短时间的贮藏，这是由于蔬菜中的酶在低温下仍具有一定活力，从而引起速冻蔬菜的色泽、风味、质构和营养品质的变化。这些不良的变化可通过冻结前对蔬菜进行加热处理使酶失去活力而得到改善。目前，大多数蔬菜都要进行烫漂工序，只有少数蔬菜在冻结前不进行加热处理，如洋葱、青柿子椒、黄瓜等。

第二，杀死部分附着于蔬菜上的微生物，降低细菌总数和细菌污染。

第三，排除蔬菜组织中的空气，减轻蔬菜在贮藏过程中的氧化作用。

（2）烫漂的方法　烫漂处理就是把蔬菜放入热水或高温蒸汽中进行短时间的加热处理。烫漂的基本方法有两种，即热水烫漂和蒸汽烫漂。

热水烫漂的用水水质应符合生活饮用水质标准，多采用饮用水，水温为80～

100℃，生产中常用93～96℃。烫漂时间依据蔬菜种类和水温不同而异。由于水的热容量大，传热速度快，因而烫漂时间较同温下蒸汽烫漂的要短，而且蔬菜品温均匀升高，适用的品种较多，操作简单，不需要大的设备投资等优点；但也存在用水量大、蔬菜细胞破损严重、蔬菜营养成分损失较多、失水率高和手工劳动强度大等缺点，影响到速冻蔬菜的风味、营养和外观品质。

蒸汽烫漂就是把蔬菜放入流动的高温水蒸气或水蒸气与空气混合的加热介质中进行短时间的加热处理，然后用低温空气进行快速冷却。这种烫漂方法对蔬菜细胞组织的破坏性较小，可减少水溶性营养成分的损失，蔬菜的营养和风味也保持较好，同时可减少污染和废水量；但该法也有热量损失较大、烫漂不很均匀、水蒸气易在蔬菜表面凝结和设备投资大等缺点。主要适用于叶菜类、果菜类和切细根菜类。

除了以上两种烫漂方法外，近几年来烫漂方法向快速、节能和操作控制方便的方向发展，其中以高温瞬时蒸汽烫漂、微波烫漂和常温酸烫漂为主要代表。

高温瞬时蒸汽烫漂是指采用高压高温水蒸气短时间（5～60s）加热蔬菜以达到烫漂效果，蔬菜汁液损失较少并改善其质构、热利用率高（80%）、节约能源。微波烫漂是将预制的新鲜蔬菜放在915MHz或2450MHz的电磁场中，利用微波的热力效应和生物效应，破坏酶的空间结构，使酶失活。微波烫漂使蔬菜内外同时加热，品温上升快，并且可以对塑料包装的蔬菜进行烫漂处理。常温酸烫漂主要用于易发生褐变的蔬菜类，如蘑菇，它含有大量的多酚氧化酶，将蘑菇放在pH 3.5、0.05mol/L的柠檬酸溶液中处理数分钟，由于低pH和柠檬酸的作用破坏了酶的三级结构，并且柠檬酸络合多酚氧化酶的中心金属离子，使酶失活。

（3）烫漂的过度和不足　若烫漂不足，就可能比未经烫漂就去冻结和冷藏时所发生的变化还要恶劣，在这种情况下，酶没有完全失活，只是一部分失去活力，残留的活力加强的酶类催化的化学反应变得易于进行。对于烫漂不足的情况，除了酶的活力残留外，还会产生刀豆荚组织变硬等现象，这也是后来的加热烹调难以使蔬菜品质再变好的原因。

烫漂过度，不仅对品质产生不利影响，而且由于加热时间较长，燃料消耗也大。此时蔬菜的叶绿素常变为橄榄色乃至褐色的脱镁叶绿素，这个变化的速度在烫漂的温度下相当快，所以在烫漂时，蔬菜的绿色会消失，特别是在过度烫漂时，这种倾向更大。过度烫漂的蔬菜表面往往会过度软化。为了防止烫漂不足和烫漂过度，工艺品质管理人员和操作工人应特别注意各类蔬菜的烫漂时间。

（4）烫漂的检验　无论采用哪一种烫漂方法，都必须严格控制烫漂的时间和温度。烫漂效果的检验一般是检查抗热性较强的过氧化氢酶的活力，看其在烫漂后的残留量，来判断烫漂是否合适。一些蔬菜在100℃热水中烫漂的时间见表7－1。

表 7-1 一些蔬菜在 100℃热水中烫漂的时间

名称	时间/min	名称	时间/min
油菜	0.5~1	花菜	2~3
菠菜	5~10（s）	冬笋片	2~3
荷兰豆	1~1.5	蘑菇	3~5
青刀豆	1.5~2	青豆	2~3
小白菜	0.5~1	莴苣	3~4
带心甜玉米（小）	7	芦笋（小）	2
带心甜玉米（中）	9	芦笋（中）	3
带心甜玉米（大）	11	芦笋（大）	4
甜玉米（粒）	2~3		

烫漂的温度和时间应根据蔬菜的种类、成熟度、大小、含酶种类和工艺要求等条件而定。烫漂度是看酶失活的程度，一般以蔬菜中过氧化氢酶的活力刚好全部破坏为最佳。即用 1.5% 愈创木酚酒精液和 3% H_2O_2 等量混合后，将烫漂后的蔬菜试样切片浸入其中，如在数分钟内不变色，即表示过氧化氢酶已被破坏，否则出现褐色。脂肪氧合酶与过氧化氢酶对某些蔬菜，如青豌豆的感官影响较大，因此，也有以它们作为烫漂指标酶的，因为它们活力存在与否对蔬菜的风味、色泽影响比较大。而脂质氧化酶和过氧化物酶又分别含有多种同工酶，每一种脂质氧化酶同工酶或过氧化物酶同工酶的抗热性不同，检验方法也有多种，如极谱法、分光光度法等。

因此在烫漂过程中投料要适当、均匀。如果投料量过多，烫漂温度较低，容易出现烫漂不足现象，只有部分酶失去活力，那些仍具有活力的酶可促使蔬菜在冻结贮藏过程中变色变味；另外，烫漂也不能过度，否则易造成蔬菜过分软烂，变色严重。一般采用热水烫漂时，投料量与热水量的比为 1:20，以保证烫漂的有效温度。

6. 冷却和沥水

烫漂完成后应立即快速冷却，以使其在短时间内品温降至 5℃以下，否则残留余热作用延续，会使速冻蔬菜色泽变化、品质下降。此外，停留在较高温度的时间长也会增加重新遭受微生物繁殖污染的可能性。在冻结之前，原料品温低还可以减少冻结时的干耗，冻结时间也可缩短。冷却方法有冷水冷却、冰水或碎冰冷却、冷风冷却、冷水喷雾冷却。冰水冷却速度快，且能避免吹风干燥。但是有的蔬菜，如蚕豆，需要分段冷却，以避免表皮剧烈收缩造成破裂。

采用水冷却或碎冰冷却的蔬菜，冷却后需要沥干水分，特别是菠菜之类的叶菜类，残留于叶间的水分在冻结前包装时，会流出积聚于包装袋的底部，冻结成为冰块而影响成品外观。多使用离心式或振动式沥水机进行沥水。

7. 速冻

蔬菜组织细胞膜大部分是由纤维素构成的，对压力的承受能力较动物性食品差得多，因此慢速冻结形成的大冰晶体对细胞壁、细胞膜造成的伤害也十分严重，解冻时细胞内营养物质外溢，导致蔬菜品质骤降。快速冻结形成的均匀而细小的冰晶体均匀分布于细胞内外，使细胞的内外压力平衡，解冻时水分大部分能被细胞组织吸收。

常用于蔬菜速冻的装置有：流化床冻结装置、接触式冻结装置、液态 CO_2（或液态氮）喷淋冻结装置等。

食品冻结温度，即温度中心点，一般应低于或等于贮藏温度（一般贮藏温度为 -18℃），这有利于保持食品快速冻结状态下形成的组织结构。如果食品冻结终温高于 -18℃，那么就会出现食品组织内部未冻结的水分生成大冰晶，从而出现组织结构被破坏、蛋白质变性、解冻时汁液流失增加等现象，影响速冻食品的质量。另外，冻结终温比冻藏室的温度高太多时，会对产品品质产生不利影响，因此冻结终温应接近冻藏室温度。要获得优质的冻结蔬菜，必须进行速冻，因为冻结蔬菜时的最大伤害是组织的破坏；其次是细胞脱水使蛋白质和胶体结构发生变性，并且是不可逆的。解冻时所生成的水分就不能与蛋白质结合恢复原状而只能产生汁液流失。目前，国内外应用最广泛的是流化床速冻装置。

8. 包装与冻藏

包装必须保证在 -5℃以下低温环境中进行，温度在 -4 ~ -1℃以上时速冻蔬菜会发生重结晶现象，将大大地降低速冻蔬菜的品质。包装车间在包装前 1h 必须开紫外线灯进行灭菌，所有包装用工器具，工作人员的工作服、帽、鞋、手均要定时消毒；工作场地及工作人员必须严格执行食品卫生标准，非操作人员不得随意进入，以防污染，确保卫生。

包装材料的选择，最重要的是要尽量降低水蒸气和气体的透过性，以减少冻结蔬菜中的水分散失，避免产生干耗和与空气接触而发生氧化。其次是在低温时，包装材料的物理耐冲击性要强。另外，包装袋内部的空隙越大，果蔬的干耗就越高，氧化就越严重，所以，最好采用真空包装，使包装材料紧贴产品。如果是冻结前包装，则应留适量空隙，以防果蔬冻结后产品体积膨胀而胀破包装袋。内包装可用耐低温、透气性低、不透水、无异味、无毒性、厚度为 0.06 ~ 0.08mm 的聚乙烯薄膜袋；外包装用瓦楞纸箱，内衬清洁蜡纸防潮，外用胶带纸封口。所有包装材料在包装前须在 -10℃以下低温间预冷。

速冻蔬菜在冻藏期间，影响其质量的主要因素是温、湿度的波动及贮存方式。蔬菜在快速冻结过程中，大约90%以上的水分被冻结，然后在 -18℃以下的低温条件下贮藏，这样微生物的生长繁殖与酶的活力均受到抑制，可以长期贮存。但是，如果在贮藏过程中出现较大的温度和湿度的波动，再加上冷藏期间出现缓慢氧化作用，往往使速冻食品析出冰晶体、干耗、变色等，从而使质量下降。因此，在冻藏期间应避免库温频繁波动。实践证明，蔬菜速冻制品的质量还受冻藏温度和时间的影响，冻藏温度愈低，质量变化愈小，冻藏时间愈长，质量变化愈大。部分冷冻蔬菜的实用贮藏期参见表4-5。

二、 水果速冻的方法

水果属植物性食品，是深受消费者喜爱的生鲜食品。冷冻保藏某些具有特殊风味的水果，可以在淡季调节市场。冷冻水果还是其他食品的原料，如果酱、冰淇淋、蜜饯、果冻的原料。为了最大程度地保持鲜果的风味、质地，水果冷冻都采用速冻的方法。

（一） 速冻水果的一般工艺流程

速冻水果的质量取决于原料的性质和速冻工艺。水果的速冻工艺流程为：原料选择→冷却→清洗→分级→去皮、切分、除核→添加保护剂→速冻→包装→冻藏。

1. 原料选择

速冻水果原料的状况与速冻产品的质量是密切相关的，用低质量的原料不可能加工出高质量的速冻产品。水果的种类很多，目前，能够批量生产速冻水果的有苹果、桃、梨、荔枝、草莓、枇杷、番石榴和樱桃等。大多数水果在软熟的时候外观最好，但在这时采摘、整理、加工都很困难，因此一般应在软熟之前采摘。过生、过熟都不能得到高质量的产品。过生的水果在加工前还需要催熟，以增强产品的色、香、味。水果运输到加工场地后，还需认真挑选，剔除次果、烂果、病虫害果。

如苹果原料要求：果实新鲜良好，成熟适度（八成熟以上），组织紧密，风味正常，无畸形、霉烂、冻伤、病虫害和机械伤，果实横径在60mm以上。梨原料要求：果实新鲜饱满，成熟适度（八成熟），肉质细腻，风味正常，无霉烂、冻伤、病虫害和机械伤，大型果（莱阳梨、雪花梨）果实横径在65~90mm，中型果（鸭梨、长把梨）果实横径60mm以上，小型果（秋白梨）果实横径55mm以上。

2. 冷却

为了最大限度地保持水果原料的新鲜程度和原有品质，必须在采收以后的最短时间内，在水果原料产地，用人工方法将其冷却到规定温度，使水果维持其正常的生命活动，把呼吸作用和蒸发作用降低到最低水平。目前国外有些国家为了加工高质量的速冻水果产品，把冷却作为水果采收后加工的第一道工序。而在我国，很多水果速冻厂对预冷这一工序不够重视，一般不进行预冷，造成产品质量下降。我国多在高温冷藏库内采用冷空气强制对流的方法冷却水果，此法简单易行，缺点是冷却速度较慢。

3. 清洗

水果在生长成熟期间以及采后的贮运中，经常会受到自然环境的污染、病虫害的侵袭，还有农药的残留、杂物的混入、容器的不清洁等情况，因此速冻的水果速冻必须经过清洁、除杂。对苹果、梨等可以刷洗，对草莓等浆果类原料应采用少量漂洗的方法，防止机械损伤及在水中浸泡过久，色泽和风味受到影响。洗涤时应注意水的卫生与温度，可以根据需要加入洗涤剂。

4. 分级

为了保证产品的质量规格标准，减少损耗，适于包装，原料须进行分级。分级时依据原料不同的物理性质，如大小、质量、色泽等，同时剔除不合格部分。一般来说，厂家多根据大小进行分级筛选。大小分级可采用分级筛多层装置，各层筛孔根据果实类型分级，规格由上而下按级缩小孔眼，水果由上而下分别是大果、中果、小果等。

5. 去皮、切分、除核

一般浆果类水果是不需要去皮的，但大多数加工水果是要去皮的。去皮方法有机械去皮、热力去皮和化学去皮等。梨、苹果等用机械去皮，去皮后再根据规格要求用机械或人工方法进行切分并除核。桃子多采用蒸汽［5～8kg·f/cm^2（1kg·f/cm^2=98.0665kPa）压力，0.5～3min］或开水去皮，其表皮受热突然松软，与内部组织脱离，然后迅速用高压冷水喷射去皮。橘子采用化学法去皮，用热碱水（60～90℃，3%～10%的氢氧化钠溶液）处理1～5min，再摩擦或刷去表皮，然后用柠檬酸溶液中和数分钟，最后用清水洗净。对樱桃类小型果实不需去皮，除核则采取冲击穿刺的机械装置进行。

6. 添加保护剂

水果去皮、切分后与空气接触，很容易变成褐色。为了抑制这一现象的发生，一般采用加糖、加抗氧化剂的方法进行处理。

速冻易变色的新鲜水果（如苹果、梨、桃、樱桃等）应在速冻前加糖处理。水果加糖可以降低水果的冻结点，并在渗透压作用下先除去水果的部分水分。因此，可以减少冻结时形成大的冰晶对水果组织的破坏作用。同时，糖水在一定程度上隔绝了空气的氧化，削弱了氧化酶的活力，有助于保持水果的色、香、味和维生素C含量，糖水浓度为30%～50%，用量配比是2:1。水果加入糖水后，应先在0℃库房中存放8～10h，使糖分渗入水果，然后送去速冻。对含水分较高的浆果，如冷冻草莓可加砂糖处理，草莓与砂糖的质量比为7:3。草莓加糖后也需要存放一段时间，使砂糖吸收果汁而溶解，形成糖浆，起到糖水的作用，糖浆应淹没水果。

速冻水果添加维生素C是防止褐变的有效方法，主要针对在去皮、切分、除核后对褐变特别敏感的水果而言。如将桃切成薄片浸渍于糖液中，经速冻后，在冻藏期间会屡次颜色变褐，致使产品质量下降。但如果将桃的薄片浸渍在含有

0.1%维生素C的糖汁中，取出速冻，在－18℃以下冷藏两年也不会变色。

柠檬酸和苹果酸具有抑制酶的活力的作用，可采取降低pH的方法抑制，水果中氧化酶的活力，因此，提高水果酸度也可预防水果褐变。尤其是柠檬酸经常应用在水果加工中，在水果糖液中加入0.5%的柠檬酸和0.05%的抗坏血酸，对桃、杏、梨等水果的冷冻及冷藏中防止褐变有良好效果。

采用二氧化硫处理也可以防止水果褐变。处理方法是将水果去皮、切分后，立即投入到浓度为0.05g/kg的二氧化硫溶液中浸渍2～5min，可有效控制其褐变。值得注意的是，处理过的水果组织所含二氧化硫量应限制在0.02g/kg以内，如果二氧化硫含量过高，会引起一定程度的果胶水解，同时黏度也会下降，导致水果组织变软。这种方法在有些国家禁止使用。

7. 速冻

商业冻结设备有吹风式冻结器、金属接触式冻结器、流化床冻结器等。目前趋向于流态化单体快速冻结，因为它有较高的冻结速度，可以散装贮藏，可根据需要进行解冻，使用起来也方便。水果冻结，国内外多采用流化床速冻装置来进行，用该装置速冻的水果品种有苹果、桃、樱桃、草莓、菠萝丁和荔枝等。

在冻结时，根据水果在流化床传送带上悬浮状态的不同又分为全流化、半流化和不流化三种形式。对全流化水果，如樱桃，装料层高30～40mm，冻结时间3～6min；对半流化水果，如荔枝，装料层高80～120mm，冻结时间9～20min；对不流化水果，如桃，装料层高200mm，冻结时间25～35min。流化床内空气温度－35～－30℃，冷气流速4～6m/s。

冻结速度对水果的品质影响很大，冻结速度越快，品质越好；冻结速度越慢，品质越差。但是过快的冻结速度可能会造成某些水果的“冻伤”。如单体速冻李子时，时间少于22min，会把李子冻破。

8. 包装

包装在速冻之前或之后进行。冻结后的水果体积会有所增加，如加30%和50%浓度的糖浆时体积分别增加8.2%和5.2%，整个的或切碎的草莓分别增加3%和8%。这将使得冻结以后包装的产品散装容量比事先包装的要低。

包装水果的材料应能抵御弱酸、不漏液体；对趋向褐变和失去香味的水果，特别需要能隔绝空气。可采用这样的包装：内包装用耐低温、透气性低、不透水、无异味、无毒性、厚度为0.06～0.08mm的聚乙烯袋；外包装用纸箱，每箱净重10kg，纸箱表面必须防潮性能良好，内衬清洁蜡纸，外用胶带纸封口。所有包装材料在包装前须在－10℃以下低温间预冷。有条件的可采用真空包装和装袋。

包装必须保证在－5℃以下低温环境中进行，温度在－4～－1℃以上时速冻水果会发生重结晶现象，品质极大地降低。由于速冻水果是解冻后直接食用的即食食品，卫生要求严格，包装间在包装前1h必须用紫外线灯灭菌，所有包装用工器具，工作人员的工作服、帽、鞋、手均要定时消毒。工作场地及工作人员必须严格执行食品卫生标准，非操作人员不得随意进入，以防止污染，确保卫生。

9. 冻藏与运销

速冻完成包装好的冻品，要在 -18℃及以下冻藏温度下贮存，温度波动范围应尽可能小，一般控制在 ±1℃以内，并且不应与其他有异味的食品混藏。最好采用专库贮存，相对湿度在 95% 以上。低温冷库的隔热效能要求较高，保温性好，一般采用双级压缩制冷系统进行降温。速冻果蔬产品的冻藏期一般可达10个月以上，条件好的可达两年。速冻水果的实用贮藏期参见表 4 - 10。

在流通上，要应用能制冷及保温的运输设施，以 -18 ~ -15℃运输冻品。在运输销售中，应该用有制冷及保温装置的运输设备，运输时间长的要控制在 -18℃以下，一般可用 -15℃，销售时，也需要具备低温货架和货柜。整个商品供应程序也是采用冷链流通系统，能使产品维持在冻藏温度下贮藏。由冷冻厂或配送中心运来的冷冻产品在卸货时，应立即直接转移到冻藏环境下，不应该在室内或室外的自然条件下停留。零售市场的货架应保持低温，一般仍要求在 -18 ~ -15℃。

（二） 冻结水果的解冻

包装的冻结水果零售时，可在 3 ~ 5℃的解冻间内经 6 ~ 12h 解冻。据报道，在 0 ~ 10℃的温度范围内解冻可以获得较好的外观、质地和风味。如果将冻结水果缓慢解冻并达到室温，则存在溃烂的危险，顶层会变色并失去原有的风味。产量 1t/h 的单体快速冻结水果或块状冻结水果使用连续的流动解冻器，解冻时间不超过 1h。在真空蒸汽冻结装置中，解冻 12kg 的水果块大约只需要 30min。

冻结水果解冻时，可以撒上糖或浸渍在糖浆中，能缩短解冻时间，并增进水果风味。容易发生褐变的水果可以再添加 0.1% ~0.3% 的抗坏血酸溶液。

模块小结

果蔬是鲜活产品，组织柔嫩、含水量高、易腐烂变质、不耐贮运。为了延长果蔬的贮藏期限，可采用冷却贮藏、气调贮藏和冷冻加工等方法。

果蔬冷却贮藏时采收和入库前的准备工作包括：采收、分级、特殊处理（涂膜、愈伤及其他化学处理）、包装、入库前的准备工作和合理堆码。果蔬气调贮藏的方法包括：自然降氧法、快速降氧法和混合降氧法。

水果的速冻工艺流程为：原料选择→冷却→清洗→分级→去皮、切分、除核→添加保护剂→速冻→包装→冻藏。速冻蔬菜的一般加工工艺流程为：原料选择→分级→冷却→清洗→预处理→烫漂→冷却、沥水→速冻→包装→冻藏。

思考练习

一、填空题

1. 果蔬贮藏的最终目的是________________。

2. 果蔬在采收、分级、包装、贮运时，必须保护的是________。

3. 果蔬分级的主要目的是________________。分级的方法有________和________。

4. 果蔬的包装容器多用________和________等，原因是________________。所有包装容器里最好有____，以减少果蔬的擦伤。

5. 果蔬入库时，对于刚采收的果实首先要进行________________处理。

6. 果蔬不论是装箱还是装筐，最好采用的堆垛方式是________或________。

7. 一般情况下，果蔬的冷藏温度在________左右。但由于果蔬的种类、品种的不同，对低温的适应能力也是各不相同的。

8. 果蔬贮藏时，水分蒸发的量主要取决于________，尤其是________与蒸发作用关系很大。

9. 为了提高贮藏质量，减少果蔬在冷藏过程中的生理病害，在贮藏中对某些品种采用________方法来防止。

10. 果蔬在升温时，空气温度应比果蔬温度高____℃，相对湿度在________，当果蔬温度上升到与外界气温相差____℃时，才能出库。

11. 速冻后会减弱果蔬的脆性，可以将原料浸入____________溶液中，浸泡10～20min，以增加其硬度和脆性。

12. 气调贮藏（CA）是在冷藏的基础上，把果蔬放在________库房内，同时改变贮藏环境的气体成分的一种贮藏方法。

13. 充氮降氧是用________的方法置换库内气体以达到降氧的目的。

14. 气调贮藏是通过________各种环境因素，为水果蔬菜的贮藏提供一个良好的气候环境，达到果蔬长期保鲜、保质的目的。

15. 减压气调是通过________将密闭贮存室中的部分气体抽出以降压，同时将外界新空气减压、加湿后输入贮室。

二、名词解释

气调贮藏（CA）；减压气调法。

三、判断题

1. 绿熟期的果实已充分长成，色泽仍为绿色（绿色品种除外），果肉坚硬，缺乏香气和风味，肉质坚密不松软，仅适于贮藏和运输。（　　）

2. 香蕉长期放在12℃以下的温度下贮藏，不能催熟，短期受到低温危害的香蕉，催熟以后，果心不会发硬。（　　）

3. 如果冷库内湿度过低时，可在风机前配合自动喷器，加湿空气，也可在地面上撒一些清洁的水或将湿的草席盖在包装容器上，增加相对湿度。(　　)

4. 经过长期低温贮藏的果实，骤遇高温色泽也会变暗，为了防止结露和保持原有品质，果蔬出库前要进行升温处理。(　　)

5. 一般来讲，含水分和纤维多的蔬菜抗冻结性强；而含水分少含淀粉多的蔬菜抗冻结性弱。(　　)

6. 速冻果蔬工艺中，选择原料时，应选择色泽鲜艳、气味浓郁、具有良好组织特性及均匀性外观的蔬菜品种。(　　)

7. 速冻蔬菜在食用时一般不再洗涤，直接加热烹调。(　　)

8. 速冻果蔬，在预处理过程中，原料不能直接与铜或铁的容器直接接触，否则产品易变色变味，但加工过程中可以使用不锈钢器具。(　　)

四、思考题

1. 果蔬出库前为什么要进行升温处理?

2. 为什么蔬菜在冻结前要进行烫漂?如何掌握烫漂时间?

3. 简述气调贮藏（CA）的特点。

4. 速冻果蔬对原料有哪些要求?水果和蔬菜在速冻工艺上有何异同?

5. 影响速冻果蔬质量的因素有哪些?如何提高速冻果蔬的质量?

【实训一】　藕片的速冻工艺

一、实训目的

通过实训使学生了解速冻蔬菜的工艺流程；掌握速冻蔬菜烫漂处理的方法和时间。

二、主要设备及原料

藕、维生素C、柠檬酸、氯化钠；不锈钢刀、烫漂机、冷却池、离心式沥水机、输送机、带式流态化冻结床，不锈钢锅、天平、聚乙烯薄膜袋。

三、实训内容

藕→选择→清洗→去皮→切片→护色→漂洗→烫漂→冷却→沥干→速冻→包装→冻藏

1. 原料选择、预处理

莲藕应具有该品种应有的形状、色泽等特征。整齐度较好，无支茎，藕节无须根，藕表面及空腔无泥痕及其他污染物，藕体色泽均匀一致，以选用白色、新鲜藕为主，肉质幼嫩紧脆，粗纤维少，藕身粗长较圆正，节短，表皮呈白色或米白色，藕身横断面直径在5cm以上。以藕身无锈斑、无发红、无发紫、无病虫害、无较大机械损伤的白莲藕为原料；藕身发紫、变黑、僵硬、伤烂及严重损伤的不得使用。

将选好的原料，逐条用刷子在流动的清水中刷洗，洗净藕身所附带的泥沙和杂质，使原料保持清洁卫生。

将清洗过的莲藕，用不锈钢刀将藕身各节切开成藕段并逐段切去藕节，然后用锋利小刨刀刨去外层薄皮，去皮要干净，厚薄要均匀，表面保持光滑，不留痕迹。要防止去皮过厚，增加原料损耗。

用锋利的不锈钢刀将藕段逐条横切成8~10mm厚度的圆形薄片。切片要整齐，片形要完好。原料应新鲜，成熟度适中，大小均匀。选择白色藕，则选肉质好、孔中无严重锈斑、藕节完整的。清洗后，去皮，切成1.5cm厚的片。

2. 护色

莲藕中含有鞣质和酚类化合物，去皮后莲藕暴露在空气中，极易氧化成褐色，故需将去皮藕片浸泡于护色液中。一般选用维生素C、柠檬酸、氯化钠等作为护色剂。用含1% NaCl、0.2% $CaCl_2$、1.5%柠檬酸的溶液浸泡、漂洗大约2h。

3. 烫漂

藕片通常采用沸水热烫方法，其主要设备有夹层锅或螺旋式连续热烫机。投产时通入蒸汽加热，水沸开后投料。为确保藕片色泽洁白良好不变色，在热烫用水中必须加入0.1%柠檬酸以调节水的pH进行护色。热烫时藕片必须按圆径大小不同分开热烫。热烫煮液温度控制在98~100℃，热煮2min左右，煮液要经常更换新水，以保持煮液pH和水质清洁卫生。热烫用水必须符合饮用水的卫生标准。

4. 冷却

原料热烫后要及时冷却，否则会使藕片继续软化，色泽变劣。冷却时可立即将烫过的藕片投入流动的冷水池中反复冷却透心，或经冷水喷淋降温后再浸入5℃以下冷却水池中冷却，以最快的速度使藕片中心温度降到10℃以下。在冷却过程中要随时注意冷却水温度变化和水质卫生情况。

5. 沥水

冷却后藕片需经传送带进入振动筛床，除去表面水分并进行拣选，或将原料移置于拣选台上，边沥水、边拣选，沥尽水分并拣除变色、严重损伤及不合规格的次劣片及杂质等。

6. 速冻

速冻前速冻机各部位先用高压水枪冲洗消毒干净，随后开机，将冻结间先预冷至-25℃以下，再将预处理过的藕片由提升传送带进入振动筛床，沥尽水分，并把藕片振散开呈薄薄的一层进入冻结间输送网带上，随着网筛前进，经由蒸发器冷却后的气体由风机增压后形成高速低温冷风气流从筛网孔眼底下向上吹向原料，把原料托浮起来，使单体原料彼此分离被冷风所包围，呈流体样边前进边冻结。冻结温度控制在 -35 ~ -30℃，冻结时间为 10 ~ 12min，藕片中心温度达 -18℃以下。

冻结完毕，冻藕片由冻结间出料口滑槽连续不断地排出机外，落到皮带传送带上直接送入 -5℃低温车间进行挂冰衣工序。

7. 挂冰衣

挂冰衣可使藕片与外界空气隔绝，防止产品在冷藏过程中的干耗和氧化变色，保证冻品外观色泽处于良好状态，延长贮藏期。挂冰衣工序应设在冻结机出口处，不高于 -5℃的低温车间内进行操作。具体做法是：把经冻结的藕片，每次取 2 ~ 3kg，置于有孔塑料篮或不锈钢丝篮中，随即连同容器一齐浸入 2℃左右的卫生饮用冷水中停留片刻（2 ~ 3s），摇动一下立即提起，并沥尽水滴，藕片表面很快被一层透明薄冰裹住。

8. 包装与冻藏

包装车间通常与挂冰衣车间连接在一起，车间必须保持 -5℃的低温环境。包装操作要迅速，成品应及时进入冷库，防止冰衣融化。内包装材料必须是耐低温、透气性差、不透水、无毒性、无异味的 0.06 ~ 0.08mm 聚乙烯薄膜袋，每袋装量 500g。外包装用双瓦楞纸箱，表面涂层防潮油，内衬一层清洁蜡纸，每箱装量净重 10kg（20 袋 ×500g），上下排列整齐，箱外用胶纸带封口，刷明标记，进入冷库冷藏。

速冻藕片必须存放于速冻蔬菜专用冷藏库内。冷藏的温度是保证冷藏产品色泽、风味、质地、营养的重要因素，温度越低，质地保存得越好，保存时间也越长。冷藏温度 -25 ~ -20℃，温度波动范围 ±1℃，相对湿度 95% ~100%，波动范围 5% 以内，冷藏库温要稳定，少变动。冻品在冷藏管理中不但要注意时间的长短，更要注意温度高低的变化，确保冻品在 10 个多月中品质不变化。用聚乙烯薄膜袋包装，在 -37℃速冻，速冻至中心温度 -18℃时，在 -20℃温度下冻藏。

四、产品质量要求

色泽乳白色，均匀一致无明显褐变现象，风味清香，无杂味，口感细腻。

五、注意事项

（1）热烫时，热煮时间不能过长，否则质地变软，影响产品质量。

（2）热煮液要经常更换新水防止色泽交叉影响，串味。

（3）热烫后必须立即冷却，防止余热对产品组织的影响。

六、实训报告

根据实训操作的内容书写实训报告。

【实训二】 西蓝花出库前的升温处理

一、 实训目的

通过实训使学生了解不同出库方法对果蔬货架期品质的影响；掌握果蔬出库前升温处理的方法。

二、 主要设备及材料

西蓝花、冷却物冷藏间、恒温培养箱、保鲜柜。

三、 实训内容

选取无病害、无霉变、无机械损伤的西蓝花为试验材料，立即置于冷库（-1～1℃）预冷24h，装袋、入箱，即每10个西蓝花整齐放入PE袋，将PE袋码入塑料箱，再将装入西蓝花后的塑料箱置于冷库（-1～1℃）中进行贮藏，贮藏40天后出库。采用两种出库方式，如下。

（1）缓慢升温出库组（A组）：将西蓝花由冷库取出置于4～5℃的保鲜柜中12h，再转入10℃ SPX-250-C智能型恒温恒湿培养箱中贮藏。

（2）直接出库组（CK组）：将西蓝花由冷库取出，并置于室温（18～20℃）下贮藏。贮藏期间每隔2天取样测定各指标，贮藏期共12天。

四、 注意事项

（1）原料需要新鲜无损伤的，否则会影响观察结果和贮藏期。

（2）预冷应在低温条件下进行。

五、 实训报告

根据实训操作的内容书写实训报告。

模块八 调理食品的冻结

知识目标

1. 了解调理食品的特点。
2. 了解调理冷冻食品的加工技术。
3. 掌握速冻食品包装材料的特点。

能力目标

1. 能够对冷藏品进行正确的包装处理。
2. 能够对速冻食品进行正确的堆码处理。

项目一 调理食品的特点与分类

一、调理食品的特点

调理食品又称为速食食品或方便食品，是将新鲜的农产品、畜禽产品和水产品等原料与配料经过加工后，利用速冻装置使其在 -30℃及其以下温度条件下进行快速冻结，使食品中心温度在 20～30min 内从 -1℃降至 -5℃，然后再降到 -18℃，并经包装后在 -18℃及其以下的条件进行冻藏和流通的方便食品。

现代调理食品往往与速冻结合起来，将调理食品经过快速冻结就成为调理冷冻食品，它是冷冻食品的一大系列，具备冷冻食品的基本特征。在美国、日本等国家和我国台湾地区，调理冷冻食品的销售已经趋向于家庭化，种类达到 3000 多种。调理食品主要的特点介绍如下。

1. 能最大限度地保持食品原有的新鲜度

体现在“色、香、味、形、劲”俱佳，而且解冻后汁液流失少。调理速冻食品在解冻后能获得最大可逆性，极小的冰晶很容易变成水回到原有的细胞组织中去，几乎能完全恢复冻结前的状况。

2. 冻藏期长

调理速冻食品的温度已降到－18℃，并在－18℃以下冻藏，食品内的微生物已完全停止生长繁殖，酶的活力已严重受到抑制，其催化作用已十分微弱。食品内的生物化学反应速度明显减弱以至基本停止，从而达到长期贮藏保鲜的目的。

3. 调理速冻食品的包装、运输及携带方便

调理食品是经过包装的，包装形式主要有真空袋包装、微波炉用包装、便当式包装、铝箔包装等。真空袋包装一般适用于个体较大的食品或含有较多油脂的食品；微波炉用包装既有可加热的微波塑料盒，又有新式的微波加热袋；便当式包装多采用塑料薄膜的软包装或纸盒包装；铝箔包装则适合作解冻后再加热的容器。因此，调理食品运输及携带方便都较方便。

4. 调理速冻食品卫生，食用方便与省时

由于速冻食品在速冻加工前已经过整理、清洗、烫漂等若干工序，且这些工序过程的卫生条件十分严格。因此，速冻食品一般都符合食用卫生标准。速冻食品的销售对象，一是家庭，二是工厂、学校、机关、医院等的食堂，三是饭店、餐厅等。调理速冻食品烹调时不需要任何加工，都是成品或半成品稍微解冻即可烹调或直接食用，实现随取随用，快速烹调，节省人力和加工时间。

5. 调理速冻食品具有较高的营养价值和食用价值

速冻蔬菜主要以测定维生素C含量的损失作为蔬菜品质的鉴定指标，国外要求其损失率不超过40%，即认为是正常的。有关资料表明，新鲜蔬菜在10℃时保存4～6天，或在20℃保存2～3天，其维生素C均可损失40%。而速冻蔬菜经过长期冻藏后仍具有较高的营养成分和食用价值。有关蔬菜速冻后维生素C的损失率见表8－1。

表8－1 有关蔬菜速冻后维生素C的损失率

名称	新鲜时维生素C含量/（mg/100g）	速冻后维生素C含量/（mg/100g）	速冻后维生素C损失率/%	冻藏百天后维生素C含量/（mg/100g）	冻藏期维生素C损失率/%	维生素C总损失率/%
辣椒	150.2	120.1	20	108.3	7.9	27.9
番茄	17.8	16.6	6.7	15.3	7.3	14

6. 调节淡旺季

水果、蔬菜生产有季节性，夏季大量上市，冬春较少。若在夏季和秋季初加工速冻蔬菜，到冬季及春季上市，既可调节市场淡旺季，又满足了人民生活的需要。

7. 减少浪费

水果、蔬菜大量上市时，有的地方供过于求，使水果、蔬菜大量腐烂变质，造成很大的浪费。如果加工成速冻水果、蔬菜，可减少旺季时的损失浪费。

二、 速冻调理食品的分类

速冻调理食品产品按属性与加工方式可分为以下几类。

（一） 面米制品

以粮食或粮食制品与农产品、禽畜产品、水产品等为主料，配以植物蛋白、淀粉、调味料等辅料，经加热、调制、冷却后，快速冻结且有合适包装，在低温状态下贮存、销售的食品。此类食品包括各种花色的炒饭、烩饭、炒面、烩面、配餐、粥类、米粉、匹萨饼等产品。

（二） 裹面制品

以农产品、禽畜产品、水产品等为主料，经过加工制作，或配以调味料等辅料，成型后覆以面粉、淀粉、脱脂乳粉、蛋等加水混合调制的裹面浆或面包屑等裹面材料，或经油炸、冷却后，快速冻结且有合适包装，在低温状态下贮存、销售的食品。此类食品包括冷冻裹面鱼虾、肉类、禽块、可乐饼、果蔬等产品。

（三） 乳化肉制品

以禽畜产品为主料，经绞碎或配以植物蛋白、淀粉、调味料等辅料，搅拌、乳化、成型，或加热、冷却后，快速冻结且有合适包装，在低温状态下贮存、销售的食品。此类食品包括冷冻畜禽肉制成的丸类、饼类、肠类等产品。

（四） 鱼糜制品

以鱼肉或其他水产动物肉为原料，经均匀捣碎碾磨，配以植物蛋白、调味料等辅料，成型加热、冷却后，快速冻结且有合适包装，在低温状态下贮存、销售的食品。此类食品包括冷冻鱼、虾、蟹等丸类、糕类、肠类等产品。

（五） 菜肴制品

以农产品、禽畜产品、水产品等为主料（单一或搭配），配以调味料等辅料，经调味制作，或烹调、冷却后，快速冻结且有合适包装，在低温状态下贮存、销售的食品。此类食品包括冷冻各式生制、熟制菜肴产品。

（六） 烧烤（烟熏）制品

以农产品、禽畜产品、水产品等为主料，配以调味料等辅料，经过修割整形、腌制、定型等加工处理，进行烧烤或蒸煮（烟熏）、冷却后，快速冻结且有合适包装，在低温状态下贮存、销售的食品。此类食品包括冷冻烤鳗、烤（熏）肉、烤（熏）禽、肉肠、素肠、烤蛋等产品。

（七） 火锅汤料制品

以农产品、禽畜产品、水产品等原料熬制的“汤汁”，配以调味料等辅料，调制冷却后，快速冻结且有合适包装，在低温状态下贮存、销售的食品。此类食品包括各种海鲜、麻辣、酸辣口味等火锅汤料（锅底）产品。

（八） 汤羹制品

以农产品、禽畜产品、水产品等为主料，添加水、调味料等辅料，经过调制、烧煮、冷却后，快速冻结且有合适包装，在低温状态下贮存、销售的食品。此类食品包括冷冻畜禽汤、海鲜汤、蔬菜汤、杂烩汤、奶汤等中西式汤肴产品。

项目二 冷冻调理食品的加工技术

冷冻调理食品的制造工艺包括原料处理、调理（成型、加热、冻结）及包装。

一、 原料处理

原料处理时应对操作环境和操作状态进行管理。在使用冷冻品原料时要进行解冻的管理、用水的水质管理。

（一） 操作环境

操作环境管理的主要目的是减少开始阶段的细菌污染。已清洁过的原料要从第一阶段开始保证不再被污染。操作环境管理包括：给排水、换气的检查、室温、水温、原材料的保管状态和保藏室的温度检查；对于作业台、货架、水槽、砍板、饮具和石具等其他操作使用的机械器具和容器要选择适当。

（二） 操作状态

从前处理操作起，要对冷却的必要用水量，有无不良的原材料、农药残留量、附着的异物和夹杂物等进行检查，所有这些因素，都对保持制品的品种和原料原有的价值具有非常重要的作用。

1. 原料的品质

具备冻结加工条件的食品，初始质量的好坏直接影响到速冻食品的质量。对于果蔬类食品，采摘方式、虫害、农药污染以及成熟度等是影响初始质量的主要因素。收获时间过早或过晚、虫害和农药污染严重，以及采摘时造成机械损伤等都不利于冻结加工。对于肉类食品，屠宰前家禽的安静休息、冲洗干净、宰杀放血、干净卫生、胴体污染限制到最小程度以及对胴体进行适当冷却等，都是保证冻结质量的重要措施。为了保证鱼类及其他水产品的新鲜度，应在捕捞后迅速冻结。另外果蔬收获、禽畜屠宰、渔获与冻结加工之间的时间间隔越短，冻结加工后的食品质量越好。对于果蔬类食品，如青豌豆，收获24h后再冻结加工会出现严重的脱水、变色等现象，即使采用先进的流态化冻结方法冻结，其产品质量，尤其是颜色、口感等都大大下降。

对肉类、蔬菜、水产品和其他小麦粉类、面包粉类等，除在收受时对规格、数量、异物、变色、变臭、鲜度、异常肉、病虫害等进行感官检查外，还要进行必要的细菌检查和调理试验。对食肉、鱼肉等冷冻食品原料，冷库温度要在-25℃以下，蔬菜库温一般在0～5℃；小麦粉、面包粉、淀粉、调味料等原料一般在常温10～18℃的条件下保管。

2. 原料的前处理

无论何种原料，一般都需要在冷却、冷冻前进行前处理，这个过程统称为食品的前处理工程。

（1）果蔬类食品冻结前的加工处理　果蔬类食品冻结前的加工处理包括原料的挑选及整理、清洗、切分、漂烫、冻结等环节。对每一环节必须认真操作，任何操作不当都会影响冻结质量。

酶的数量及作用对于果蔬类食品冻结质量的影响尤为重要。酶是一种在有机体内促进化学转化的生物，对热十分敏感，在-40℃以下或70～100℃丧失活性。因而应控制一定的漂烫时间及温度，不经过漂烫直接进行冷冻不可能完全消除其活性。个别品种因工艺要求也可不经漂烫而直接冻结。

（2）肉类食品冻结前的加工处理　为保持肉类食品的鲜嫩度，冻结加工前需要有一个成熟过程，也就是经0～4℃冷却间内预冷却或在温度10～15℃状态下高温成熟。在此过程中，应该选择最佳冷却条件和冷却方式。一般认为低温冷却的空气温度0～4℃、相对湿度86%～92%、流速0.15～0.5m/s为宜。

3. 加工处理时的操作

（1）食肉从低温库移出时，要使品温升到-7℃预备解冻，然后用切片机切割后再用切碎机切碎，或者用压轧机切成细段，再做粉碎处理。这种场合还需注意是否有异物混入，同时要使肉温在-5～-3℃的条件下保存。

（2）对水产品、虾类，要用流水解冻法，并剔除异物、夹杂物和鲜度不良及黑变的虾。

（3）对肉糜预解冻后，用切碎机切碎后做肉馅处理。

（4）对蔬菜类要进行选择，剔除夹杂物和已腐烂不可食用的部分，经水洗后切碎。

（5）对畜肉、鱼肉、蔬菜等种种原料经过调理组合后制造出来的调理食品，原料的品种、部位、收获地、收获时期等因素及加工时处理是否适当都会影响到食品的品质和营养成分，这些是使食品品质变动的重要因素。

4. 原料的解冻

解冻前的食品品温，解冻介质的种类和温度，解冻终了时的食品温度和解冻的均匀性，解冻中的干燥、液滴量、解冻量和具体操作情况以及细菌检查情况等都属于解冻管理内容。

应根据品种、形状来选择解冻方法，并注意以下几点。

（1）解冻前的品质　冷冻品的品质决定于原料的品质和冷冻贮藏条件，如果冻结前品质优良、解冻方法得当，对食品的品质、风味的影响就比较小。

（2）解冻速度　在解冻过程中，所使用的空气和水的温度、流速等条件，都会对食品的品质产生影响。具体内容详见模块四项目七中的有关内容。

（3）解冻终温　解冻终温比解冻速度对食品品质的影响更大。解冻终温与解冻食品利用的目的有关，一般生鲜食肉和鱼肉经解冻作为原料时，以保持在冻结点以下的半解冻状态（中心 -5℃）为好，以刀能切断为准，解冻介质的温度以不超过10～15℃为宜。冻结物品在冻结前处理时，最好把冻品做得薄一些，表面积大一些，以便实现均一解冻，保证冻品的质量。对植物性食品如青豆等为了防止淀粉β-化宜采用蒸汽、热水、热油等高温解冻；对易出现解冻僵硬的冻品应先把冻品放在0～2℃的空气中7～10天，将肉的品温降至 -3～-2℃呈半解冻状态，此时冻结率在50%～70%，然后放到10℃的空气中进行第二次解冻。

（4）解冻方法和解冻装置　详见模块四项目七中的有关内容。

5. 水质处理

在水质管理方面，无论是洗涤原料还是在调理加工等各个工序中，所有用水水质都必须符合饮用水的标准。因为水质对冷冻制品的品质影响很大，即使是同一水源，在不同季节、不同时间里也会发生成分的变动，掌握这种变动就可根据需要进行消毒、杀菌处理和调整酸碱度。供水流量的变化、水压的变化及自动供水机械设备、节水装置等的卫生管理也是水质管理的重要内容。

我国现在执行的冷冻食品加工的水质标准为 GB5749—2006。详细内容参见《生活饮用水卫生标准》中的内容。

6. 原料的调制

原料的调制是将食肉、蔬菜、淀粉、调味料、香辛料、食用油、水等根据配方正确称量，然后按顺序一一放到混合锅内。原料的混合过程兼有调味的过程，要混合均匀。搅拌过度则其食感不好，混合时间应为2～5min。调制时应根据制品的要求选用设备（各种类型的混合搅拌机）。在混合工艺中，温度管理很重要，各种原料混合时的品温都不能升高，一般采用冰或干冰颗粒来调节温度，也有的在混合搅拌机的外面装配冷媒循环的冷却夹套来保持低温，温度控制在5℃以下。由于混合原料的产地、收获时间、使用部位等不同，其含水量也各有差异，对以后的成型工艺会产生影响，所以要控制和把握好混合终了时的含水量。在调理冷冻食品品质标准里，还规定了原材料的含水率。因此，原料调制时一定要将原材料的混合管理看作是生产具有一定品质的制品的一项重要工作。

二、成型

在冷冻食品成型方面，由于食品的种类不同，冷冻食品的形状也各式各样，如烧卖、饺子、包子、春卷等形状各不相同，且有很大区别。食品的成型一般都是采用成型机制作。成型机最主要的功能是进行定量分割，能使制品具有一定的形状、一定的质量，设备的结构不能损伤食品原材料，作业后要容易洗涤和杀菌。对面包附粉机、黄油挤压机等，通常要求配套，能自动而连续地进行工作。黄油要滑溜，能引起良好的食感，在作业中要保持一定的黏度，要保持能在机械循环中流通。面包粉的附着量不能过多，否则易引起黄油量过多，从而引起恶感。因此在成型工艺中小麦粉的选定、低温管理、黏度的调节等因素是影响食品品质的重要因素。

三、加热

加热条件不但会影响产品的味道、口感、外观等重要品质，同时在冷冻调理食品的卫生保证与品质保鲜管理方面也是至关重要的环节。按照该类产品的“最佳推荐工艺”（GMP）、“危害因素分析与关键点控制”（HACCP）和该类产品标准所设定的加热条件，必须能够彻底地实现杀菌的目的。一般要求产品中心温度达到70～80℃。像汉堡包等焙烤类产品，在管理烤箱加热温度、时间的同时，还要看烤后的色泽、形状及产品中心温度，这类食品一般要求中心温度在70℃以上。烧麦等蒸制品的加热，要按照设备与工艺要求保持规定的蒸汽压和蒸煮装置的温度；入口、中心与出口处均应保持在规定的温度指标范围内；蒸制时间还要依据蒸制后的形状和温度来加以确认。产品冷却后再进行冻结。

四、冻结

对冷冻食品的品质，消费者在感官方面最为关心的是食感（食味）。构成食感的因素很多，主要是蛋白质、碳水化合物、脂肪和水等，蛋白质类食品经过冷冻，食感会降低，主要原因是蛋白质在冷冻中会发生变性，使食品的口感和滋味下降，使这方面的负面影响降到最低且最有效的办法是快速、低温冷冻。

近年来，国际和国内先后出现了许多新型调理食品的冻结设备，从原来的箱式速冻机发展到螺旋式、液氮式、隧道式、平板式等各种速冻设备。对速冻方便食品的生产，目前在冷冻装置中IQF（零散冻结）设备占有较大优势，它形体小，冻结时间短，快速的冻结方法使食品品质和产量不断提高，另外由于生产省力、装置简便，可有效地利用作业场地，实现工程系列化，充分体现了品质、卫生、生产等方面较其他产品的优越性。虽然IQF也曾生产过品温不合格的制品，但主要原因是没有进行深度冻结的缘故。由于食品的种类、形状与冻结时间的不同，在管理上必须注意根据制品的每个表面、中心、平均品温的数据，采取适当的冻结条件。

五、 包装和冻藏

从冻结装置出来的制品要立即在低温条件下进行包装，不能停滞，要防止品温升高。为了快速进行包装，一般采用自动包装机进行。在包装操作时，要考虑到包装材料无异物、灰尘和臭味。带臭气的材料主要是塑料加工时由于受热而产生氧化臭所致，印刷时的油墨及在加工薄板时使用的黏合剂也可产生异味。包装后食品入库前，再次检查有无异臭传带给制品很有必要。

在包装作业中，对包装材料的入库、出库数量，有无返回品，以及作业中其他原因造成的损耗数量的管理要细心；还要对包装机械的检查，制造时间的印记状况、封印状况，耗费劳动时间的确认进行管理。一般在这道工艺中，配有金属探测器。

不适宜的包装，或冷冻食品保管温度的变动，会导致食品质量损耗、干燥、油脂氧化（酸败）、失去风味等现象迅速发生，使冷冻食品品质恶化，因此要认真检查包装状况。

包装结束后要立即进行冻藏。冷藏库的温度要控制在 -20℃以下，使产品中心温度保持在 -18℃以下，标准的保藏温度是 -18℃。一般要求冷冻食品几乎都要达到 1 年的冷冻保管寿命，所以保持低温条件是十分必要的。另外，冷冻食品入库后要稳定地堆装，食品的堆码方式直接影响着食品的保管。合理的堆码，不仅能使食品不变形、不变质，保证食品贮存安全，同时还能提高仓容的利用率，并方便食品的保管保养和收发。堆垛时要垫垛，一般垫高 20 ~ 40cm，底垫与地面间距要保持 10 ~ 15cm，以便于通风。冷冻食品入库堆垛后要定时测量并记录库温，坚持先入先出的原则，冷库温度的变动幅度为 ±2℃。

六、 速冻调理食品的低温冷藏链

速冻调理食品因加工工艺的不同，其种类很多，很难做统一的规定和划分。但它们的共同点就是都要经过煮或蒸或油炸等加工工艺。由于速冻调理食品的类别不同，在制造过程中其低温体系有所区别，但低温控制则是共同的。一种是以 0℃为中心、±10℃左右的低温控制，多半是在原料保质及其制造产品的过程中实施的；另一种是成品制成后，在冻结、贮藏、输送（包括配送）、销售、消费过程的冰箱中贮藏的低温控制，要求食品的温度保持在 -18℃以下。这两种低温控制构成了速冻调理食品的低温冷链。

建立和完善速冻调理食品的冷藏链的基础条件主要有两条：第一是具备必要的设备、装置及其配套设施；第二是企业管理者、从业人员要具备质量意识和认真负责的工作态度。这两者缺一不可，只有两者协调发展，速冻调理食品才能得到全面的质量控制，才能使广大消费者购入满意的速冻调理食品，从而赢得市场信誉，进一步促进速冻调理食品的发展。

项目三　速冻食品的包装

近几年随着超市、连锁店的快速发展及冷藏链的形成，冷冻食品越来越受到人们的喜爱。随着冷冻食品包装的不断普及，对包装材料的性能也提出了更高的要求。冷冻食品包装的基本要求是从生产、运输到销售，保持其产品的品质特性，防止细菌污染且食用要方便。

一、常用冷藏品包装材料的种类

（一）冷藏品包装的分类

现代包装种类很多，因分类角度不同形成多样化的分类方法。

1. 按流通过程中的作用分类

包装可分为销售包装和运输包装。

（1）销售包装（小包装或商业包装）　对商品具有保护作用，更注重包装的促销和增值功能，通过包装装潢设计手段来树立商品和企业形象，吸引消费者、提高商品竞争力。瓶、罐、盒、袋及其组合包装一般属于销售包装。

（2）运输包装（大包装）　具有很好的保护功能以及方便贮运和装卸功能，其外表面对贮运注意事项应有明显的文字说明或图示，如“防雨”、“易燃”、“不可倒置”等。瓦楞纸箱、木箱、金属大桶、各种托盘、集装箱等都属运输包装。

2. 按包装的结构形式分类

包装可分为贴体包装、泡罩包装、热收缩包装、可携带包装、托盘包装、组合包装等。

贴体包装是将产品封合在用塑料片制成的、与产品形状相似的型材和盖材之间的一种包装形式。泡罩包装是将产品封合在用透明塑料片材料制成的泡罩与盖材之间的一种包装形式。热收缩包装是将产品用热收缩薄膜裹包或装袋，通过加热使薄膜收缩而形成产品包装的一种包装形式。可携带包装是在包装容器上制有提手或类似装置，以便于携带的包装形式。托盘包装是将产品或包装件堆码在托盘上，通过捆扎、裹包或粘接等方法固定而形成包装的一种包装形式。组合包装是将同类或不同类商品组合在一起进行适当包装，形成一个搬运或销售单元的包装形式。

此外，还有悬挂式包装、可折叠包装、喷雾式包装等。

3. 包装材料和容器分类

包装材料和容器分类如表 8－2 所示。

表 8-2 包装材料和容器分类

包装材料	包装容器类型
纸与纸板	纸盒、纸箱、纸袋、纸罐、纸杯、纸质托盘、纸浆模塑制品等
塑料	塑料薄膜袋、中空包装容器、编织袋、周转箱、片材热成型容器、热收缩膜包装、软管、软塑料、软塑箱、钙塑箱等
金属	马口铁、无锡钢板等制成的金属罐、桶等，铝、铝箔制成的罐、软管、软包装袋等
复合材料	纸、塑料薄膜、铝箔等组合而成的复合软包装材料制成的包装袋、复合软管等
玻璃陶瓷	瓶、罐、坛、缸等
木材	木箱、板条箱、胶合板箱、花格木箱等
其他	麻袋、布袋、草或竹制包装容器等

4. 按销售对象分类

包装可分为出口包装、内销包装、军用包装和民用包装等。

5. 按包装技术方法分类

包装可分为：真空和充气包装，控制气氛包装，脱氧包装，防潮包装，冷冻包装，软罐头包装，无菌包装，热成型、热收缩包装，缓冲包装等。

包装分类方法没有统一的模式，可根据实际需要选择使用。

（二）速冻食品包装材料的特点

1. 耐温性

最能耐低温的是纸，一般在 -40℃以下仍能保持其柔软性。其次是铝箔和塑料，一般在 -30℃时还能保持其柔软性，但塑料遇超低温时会脆化。速冻食品耐高温性一般以能耐 100℃沸水 30min 为合格。

2. 透气性

速冻食品包装必须采用透气性低的材料，以能保持速冻食品的特殊香气及防止干耗。

3. 耐水性

速冻食品的包装材料需防止水分渗透以减少干耗。但不透水的包装材料由于环境温度的改变，易在包装材料上凝结雾珠，使透明度降低，使用时还需考虑环境温度。

4. 耐光性

放在超市冻藏陈列柜中的速冻包装食品经常受荧光灯照射，所以选用的包装材料及印刷颜料必须耐光，否则包装材料的色彩恶化会使其商品价值下降。

二、 冷冻食品包装易出现的问题

（1）袋子的耐冲击性能差：运输、装卸、货架摆放过程中容易受到外来力的破坏，极易出现破袋、开袋现象，不但影响包装产品的外观，同时也不能起到包装本身应有的保护作用。

（2）包装袋本身的爽滑性不好：生产过程中表现为开口性较差，生产效率低，同时也会使包装袋的使用率降低，对成本造成浪费。

（3）包装袋的热封强度不够、热封温度过高造成热封层的损害现象：造成包装袋的保护性能降低，内容物的保质期大大缩短，使内容物达不到相应的保质期。

（4）包装袋层间剥离强度小、拉断力不够：包装袋的力学性能较差，造成包装袋分层、包装袋不能够达到应有的承重作用，对内容物不能起到有效的保护作用。

（5）冷冻食品的耐寒性达不到要求：在温度较低的情况下，不能保持材料原有的性能，包装材料较脆，使包装材料的力学强度下降，造成包装袋破裂及开裂，更不能满足对内容物的保护作用。

（6）包装袋的易撕口的作用不能有效发挥：撕裂强度太大造成包装袋不易开口，撕裂强度太小造成包装袋力学性能的降低，所以既要满足包装袋易撕口的人性化设计，同时也要完成产品的保护作用。

（7）包装袋的穿刺性能不高：冷冻食品冷冻后一般比较坚硬，特别是鱼、肉制品，含有骨头及硬质物体，运输及堆放中产品挤压很容易使包装袋穿破，使包装袋密封性遭到破坏，因此冷冻食品对包装袋的穿刺性能要求很高。

三、 速冻食品包装

（一）速冻食品包装常用的材料

速冻食品包装材料按用途可分为：内包装、中包装和外包装。内包装材料有聚乙烯、聚丙烯、聚乙烯与玻璃纸复合、聚乙烯与尼龙复合、铝箔等。中包装材料有涂蜡纸盒、塑料托盘等。外包装材料有瓦楞纸箱、耐水瓦楞纸箱等。按性质则可分为：薄膜包装、硬塑包装和纸包装。

1. 薄膜包装材料（一般用于内包装）

（1）对薄膜包装材料的要求　耐低温性，即在 -30 ~ -18℃下必须保持弹性；耐高温性，能耐 100 ~ 110℃的温度；不移味性，材料的味不能移到食品上；热封口性，易热封并有一定的密封强度；不透气性，特别是氧气透过率要低；透明性，能透过包装材料清晰地看清食品；耐油性；印刷性，易印刷，色彩能吸引顾客；价格适中。

（2）常用的薄膜包装材料

①聚乙烯：聚乙烯（PE）是由乙烯单体在一定条件下聚合而成的高分子化合物。合成条件不一样，产物有差异，主要有：高密度聚乙烯（HDPE）、低密度聚乙烯（LDPE）、中密度聚乙烯（MDPE）、线性低密度聚乙烯（LDPE）、超高密度聚乙烯（UHMW - PE）。

低密度材料的韧性、冲击强度、抗拉性较高，而且可以在低温条件下热封口。在包装上主要制成薄膜，用于防潮食品的包装、生鲜果蔬的保鲜包装、冷冻食品的包装、热收缩包装，大量用于复合材料的耐热层，也用作塑料制品及泡沫缓冲材料。

速冻食品大多采用聚乙烯材料包装，包装内冷冻雾气少，低温下有一定的柔韧性。

②聚丙烯：聚丙烯（PP）为世界上产量最大的塑料品种，是由丙烯单体聚合而成的高聚物。它防湿性好，气密性比聚乙烯稍高，耐低温性可达 -40℃，与玻璃纸有同样的印刷效果，广泛用于食品包装。

③聚酯：包装上所用的聚酯（PET）一般指聚对苯二甲酸乙二醇酯，俗称涤纶。PET 薄膜耐热性好，适用于冷冻食品和蒸煮食品，亦耐低温；但耐碱性较差，透气性差。适用于真空包装的食品，也可制作耐高温的可烘烤纸盘。

④聚酰胺（PA）：聚酰胺俗称尼龙（NY），是一类在主链上含有许多重复酰胺基团的聚合物。PA 以薄膜形式用于食品包装，特别是油性食品、高温蒸煮食品和深冷冻食品（多是复合形式），也可用于农药、化学试剂等的包装。

为了改善包装材料的性质，扬长避短，常采用两种材料构成的复合材料，常用的有聚乙烯玻璃纸、聚乙烯涤纶薄膜、聚乙烯铝箔等。

2. 硬塑包装材料（一般用于制托盘或容器）

（1）聚氯乙烯　聚氯乙烯（PVC）是世界上第二大塑料品种，我国产量最大。聚氯乙烯有硬质和半硬质两类，亦可制成薄膜，但耐低温性差。分有毒和无毒两种，选用时需注意。聚氯乙烯薄膜透气性好、成本低，透光度和光泽度都较好，并有良好的抗刺穿性。

PVC 瓶可用于矿泉水、食用油、调味品的包装。PVC 制成各种薄壁容器和硬质包装容器，透明，大量用于食品和药品包装。硬质 PVC 瓶无毒质硬，透明性很好，食品包装上主要用于食用油、酱油及不含气饮料等液体食品的包装。

（2）聚碳酸酯（PC）　聚碳酸酯瓶（PC）耐低温性好，具有极高的强度和透明度，耐热耐冲击，耐油及耐应变。但其最大的不足是价格昂贵，加工性能差，加工条件要求高，耐酸耐碱性差，故其应用较少。在食品包装上用作小型牛奶瓶，可进行蒸汽消毒，也可采用微波消毒，在国外广泛应用。

（3）聚苯乙烯　聚苯乙烯（PS）是由苯乙烯单体加聚合成的，是世界上第三大塑料品种。聚苯乙烯的特点是光亮透明，尺寸稳定性好，阻气防水性能也较好，价格较低，能耐水、油和碱，且不会成为培养细菌的基质，为速冻食品包装中最常用的容器材料。

3. 纸包装材料

速冻食品的包装中以塑料类居多，纸包装较少。原因是纸防湿性差、防气性差（即香气、臭气都能通过）、透明性差等缺点。但纸包装的优点是，容易回收处理（有绿色包装材料的美誉），耐低温性极好，印刷性好，包装加工容易，并且其保护性好、价格低、开封容易、光线遮断性好等。因此纸包装材料的应用有上升的趋势。

包装用纸品种很多，食品包装必须选择适宜的包装用纸，使其质量指标符合保护食品质量完好的要求。为了改善纸包装的性能，常采用经处理的纸，如羊皮纸、牛皮纸、蜡纸、玻璃纸、铝箔及纸箱用的瓦楞纸等。

牛皮纸机械强度高，并富有弹性，抗水性、防潮性和印刷性良好，大量用于食品的销售包装和运输包装。如包装点心、粉末等食品，多采用强度不太大、表面涂树脂等材料的牛皮纸。

羊皮纸也可以认为是一种加工纸，具有良好的防潮性、气密性、耐油性和机械力学性能，适于油性食品、冷冻食品、防氧化食品的防护要求，可以用于乳制品、油脂、鱼肉、糖果点心、茶叶等食品的包装。

鸡皮纸纸质坚韧，有较高的耐破度、耐折度和耐水性，有良好的光泽，可供包装食品、日用百货等，也可印刷商标。根据定货要求可生产各种颜色的鸡皮纸。

透明性极好，质地柔软，厚薄均匀，有优良的光泽度、印刷性、阻气性、耐热性，且不带静电；但它的防潮性差，撕裂强度较小，干燥后发脆，不能热封。

主要用于糖果、糕点、化妆品、药品等商品美化包装，也可用于纸盒的开窗包装。

一般来说，牛皮纸、羊皮纸可用于分割肉、肥肉、火腿、熏肉等速冻食品的包装，但成本比塑料薄膜要高。玻璃纸透明性好，具有抗热性能，适于机械操作，还可用层压法与其他塑料结合在一起组成复合包装材料，可防止速冻肉类干缩。铝箔可一次成型，所以使用很广。但值得注意的是铝箔包装不适用于微波炉解冻，因为铝箔会把微波反射掉。

（二） 速冻食品的特种包装

1. 气调包装

气调包装指通过改变包装内的气体成分使食品处在与空气组成不同的环境中而延长保藏期的包装，也称充气包装和气体置换包装，它更适宜于易碎和有棱角的食品。

气调包装充入的气体可以是单一的 CO_2或 N_2，也可以是一定比例的 N_2+CO_2或 $N_2+CO_2+O_2$，其作用如下。

N_2：防止油脂氧化酸败，保持食品的色、香、味以及控制虫卵和微生物的发育。对油性食品如油炸马铃薯片、点心、黄油和花生豆等，芳香性食品如茶叶、咖啡和各种调味品，以及需要防虫的食品如粮食、干蘑菇和其他干燥食品都可采

用充 N_2包装。

CO_2：抑制霉菌和细菌的发育，同时降低包装内的 pH，谷物食品充 CO_2较合适。

N_2+CO_2：具有 N_2和 CO_2的双重效果。

$N_2+CO_2+O_2$：这类混合气体中含有 O_2，主要是保持鲜肉类食品的色泽和维持有生命果蔬食品的正常新陈代谢。

食品气调包装材料要有一定的抗撕裂和抗戳穿强度，气体阻隔性好（生鲜果蔬包装除外），以及水蒸气阻隔性、抗雾性与热封性要好。气调包装环境要具备恒定的足够低的冷藏温度。

2. 真空包装

食品真空包装是把被包装食品装入气密性包装容器，在密闭之前抽真空，使密封后的容器达到预定真空度的一种包装方法。

真空包装由于排除了包装内部的空气，因而加速了热的传导，提高了高温杀菌效率，同时连袋加热、杀菌时避免了因气体膨胀而使包装破裂的现象。但真空包装不适于包装易碎、易变形、易结块的粉状食品以及硬而尖的有棱角的物品。真空包装由于包装内部处于一种真空状态，所使包装材料要求阻气性要好。食品真空包装的保质效果不仅取决于采用较高真空度的包装机械，也取决于采用正确合理的包装技术。包装后一般还需适当的杀菌与冷藏：加工食品真空包装后还要经 80℃、15min 以上的加热杀菌；生鲜食品在真空包装后应在低温状态（10℃以下）下流通与销售。

项目四 常见速冻调理食品的生产工艺

一、 速冻点心类

由于点心类食品的加工方法各异，其速冻性能也差异较大，因此对不同种类的点心，速冻要求也不同。如对带馅点心，要同时满足包皮和馅心两方面的速冻要求，由于包皮较薄，易于速冻，而馅心属加工后的原料，加工中产生的大量气体和含盐量使厚馅的速冻较慢，因此速冻时为防止馅心冻不透，预冷尤为重要。

（一） 速冻汤圆

汤圆，中国代表小吃之一，糯米粉等做的球形食品，大多有馅儿，带汤吃，有的地区叫汤团。据传，汤圆起源于宋朝。当时各地兴起吃一种新奇食品，即用各种果饵做馅，外面用糯米粉搓成球，煮熟后，吃起来香甜可口，饶有风趣。因为这种糯米球煮在锅里又浮又沉，所以它最早叫“浮元子”，后来有的地区把

“浮元子”改称元宵。

1. 原料配方（以芝麻、花生为例）

糯米粉50kg，熟面粉20kg，熟芝麻20kg，熟花生30kg，花生油5kg，白砂糖（细）30kg，香油2kg。

2. 工艺流程

制馅
　　＞——→包制——→速冻——→包装——→冷藏
制皮

3. 制作方法

（1）制馅　将面粉烤熟过筛备用。将芝麻水洗烤熟或炒熟过筛备用。将花生炒熟去皮、拣选，和处理好的熟芝麻一起磨碎。然后加入细白砂糖、熟面粉拌匀，再加入花生油、香油拌匀，最后加少量水使馅、料软硬合适。按要求团搓成质量不同的馅进行冻结。

（2）制皮、包制　将糯米粉倒入和面机中，加入50kg水，搅拌和成光滑的粉团，取出分成不同质量的剂子。然后将剂按成面片，包入事先冻好的汤圆馅团成圆团，不得漏馅。

（3）速冻　将团好的汤圆摆入不锈钢托盘中，送入－30℃以下的速冻机中冻结。

（4）包装　将冻好的汤圆按照不同品种、不同规格的要求进行包装、装箱。

（5）冷藏　将包装、装箱的速冻汤圆尽快送入－18℃以下冷藏库中贮藏。

（二）速冻水饺

饺子又称为水饺，形如半圆形，内有菜肉馅心，水煮即可食用，是我国北方传统的风味小吃。每逢佳节，北方人都喜欢包饺子欢度节日。按馅心的不同，常见的品种有三鲜、白菜、鲜肉、芹菜、青椒等馅的饺子。速冻饺子食用时与普通饺子相似。下面以三鲜饺子为例介绍其制作及其速冻方法。

1. 原料配方

精粉50kg，猪肉50kg，海参10kg，大虾10kg，玉兰片10kg，葱花5kg，姜末0.5kg，味精0.5kg，面酱0.5kg，骨汤25kg，食盐1kg，花生油5kg，香油1kg。

2. 工艺流程

制馅
　　＞——→包制——→速冻——→包装——→冷藏
制皮

3. 制作方法

（1）制馅　将猪肉绞成肉末，加入骨汤搅拌呈黏稠状。将海参切成小丁，大虾去皮切成小丁。玉兰片剁成末，然后混合在一起。加入花生油、面酱、葱花、姜末、味精、食盐、香油等，搅拌均匀即成馅。

（2）制皮　将面粉倒入和面机中，加入25kg水，搅拌和成面团。取出饧1～3h，分切成约15g的剂子，擀成圆片。

（3）包制　取擀好的圆片，放入约15g的馅，捏合两边即成。

（4）速冻　将包好的水饺放入不锈钢托盘中，送入-30℃以下的速冻机中冻结。

（5）包装　将冻好的水饺按照不同品种、不同规格的要求进行包装、装箱。

（6）冷藏　将包装、装箱的速冻水饺尽快送入-18℃以下冷藏库中贮藏。

二、速冻肉制品类

（一）速冻鱼糜

1. 工艺流程

原料鱼→保鲜→前处理→清洗→取肉→漂洗→精滤→脱水→斩拌→成型→速冻→包装→冻藏→销售

2. 操作要点

（1）原料处理　选择鲜度好的鱼，用足够的冰来冷却，保鲜；避免室外堆放，及时进行前处理。严格控制货物在码头堆放的时间、温度及卫生条件。通过感官检查原料质量。验收人员仔细检查原料数量、大小等。

（2）前处理　用工具对鱼体去头、去内脏，同时除去附在腹腔内的黑膜，处理好的鱼及时保鲜，防止鱼体鲜度下降。定时清洁工作台面、工具。操作过程注意监督，控制检查时间和温度。

（3）清洗　将鱼体表面和腹腔内的污物充分洗净，洗涤水用冷水或加冰以降温。鱼体在水中浸泡时间不能过长，洗涤用水含氯浓度为50mg/kg。及时清洗场地，回收杂质。

（4）采肉　用采肉机取肉，速度快、温度低。检查采肉是否干净并及时调整采肉机。

（5）漂洗　鱼皮、浸出物、水溶性蛋白质等可使制品颜色变白、弹性好，鱼肉与水的比例为1∶5～1∶10，慢速搅拌8～10min，然后静置5～10min，去掉上层杂物和清液；水温保持5～8℃。第二次漂洗时加入0.1%～0.3%的食盐溶液。

（6）精滤　漂洗的碎鱼肉中含有一些细刺、鱼鳞、皮筋等，用精滤机除去这些杂物，以提高产品质量。设备冷却用冰水降温，保持鱼浆温度在10℃以下。

（7）脱水　精滤好的鱼浆进入螺旋式脱水机内进行脱水，调节脱水机，使水分不超过78%。

（8）斩拌或擂溃　将脱水鱼糜120kg倒入斩拌机内，添加调料，慢速斩拌1min，然后快速斩拌3min。

（9）成型　准确称量，及时填充，在成型机上成型，并放入标号标签。要求整齐、平整，卫生清洁。

（10）速冻　鱼糜在最短的时间内冻结。通常使用平板冻结机，环境温度 -35℃，时间为4h以内，使鱼糜的中心温度达到 -18℃。速冻鱼糜的制品温度越低，越有利于长期保藏，所以冷冻鱼糜冷藏温度要在 -25℃以下，并要求温度稳定。

（二）鱼丸

鱼丸（鱼圆）是我国具有代表性的传统鱼糜制品，深受人们喜爱。各地生产的鱼丸各具特色，根据有无包馅、有无淀粉和加热形式不同分为很多品种，其中福州鱼丸、鳗鱼丸、花枝鱼丸等享誉盛名。

1. 工艺流程

冷冻鱼糜→解冻　备馅

↓　↓

原料鱼→去头去内脏→洗涤→采肉→漂洗→脱水→精滤→擂溃→成丸→加热→冷却→包装→冷藏

2. 工艺要点

（1）原料鱼及前处理　原料鱼的品种和鲜度对鱼丸品质起决定性作用。签于鱼丸产品的不同要求，在前处理工序上也有区别。此外如采用冷冻鱼糜为原料进行鱼丸生产时，需先将冻鱼糜块做半解冻处理，或最好配置一台冻鱼糜切削机，将冻鱼糜块切成薄片（2~3cm厚）。但应注意解冻中的卫生并严防异物混入。

（2）擂溃或斩拌　此工序是鱼丸生产过程中很关键的工序，直接影响鱼丸的质量。为了确保鱼丸的质量，擂溃后的温度应控制不超过10℃，所以在擂溃之前一般都要预冷到3℃以下，对冻鱼糜原料由半解冻达到此要求。擂溃时可添加冷水、冰水甚至碎冰代水来控温。此外还应注意添加配料的次序。需说明的是油炸鱼丸较水发鱼丸加水量略少一些，使鱼丸略稠以防入油锅后散开。至于擂溃时间必须保证擂溃充分又不过度，一般整个擂溃时间控制在20~30min内。实际生产中，许多企业都以高速斩拌机代替擂溃机，只需10min左右，即可达到擂溃同样的效果。

（3）成型　经擂溃配料后的鱼糜盛于洁净的盘中，进行成圆。现代大规模（工业化）生产均采用鱼丸成型机连续生产，生产数量较少的，大都手工成圆，即靠握力将鱼糜从拇指与食指间的虎口处挤出，用汤匙刮起成圆。一般8~16g/丸。

（4）加热　鱼丸的加热有两种方式：水发鱼丸用水煮，油炸鱼丸用油炸。

（5）冷却　鱼丸加热后均应快速冷却降温，可分别采用水冷或风冷等措施。

（6）包装　包装前的鱼丸应凉透，同时按有关质量标准检验鱼丸质量，剔除不合格品（如不定型、油炸不透、焦煳等次品），然后按规定分装入塑料袋中封口。

（7）冷藏　包装好的鱼丸应在低于5℃以下保存，最好数日内销售完，不然应冷藏或采用罐藏。

（三）鱼香肠

1. 工艺流程

原料鱼→去头去内脏→洗涤→采肉→漂洗→脱水→精滤→擂溃→混合→充填/灌肠→结扎→加热→冷却→外包装

2. 操作要点

（1）原料及处理　原料鱼为金枪鱼、明太鱼、鲨鱼和淡水鱼等，也可用低值鱼类。加工时所用畜肉有瘦猪肉、牛肉、马肉、兔肉或羊肉等。原料鱼处理同冷冻鱼糜生产的基本工艺。原料畜肉则应经绞肉机绞碎。

（2）擂溃或斩拌　最好使用真空擂溃机。为改善口感的均匀一致性，应将畜肉充分搅拌后掺入到鱼糜中去，然后再按工艺配方添加淀粉、植物蛋白、调味料、着色料等其他配料。实际生产中这一工序由高速真空斩拌机完成。

（3）充填和结扎　将上述鱼糜经充填机压入肠衣内。所用的肠衣有天然肠衣（羊肠衣、猪肠衣）、人工肠衣（塑料肠衣、盐酸橡胶－聚偏二氯乙烯PVDC肠衣等）。香肠每节长则因规格不同而长短有异，现有鱼肉香肠规格有：30g/根、75g/根、130g/根、250g/根；鱼肉火腿有圆形肠及方形肠两大类，相应的规格分别为160g/根、224g/根、330g/根、1530g/根。

（4）加热　塑料肠衣的鱼肉香肠采用高温短时间杀菌，中心温度为120℃，时间4min。天然肠衣型香肠加热时所用水温一般为85～90℃，水煮时间35～60min，也可采用85℃水煮10min后，再用90℃水煮50min，这种梯度升温的两段加热方式，可以减少肠子的破损率。

（5）冷却　一般采用20℃水冷却。由于受热膨胀和冷却收缩的作用，肠衣会产生很多皱纹，为使肠衣光滑美观，常采用95℃左右热水中浸泡20～30s立即取出自然放冷即可展皱。

（6）外包装　将冷却展皱后的制品以冷风干燥表面，检验合格后贴上标签，然后入库。对天然肠衣制品则应尽快销售，并注意低温条件；而对塑料肠衣高温杀菌制品则可常温流通（10℃以下更佳）。

三、速冻调味配菜类

（一）速冻鱼香肉丝

1. 工艺流程

原辅料配方→切丝处理→调料制作→速冻

2. 制作方法

（1）原辅料配方　猪腿肉150g，冬菇、冬笋、红辣椒各25g，油、盐、料酒、醋、白糖、水淀粉、辣油、酱油、蛋清、葱、姜、高汤适量。

（2）切丝处理　将肉、冬菇、冬笋、红辣椒切成细丝，用蛋清和少许盐上浆后装盒。

（3）调味制作　将油、盐、料酒、醋、白糖、水淀粉、酱油用高汤调成调料汁，再用辣油煸炒葱、姜、辣椒后倒入调料汁，装袋封口即成配菜调味袋。

（4）速冻　将原料盒在 -30℃ 下速冻 5min 后取出，放入配菜调味袋后在 -18℃ 下冻藏和销售。

（二）速冻宫保鸡丁

1. 工艺流程

原辅料配方→切丁处理→调料制作→速冻

2. 制作方法

（1）原辅料配方　净鸡肉 200g，水发玉兰片 75g，清油、香油、辣豆瓣酱、盐、料酒、白糖、水淀粉、味精、酱油、蛋清、葱、姜、高汤适量。

（2）切丁处理　将鸡肉、玉兰片切成 1cm 见方的丁块，用蛋清和少许盐上浆后装盒。

（3）调料制作　将味精、料酒、白糖、香油、水淀粉、酱油用高汤调成调料汁，用清油煸炒葱、姜、辣豆瓣酱后倒入调料汁中，装袋封口即成配菜调味袋。

（4）速冻　将原料盒在 -30℃ 下速冻 5min 后取出，放入配菜调味袋后在 -18℃ 下冻藏和销售。

模块小结

调理食品又称为速食食品或方便食品，是将原料处理后，利用速冻装置使其中心温度降到 -18℃，并经包装后在 -18℃ 及其以下的条件进行冻藏和流通的方便食品。

冷冻调理食品的制作工艺包括原料处理工程、调理工程（成型、加热、冻结）及包装工程。

速冻食品包装材料应具有耐温性（耐高温和耐低温）、透气性、耐水性和耐光性的特点。速冻食品包装材料按用途可分为内包装、中包装和外包装。内包装材料主要采用薄膜包装；中包装材料主要采用硬塑包装；外包装材料主要采用纸包装。速冻食品的特种包装有气调包装和真空包装。

思考练习

一、名词解释

调理食品；速冻调理食品的低温冷链。

二、填空题

1. 速冻食品的包装材料应具有________、________、________和耐水性。

2. 速冻食品常使用的内包装材料有________、________和聚酯等。

3. 速冻食品特种包装的形式有________、________等。

三、问答题

1. 调理食品的特点?

2. 速冻调理食品原料解冻时的注意事项有哪些?

3. 速冻调理食品包装时易出现哪些问题?

四、工艺过程

简述速冻调理食品的制作工艺过程?

【实训一】 进、出库冷藏品外包装检验

一、实训目的

包装检验是对冷藏品的外包装和内包装以及包装标志进行检验。主要检验外包装是否完好无损，包装材料、包装方式和衬垫物等是否符合规定要求。除包装材料和包装方法必须符合标准规定外，还应检验内外包装是否牢固、完整、干燥、清洁，是否适于长途运输和保护商品质量、数量的习惯要求。品质检验亦称质量检验，运用各种检验手段，包括感官检验、化学检验、仪器分析、物理测试等。通过实训让学生了解冷藏品进、出库外包装检验的操作过程，掌握其操作要点。

二、实训内容

（一）准备工作

1. 核单

认证核查数据，按要求审查好每一单。做好进出货单的输入，货物进货、出货复核，冷库实货盘点。

2. 抽样

基本要求是要保证所抽取的样品单位对全部样品具有充分的代表性。按照有关的规范标准进行。

（二）操作步骤

1. 外观检验

（1）牢固、完整、清洁：检查包装外观是否清洁卫生、有无破损。

（2）色泽、气味：检查冷藏品的色泽、气味是否正常。

（3）触感、疵点：进行食品触感检验，检查有无疵点存在。

（4）表面缺陷：检查有无表面缺陷。

（5）标志、唛头：检查标志、唛头。运输标志又称唛头，它通常是由一个简单的几何图形和一些字母、数字及简单的文字组成，其作用在于使货物在装卸、运输、保管过程中容易被有关人员识别，以防错发错运。主要内容包括：收货人代号；发货人代号；目的港（地）名称；件数、批号。此外，有的运输标志还包括原产地、合同号、许可证号、体积与质量等内容。运输标志的内容繁简不一，由买卖双方根据商品特点和具体要求商定。

2. 检查是否符合样品或合同条件

对照样品或合同检查是否符合样品或合同条件。

3. 报告（出证）

经检查合格，可以报告（出证）。

4. 记录

按表格要求，填写数据，做好记录。

5. 复核

最后再进行复核。

三、注意事项

（1）严格按照物品外包装要求进行贮藏、存放。防止贮藏不当，导致冷藏品变质。

（2）外观质量检验主要是对冷藏品的外形、结构、色泽、气味、疵点、表面缺陷等进行检验。

（3）食品包装材料主要的安全性检测包括阻隔性能、机械性能、热封性能、溶剂残留量、迁移性能、密封性要求、材料的爽滑性。

四、实训报告

根据实训操作的步骤书写实训报告。

【实训二】　速冻食品堆码

一、实训目的

速冻食品验收入库时，根据仓库贮存规划确定货位后，应进行堆码、苫垫或密封。妥善的码垛、苫垫和密封技术是食品保藏过程中的一项重要工作，是搞好食品管理的一个重要环节。堆码是根据食品的包装形状、质量和性能特点，结合地面负荷、贮存时间，将食品分别堆码成各种垛形。食品的堆码方式直接影响着食品的保管。合理的堆码，不仅能使食品不变形、不变质，保证食品贮存安全，同时还能提高仓容的利用率，并便利食品的保管和收发。通过实训让学生了解速冻食品堆码作业的操作过程，常见的堆码形式，掌握其操作要点。

二、 实训内容

（一） 堆码操作前的准备工作

1. 信息沟通

了解将要入库的货物情况，如货物的品种、类别、数量和到库时间，并且安排堆码人员，熟悉入库货物，掌握仓库库场情况，制订堆码计划，合理组织人力，准备苫垫材料、作业用具。

2. 货位安排

选择和确定货位的原则如下。

（1）根据货物的尺度、货量、特性、保管要求选择货位。

（2）根据“先进先出”、“缓不围急”的原则选择货位。

（3）据出入库频率高低和贮存期的长短来选择货位。

（4）据“大不围小”、“重近轻远”的原则选择货位。

（5）据操作的便利性原则来选择货位。

（6）据作业量分布均匀的原则来选择货位。

（二） 确定冷藏品的种类及数量

了解货物种类，根据不同种类货物的特点进行相应准备。

要求通风的货物堆码：对需要防潮湿、需通风保管的商品，可在每件货物的前后左右均留出一定的间隔或空隙，码成通风垛，便于散发货物中所含水分和降低垛中的温度。

怕压货物的堆码：为了使货物不致受损，堆码时应根据货物承受力的大小，适当地控制堆码的方式和堆码的高度。对于体形不大或不太特殊的货物，为保证不被压坏，并充分利用库容量，可利用货架摆放。

容易渗漏的货物堆码：此类货物为方便检查，应堆码成小垛，并且成行排列，同时行与行之间亦应留有一定的间隔。

要了解贮藏品的种类特点、大小、形状，是否便于搬运装卸。对原包装不适应要求的，应事先进行整理、加固或改换包装。了解物品的规格、型号、包装标准，对货物进行外观检查，看有无受潮、进水、破损、变形、污染等现象。

掌握货物数量，设定货物堆码位置、货物堆码顺序建议，从而有效地利用现有仓库容量，提高作业效率。

（三） 确定贮藏品的码放方式

根据商品的基本性能、外形等不同，确定贮藏品的码放方式，常见贮藏品的码放方式包括：重叠式、纵横交错式、仰伏相间式、压缝式、宝塔式、通风式、栽柱式、衬垫式、“五五化”和架式等。

（1）重叠式堆垛　逐件逐层向上重叠码高而成货垛，此垛形是机械化作业的主要垛形之一，适于中厚钢板、集装箱等商品，堆码板材时，可逢十略行交错，以便记数。

（2）纵横交错式堆垛　将长短一致、宽度排列能够与长度相等的商品，一层横放，一层竖放，纵横交错堆码，形成方形垛。长短一致的箱装材料可用这种垛形。有些材料一头大、一头小的，要大、小头错开；底面大顶面小，可仰伏相间。如包装统一，可采用“二顶三”、“一顶四”等方法，在同一平面内纵横交叉，然后再层层纵横交错堆垛，以求牢固。这种垛形也是机械堆垛的主要垛形之一。

（3）仰俯相间式堆垛　一层仰放、一层俯放，仰俯相间而相扣，使堆垛稳固。也可以俯放几层，再仰放几层，或者仰俯相间组成小组再码成垛。

（4）压缝式堆垛　将堆垛底层排列成正方形、长方形或环行，然后起脊压缝上码。由正方形或长方形形成的垛，其纵横断面成层脊形。

（5）宝塔式堆垛　宝塔式堆垛与压缝式堆垛类似。但压缝式堆垛是在两件物体之间压缝上码，宝塔式堆垛则在四件物体之中心上码逐层缩小。

（6）通风式堆垛　需要防潮湿通风保管的商品，堆垛时每件商品和另一件商品之间都留有一定的空隙以利于通风。

（7）栽柱式堆垛　在货垛的两旁栽上两至三根木柱或者是钢棒，然后将材料平铺在柱中，每层或间隔几层在两侧相对应的柱子上用铁丝拉紧，以防倒塌。这种堆垛方式适宜于机械堆码，采用较为普遍。

（8）衬垫式堆垛　在每层或每间隔几层商品之间夹进衬垫物，利用衬垫物使货垛的横断面平整，商品互相牵制，以加强货垛的稳固性。衬垫物需要视商品的形状而定。这种堆垛方式适用于四方整齐的裸装商品。

（9）“五五化”堆垛　“五五化”堆垛就是以五为基本计算单位，堆码成各种总数为五的倍数的货垛，即大的商品堆码成五五成方，小的商品堆码成五五成包，长的商品堆码成五五长行，短的商品堆码成五五成堆，带眼的商品堆码成五五成串。这种堆垛方式过目成数，清点方便，数量准确，不易于出现差错，收发快，效率高，适用于按件计量的商品。

（10）架式堆垛　架式堆垛是利用货架存放商品，主要用于存放零星或怕压的商品。对于零星或怕压的商品在堆码过程中遇到的最大问题就是如何提高空间的利用率。如果采用上述的堆垛方法，零星商品数量小、品种杂，而不能够集中堆码；怕压商品必须降低堆放高度，因此都不利于存贮空间的充分利用。这些商品如果使用货架贮存就可以提高贮存空间的利用率。在库房中货架一行一行地排列，中间留有通道以便取放商品。为了进一步提高库房的面积利用率，还可以采用可移动式货架。可移动式货架能够沿着两条导轨做水平方向的移动，这样就可以减少货架间的通道数量。

(11) 托盘堆垛 商品从装卸、搬运入库，直到出库运输，始终不离开托盘，可大大提高机械作业的效率，减少搬倒次数。托盘堆垛的运用范围很广，包装整齐又不怕压的商品可以使用平托盘；散装或零星商品可以使用箱式托盘；怕压或形状不规则的商品，为了增加堆码高度，可以使用立柱托盘。堆码时四根立柱不但承受了上部质量，而且大大增加了稳定性。

（四）组织实施堆码

做好机械、人力、材料准备。垛底应该打扫干净，放上必备的垫墩、垫木等垫垛材料，如果需要密封货垛，还需要准备密封货垛的材料等。根据货物要求组织实施堆码。

三、注意事项

(1) 合理 对不同品类、规格、型号、形状、牌号、等级和批次的货物，必须分开堆码，不能混合、间杂堆码。对于不同货物应根据其性能、包装和结构特点，选用适合货物特点的垛形，占用面积、垛间、墙距、走道宽度要合理。码垛时位置的安排要分清入库的先后次序，以便贯彻“先进先出”的原则。

(2) 库内货位堆垛间距要求 距冻结物冷藏间顶棚 0.2m；距冷却物冷藏间顶棚 0.3m；距顶排管下侧 0.3m；距顶排管横侧 0.2m；距无排管的墙 0.2m；距墙排管外侧 0.4m；距冷风机周围 1.5m；距风道底面 0.2m；货物间大于 20cm 间距。

(3) 保障先进先出的原则 要求已陈列商品向前向左挪动，并检视之；新补货品由内而外，由左而右陈列。

(4) 冷藏物料一般是堆放在垫木上。垫木要坚实，要求刨光，经常保持清洁。每次出货，将垫木冲洗干净。

(5) 堆码过程应该及时、迅速，防止货物滞留，提高进出库效率，为企业提供快速、及时的供给能力。

四、实训报告

根据实训操作的步骤书写实训报告。

模块九　食品冷藏链技术

知识目标

1. 了解实现冷藏链的条件。
2. 掌握冷藏运输设备的工作原理。
3. 掌握冷藏销售设备的工作原理。
4. 掌握冷藏链的组成。

能力目标

1. 能正确选用冷藏运输设备。
2. 能正确使用冷藏销售设备。

项目一　食品冷藏链概述

在商业领域，食品的生产、运输、贮藏、销售始终伴随着冷却、冷冻、冷藏，形成了完善的冷藏链，成为食品工业中重要的系统工程。在食品冷藏链中，广泛应用着各种制冷技术和制冷机器，如冷藏库、冷藏汽车、冷藏火车、冷藏船、冷藏销售柜台、冰箱等。

一、 食品冷藏链的概念

1. 概念

食品冷藏链（coldchain，又称冷链）是指从生产到销售，用于易腐食品收集加工、贮藏、运输、销售直到消费前的各种冷藏工具和冷藏作业过程的总和。它是以制冷技术和设备为基本手段，以加工、贮藏、运输、销售易腐食品及其全过程为对象，以最大限度地保持易腐食品的原有品质、提供优质食品为目的的冷藏贮运设施与机构。易腐食品的性质要求从生产采摘起到销售消费的全过程中，要连续不断地保持在适宜的温度、湿度等条件下，并要求快速运输，具有良好的冷藏链物流系统。因此，易腐食品的生产采购、运输和销售各个环节必须在作业上紧密衔接，在设备数量上互相协调，在质量管理上标准一致，形成一个完整的“冷藏链”。

2. 国内外食品冷藏链发展状况

在欧美一些发达国家，很早就重视冷链物流系统的建立和管理问题，现在已经形成原料产地加工、销售、家庭食用的完整冷链体系，保证了速冻食品工业化和社会化。美、日、德等发达国家在运输过程中全部使用冷藏车或者冷藏箱，并配以先进的信息技术，采用铁路、公路、水路等多种方式联运，建立了包括生产、加工、贮藏、运输、销售等在内的新鲜物品的冷冻冷藏链，使新鲜物品的冷冻冷藏运输率及运输质量完好率都得到极大的提高。发达国家的水果、蔬菜等农产品在采摘、运输、贮藏等物流环节的损耗率仅为2%～5%，已形成一种成熟的模式。目前，发达国家的易腐食品（以价值论）已经占到销售总量的50%，并且继续增长。这一方面与人们生活质量的提高与饮食习惯的改变有关，另一方面也归功于易腐食品的生产、加工及贮运手段的改善。

我国目前尚未形成完整的冷冻冷藏链，我国的冷藏链从1954年开始建设，20世纪80年代后发展迅速。目前已出现了较为完整的冷链，从原料到消费每一个环节的冷链已经初步形成。目前，电冰箱的社会占有量在1.3亿台左右，在城市家庭中，冰箱普及率已达90%。介于两者之间的冷藏运输销售环节商用冷藏设施，由于造价高，普及使用受到一定限制。

商业用冷藏设施主要指商业零售环节冷藏设施，包括各种用途、各种形式和温度要求的冷藏柜。在20世纪90年代初，我国先后引进日本、美国技术，使商用冷藏柜生产有了相当数量和规模，产品的品种、形式也逐步适应了实际销售环节的需要，为完善食品冷链起了巨大作用。从整体冷链体系而言，中国的食品冷链还未形成体系，与国外冷藏链条件相比还有很大差距，冷链发展的滞后在相当程度上影响着我国速冻食品产业的发展。

我国冷链发展中存在的问题如下。

（1）完整独立的食品冷藏链体系尚未形成　从整体冷藏链体系而言，我国的食品冷藏链还未形成体系，无论是从我国经济发展的消费内需求着眼，还是与发达国家相比，差距都十分明显。目前大约80%的水果、蔬菜、肉类、水产品、牛奶和豆制品基本上还是在没有冷藏链保证的情况下流通的，冷藏链运输率不足20%。

（2）冷藏链各环节的发展不平衡，缺乏上下游的整体规划和整合　由于我国农业的产业化程度和产销一体化水平不高，从农业的初级产品来看，虽然产销量巨大，但在初级农产品和易腐食品供应链上，既缺乏食品冷藏链的综合性专业人才，又缺乏供应链上下游之间的整体规划与协调，因此，食品冷藏链体系存在严重的失衡和无法配套的现象，导致食品冷藏链的资源难以整合以及行业的推力缺乏。目前我国冷藏链的建设基本限于大、中城市的冷藏库建设，全面的冷链建设尚未形成。

（3）食品冷冻加工良莠不齐，国产速冻设备质量不高 目前全国2000余家冷冻食品生产企业，产量稳定在万吨以上的为数不多。冷冻食品的加工很不规范，虽然在生产设备和生产品种上都有一定的改观，但并没有完全适应市场发展的需要。由于在政策法规、管理体制、产业布局、产品质量、产品标准等方面缺乏统筹规划和指导，生产处于无序状态，市场比较混乱，加之在促进和引导消费方面工作力度不够，规模生产和统一的大市场尚未形成。

我国一些引进技术和设备的企业，产品水平接近国际先进水平，但设计能力、装备制造能力、技术服务能力等仍有差距。国内速冻机生产虽有一定基础，但是与国外同类产品相比存在着体积庞大、笨重、低温性能差、能耗高等问题。目前国内速冻机几乎全部采用轴流风机，与进口样机所采用的低噪声、低能耗、大风量、变频调速离心风机有较大的差距。速冻食品一年四季产品变换几十种甚至几百种，若固定一种风压与风量，不能适应不同食品品种的要求。

（4）未建立一套行之有效的管理体制 欧美发达国家已经基本建立起了适合于各类食品冷藏特点的高效冷藏链管理体制，而我国却至今未建立起一套真正意义上有效的食品冷藏链的管理体系。冷冻食品生产没有统一的行业标准和规范可循，导致冷冻食品的质量参差不齐。在冷冻加工品种、数量、质量、包装及管理等方面尚存在一些隐患。

（5）冷链配送技术落后，冷藏物流技术亟待提高 冷藏保鲜装置和冷藏陈列柜在大中城市中较大型的商场、食品超市或冻品专卖店配置较为齐全，但小城镇和农村市场的冷藏设备配置发展较缓慢；且国产冷柜质量参差不齐，性能不稳定，造成冷链中断。我国目前能耗少的冷柜产品也仅达欧盟的B、C级能耗水平。食品冷藏柜设施运行服务队伍尚未走向专业化、独立化。

我国的冷藏物流技术有待发展，高损耗的主要原因是缺乏有效的温度控制设施。许多先进的全程冷藏控温运行管理制度也还在建立中，不能及时使用，导致各个环节上的信息阻塞，易腐制品在运输途中经常发生无谓的延误。

（6）食品冷链的市场化程度很低，第三方物流服务不能到位 除了外贸出口的部分以外，大部分在国内流通的易腐食品的物流配送业务是由生产商和经销商完成的，食品冷链的第三方物流发展十分滞后，服务网络和信息系统不够健全，大大影响了食品物流的在途质量、准确性和及时性，同时食品冷链的成本和商品损耗很高。冷藏物流市场还没有形成规模，缺乏一批有影响力、全国性的第三方冷藏物流公司。

二、 食品冷藏链的组成

目前食品冷藏链的组成可分为：食品的冷冻加工、冷冻贮藏、冷冻运输和冷冻销售四个方面。

（1）食品的冷冻加工包括畜禽屠宰后的冷却与冻结、水产品捕捞后的冷却与冻结、果蔬采摘后预冷与速冻果蔬的加工、各种冷冻食品的加工等。主要涉及冷却装置与冻结装置。

（2）食品的冷冻贮藏包括食品的冷却贮藏与冻结贮藏、果蔬的气调贮藏。主要涉及各类冷藏库、冷藏柜、家用电冰箱等。

（3）食品的冷冻运输包括地区之间的中、长途运输及短途市内运输。主要涉及铁路冷藏火车、冷藏汽车、冷藏船、冷藏集装箱等低温运输工具。在流通领域，食品的冷冻运输必不可少。冷藏车船可以看作是可移动的小型冷藏库，是固定冷藏库的延伸。在冷藏运输过程中，温度的波动是引起食品质量下降的主要原因之一，因此，运输工具必须具有良好的性能，不但要保持规定的低温，更切忌大的温度波动，长距离运输尤其如此。

（4）冷冻销售包括冷冻食品的批发及零售等，由生产厂家、批发商和零售商共同完成。早期，冷冻食品的销售主要由零售商的零售车及零售商店承担。近年来，城市中超级市场的大量涌现，已使其成为冷冻食品的主要销售渠道。超市中的冷藏陈列柜，兼有冷藏和销售的功能，是食品冷藏链的主要组成部分。

三、 实现冷藏链的条件

虽然不间断的低温是冷藏链的基础和基本特征，也是保证易腐食品质量的重要条件，但并不是唯一条件。因为影响易腐食品贮藏和运输质量的因素还有很多，必须综合考虑、协调配合，才能形成真正有效的冷藏链。实现冷藏链的条件有以下几个。

（一） “3P” 条件

“3P”原则是指：易腐食品的原料（Products）、加工工艺（Processing）、货物包装（Package）。要求被加工原料一定要用品质新鲜、不受污染的产品；采用合理的加工工艺；成品必须具有既符合健康卫生规范又不污染环境的包装。这是食品在进入冷藏链时的“早期质量”要求。

（二） “3C” 条件

“3C 原则”是指：冷却（Chilling）、清洁（Clean）、小心（Care）。也就是说，要保证产品的清洁，不受污染；要使产品尽快冷却下来或快速冻结，要使产品尽快地进入所要求的低温状态；在操作的全过程中要小心谨慎，避免产品受任何伤害。这是保证易腐食品“流通质量”的基本要求。

（三）“3T”条件

“3T 原则”是指：产品最终质量还取决于在冷链中贮藏和流通的时间（Time）、温度（Temperature）、产品耐藏性（Tolerance）。“3T 原则”指出了冻结食品的品质保持所允许的时间和品温之间存在的关系。冻结食品的品质变化主要取决于温度。冻结食品的品温越低，优良品质保持的时间越长。

（四）“3Q”条件

即冷藏链中设备的数量（Quantity）协调、设备的质量（Quality）标准一致、快速（Quick）的作业组织。冷藏设备数量（能力）的协调能保证易腐食品总是处在低温的环境之中。因此产销部门的预冷站、各种冷库，铁路的冷藏车和制冰加冰设备、冷藏车辆段，公路的冷藏汽车，水路的冷藏船，都应按照易腐货物货源货流的客观需要，互相协调地发展。设备的质量标准上的一致性是指各环节的标准应当统一，包括温度条件、湿度条件、卫生条件以及包装材料。快速的作用组织是指生产部门的货源组织、运输车辆的准备与途中服务、换装作业的衔接、销售部门的库容准备等都应快速组织并协调配合。“3Q”条件十分重要，并且有实际指导意义。

冷藏链物流系统提供了一种全新的冷冻货物流通支持，可实现从生产、加工、运输到销售过程中多个不同环节之间的高效无缝对接。这种全新的货物流通系统已越来越受到重视，并不断完善。随着人民生活水平的提高，对食品的卫生、营养、新鲜、方便性等方面的要求也日益提高，冷藏链的发展前景将十分广阔。

项目二 冷冻品与冷藏品的运输设备

低温运输是食品冷藏链中十分重要而又必不可少的一个环节，由低温运输设备来完成。低温运输设备是指本身能造成并维持一定的低温环境以运输冷冻食品的设施及装置，包括库内运输工具、冷藏汽车、冷藏火车、冷藏船和冷藏集装箱等。

一、对低温运输设备提出的要求

不同的低温运输设备有不同的使用条件，对其提出的要求也不尽相同。一般来说，低温运输设备应满足如下的要求。

（1）具有一定的制冷能力，能及时排除外界侵入的热量，使食品保持规定的温度；有装货设备、通风循环设备，以保证货物合理装载，保证运输设备内温度均匀，必要时有可能换气。

（2）具有隔热处理的壳体，减少外界侵入热量。现代冷藏车已将传热系数 K 值降到 0.23W/（m^2·℃）以下。

（3）能根据运输食品的种类，调节、控制设备内的温度。

（4）制冷装置在设备内占用空间要小。

（5）制冷装置要轻，安装稳定，安全可靠，不易出故障。有可靠的测温仪表，以正确反映运输设备内的温度状况。

（6）运输成本要低。

二、 库内搬运工具

冷藏品在低温贮藏时，要采用“先进先出”的原则来进行。在进库贮藏时，必须认真考虑搬运操作的方便性。而搬运工艺与冷库内部的空间和布置又有直接的关系。

目前，搬运设备的种类非常多，它们一般是由电力来驱动的，通过自动或手动控制，实现把货物从一处搬到另一处。设备形式可以是单轨的、双轨的、地面的、空中的等。在具体使用时，要根据冷库的工艺要求正确选定。

（一） 常见搬运设备

1. 冷库的搬运设备有以下三种类型

（1）水平搬运设备　水平搬运设备有双轮手推车、手推或动力平板车、手动或动力的运输货盘，以及皮带、链条或辊筒的传送带（重力的或功力的）。

（2）垂直搬运设备　垂直搬运设备有提升机、月台电梯、垂直倾斜的传送机，以及人力或动力的堆码设备。

（3）水平与垂直移动两用搬运设备　水平与垂直移动两用搬运设备有手动或电动铲车、桥式起重机和可调节的动力搬运设备。

到目前为止，上述几种搬运设备已经在部分冷库中使用，从而提高货物接收的流动量，促使接收频率增高。大型多层冷库对货物接收分配时主要用传送带和铲车，进库之后再混合使用铲车和电梯。棚架冷藏库中铲车和传送带是它主要的搬运设备。

2. 搬运车辆

（1）人力搬运车辆　一般将不带动力（不包括自行）的小型搬运车辆称为人力搬运车。

手推车是一种以人力为主、在路面上从事水平运输的搬运车。它的特点是轻巧灵活，易操作，回转半径小，广泛地应用于厂内、车间、仓库、货场、站台等处，是短距离运输较小物品的一种方便且经济的运输工具。图 9-1 所示为常用手推车。

手推车的选择：首先，要考虑运件的形状和性质，当搬运多品种冷藏品时，

图9－1　常用手推车

应采用具有通用性的手推车；搬运单一品种冷藏品时，则尽量选用专用性的手推车来提高运输效率。其次，考虑运输量及运输距离，当运距较远时，载重量不易过大。还应考虑冷藏品的体积、放置方式、通道条件及路面状况等。

图9－2为手动托盘搬运车，它用于搬运装载与托盘货托架上的冷藏品。当货叉插入托盘或托架后，上下摇动手柄，使液压千斤顶提升货叉，托盘或托架就随之离地。当物品运到目的地后，踩动踏板，货叉落下，放下托盘或托架。该搬运车适合于短距离的水平搬运作业，它灵活、轻便。图9－3为手动叉车，它是一种利用人力提升货叉的装卸、堆垛和搬运多用车，适合用于工厂车间、冷库内需要一定起升高度的搬运作业。

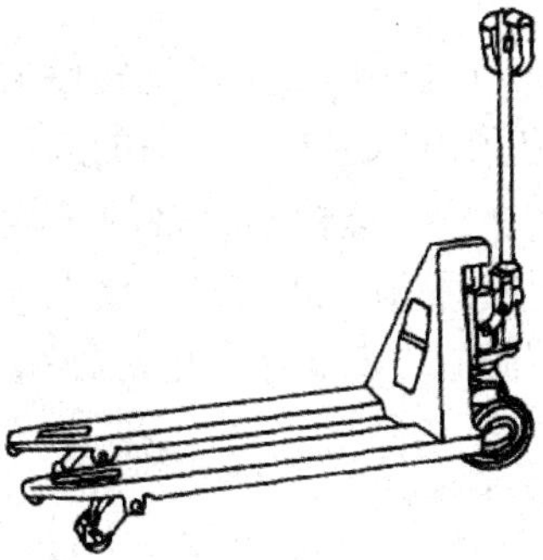

图9－2　手动托盘搬运车

图9－3　手动叉车

肉类冷库内的水平运输主要是采用手推车。罐装和其他有包装食品适宜采用叉车和托盘联合作业。

（2）机动搬运车　机动搬运车主要包括：叉车、托盘搬运车、牵引车与挂车和集装箱跨运车等。

叉车（forklift truck）是一种具有各种叉具，能够对货物进行升降和移动以及装卸作业的搬运车辆。叉车的功能强大，使用非常方便，它可用来提取、搬运、堆码冷藏品，能够完成成件货物的出库、搬运、装卸、人栈4种复合作业。叉车的功能扩展也相当容易。当配备多种附属机构装置时，叉车还能用于散装货物的装卸和搬运。叉车又称铲车或叉式取货机，它是以货叉作为主要取货装置，依靠液压起升机构升降货物，由轮胎式行驶系统来实现货物的水平搬运，具有装卸和搬运的双重功能。表9－1为几种常用叉车的性能指标等数据的比较。

表9－1　几种常用叉车的性能指标

叉车名称	最大起质量/t	起重高度/m	最高时速/（km/h）	适用场合
平衡重式叉车	40	12		室外搬运作业
插腿叉车	2			室内搬运作业
前移叉车	5	3	15	室内搬运作业
侧面叉车	40	3	30	室外搬运作业
通用跨车		1.2～2.5	60	中短距离搬运长大件
门式跨车	50	7～13	8	跨越铁路车辆、汽车及并列集装箱之间的货物搬运

叉车是应用最多的机动搬运车。动力式叉车与手动叉车在功能上基本相同。一般都具有两根支撑在叉架上的货叉，沿着前方的门架导轨上下升降。门架的下部支承在装有车轮的车体上，它的中部由倾斜液压缸支承，可使门架前倾或后仰。

冷库中所用的叉车都是以蓄电池为动力，没有废气排出，而且轻便灵活，维护管理简单，容易操作。叉车属于机动车辆，必须由经过专门培训的人员持证操作。其维护应也由专人进行，每年要进行一次总检，总检不合格的车辆不准使用。叉车的型式很多，主要有平衡重式叉车、内燃平衡重式叉车、蓄电池平衡重式叉车、高位拣选叉车、前移式叉车、高货位拣选式叉车等，分别见图9－4～图9－8。

图 9－4　平衡重式叉车

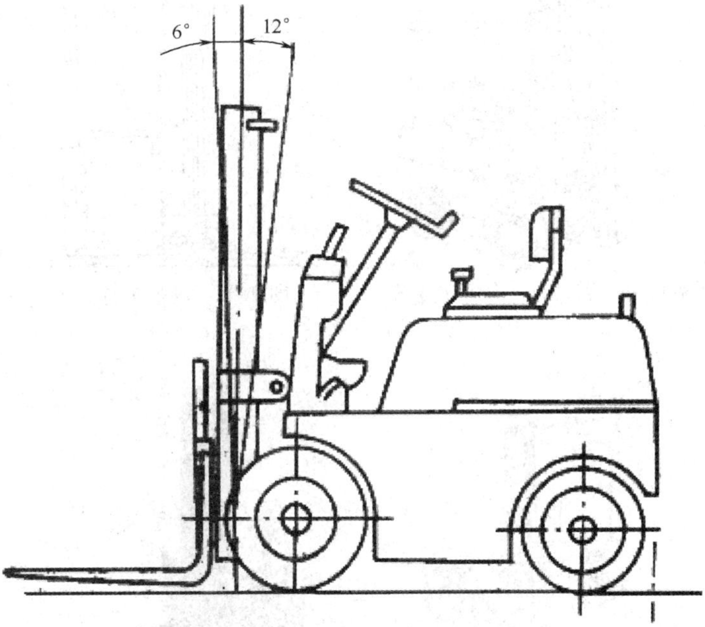

图 9－5　内燃平衡重式叉车

高位拣选叉车如图 9－7 所示。它的结构特点是操纵人员可随货物一起升降，货叉可自由提升，操纵室不动时和一般的叉车相同。以蓄电池为动力源，由直流电动机驱动。采用晶闸管脉冲调速，操纵安全可靠、方便。应用范围较广，适用于电子、轻工、食品工业及商业仓库和工厂内部做搬运、装卸、堆垛和拣选作业。

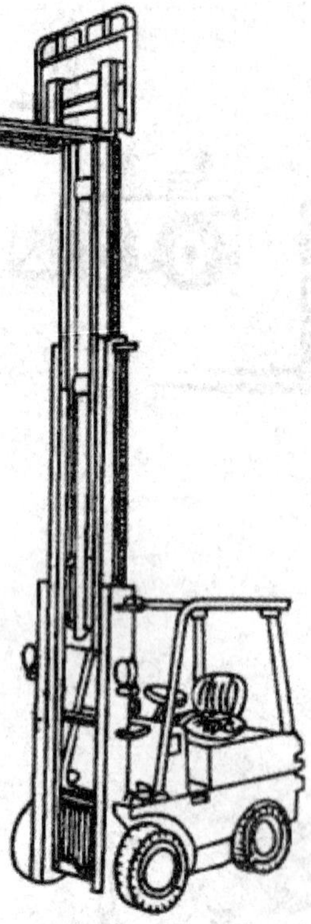

图 9 - 6　蓄电池平衡重式叉车

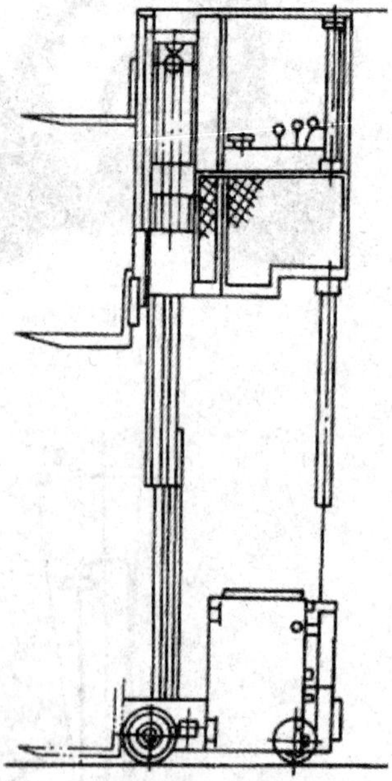

图 9 - 7　高位拣选叉车

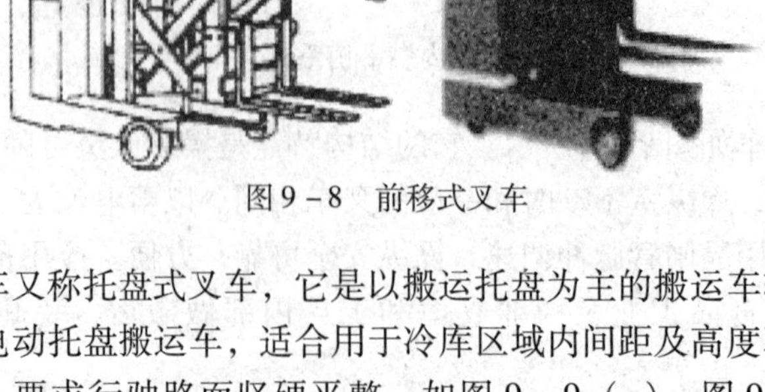

图 9 - 8　前移式叉车

托盘搬运车又称托盘式叉车，它是以搬运托盘为主的搬运车辆。它包括手动托盘搬运车和电动托盘搬运车，适合用于冷库区域内间距及高度不大的车间之间的冷藏品搬运。要求行驶路面坚硬平整，如图 9 - 9（a）、图 9 - 9（b）所示。托盘搬运车的优点是体型小，质量轻，操作维修方便；插腿的前端有两个小直径的行走轮，用来支承托盘货物的质量。

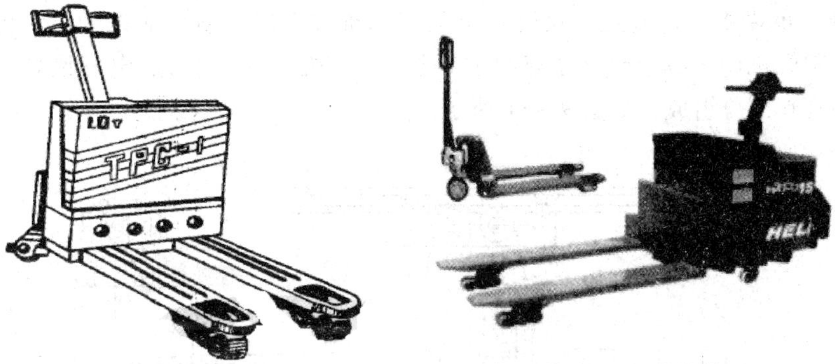

(a) 手动托盘搬运车　　　　(b) 电动托盘搬运车

图 9－9　托盘搬运车

牵引车（又称拖车）的特点是没有承载货物的平台，只能作为牵引工具，用来牵引挂车。而且牵引车必须和挂车配合使用才能运输冷藏品。采用牵引挂车方式搬运货物，往往比采用搬运车方式能获得更好的效果。

如图 9－10 所示，集装箱跨运车的门形车架跨在集装箱上，由装有集装箱吊具的升降系统吊起集装箱，进行搬运，且可将集装箱堆垛达四五层高。集装箱跨运车由发动机、底盘（传送系统、支承行走系统、制动系统、转向系统）及工作装置三大部分组成。有的跨运车走行轮可同时转向，这样在货场有限的空地上有很大的灵活性。

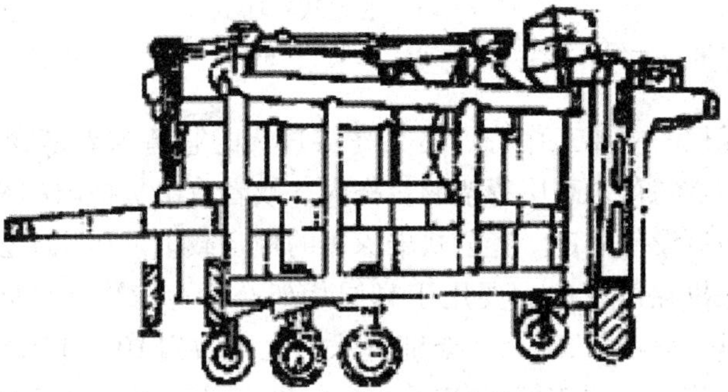

图 9－10　集装箱跨运车外形

（二）堆码设备

堆码（goods stack）设备是冷库中最重要的运输及装卸存取设备。它分为巷道式堆垛机、桥式堆垛机、堆垛叉车及装卸堆垛机器人等。一般地讲，前两类堆垛设备实质上是两类起重机，第三类属于叉车，都是冷库中堆垛货物的专用设备。

1. 堆码设备的种类

（1）堆垛机　巷道式堆垛机是由叉车和桥式堆垛机演变而来的。它由运行机构、起升机构、载货台（装有存取货机构）、机架（车身）、电气设备和安全保护装置6部分组成，如图9-11所示。

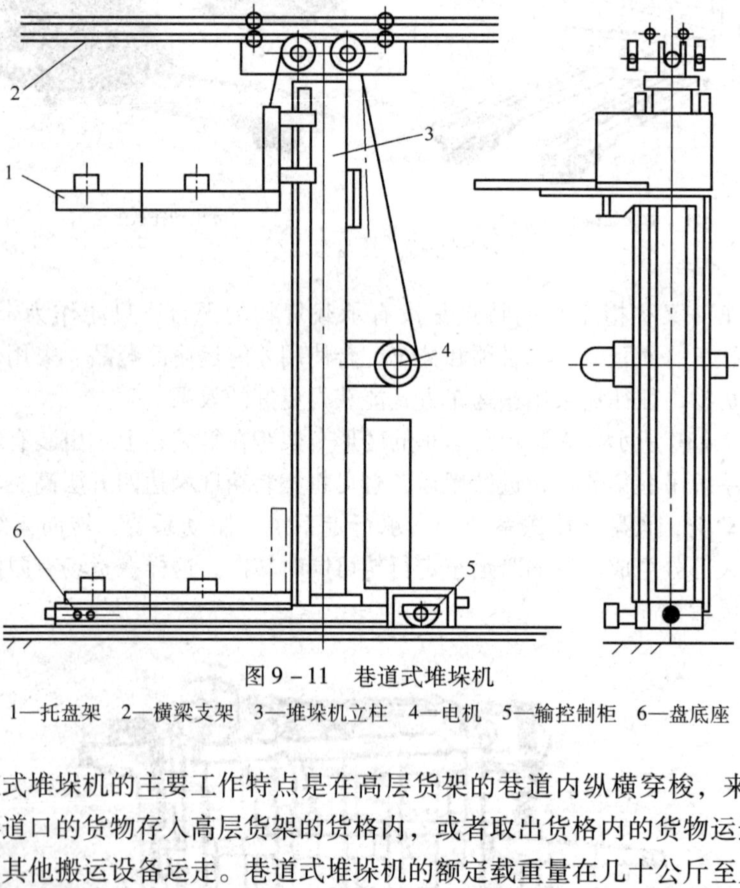

图9-11　巷道式堆垛机

1—托盘架　2—横梁支架　3—堆垛机立柱　4—电机　5—输控制柜　6—盘底座

巷道式堆垛机的主要工作特点是在高层货架的巷道内纵横穿梭，来回运行，将位于巷道口的货物存入高层货架的货格内，或者取出货格内的货物运送到巷道口，再由其他搬运设备运走。巷道式堆垛机的额定载重量在几十公斤至几吨之间不等。桥式堆垛机在冷库中主要用于高层货架仓库存取作业，同时也适用于堆垛。它的起重量一般在0.5～5t，个别特殊的也可做到10t、15t、20t。该起重机一般都是中、小跨度，如22.5m以下，并主要适合于高度12m以下的仓库。桥式堆垛起重机主要由桥架、大车运行机构、小车、电气设备4部分组成。设备结构如图9-12所示。

（2）高架叉车　高架叉车又称作无轨巷道堆垛机，是一种变型叉车，适用于作业不太频繁或临时保管，高度不太大的冷库。高架叉车保留了叉车的一些特点，又发展了适用于在高货架中工作的性能。高架叉车有特殊的货叉机构，它不但能单独侧移、旋转，而且也能侧移和旋转联动。高架叉车的控制方式一般分为有人操作和无人操作两种，有人操作又分为手动控制和半自

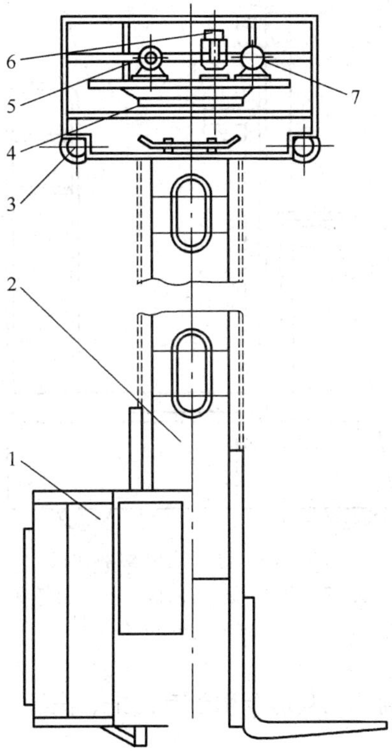

图 9－12　桥式堆垛机

1—司机室　2—立柱　3—走轮　4—回转盘

5—司机室起升机构　6—回转机构

7—货叉起升机构

动控制，无人操作又分为自动控制和远距离集中控制（多数用计算机）。高架叉车一般都采用蓄电池作为电源，使用方便，但耗电大，蓄电池充电需占用一定时间。

（3）拣选式电动堆垛机：拣选式电动堆垛机的特点是没有货叉，人和货物同在一个有栏杆的平台上升降来完成拣选作业。适合用于一般的立体仓库或普通平面仓库中，在货架上存取货物或其他搬运、堆垛作业。机车身窄、转弯半径小、机动性强，适合在狭窄场所作业。结构简单、价格便宜、走行和升降都采用蓄电池供电。起升高度为 2～3m，起重量为 200～400kg，设备形状如图 9－13 所示。

（4）装卸堆垛机器人：机器人是模仿人动作的智能型机器。通过信息系统的编程技术，使它完成一系列与人的动作相似的动作。它的主要结构包括控制系统、执行机构、驱动机构、检测传感系统和人工智能系统等几部分。在冷库中，机器人的主要作业是码盘、搬运、堆垛和拣选，因而称之为装卸堆垛机器人。它

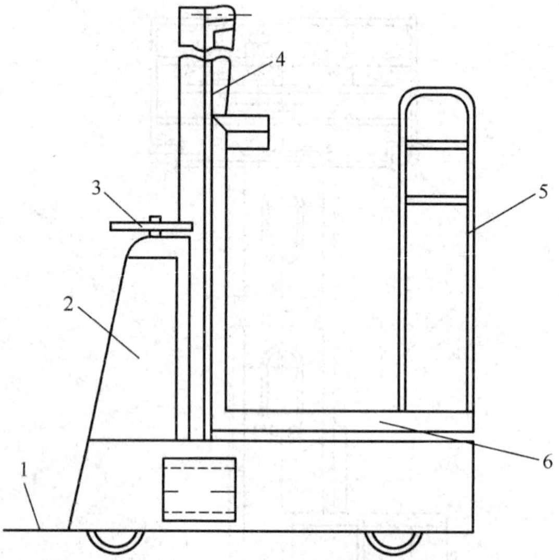

图 9 - 13 拣选式电动堆垛机

1—板 2—车体 3—方向盘 4—起升链条

5—栏杆 6—平台

的作业速度高、动作准确，尤其适合用于有污染、高温、低温等特殊环境和反复单调作业的场合。

2. 堆码设备的安全注意事项

（1）作业前的安全检查工作　操作堆码设备的司机和司索工应检查劳动服装和安全帽是否紧缚戴齐；清除装卸搬运路线；检查电气动力系统是否完整良好；检查操作手柄是否放在零位，制动器、仪表、照明音响信号和安全防护装置是否完全正常等。检查中发现故障应及时排除，不得使机械带"病"作业。司索工在作业前应确认货物的质量、重心部位、包装的坚固程度，然后选用相应的索具和确定加索的方法。

（2）堆码作业过程中的安全检查工作　熟练掌握所使用堆码设备的使用方法和注意事项，以免发生故障和事故。使用完毕应对设备进行保养并将作业中机械运转的情况记入工作日志。

为了保证堆码设备处于良好的技术状态，应做好设备使用中的保养，对于设备的摩擦面、轴承部分、链条部分要定期使用抗低温的润滑油脂进行润滑，以减少摩擦，使设备处于良好运行状态并延长使用寿命。对于长期在低温环境中使用的大型机械设备，还要定期进行全面检修，对于检修中发现有较大问题的设备应根据情况进行中修和大修。修理完毕，应进行技术鉴定和验收合格后，方可投入冷库使用。

（3）堆码设备的消毒　堆码设备要定期在库外冲洗、消毒。可用热水冲洗，并用2%浓度的碱水（50℃）除油污，然后用含有有效氯0.3% ~0.4%的漂白粉溶液消毒。

三、 冷藏火车

铁路冷藏车主要有冰制冷的、干冰制冷的、机械制冷的、蓄冷板制冷的等。冷藏火车的外形见图9－14。

图9－14 冷藏火车的外形

（一）用冰制冷的冷藏火车

这种冷藏火车的冷源是冰。车厢维护结构敷设隔热层，传热系数为0.42 ~0.7W/（m^2·℃）。这种冷藏火车分为带冰槽与不带冰槽两种。

1. 不带冰槽的冷藏火车

主要用来运输不怕与冰、水接触的冷冻水产品。运输冰藏鱼时，鱼箱中装有碎冰。将鱼箱码放在车厢内后，再在鱼箱顶部用碎冰覆盖。车厢底面有排水管，可将融化的冰水排至车外。

2. 带冰槽的冷藏火车

若冷冻食品不宜与冰、水直接接触，要用带冰槽的冷藏火车。带冰槽的冷藏火车车厢长14 ~16m，宽约2.9m，高约3m，有效装货容积62 ~75m^3，载质量25 ~30t，装冰6 ~7t。围护结构传热系数为0.47 ~0.7W/（m^2·℃）。

冰槽可以设置在车厢顶部（图9－15），也可以设置在车厢两头（图9－16）。冰槽设置在车厢顶部时，密度大的冷空气下沉，密度小的热空气上升，容易进行自然对流。加之冰槽沿车箱长度均匀布置，不安装通风机也能保证车厢内温度均匀。若冰槽设置在车厢两头，为使冷空气在车厢内均匀分布，需安装通风机。

冰槽安装在车厢顶部时，冰槽外表面会结露。为防止露水滴落在食品上，要

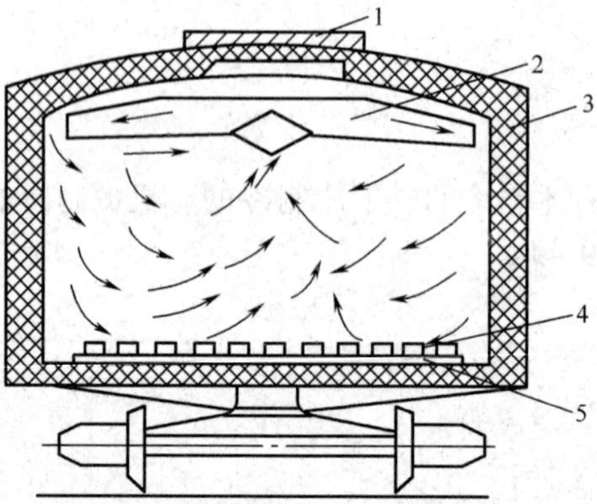

图 9－15 带冰槽的冷藏火车（顶装式）

1—冰槽盖 2—冰槽 3—防水板 4—通风槽 5—离水隔板

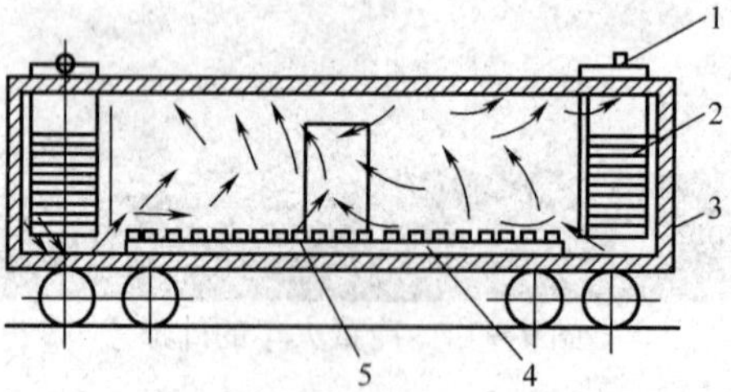

图 9－16 带冰槽的冷藏火车（端装式）

1—冰槽盖 2—冰槽 3—防水板 4—通风槽 5—离水隔板

用防水材料将食品覆盖住。此外，这种冷藏火车在电气化线路上运行时，从车厢顶部往冰槽里加冰很麻烦，而且有一定的危险性。

若车厢内要求维持 0℃以下的低温，可用冰盐混合物代替纯冰，车厢内温度最低可达 -8℃。但融化形成的盐水排出车外，对线路设施有一定的腐蚀性。

（二）干冰制冷的冷藏火车

若食品不宜与冰、水直接接触，也可用干冰代替水冰。可将干冰悬挂在车厢顶部或直接将干冰放在食品上。运输新鲜水果、蔬菜时，为了防止水果、蔬菜发生冻害，不要将干冰直接放在水果、蔬菜上，二者要保持一定的间隙。

用干冰冷藏运输新鲜食品时，空气中的水蒸气会在干冰容器表面上结霜。干冰升华完了后，容器表面的霜会融化成水滴落到食品上。为此，要在食品表面覆盖一层防水材料。

（三）机械制冷的冷藏火车

机械制冷的冷藏火车有两种。一种是每一节车厢都备有自己的制冷设备，而且用自备的柴油发电机驱动制冷压缩机。这种冷藏火车，可以单辆与一般货物车厢编列运行，制冷压缩机由内备的柴油发电机驱动；也可以由 5～20 辆冷藏火车组成机械列，由专用车厢装备的列车柴油发电机统一发电，向所有的冷藏车厢供电，驱动各辆冷藏火车的制冷压缩机。另一种冷藏火车的车厢中只装有制冷机组，没有柴油发电机。这种冷藏火车不能单辆与一般货物列车编列运行，只能组成单一机械列运行，由专用车厢中的柴油发电机统一供电，驱动压缩机。若停运时间较长，可由当地电网供电。

机械冷藏车的优点是：使用制冷机，可以在车内获得与冷库相同水平的低温，可以在更广泛的范围内调节温度；可以有较大的能力使热货降温；并可在车内保持更均匀的温度，因而能更好地保持易腐货物的质量。内部备有电源，便于实现制冷、加温、通风、循环、融霜的自动化。在运行过程中不需要加冰，可以缩短运输时间，加速货物送达，加速车辆周转。

但与冰冷藏车相比，机械冷藏车也存在着造价高、维修复杂、需要配备专业乘务人员和维修运用段，以及成批运行，一次装卸货物批量大，因而运用不够灵活等缺点。

机械制冷的冷藏火车车厢长 15 ~ 21m，宽 2. 8 ~ 3. 1m，高 3. 1 ~ 4. 4m，有效装载容积 70 ~ 90m^3，载质量 30 ~ 40t。

冷藏车行车时车内温度基本上可由一台制冷机组维持，另一台制冷机组备用。必要时可同时起动两台制冷机组。为了在很低的外界温度下运行时保持规定的车厢温度，有的冷藏火车配备有电加热装置。

（四） 蓄冷板制冷的冷藏火车

这种车型主要是利用蓄冷板进行制冷，蓄冷板内装共晶溶液，在低温条件下使蓄冷板内共晶溶液冻结的过程就是蓄冷过程。将蓄冷板安装在车厢内，外界传入车厢的热被共晶溶液吸收，共晶溶液由固态转变为液态，达到制冷降温的目的。

蓄冷板制冷的冷藏火车最大的优点在于设备费用少，并且可以利用夜间廉价的电力为蓄冷板蓄冷，降低运输费用，多适用于短距离运输。

蓄冷板的结构和布置原理与蓄冷板冷藏汽车相同，更多内容详见“冷藏汽车”中的相关介绍。

四、 冷藏汽车

作为冷藏链的一个中间环节，冷藏汽车基本上是作为陆地运输易腐食品用的交通工具；作为短途运输的分配性交通工具，它的任务在于将由铁路或船舶卸下的食品送到集中冷库和分配冷库。汽车冷藏运输保证将食品由生产性冷库或从周围 200km 内的郊区直接送到消费中心而不需转运。在消费中心，汽车冷藏运输的任务是将食品由分配性冷库和堆栈送到食品商店和其他消费场所。当没有铁路时，冷藏汽车被用于长途运输冷冻食品。

根据制冷方式，冷藏汽车可分为机械制冷、液氮制冷、干冰制冷及蓄冷板制冷等几种。

1. 机械制冷冷藏汽车

这种冷藏汽车带有蒸气压缩式制冷机组，通常安装在车厢前端，称为车首式制冷机组。大型货车的制冷压缩机配备专门的发动机（多数情况下用汽油发动机，以便利用与汽车发动机同样的燃油）；小型货车的压缩机与汽车共用一台发动机。压缩机与汽车共用一台发动机时，车体较轻，但压缩机的制冷能力与车行速度有关，车速低时，制冷能力小。通常用40km/h 的速度设计制冷机的制冷能力。为在冷藏汽车停驶状态下驱动制冷机组，有的冷藏汽车装备一台能利用外部电源的电动机。

空气冷却器通常安装在车厢前端，采用强制通风方式。冷风贴着车厢顶部向后流动，从两侧及车厢后部下到车厢底面，沿底面间隙返回车厢前端。这种通风方式使整个食品货堆都被冷空气包围着，外界传入车厢的热流直接被冷风吸收，不会影响食品的温度。为了形成上述冷风循环，食品要堆放在木板条上，在货垛的顶部与四围留有一定的间隙，作为冷空气循环通路。图 9 - 17 为机械制冷冷藏汽车的车内气流流动示意。

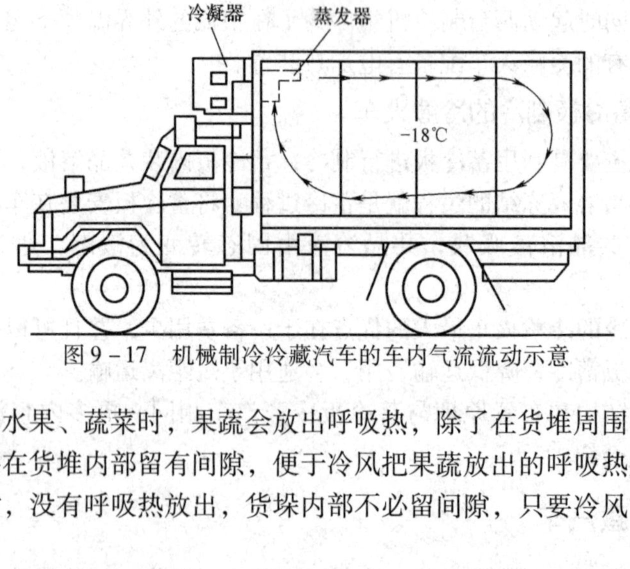

图 9 - 17　机械制冷冷藏汽车的车内气流流动示意

运输冷却水果、蔬菜时，果蔬会放出呼吸热，除了在货堆周围留有间隙以利通风外，还要在货堆内部留有间隙，便于冷风把果蔬放出的呼吸热及时带走。运输冻结食品时，没有呼吸热放出，货垛内部不必留间隙，只要冷风能在货堆周围循环即可。

车厢内的温度用恒温器控制，使车厢内的温度保持在与规定温度偏离 ±2℃ 的范围内。当外界气温为 35℃时，一般要 2h 才能使车厢内的温度降至 - 18℃。因此，应提前起动制冷机，待车厢内的温度达到要求后再开始装货。

冷藏汽车壁面的热流量与外界温度、车速、风力及太阳辐射有关。停车时，太阳辐射的影响是主要的；行车时，空气流动的影响是主要的。最常用的隔热材料是聚苯乙烯泡沫塑料和聚氨酯泡沫塑料。厢壁的传热系数通常小于0.6W/（m^2·℃）。

机械制冷冷藏汽车的优点是：车内温度比较均匀稳定，车内温度可调，运输成本较低。其缺点是：结构复杂，易出故障，维修费用高；初期投资高；噪声大；大型车的冷却速度慢，时间长，需要融霜。

2. 液氮制冷冷藏汽车

液氮制冷装置主要由液氮容器、喷嘴及温度控制器组成。如图 9－18 所示。液氮容器通常装在车厢内，大型车的液氮容器装在车体下边。液氮容器进行真空——多层隔热处理。车厢内部从前到后沿车厢顶部居中布置一条液氮管路，其上装有若干喷嘴。由液氮容器供给的液氮由喷嘴喷出，气化过程中吸收大量热量，使车厢降温。根据厢内温度，恒温器自动地打开或关闭液氮通路上的电磁阀，调节液氮的喷射，使厢内温度维持在规定温度 ±2℃ 范围内。液氮气化时，容积膨胀 600 倍，即使货堆密实，没有通风设施，也能使氮气进入货堆内，使车内温度达到均匀。为了防止车厢内压力升高，车厢上部装有排气管，供氮气排出车外。由于车厢内空气被氮气置换，长途运输冷却水果、蔬菜时，可能对果蔬的呼吸作用产生一定影响。运输冻结食品时，氮气置换了空气，有助于减少食品的氧化。由于运输时间一般不很长，减少食品氧化的优点并不明显。

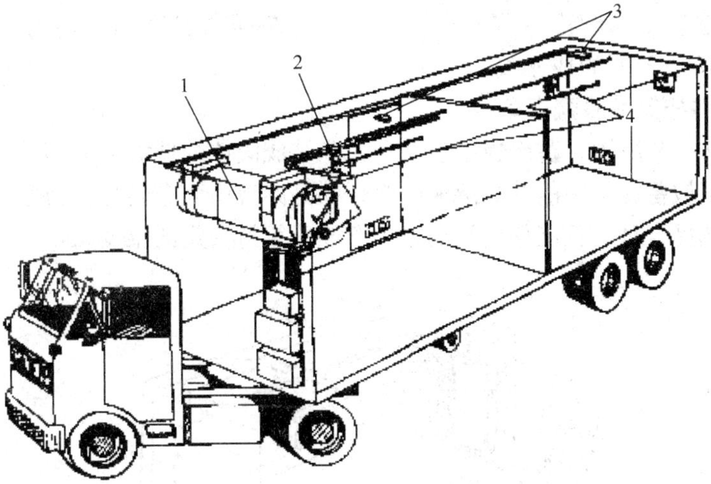

图 9－18　液氮制冷冷藏汽车

1—液氮贮罐　2—喷嘴　3—门开关　4—安全开关

液氮冷藏汽车的优点是：装置简单，初投资少；降温速度快，外界气温 35℃ 时，20min 可使车厢内温度降至 －20℃；没有噪声；液氮制冷装置的质量大大低于机械制冷装置的质量。其缺点是：液氮成本高；运输途中浓氮补给困难，长途运输时必须装备大的液氮容器或几个液氮容器，减少了有效载货量。

使用液氮时应注意安全。工作人员进入车厢时，应敞开车门半分钟，使车内进入一定量的氧气；工作人员进入车厢后应停止喷射液氮，防止液氮喷射到人的皮肤上发生冻伤。

3. 干冰制冷冷藏汽车

车厢中装有隔热的干冰容器，可容纳 100kg 或 200kg 干冰。干冰容器下部有空气冷却器，用通风使冷却后的空气在车厢内循环。吸热升华的气态二氧化碳由排气管排出车外。车厢中不会积蓄二氧化碳气体。

由空气到干冰的传热是以空气冷却器的金属壁为间壁进行的，干冰只在干冰容器下部与空气冷却器接触的一侧进行升华。根据车内温度，恒温器调节通风机的转速，也即靠改变风量调节制冷能力。用这种方式可在 -25 ~ 25℃ 范围内使车厢保持规定温度 ±1℃。

有的干冰冷藏汽车在车厢中装置四壁隔热的干冰容器，干冰容器中装有氟利昂盘管。在车厢中吸热气化的氟利昂蒸气进入干冰容器中的盘管，被盘管外的干冰升华所冷却，重新凝结为氟利昂液体。液体氟利昂进入车厢内的蒸发器，再次吸收外界传入车厢的热量而气化。如此循环不已。干冰制冷冷藏汽车的优点是：设备简单，投资费用低，很少出故障，维修费用少，无噪声。在运输冻结货物时，由于干冰在 -78℃ 时就可以升华吸收热量而使车厢降温，车内温度可降到 -18℃ 以下，因而在运输冻结货物和特别的冷冻食品时常用此法。干冰制冷冷藏汽车的缺点是：车厢内温度不够均匀，冷却速度慢，时间长；干冰的成本高。

4. 蓄冷板制冷冷藏汽车

如图 9 - 19 所示，蓄冷板中装有预先冻结成固体的低温共晶溶液，外界传入车厢的热量被蓄冷板中的共晶溶液吸收，共晶溶液由固态转变为液态。只要蓄冷板的块数选择合理，就能保证运输途中车厢内维持规定的温度。

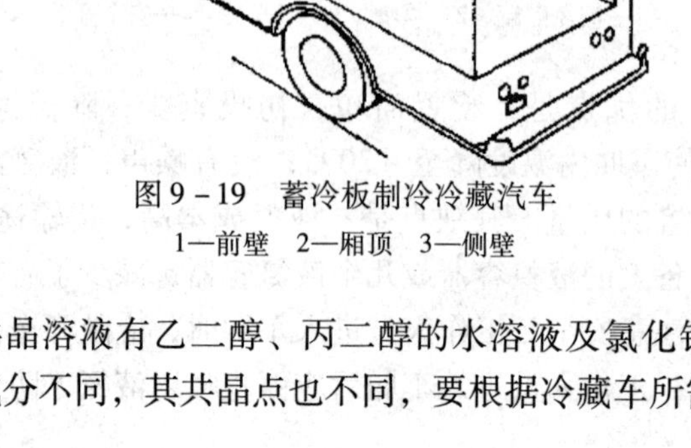

图 9 - 19 蓄冷板制冷冷藏汽车

1—前壁 2—厢顶 3—侧壁

常用的低温共晶溶液有乙二醇、丙二醇的水溶液及氯化钙、氯化钠的水溶液。共晶溶液的成分不同，其共晶点也不同，要根据冷藏车所需要的低温，选择合适的共晶溶液。一般来说，共晶溶液的共晶点应比车厢规定的温度低2~3℃。

蓄冷板内共晶溶液的冻结过程就是蓄冷板的蓄冷过程。当拥有的蓄冷板冷藏车数量很多时，一般设立专门的充冷站，利用停车时间或夜间使蓄冷板蓄冷。蓄冷板中装有制冷剂盘管，只要把蓄冷板上的管接头与制冷系统连接起来，即可使蓄冷板蓄冷。蓄冷板可多块同时蓄冷。如果没有专门的充冷站，也可利用冷库冻结间使蓄冷板蓄冷。此外，有的蓄冷板冷藏汽车上装有小型制冷机，停车时可利用车外电源驱动制冷机使蓄冷板蓄冷。蓄冷板距离车厢壁以4~5cm为宜，以利于厢内空气的自然对流。

从有利于厢内空气对流来说，应将蓄冷板安装在车厢顶部，但这会使车厢重心升高，不平稳。出于安全上的考虑，一般将蓄冷板安装在车厢两侧。蓄冷板本身质量很大。机械制冷冷藏车，即使制冷机带有专用发动机，机组质量不过300~400kg，要使4t的蓄冷板冷藏车保持-18℃，所用蓄冷板的质量达800~900kg，使有效载重量减少。

蓄冷板冷藏车的优点是：设备费用比机械式制冷少；可以利用夜间廉价的电力为蓄冷板蓄冷，降低运输费用；无噪声；故障少。其缺点是：蓄冷板的块数不能太多，蓄冷能力有限，不适于长途运输冷冻食品，蓄冷板减少了汽车的有效容积和载货量，冷却速度慢。

5. 冰盐混合物制冷的冷藏汽车

冰盐混合物制冷的冷藏汽车，其冷却器是可拆卸的棱柱形容器，采用镀锌铁皮制成，固定在车厢侧壁上，每边放四个，在每个容器内充注冰盐混合物。为了不使冰盐混合物融化的盐水溅出，容器要加盖子。容器可以拆卸，能够装满冰盐混合物也能倒去盐水。每个容器容量一般为20L，全部充满时为160L。该冷却容器表面积为5.2m^2，一次装满冰盐混合物为100kg，车厢中心温度维持在4℃。

五、 冷藏船

利用低温运输易腐货物的船只称为冷藏船。冷藏船是水上冷藏运输的主要交通工具，主要用于渔业，尤其是远洋渔业。远洋渔业的作业时间很长，有的长达半年以上，必须用冷藏船将捕捞物及时冷冻加工和冷藏。此外，经由海路运输易腐食品也必须用冷藏船。

冷藏船上都装有制冷设备，船舱隔热保温。船用制冷系统一般采用直接蒸发方式，个别也有采用盐水系统的，制冷剂主要是R22、R502和NH_3。冷藏货舱内空气的循环通常采用冷风机强制对流，也有采用冷却排管空气自然对流的，另外，也可以向循环空气系统中不断注入少量液氮，还可以用一次注入液体二氧化碳或液氮等方式进行冷却。制冷机房设置在隔舱间或主机间，氨制冷机多设置在隔舱，这里通风良好，当发生事故时，便于逃离机房。氟利昂制冷机组设置在主机间。为了防止氨系统发生事故时，氨气向其他房间散发，氨制冷系统应设置在单独的房间内。船上的机房狭小，制冷装置应尽可能紧凑，但又要为维修留下空间。冷藏船在运输过程中，为了确保制冷装置连续工作，必须装备备用机器和机组。冷却系统应根据冷藏船的用途来选择，运输水果和冷却肉的采用空气冷却装置；运输冻结食品的则采用盐水系统，盐水管为排管，是用无缝钢管以电焊或气焊焊接而成的。冷间的降温通过不同温度的盐水系统来完成。

现在国际上的冷藏船分三种：冷冻母船、冷冻运输船、冷冻渔船。冷冻母船是万吨以上的大型船，它有冷却、冻结装置，可进行冷藏运输。冷冻运输船包括集装箱船，主要用于运输易腐食品和货物，它的隔热保温要求很严格，温度波动不超过 ±0.5℃。冷冻渔船一般是指备有低温装置的远洋捕鱼船或船队中较大型的船。冷藏船包括带冷藏货舱的普通货船与只有冷藏货舱的专业冷藏船，此外还有专门运输冷藏集装箱的船。

冷藏船容量应当足够冻结和贮藏 1 ~2 个月的渔获量，冷藏温度要根据所运输易腐货物的种类进行调节，到达最佳冻藏温度。如对于冻结水产品一般要求在 -18℃以下，并有低温化的趋势，有的国家采用 -25℃或 -30℃的冻藏温度。对于特种水产品如金枪鱼，温度要求更低，在 -60 ~ -50℃。如果冷藏舱超过 2000m^3，则应有两套制冷设备系统，一套备用。

随着集装箱的普及与发展，目前水上运输大部分已采用冷藏集装箱代替运输船冷藏货舱来进行易腐货物的运输。冷藏集装箱运输船将成为水上运输的主要工具。

六、冷藏集装箱

近年来，冷藏集装箱的发展速度很快，超出了其他冷藏运输工具的发展速度，成为易腐食品运输的主要工具。冷藏集装箱出现于 20 世纪 60 年代后期，是具有一定的隔热性能，能保持一定低温，适用于各类食品冷藏贮运而进行特殊设计的集装箱。冷藏集装箱具有钢质轻型骨架，内、外贴有钢板或轻金属板，两板之间充填隔热材料。常用隔热材料有玻璃棉、聚苯乙烯、发泡聚氨酯等。冷藏集装箱的尺寸，国际上已经标准化。

冷藏集装箱根据制冷方式基本可分为以下几种。

（1）保温集装箱：此种集装箱具有良好的隔热性能，但不带任何制冷装置。

（2）外置式保温集装箱：这种集装箱箱内无任何制冷装置，隔热性能很强，可与船上或陆地上供冷站的制冷装置连接，使冷气在集装箱内循环，一般能维持 -25℃的冷藏温度。

（3）内藏式冷藏集装箱：这种集装箱是一种配带制冷装置的保温箱，可自己供冷。制冷机组安装在箱体的一端，冷风通过风机从一端送入箱内，如果箱体过长，则采用两端同时送风的方式。

（4）液氮和干冰冷藏集装箱：此种集装箱利用液氮或干冰制冷，以维持箱体内的低温。

冷藏集装箱根据运输方式不同又可分为海运和陆运两种。海运冷藏集装箱的制冷机组通常只用电动机驱动，电力由运输船供应。对专门运输集装箱的货船，可在船上设置大型制冷机组，统一向所有的冷藏集装箱供冷。冷藏集装箱的端壁上装有管路接头，借自动夹具连接船上的供冷系统。这种集装箱陆上运输时，可将夹持式制冷机组装配在端壁上自行制冷。陆运集装箱主要用于铁路、公路和内河船运输，须自备柴油或汽油发电机组，才能保证在运输途中制冷机组的用电。有的陆运集装箱采用制冷机组与冷藏车发电机组合的机组。

用冷藏集装箱运输的优点是：更换运输工具时，不需要重新装卸食品，不会造成食品反复升温，从而避免了食品质量下降；集装箱装卸速度很快，使整个运输时间明显缩短，降低了运输费用。集装箱应保证冷空气在箱内循环，使温度分布均匀；集装箱内部应容易清洗，且不会因用水洗而降低隔热层的隔热性能；底面应设排水孔，能防止内外串气，保持气密性；对机械制冷的冷藏集装箱，应保证制冷压缩机既可用自个的动力机驱动，也可以用外部电源驱动。

七、 冷藏运输设备的使用方法

每种食品都有一定的贮藏温度条件的要求，因此，在冷藏运输过程中必须进行控温运输，车内温度应保持与所运输易腐食品的最佳贮藏温度一致，各处温度分布要均匀，尽量避免温度波动。如果不可避免出现了温度波动，也应当控制波动的幅度和减少波动持续的时间。

1. 食品预冷到适宜的贮藏温度

易腐食品在低温运输前应将品温预冷到适宜的贮藏温度。如果将易腐食品在冷藏运输工具上进行预冷，则存在许多缺点：一方面预冷成本成倍上升，另一方面运输工具上所提供的制冷能力有限，不能用来降低产品的温度，只能有效地平衡环境传入的热负荷，维持产品的温度不超过所要求保持的最高温度。

因此易腐食品在运输前应当采用专门的冷却设备和冻结设备，将品温降到最佳贮藏温度以下，然后再进行冷藏运输，这样更有利于保持贮运食品的质量。

2. 要有冷源

运输工具上应当具有适当的冷源，如液氮或机械制冷系统等，能产生并维持一定的低温环境，保持食品的品温，利用冷源的冷量来平衡外界传入的热量和货物本身散出的热量。有些食品怕冻，在寒冷季节里运输还需要用加温设备（如电热器）等，使车内保持高于外界气温的适当温度。

3. 检查温度检测和控制设备

运输工具的货物间必须具有温度检测和控制设备。温度检测仪必须能准确连续地记录货物间内的温度，温度控制器的精确度要求高，为 ±0.25℃，以满足易腐食品在运输过程中的冷藏工艺要求，防止食品温度过分波动。

4. 检查车厢的卫生与安全

车箱内有可能接触食品的所有内壁必须采用对食品味道和气味无影响的安全材料，箱内壁包括顶板和地板，必须光滑、防腐蚀，不受清洁剂影响，不渗漏、不腐烂，便于清洁和消毒。除了内部设备需要和固定货物的设施外，箱体内壁不应有凸出部分，箱内设备不应有尖角和皱褶（使进出困难，脏物和水分不易清除）。在使用中，车辆和集装箱内的碎渣屑应及时清扫干净，防止异味污染货物并阻碍空气循环。

5. 易腐物品的装车

铁路运输易腐货物的装车方法基本上可分为两类。

一是紧密堆码法：适用于冻结货物、冬季短途保温运输的某些怕冷货物、热季运输的某些不发热的冷却货物或者夹冰运输的鱼虾蔬菜等。

二是间隙堆码法：此法适用于冷却和未冷却的果蔬、鲜蛋等的运输。这种堆码法包括品字形、吊挂法、井字形装车法等，采用这些装车方法应当遵循堆垛稳固、间隙适当、布风均匀、便于装卸和清洁卫生等总原则，使得车内各处温度均匀，以保持货物原有的品质。

6. 注意事项

（1）在冷却的冷藏车内放置易腐货物时，应当考虑到不使货物直接接触车壁以及车厢底板，以避免车壁与车厢底板能将外界导入的热量直接传给货物，而使物品温度上升而腐败变质。所以在货物与车壁和底板之间应留出空隙以利于空气循环，在低温季节需加温运输时，这空隙能防止货物受冻。

（2）使用冷藏车运输果蔬类等怕冻货物时，必须考虑冰箱、蒸发器等冷源附近的货物有受冻的危险，因此，货物与冷源之间要保持适当的距离，一般在15cm左右。相反，运载冻结货物时，必须使货物在车厢内紧密地放置，在各个货件之间不要留有缝隙和空间，使货物在整个运输过程中温度一致。此外，冻结货物不需要通风，在各种冻结货物间的空气循环会使货物品温上升而融化腐败。

（3）使用液氮时应注意安全。工作人员进入车厢时，应敞开车门半分钟，使车内进入一定量的氧气。工作人员进入车厢后应停止喷射液氮，防止液氮喷射到人的皮肤上发生冻伤。

项目三 冷冻品与冷藏品的销售设备

食品冷藏链销售设备是菜场、副食品商场、超级市场等销售环节的冷藏设施，也是食品冷藏链建设中的重要一环。随着冷冻食品的发展，冷冻销售柜已成为展示产品品质、和消费者直接见面的、方便的销售装置。

一、 冷冻品与冷藏品销售设备的要求

（1）具有制冷设备，有隔热处理能力，能保证冷冻食品处于适宜的温度下；
（2）能很好地展示食品的外观，便于顾客选购；
（3）具有一定的贮藏容积；
（4）日常运转与维修方便；
（5）安全、卫生、无噪声；
（6）动力消耗少。

二、 冷冻品与冷藏品销售设备的种类

根据陈列销售的冷冻食品，可分为冻结食品用与冷却食品用两类。

根据陈列销售柜的结构形式，可分为：①卧式敞开式；②立式多层敞开式；③卧式封闭式；④立式多层封闭式。

三、 冷冻品与冷藏品销售设备的结构与特性

1. 卧式敞开式销售柜

图 9－20 是卧式销售柜的一种。这种销售柜，上部敞开，开口处有循环冷空气形成的空气幕，防止外界热量侵入柜内。由围护结构传入的热流也被循环冷空气吸收，对食品没有直接影响。对食品影响较大的是由开口部侵入的热空气及辐射热。柜内最表层食品的表面温度高于空气幕温度。高出的度数与空气幕的空气流量及温度有关，一般为 5～10℃。

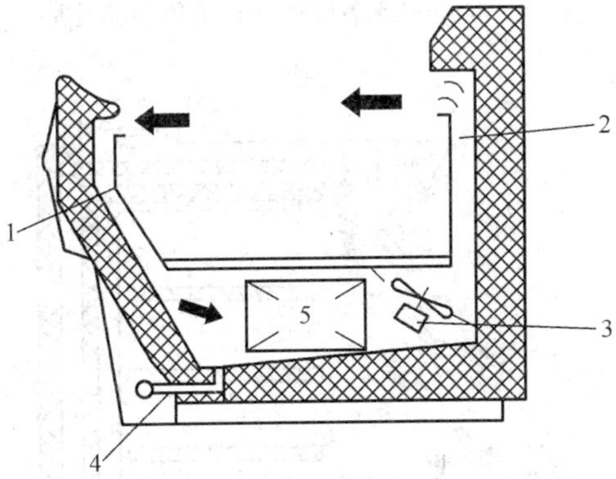

图 9－20　卧式敞开式销售柜示意

1—吸入风道　2—吹出风道　3—风机　4—排水口　5—蒸发器

当室内空气流速大于 0.3m/s 时，侵入销售柜内的空气量会明显增加，影响销售柜的保冷性能。美国有关资料建议，室内空气速度应小于 0.08m/s。侵入柜内空气量多时，还会增加冷却器的结霜，增加容霜次数。在整个销售柜内，自下

而上温度逐渐降低。当包装袋内存在空气时，水蒸气从食品的下表面往上表面扩散，并在上表面结霜。

2. 立式多层敞开式销售柜

卧式销售柜中的冷空气较重，不易逸出柜外。而立式销售柜很难使密度较大的冷空气不逸出柜外。为此，在冷风幕的外侧，再设置一层或两层非冷却空气构成的空气幕，较好地防止了冷空气与柜外空气的混合。销售冷却食品时，柜内外空气密度差小。图9－21、图9－22分别为立式多层敞开式冷冻销售柜的外形图与结构示意图。

由于立式销售柜的风幕是垂直的，外界空气侵入柜内的数量受外界空气流动速度的影响较大。外界空气的温度、湿度直接影响到侵入柜内的热负荷。为了节能，要求柜外空气温度在25℃以下，相对湿度在55%以下，空气流速在0.15m/s以下。

图9－21　立式多层敞开式销售柜的外形

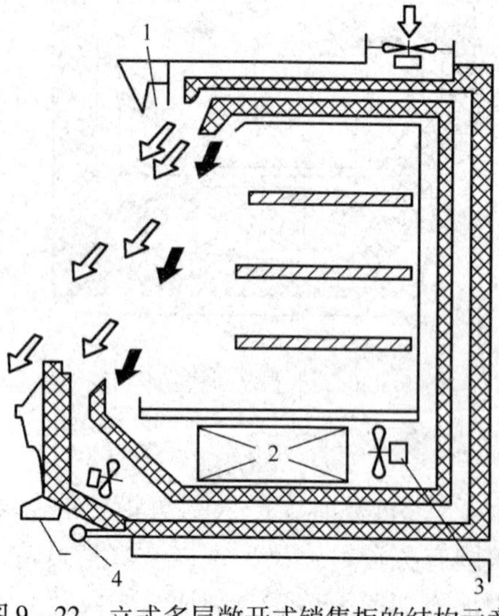

图9－22　立式多层敞开式销售柜的结构示意

1—通风机组　2—冷却器　3—排水管　4—荧光灯

与卧式销售柜相比，立式销售柜有商品放置高度与人体高度相近，便于顾客购货的优点。但是单位占地面积也较大。

3. 卧式封闭式销售柜

卧式封闭式销售柜在开口处设有双层或三层玻璃构成的滑动盖，玻璃夹层中的空气起隔热作用。在箱体内壁外侧（即靠隔热层一侧）埋有冷却排管。通过围护结构传入的热流被冷却排管吸收，不会传入柜内。通过滑动盖传入柜内的热量有辐射热和取货时侵入柜内的空气带入的热量。这些热量通过食品由上而下地传递至箱体内壁，再由箱体内壁传给冷却排管。因此，自上而下温度逐渐降低，这与敞开式销售柜内的温度分布正好相反。在小包装食品内部，也存在同样的温度分布，上表面温度高，下表面温度低。若包装袋内有空气，水蒸气将从上表面向下表面扩散，并在下表面处结霜。图 9－23 为卧式封闭曲面销售柜的外形图。

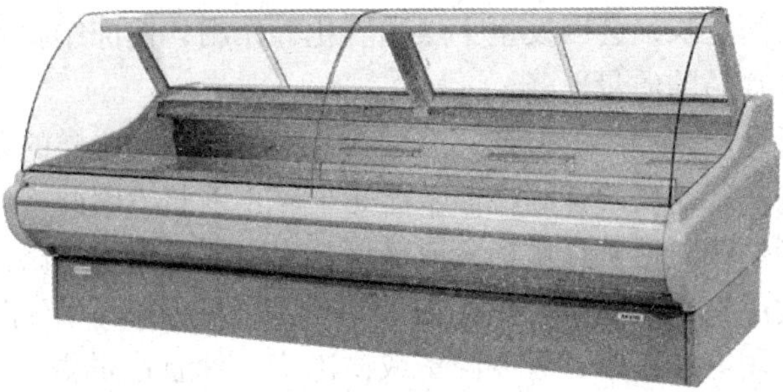

图 9－23　卧式封闭曲面销售柜的外形

4. 立式多层封闭式销售柜

紧靠立式多层封闭式冷冻销售柜柜体的后壁，有冷空气循环用风道，冷空气在风机作用下强制地在柜内循环。柜门为双层或三层玻璃，玻璃夹层中的空气具有隔热作用。由于玻璃对红外线的透过率低，虽然下柜门很大，传入的辐射热并不多，直接被食品吸收的辐射热就更少。图 9－24 为立式多层封闭式销售柜的外形图。

图 9－24　立式多层封闭式销售柜的外形

5. 半敞开式销售柜

半敞开式销售柜多为卧式小型销售柜，外形很像卧式封闭式销售柜。所不同者主要是：没有滑动盖。在箱体内部的后壁上侧装置有翅片冷却管束，用以吸收开口部传入柜内的热量。至于通过围护结构传入的热量，则由箱体内壁外侧埋设的冷却排管吸收，这与卧式封闭式是一样的。因此，整个箱体内的温度分布，小包装食品的结霜情形，都与卧式封闭式销售柜相同。

四、 家用冰箱

家用冰箱虽然不属于食品冷藏链的销售设备，但它作为冷冻食品冷藏链的终端，是消费者食用前的最后一个贮藏环节。食品冷藏链作为一个整体家用冰箱是一个不可缺少的环节。冷冻食品和冻结食品贮存于家用冰箱中，由于细菌繁殖受到抑制，可较长时间地保持食品原有的风味和营养成分，延长保鲜时间。

家用电冰箱通常有两个贮藏室：冷冻室和冷藏室。冷冻室用于食品的冻结贮藏，存放冷冻食品和需做较长时间贮藏的食品。冷冻室的温度，单门冰箱冻结器温度一般为二星级，即 -12℃；双门冰箱三星级，即 -18℃。如果还有一个大星，这表示冰箱的冷冻室还具有速冻能力。冻结食品在冷冻室中的贮藏期以 1 个月左右为宜，时间过长，会因发生干燥和氧化等作用，使冻结食品的颜色、风味发生变化，造成食品的质量下降。

冷藏室用于冷却水产品的贮藏，温度为 0 ~ 10℃，在这样的温度范围内，细菌的繁殖已受到一定程度的抑制，但未能完全停止繁殖，因此冷藏室中的冷却水产品只能做短期贮藏，通常存放当天或最近几天内即要食用的蔬菜食品。冷藏室也可作为冻结食品食用前的低温解冻室，由于空气温度低，解冻食品的质量好。在一些新型的家用电冰箱中还有冰温室或微冻室，使食品的温度可保持在 0℃以下、冻结点以上的冰温范围，或 -3 ~ -2℃的微冻状态下贮藏，就可延长冷却食品的贮藏时间，并可取得更好的保鲜效果。

模块小结

食品冷藏链（coldchain）是指从生产到销售，用于易腐食品收集加工、贮藏、运输、销售直到消费前的各种冷藏工具和冷藏作业过程的总和。食品冷藏链由食品的冷冻加工、冷冻贮藏、冷冻运输和冷冻销售四个方面组成。

低温运输设备是指本身能造成并维持一定的低温环境以运输冷冻食品的设施及装置，包括库内运输工具、冷藏汽车、冷藏火车、冷藏船和冷藏集装箱等。

食品冷藏链的销售设备是菜场、副食品商场、超级市场等销售环节的冷藏设施，也是食品冷藏链建设中的重要一环。随着冷冻食品的发展，冷冻销售柜已成为展示产品品质、和消费者直接见面的、方便的销售装置。

思考练习

一、名称解释

冷藏链；“3T”条件；“3Q”条件。

二、判断题

1. 食品冷藏链是指从生产到销售，用于易腐食品收集加工、冷藏、运输、销售直到消费前的各种冷藏工具和冷藏作业过程的总和。(　　)

2. 食品冷藏链由食品的冷冻加工、冷冻贮藏、冷冻运输三个方面组成。(　　)

3. 低温运输设备可以认为是可以移动的小型冷藏库。(　　)

三、简答题

1. 对冷藏运输设备有哪些要求？

2. 堆码设备的安全注意事项有哪些？

3. 冷库的搬运设备有哪几种类型？

4. 实现冷藏链的条件有哪些？

5. 蓄冷板制冷冷藏车的主要优点是什么？

【实训一】　食品销售设备的现场教学

一、实训目的

1. 了解食品销售柜的种类、工作原理及使用时的注意事项。

2. 通过现场教学，提高学生现场观察问题、分析问题及现场领悟知识的能力。

二、主要设备

卧式食品销售柜（封闭式及敞开式）、立式食品销售柜（封闭式及敞开式）。

三、实训内容

（1）参观不同类型的食品销售柜，认识食品销售柜的组成，能认识食品销售柜正确的摆放位置。

（2）通过现场教学，掌握食品销售柜的作用、使用时的注意事项及维护保养的措施。

（3）通过现场教学，掌握食品销售柜制冷系统的工作原理。

四、 注意事项

（1）为了节能，要求立式敞开式销售柜的柜外空气温度控制在25℃以下，相时湿度在55%以下，空气流速在0.15m/s以下；卧式敞开式销售柜，有关资料建议柜外室内空气速度应小于0.08m/s。

（2）在敞开式销售柜中为了使冷空气循环，需要设置风道，在立式多层敞开式销售柜中，要设置2~3层空气幕，占用了相当的容积。如果立式多层封闭式销售柜不采用内藏式制冷机的话，其单位占地面积的有效容积会更大。

（3）无论是卧式还是立式，敞开式销售柜单位长度消耗的电力都是封闭式的1.5倍左右；相同情况下立式又大约是卧式的2倍。

五、 实训报告

根据参观内容书写实训报告。

【实训二】 食品运输设备的现场教学

一、 实训目的

1. 以机械制冷冷藏汽车为例，掌握机械制冷冷藏汽车的种类、工作原理。
2. 掌握机械制冷冷藏汽车使用时的注意事项。
3. 通过现场教学，提高学生现场观察问题、分析问题的能力。

二、 主要设备

机械制冷冷藏汽车。

三、 实训内容

（1）参观不同类型的机械制冷冷藏汽车，认识机械制冷冷藏汽车的组成，能正确地叙述制冷系统的工作原理。

（2）通过现场教学，掌握机械制冷冷藏汽车的作用。

（3）通过现场教学，了解机械制冷冷藏汽车使用时的注意事项及维护保养的措施。

四、 注意事项

（1）机械制冷冷藏汽车降温的速度较慢，当外界气温为35℃时，一般要2h才能使车厢内的温度降至-18℃。因此，应提前起动制冷机，待车厢内的温度达到要求后再开始装货。

（2）运输冻结食品时，为减少外界侵入热量的影响，要尽量密集码放。

（3）冷冻运输设备只能用来运输已经冷冻加工的食品。切忌用冷冻运输设备运输未经冷冻加工的食品。

五、 实训报告

根据参观内容书写实训报告。

模块十 食品冷藏库的管理与卫生

知识目标

1. 了解库房操作管理的方法。
2. 了解冷藏过程中的卫生要求。
3. 了解冷库卫生和消毒方面的相关知识。
4. 掌握冷冻食品中微生物的控制方法。

能力目标

1. 能够进行库房管理。
2. 能够有效控制冷冻食品中的微生物。
3. 能够对冷库库房进行消毒处理。

冷藏库是担负着果蔬、肉制品、水产品等易腐败变质食品以及饮料和部分工业原料等商品的加工、贮藏任务的必要设施，是商品流通中的重要环节。为了使食品不变质或腐败，能较长时间地贮藏和随时供应市场，减少经济损失，保证消费者的身体健康，必须对保藏的食品进行科学管理。在食品入库前，要对库房和食品做一些相应的处理。

项目一 库房操作管理

一、 入库前的准备工作

（一） 对库房的要求

（1）冷藏库应具有可供食品随时进出的条件，并具备经常清洁、消毒、晾干的条件。

（2）冷藏库内的运输设备及所有衡器如地秤、吊秤等都要经有关单位检查，保证完好、准确。

（3）将冷藏库库内温度降到所要求的温度。

（4）冷藏库的室外、走廊、列车或汽车的月台、附属车间等场所，都要符合卫生要求。

（5）冷藏库要具有通风设备，可随时除去库内异味。

（6）冷藏库中应有完善的消防设备。

（二）对库内运输工具的要求

（1）冷藏库中的所有运输工具和其他一切用具都要符合卫生要求和卫生管理办法的规定。所有用具的生产必须采用符合卫生要求的原料，用具应当便于清洗和共处消毒。直接接触食品的工具必须清洁卫生、无毒无害、无异味。

（2）所有手拉车都要保持干净，对运输水产品要采用专用的手推车和铲车。

（3）运输工具每次用完都要清洗干净，并定期进行消毒处理。

运货用的手推车以及其他载货设备，应经常进行清洗和消毒，库内冷藏的食品，不论是否有包装，都要堆放在垫木上。一切加工用的设备如秤盘、挂钩、工作台等，在使用前后应用清水冲洗干净，必要时还应用消毒液消毒。清洗时可先用热水冲洗，并用2%的碱水（50℃）除去油污，然后用含有效氯0.3%～0.4%的漂白粉溶液消毒。

（三）对入库食品的要求

1. 对入库食品的要求

凡是进入冷藏库保藏的食品，必须新鲜、清洁，经检验是合格的。如鱼类要冲洗干净，按照种类和大小装盘；肉类及副产品要求修割干净、无毛、无血、无污染。食品冻结前必须进行冷却和冻结处理工序，在冻结中不得有热货进库。食品在冷却过程中，库房温度保持在-1～0℃。当肉体中心温度（对于白条肉是指后腿肌肉厚处温度）达到0～4℃时冷却即完成。食品冻结时，库温应保持设计要求的最低温度。当肉体中心部温度不高于冻藏间温度3℃时，冻结即告完成，如冻结物冷藏间温度为-18℃，食品冻结温度必须在-15℃以下。

2. 食品入库前的准备工作

（1）果蔬入库前的准备工作　果蔬入库前要进行挑选和整理。不同成熟度的果蔬也不适宜混在一起贮藏，因为较成熟的果蔬，再经过一段时间贮藏后会形成过熟现象，其特点是果体变软，并即将开始腐烂。

有些果蔬经过挑选后，质量较好的、可以长期冷藏的应逐个用纸包裹，并装箱或装筐。包裹果蔬用纸，不要过硬或过薄，最好是用对果蔬没有任何不良作用并经过化学药品处理过的纸。带柄的水果在装箱（筐）时，要特别注意勿将果柄压在周围的果体上，以免将其他果实的果皮碰破。在挑选整理过程中，要注意轻拿轻放，以防因操作不慎而使果体受伤。

（2）其他食品入库前的准备工作　在食品到达前，应当做好一切准备工作。在入库过程中，对有强烈挥发性气味和腥味的食品、要求不同贮藏温度的食品、需经过高温处理的食品应用专库贮藏，不得混放，以免相互感染，串味。对变质腐败、有异味、不符合卫生要求的食品；患有传染病的畜禽商品；经过雨淋或水浸泡过的鲜蛋；用盐腌或盐水浸泡，没有严密包装的食品；流汁流水的食品等不得入库（已做防腐处理的库房和专用库除外）。对质量不一，优良与劣质混合及蔬菜、水果腐烂率在5%以上者，污染或夹有污染物的食品，以及肉制品和不能堆垛的零散商品，经过挑选、整理或更换包装后才能入库。

3. 严格掌握库房的温度和湿度

根据食品的自然属性和所需要的温度、湿度选择库房，力求保持库房温度、湿度的稳定。对冻结物，冻藏间的温度要保持在 -18℃以下，库温只允许在进、出货时短时间内波动，一般情况下，温度波动不得超过1℃；在大批冻藏食品进、出库过程中，一昼夜升温不得超过4℃。在通常情况下，冷却物冷藏间库房温度升降幅度不超过0.5℃，在进、出库时，库温升高不得超过3℃。

外地运来的温度不合要求的冷却或冻结食品，允许少量进入冷藏间贮藏，但应保持库内正常的贮藏温度。如外地调入的冻结食品温度高于 -8℃时，应复冻到要求温度后，方可入冻藏间冻藏，并且只允许复冻一次。

为了减少食品的干耗，保持食品原有的色泽，对易于镀冰衣的食品，如水产品、禽、兔等，最好镀冰衣后再贮藏。

4. 认真掌握贮藏安全期限

对冷藏食品要认真掌握其贮藏安全期限，执行先进先出制度，并经常进行定期或不定期的食品质量检查。如果食品将要超过贮藏期，或发现有变质现象时，应及时处理。根据我国商业系统的冷库使用和维修管理试行办法，对各种不同食品的安全贮藏期规定如表10-1所示。

对特殊要求或出口的食品，应按照合同规定办理。贮藏安全期系指质量良好的食品从初次冷加工开始计算，到不失去商品价值的时间，其长短与食品经历的温度有很大的关系。部分冷冻食品在不同温度下的安全贮藏期见表10-1；肉类的冻藏期限与冻藏温度的关系见表10-2。

表10-1　冷冻食品在不同温度下的安全贮藏期

品种	冻藏间温度/℃	相对湿度/%	安全期/月
冻猪肉	-18 ~ -15	95 ~ 100	7 ~ 10
冻鱼	-18 ~ -15	95 ~ 100	6 ~ 9
鲜蛋	-2.5 ~ -1.5	85 ~ 90	6 ~ 8
家禽、冻兔	-18 ~ -15	95 ~ 100	6 ~ 8

续表

品种	冻藏间温度/℃	相对湿度/%	安全期/月
冰蛋（听装）	-18～-15	95～100	4～15
鲜蛋	2～0	85～90	4～6
畜禽副产品	-18～-15	95～100	5～6

表10-2　肉类的冻藏期限与冻藏温度的关系

冻结肉的名称	冻藏期/月			
	-10℃	-12℃	-15℃	-18℃
多脂鱼、鹅	4	5.0	7	10
少脂鱼、猪肉	5.5	7.0	10	14
鸡	5	6.5	9	12.5
牛肉、羊肉、	7	8.5	12	17
副产品	5	—	—	7
肉块	5	—	—	8
冻猪油	5	—	—	7

二、库房管理

冷库是隔热保温的密闭性建筑，提供低温高湿环境，室内外温差大，热湿交换频繁。为确保使用安全，保证冷库正常生产，延长冷库建筑结构的使用年限，必须合理使用，实行科学管理。

（一）冷库使用管理时应注意的问题

库房管理要设专门小组，责任落实到人，每个库门、每件设备工具，都要有专人负责。冷库在使用管理过程中，必须重视以下几个方面的问题。

（1）严防围护结构隔热层受潮而失效　冷库是用隔热材料建成的，具有怕水、怕潮、怕热气、怕跑冷的“四怕”特性，要把好冰、霜、水、门、灯五大关。

穿堂和库房的墙、地、门、顶等都不得有冰、霜、水，有了要及时清除。库内冷风机要及时扫霜、冲霜。冲霜时必须按规程操作，冻结间至少要做到出清一次库，冲一次霜。冷风机水盘内和库内不得有积水。

在使用中不应有损坏维护结构防水隔汽层现象的发生，严防屋面漏水侵入隔热层。不要用水清洗地面、顶板和墙面，要及时清除库内冰、霜和积水。不允许进行多水性作业的冷间，严禁进行多水性作业生产。

（2）防止冻融循环损坏冷库建筑结构　冷间应根据设计的用途使用。如果不是专设的两用冷藏间，高低温冷藏间不能混淆使用。没有经过冻结的食品，不准直接入冻结物冷藏间；各种库房在空库时，也要保持一定的温度，避免库内滴水受潮；要控制进货的数量和掌握合理的库温。还要注意柱子、墙等处的冷桥处理有无损坏，一旦发现要及时修复。

（3）必须合理利用库房容积　为使商品堆垛安全牢固、整齐，确保商品贮藏质量，便于检查和盘点，方便进出库，运输操作安全，库内商品货垛与墙顶、冷却设备和走道等之间的距离必须符合要求，并在楼（地）面使用荷载允许的条件下，通过合理的安排货位改进商品堆垛方法来提高库房容积利用率，保证回风顺畅。有异味的食品应单间贮藏。切忌不顾库房的使用要求和使用条件，盲目追求库房容积利用率。

（4）加强对冷藏门的使用管理　冷藏门是冷间进、出货物的通道咽喉，在货物进、出库运输过程中，应避免碰撞损坏冷藏门。要严格管理冷藏门，做到关闭及时、启闭灵活、关闭严密、防止跑冷，如有损坏，要及时修复。库内报警应在现场和长时间有人的值班室都能听到，报警装置应保特完好无损。

（5）商品进出库及库内操作　要防止运输工具和商品碰撞库门、柱子、墙壁和制冷系统管道等工艺设备。库内电器线路要经常维护，防止漏电。

（6）严格掌握冷库投产降温和维修升温的速度　冷库投产降温及维修升温，必须注意逐渐缓慢地进行，使建筑结构适应温度的变化，以免造成不良后患。

投产降温时要求冷库各楼层及各房间应同时降温，使主体结构和各部分结构层的温度应力及干缩率保持均衡，避免建筑物出现裂缝。冷库投产前的降温速度是每天不得超过3℃。当库房温度降至4℃时，应保持3～4d，以便冷库建筑结构内的游离水分析出，减少冷库的隐患，然后才允许再以每天不得超过3℃的降温速度继续降温，逐步降到设计要求的使用温度。

维修温升要求：冷库在大修或局部停产维修前，必须停产升温。升温前，必须清扫库内的冰霜，以免解冻后积水。在升温过程中，遇有融化的冰霜水，应及时清除，若遇有倒塌危险部分，应先做处理。升温应缓慢地进行，每日温升不应超过2℃为宜，各库房的温度要保持大致均衡。库温宜升至10℃以上，升温方法必须安全，防止意外事故的发生。局部停产维修升温，更应周密考虑，措施要得当，防止产生凝结水或者形成冻融循环，以及建筑结构因产生不同的温度应力而出现裂缝。

（二）做好建筑物的维护和保养

认真做好建筑物的维护和保养，防止建筑结构的冻融循环及冻酥、冻臌。

（1）没有地秤防冻措施的冷却物冷藏期间，其库内温度不得低于0℃，以免地秤冻臌。

（2）加热防冻的地面，要定期检查地面下的通风管有无结霜堵塞和积水，避免因操作管理不当而造成地面冻胀。自然通风加热的防冻地面，除检查风道内有无结霜外，通风管端口严禁堆放物品，以免影响自然通风。

冷库的地面和楼面的使用荷载，设计说明书都有规定。库内商品堆垛质量、运输工具及其装载量，以及吊轨的使用载重量，都不能超过规定的使用荷载；拆肉垛时，不能采用倒垛的方法；脱钩、脱盘时，不允许在楼（地）面摔击；更不能将多水分的商品直接散铺在楼面或地面上冻结。

（3）空库时，各库房应保持合适温度，防止冻融循环。

冷却间设计温度 ±0℃，空库保持温度为 <10℃；冷却物冷藏间 ±0℃，空库保持温度为不高于露点温度；冻结间设计温度 -23℃，空库保持温度 < -5℃；冻结物冷藏间设计温度 -18℃，空库保持温度 < -5℃；低温走廊设计温度 -10℃，空库保持温度 < -5℃；加工间设计温度 0 ~ 20℃，空库保持温度 <20℃；冰库设计温度 -4℃，空库保持温度 < -2℃。

（4）冷库地下自然通风道应保持畅通。采用机械通风或地下油管加热等设备，要指定专人负责，根据要求，及时开启通风机、加热器等装置。

（5）要定期对建筑物进行全面检查，发现问题要及时修复。

除此之外，还要经常维护库内电器线路，防止发生漏电事故，出库房要随手关灯。

项目二　冷藏库的卫生管理

食品的腐败变质主要是由于微生物的生长繁殖所致。低温虽然可以抑制微生物生长繁殖，但大多数的微生物在低温下并不死亡。因此，冷库必须有严格的卫生制度，尽可能地减少微生物污染食品的机会。

一、冷库的卫生和消毒

冷库的库房是进行食品冷加工和长期存放食品的地方，因而对库房的卫生管理是整个冷库管理的中心环节。

空气本身虽然不是微生物发育的适宜环境，但由于空气不断地流动，常能带动和散布大量的尘埃和微生物的孢子，因而在冷库内通风道的木板表面上、排管上的霜层中和库房的死角处都会污染大量的微生物，必须经常进行消毒。空气通过空气冷却器时，可以除去空气中的尘埃和微生物孢子数量的60% ~80%。这样微生物孢子就可能附着在空气冷却器的霜层上或湿式空气冷却器的盐水中。为了控制微生物的污染，必须对空气冷却器进行定期的清扫和消毒。在冷库的库房内，霉菌较其他微生物繁殖得更快些，并极易侵害食品，所以杀灭霉菌是库房卫生工作的首要任务。

冷库常用的消毒方法有物理法和化学法。物理消毒法有热消毒法、紫外线消毒法、电离辐射法、微波法等。最常用是热消毒法和紫外线消毒法。化学消毒法是指利用化学药物杀灭病原微生物的方法。

（一）库房及设备卫生

冷库的环境卫生和设施卫生直接关系到食品的质量，是食品加工贮存必备的条件，应满足如下要求。

要保证食品加工、贮存的质量，除要有良好的库房环境卫生，还必须有良好的设备卫生。

库房内的设备必须用无毒、无味、抗腐蚀、不吸水、不变形的材料制作，表面要光滑、清洁，边角要圆滑，无死角，不易积垢，便于拆卸、清洗和消毒。设备要有固定角架，与地面有一定的距离。

冷库中一切加工用的设备如铁盘、挂钩、工作台等，在使用前后应用清水冲洗干净，必要时还应用热碱水消毒。冷库在生产前，库内有异味，可以进行通风处理。冷库的外室、走廊、月台、附属车间、休息间等场所，都要符合卫生要求。

（二）消毒剂

1. 常用消毒剂的种类及使用方法

消毒剂是指用于杀灭传媒介体上的有害微生物，使其达到无害化的制剂。消毒剂是冷库管理过程中经常使用的药品之一，选择使用得当，能够保证冷库内存放商品的安全；若使用不当，不仅会对冷库内所存放的商品造成污染，甚至会危害人类的健康。目前，用于冷库消毒的常用消毒剂有以下几种。

（1）乳酸　纯品为无色液体，工业品为无色到浅黄色液体，无臭，味酸，呈弱酸性，易溶于水，对细菌（如伤寒杆菌、大肠杆菌、葡萄球菌、链球菌）、真菌、病毒等有较强的杀灭和抑制作用。不仅适用于房间、仓库、冷库的杀菌与消毒，而且还能够用于食品的防腐与保鲜。它能除霉、杀菌，而且在库内有无肉类都可以使用，同时也能除臭味。

使用方法：先将库房出清打扫干净，每立方米用 1 mL 粗制乳酸，每份乳酸再加 1 ~ 2 份清水，将混合液放在搪瓷盆内，置于电炉上加热蒸发，一般要求将药液控制在 0.5 ~ 3h 蒸发完。然后关闭电炉，密闭库门达 6 ~ 24h，使乳酸与细菌或霉菌充分作用，以期达到消毒的目的。

（2）二氧化硫（SO_2）　SO_2是无色、有刺激性气味的气体，密度大于空气，易液化（沸点 -10℃）。一定浓度的 SO_2具有杀菌、防腐、防褐变和延缓果实衰老的作用，结合冷藏还可获得较好的果实保鲜效果。SO_2对水果中常见的真菌病害如灰霉菌等有较强的抑制作用，使用剂量适宜，对果品品质无影响。用 SO_2处理过的新鲜果品，其代谢过程也会受到一定的抑制。

利用 SO_2 进行杀菌时，常用的方法有：硫黄熏蒸处理、采用 SO_2 缓释剂如用重亚硫酸盐（亚硫酸氢钠、亚硫酸氢钾或焦亚硫酸钠）缓慢释放 SO_2 气体。

消毒方法：可以点燃硫黄熏蒸，用量大约为10g/m^3，如果库内设备、容器或产品已发生过微生物病害或生霉的问题，硫黄用量可适当增加。熏蒸时关闭库门和通风系统，点燃硫黄熏14～28h后，继续闭24～48h，然后打开通风系统和库门，彻底排除残留的二氧化硫气体，因残留的二氧化硫浓度过高，可能会伤害产品。硫黄燃烧产生的二氧化硫气体遇水生成亚硫酸，对微生物有强烈的破坏作用，从而可抑制其繁殖生长，避免产品发生腐烂或微生物病害。同时亚硫酸也能腐蚀金属材料，因而应特别注意加以保护。另外 SO_2 对人体呼吸道和眼睛等有强烈的刺激作用，工作人员在冷库内操作时，应戴防护面具。

采用 SO_2 缓释剂处理时先将重亚硫酸盐与研碎的硅胶混匀，比例为（2～3）:1，根据库房面积，将混合物分成若干小份，每份混合药物3～5g；也可将药物预先夹在双层纸的隔板中。

（3）漂白粉［$Ca(ClO)_2$］　漂白粉的主要成分为次氯酸钙［$Ca(ClO)_2$］，为白色粉末或淡黄色粉末，有氯的气味。具强腐蚀性，稍能溶于水，溶液呈碱性，外观浑浊，有大量沉渣，通常取其上清液使用。漂白粉稳定性差，存放过程中可逐渐分解，使有效氯含量降低，使用之前要仔细核对有效期。

使用方法：称取适量漂白粉（有效氯25%～30%），先加少量水拌匀再配成100g/L的溶液，用上清液按1.0kg/m^{2}的量涂刷内墙。也可按库容每1m^{3}用40mL的量喷雾。

注意事项：消毒后库房必须通风换气、除味方可投入使用。

2. 其他消毒剂

冷库消毒使用的其他消毒剂有食醋、生石灰、过氧乙酸、臭氧、二氧化氯、二苯酚醚钠、福尔马林、乙内酰脲、多菌灵、新洁尔灭、酒精煤酚皂溶液等。以下简要介绍几种。

（1）食醋　食醋是传统发酵产品之一，其有效成分是乙酸（CH_3COOH），由醋酸菌发酵分解糖类产品制得。外观为棕褐色液体，有刺激性气味，具有杀菌作用。

（2）生石灰　生石灰通常呈白色块状，在空气中易吸收水分而潮解，易吸收空气中的二氧化碳变为碳酸钙而失效。生石灰加水后分解，可释放出大量热量，变为粉末状的熟石灰［$Ca(OH)_2$］，对细菌有较强的杀灭作用，但对结核杆菌和芽孢型细菌无效。

（3）过氧乙酸　过氧乙酸为无色透明酸性液体，腐蚀性较强，分解后无残留。能快速杀灭细菌和霉菌。过氧乙酸属于强氧化剂，具有强腐蚀性、强刺激性，可致人体灼伤，易燃、爆炸。

（4）臭氧　臭氧是一种强氧化剂，其氧化还原电位仅次于氟。利用它的氧化性，可以在较短时间内破坏细菌、病毒和其他微生物的生物结构，使之失去生存能力。既可杀菌灭霉，又可除臭。臭氧与一般消毒剂不同，因为多余的臭氧可以很快分解成氧气。臭氧的杀菌效果与过氧乙酸相当，强于二氧化氯、氯。与一般杀菌剂的杀菌消毒功能不同的是，臭氧的杀菌速度快，当其浓度超过一定阈值后，消毒杀菌甚至可以瞬间完成。

用臭氧消毒方法应采用臭氧发生器，使空气中 2 个原子的氧裂化而成 2 个原子的臭氧。将形成的臭氧打入冷库内，其浓度为 1 ~ 3 mg/m^3 即可起作用。臭氧对空气中的微生物有明显的杀灭作用，采用 20 mg/m^3 浓度的臭氧，作用 30 min，对自然菌的杀灭率达到 90% 以上。用臭氧消毒空气，必须是在封闭空间，且室内无人条件下进行，消毒后至少过 30 min 才能进入。臭氧是一种强氧化剂，它能使瘦肉退色和脂肪氧化，同时臭氧对人体黏膜有刺激，所以采用时应该注意。

（5）二氧化氯　二氧化氯既是一种氧化剂，又是一种含氯制剂。二氧化氯无毒、无刺激性怪臭味，对皮肤、黏膜、头发不会造成伤害。用二氧化氯消毒食品器具后，降解快，不残留，不用水冲洗可直接食用和使用，消毒后不会造成环境二次污染。二氧化氯消毒杀菌效果大于氯气，并且用量少、作用快，不受温度、pH 的影响，并能有效氧化去除水中的细菌、真菌、孢子菌、病毒等微生物和藻类、酚类、氰类及硫化物等有害物质，并具有脱色、除臭等作用。世界卫生组织（WHO）将其列为 A_1 级广谱、安全、高效的消毒剂。

（三）消毒器具的种类和使用方法

1. 消毒器具的种类

常用的消毒器具有：排刷、喷雾器、喷壶、消毒盆、消毒盘、电炉、风扇、电热式硫黄熏蒸器、臭氧发生器等。

2. 消毒器具的使用方法

（1）喷洒用消毒器具　常用喷洒消毒液的器具有喷雾器、喷壶。该类器具使用之前先用干净水检查管路是否畅通；每次加药量要适中，喷洒过程中要避免药水洒在操作人员的身上；使用结束要及时将器具清洗干净，避免长时间存放残留消毒液对器具的腐蚀和管路的堵塞；排刷使用后要及时用清水清洗干净、晾干，妥善保存，保证排刷的刷头不掉毛。

（2）熏杀用消毒器具　常用加热用具为电炉，要根据消毒液的量选择合适功率的电炉，也可以选择可调式封闭电炉，比较安全。为了使消毒气体更快、更均匀地传播到冷库的各个角落，可以在加热器的旁边放置风扇，作为辅助设备，其作用是使产生的消毒气体尽快均匀散开。

（3）盛放消毒液的常用容器　盛放消毒液常用容器有搪瓷盆、搪瓷盘；不锈钢盆、不锈钢盘；不锈钢桶、塑料桶，铁盒、铁盘等。对于金属容器可用于加热熏蒸也可以盛放消毒液，而塑料容器只能用于盛放消毒液。

（4）消毒设备　常用消毒设备有电热式硫黄熏蒸器、臭氧发生器等。使用该类设备进行消毒时要严格按照设备使用说明书进行操作，准确放置消毒药品，保证有效的消毒时间；对于消毒器的消毒效果要进行定期检验。

3. 消毒器具使用的注意事项

（1）消毒器具内不能长时间盛放消毒液，消毒工作结束后要及时将剩余消毒液进行集中处理。

（2）清洗消毒器具时要戴上耐酸碱的橡胶手套，用无污染的清水刷洗消毒器具多次，最后使用干净的抹布将多余的溶液吸干，并结合感官判定消毒器具清洗得是否彻底。

（3）如果所使用的消毒液较难清洗，要选择合适的洗涤溶液进行洗涤。

（4）使用完毕的消毒器具要放在指定的位置保存。

（四）消毒剂选择的标准

1. 消毒剂对被处理物品和环境的安全性

选择无毒、无残留、无腐蚀等无二次污染的消毒剂。

2. 杀菌效果

要求快速、高效、广谱性，及受环境影响小的消毒剂。

3. 经济性

要求使用浓度和价格低。

4. 使用方便性

使用方法简单、方便。

二、 冷库工作人员的个人卫生

库房的外部卫生、内部卫生、设备卫生和工作人员的个人卫生是冷库卫生的四个方面。由于食品的加工、贮藏是靠人员操作的，所以说冷库工作人员的个人卫生是诸多卫生环节中最重要的一环。

冷库工作人员要经常接触多种食品，如不注意卫生，本身患有传染病，就会成为微生物和病原菌的传播者，因此对冷库工作人员的个人卫生应有严格的要求。

冷库作业人员要勤理发，勤洗澡，勤洗工作服，工作前后要洗手，经常保持个人卫生。进入工作间不得带入与生产无关的个人用品，如手表、饰品等。手接触脏物、进厕所、吸烟、用餐后都必须把双手洗净方可工作。最重要的是工作人员要有健康的身体，每年进行一次健康检查，不能有传染病和各种有碍食品卫生的疾病，如发现患传染病者，应立即进行治疗并调换工作，未痊愈时，不能进入库房与食品接触。

冷库工作人员必须穿戴整齐统一的工作服、鞋、帽，头发不得外露。不得穿戴工作服、鞋、帽离开工作场所，或到饭厅、厕所和冷库以外的场所。工作服要定期清洗和消毒。不准浓艳化妆、染指甲、喷洒香水进入工作间，以免污染食品。操作人员手部如果有外伤，不得接触食品，经包扎治愈后，戴上防护手套，方可保证不接触食品的操作。

项目三 食品冷藏过程中的卫生管理

一、 食品贮藏时的卫生要求

对于已经入库的食品，需要按照食品的不同种类和不同的冷加工最终温度分别存放。如果冷藏间较大，而某种食品数量较少，单独存放不经济时，或冷藏间少而需要贮存的食品种类较多，不可能单独存放时，可以考虑不同种类的食品混合存放，但应以不互相串味为原则，并应分别堆码。具有强烈气味的食品如鱼、蒜、葱、乳酪等和贮藏温度不一致的食品，应严格禁止混放在一个冷藏间内。可以混合堆放的食品见表 10－3 中所列的六大类。注意同类的食品可以混合贮藏，不同类之间的食品则不能混合贮藏。未列入表中的食品应单独存放。

表 10－3　　可以混合堆放的食品

类别	食品名称	混合贮存时间
冰冻食品（低温贮藏）	冻小鱼（包装和未包装）	5 个月
	冻大鱼	3 个月
	冻牛羊肉	4 个月
	冻猪肉	4 个月
	冻副产品（包装）	3 个月
	冻家禽（箱装）	3 个月
	冻牛羊油	4 个月
	熟猪肉	3 个月
	冻蛋（桶装）	2 个月
	乳油	3 个月
新鲜食品或冷却食品	苹果（冬季成熟箱装）	3 个月（由采摘后计算）
	梨（箱装）	2 个月（由采摘后计算）
	葡萄（箱装）	3 个月（由采摘后计算）
冷却食品（高温库）	苹果（早熟箱装）	1 个月（由采摘后计算）
	桃（箱装）	15 天（由采摘后计算）
	葡萄（箱装）	3 个月（由采摘后计算）
	李子（箱装）	1 个月（由采摘后计算）
	樱桃（箱装）	10 天（由采摘后计算）

续表

类别	食品名称	混合贮存时间
冷却新鲜食品（高温库）	番茄	7 天（由采摘后计算）
	花椰菜	1 个月（由采摘后计算）
	大白菜（早熟）	1 个月（由采摘后计算）
冷却新鲜食品	鸡蛋（箱装）	6 个月
	罐头（铁皮罐、玻璃罐装）	8 个月
干食品	蛋粉	6 个月
	乳粉	6 个月
	干果	6 个月
	核桃	4 个月
	浓缩牛乳	6 个月
	罐头食品	8 个月

冷库中的食品应按照不同品种放在清洁的垫仓板或托盘上，要求商品不能超出垫板或托盘四边，码放整齐，标识清楚，且需要留出 1 ~ 2cm，禁止直接放在地上。货堆上应覆盖芦席或篷布，以免灰尘、霜雪落入而污染食品。垛与墙之间留有 15cm，垛与垛之间应留有 20cm 的间隙，便于空气的流通。如是不同种类的货堆，其间隙应不小于 70cm。库内留有合理的走道，便于库内操作、车辆通过、设备检修，并保证安全。食品在堆码时，应与墙壁或排管有一定距离，以免损坏设备和使冷却贮藏的食品冻坏或过度干缩。

在冷藏过程中，应经常对食品进行检查，并定期对食品、冷藏间的空气进行测定和分析，以检查微生物污染的情况。如发现有软化、霉烂、腐败变质和感染等情况，应及时采取措施，分别加以处理，以免感染其他食品造成更大损失。库内的食品全部出库后，应对库房进行通风换气，利用风机排出库内的浑浊气体，换入经过滤的新鲜空气。

二、 除异味

库房中发生异味的原因，一般是由于贮藏了具有强烈气味或腐败变质的食品所致。有异味的食品会和其他产品串味，不仅影响其他食品的风味，而且会引起其他食品腐败，因此，必须及时找出原因并加以清除。清除库内异味一般采用通风换气的方法。但这种方法对杀灭微生物没有作用，反而会促使微生物的生长繁殖，还会增加库内冷量的消耗及造成食品干耗。

利用臭氧消除异味具有良好的效果，又能杀菌灭霉。这种方法不仅适用于空库，也适用于堆有食品的库房。在冷库内利用臭氧不仅能破坏有气味的物质，使空气洁净，清除异味，而且当浓度达到一定程度时，还具有良好的消毒作用，消灭食品表面的霉菌。利用臭氧处理空库，臭氧的浓度可达 40mg/m^3；对存有食品的库房，臭氧的浓度则依食品的品种而有所区别，一般鱼类或干酪为 1～2mg/m^3，蛋品为 3mg/m^3，果蔬为 6mg/m^3，肉类为 2mg/m^3。如果库内存有含脂肪较多的食品，则不应采用臭氧处理，以免油脂受氧化而变质。但由于臭氧是一种强氧化剂，当浓度很高时，能够引起火灾；当浓度在 2mg/m^3 以上时，长时间吸入也会对人体造成伤害，所以使用时应注意安全。

三、灭鼠

冷库的鼠害不仅会造成巨大的经济损失，而且还会咬食肉品，污染食品，传播疫病，破坏冷库的隔热结构，损坏建筑设施。由于被老鼠咬破电线而引起冷库火灾的报道也时有耳闻。故应经常检查，发现鼠害立即采取灭鼠措施。

鼠类一般是通过周围环境潜入冷库，有时与食品一同进入，因此应设法使冷库周围地区没有老鼠。在接收物品时，应仔细检查，特别是带有外包装的食品，更应仔细检查，以免把鼠类带进冷库内。

目前，冷库内常用的灭鼠方法有器械捕鼠、化学药物灭鼠和二氧化碳气体灭鼠。一般采用机械捕鼠器来捕捉冷库内的老鼠，但效果不太理想。化学药物灭鼠，因药物有毒，使用时应特别谨慎。最理想的是用二氧化碳来灭鼠，不但无毒，而且效果显著。

（1）器械捕鼠　用鼠夹或用电子捕鼠仪。有一种电子捕鼠器，用电压为 220V 的电源，有三根输出电线，经电子设备可控制产生 1500V 电压，三根单线各能延长 1km，分别安置三个方向（室内或室外），可以同时捕鼠，老鼠接触即毙，同时发出命中信号，命中率为 100%。

（2）化学药物灭鼠　效果较好的是敌鼠钠盐灭鼠。敌鼠钠盐的配方是先将药物用开水溶化成 5% 溶液，然后按 0.025%～0.05% 浓度与食饵混匀即成。此外，国外还介绍一种广谱灭鼠剂“Vacor”，即使老鼠少量吃进后，也会在 8h 内死亡，而其他动物、鸟类误食后却无毒。

尽管如此，药物灭鼠只是辅助手段，仍以适宜的建筑最为有效。国外已广泛应用微生物制剂进行灭鼠，但主要用于牧场、农田、温室、住宅、仓库、货场、禾垛、草垛、菜园、果园等场所，目前尚无安全用于食品冷库的报道。

（3）二氧化碳气体灭鼠　因二氧化碳气体无毒，在使用时不用搬开食品，但对操作人员有窒息作用，因此操作时工作人员要戴上氧气呼吸器。二氧化碳气体灭鼠，不但无毒，而且效果显著。做法是：1m^3 的库房空间用浓度 25% 的二氧化碳气体 0.7kg，或用浓度 35% 的二氧化碳气体 0.5kg，紧闭库门 24h 即可达到彻底灭鼠的目的。同时二氧化碳气体也具有灭菌的性能，对于好氧菌有抑制作用，且库内温度和食品的堆放皆不需要改变，省时省力。

项目四　冷冻食品微生物及其控制

一、冷冻食品的微生物

冷冻食品是将食品冻结并将其贮存于低温（-18℃以下）条件下，以延缓或抑制微生物的生长，它并不像罐头食品那样经过高温杀菌处理并贮存在完全无菌的状态下，故微生物对于冷冻食品的品质及公共卫生有很大的关系。而世界各国对于冷冻食品微生物的控制都非常严格。

冷冻食品所含的微生物，随原料的种类、加工方法的不同有很大的差别。通常销售的冷冻食品含有10^3~10^5个/g微生物。最常见的细菌有黄杆菌和极毛杆菌等低温性微生物，其所占比例最高，占菌落总数的40%左右。冷冻食品中的微生物，可在0~10℃条件下生长的，大部分为革兰阴性菌、产碱杆菌、无色杆菌，还有部分褐色小球菌、乳酸菌、舍氏菌和链球菌。冷冻鱼类中的主要腐败菌为极毛杆菌和无色杆菌，另外也分离出褐色小球菌的阳性菌。家禽肉类和蛋类中多为沙门菌，水果中的微生物则以酵母和乳酸杆菌居多。

冷冻食品中，也常发现耐低温的酵母如假丝酵母、圆酵母、丝孢酵母、红酵母等。而常见的霉菌则有交链孢属、孢霉属、芽枝霉属、毛霉属、淡黄青霉、分枝孢属等。

此外，冷冻食品所含的低温性厌氧菌在食品卫生中也不可忽视。例如，远洋冷冻白色鱼肉上的梭状芽孢杆菌及近海栖息性鱼上的丙酸杆菌、明串珠球菌等也常被检出。

二、冷冻食品微生物的污染源及其控制

冷冻食品的污染源主要来自水滴、冷凝水、灰尘、外来物质、地面污染、无保护装置的照明设备，以及消毒剂、杀虫剂、化学药品的残留等。针对冷冻食品微生物的控制措施有以下几个方面。

（一）防止食品、食品包装材料和食品所有接触表面被微生物所污染

（1）包装材料存放库应保持干燥、清洁、通风、防霉，内外包装分别存放，并设有防虫鼠设施。

（2）符合卫生标准的洗涤剂、消毒剂，不允许与速冻食品接触。消毒后的车间场地、墙面、工器具重新用于速冻食品生产之前要用清水彻底清洗，以防洗涤剂、消毒剂的残留物。

（3）加工车间通风良好，车间温度控制在20~26℃，产品贮存库有专人负责，防止水滴、冷凝水、冰霜对产品造成污染。

（4）设备与食品接触面出现凹陷或裂缝、不光滑并影响残留物清洗时应及时修补、更换，防止造成污染。

（5）加工设备出现故障时，立即关机，清理干净。设备维修后必须及时清洗消毒后方可投入生产。

（二）加工生产用水的卫生安全控制

水质应符合 GB 5749—2006 的规定。

（1）生产用水的卫生检测，由当地卫生防疫部门每半年检测一次，并保留检测记录，确保符合国家饮用水标准的规定。

（2）应每月对生产用水管道及污水管道进行一次检查，重点对可能出现问题的交叉连接处进行检查，并予以记录。软管使用后盘起挂在架子或墙壁上，管口不许接触地面。

（3）开工前、工作期间应对软管进行监测，防止虹吸、回流和交叉现象的发生，并予以记录。

（4）及时纠正　当监测发现加工用水存在问题时，质检部门的 HACCP 小组必须及时评估，如有必要，应终止使用存在问题的加工用水，至问题得到解决，并重新检测合格后，方准继续使用。

（三）食品接触面的状况和情况

（1）食品接触面系指加工器具、刀具、工作台面、传送带、产品周转箱、盘、手推车、贮水池、手套、围裙、套袖等。

（2）食品接触面的监测

①监测的目的是确保食品接触面的设计、安装、制作便于卫生操作、维护、保养、清洁及消毒，以符合卫生要求。

②监测对象是接触面的状况，食品接触面的清洁和消毒，使用消毒剂的类型和浓度，接触食品的传送带、加工器具、刀具、手套、套袖、外衣、围裙、加工用碎冰的清洁及状态等。

③监测方法有：视觉检查、化学检测、微生物检测、验证检查。

（3）生产用的工作台、运输车、链条及其他工具如盘、刀均应用不锈钢材质或无毒白色塑料制成。

（4）每天班前、班后将所有工器具进行全面清洗消毒；在加工过程中断、重新启动前也应重新清洗消毒，并予以记录。

（5）工作服每天由洗衣房进行一次统一清洗消毒。洗衣房设有消毒装置，对清洗后的工作服进行消毒。不同清洁区的工作服分别清洗消毒，清洁和脏的工作服应分区域放置。

（6）生产车间应设空气消毒设施。

（7）化验室对生产中及消毒后的接触面（工器具、工作服、手套）及车间空气进行相关微生物的检测，一旦发现问题及时纠偏。

（四）防止交叉污染

（1）交叉污染是指通过原料与成品、食品加工者或加工环境把物理的、化学的、生物的污染转移到成品的过程。

（2）控制交叉污染的范围涉及工器具、工作服、手套、外包装物料等到食品。

（3）手、设备、机械等在接触了不卫生的物品后应及时清洗消毒。

（4）生产间内禁止使用竹、木器具，禁止堆放与生产无关的物品。

（5）所有速冻食品加工中生产的废弃物用专用容器收集和盛放，并应及时清除，处理时防止交叉污染。

（6）在清洗、消毒车间的设备和工具时不能污染产品。

（7）清洁区、非清洁区用隔离门分开，两区工作人员不得串岗，原料与成品隔离。工器具不得交叉。

（8）车间废水排放从清洁度高的区域流向清洁度低的区域，污水直接排入下水道。

（9）非加工区域内的工作人员不得进入加工区域。

（五）洗手消毒及卫生间设施

（1）建立一套完善的洗手、消毒及卫生间设施，洗手、消毒设施应为非手触式，设置在车间入口处，在卫生间、车间内有醒目的标识，能够满足生产加工和卫生的需要。

①洗手、消毒及卫生间设施的清洁、维护与卫生保持有专人负责。

②车间入口处有鞋、靴消毒池，用有效的消毒剂消毒。各种消毒剂应交叉使用，配制消毒液要有配制记录。

③洗手的消毒水温度为25℃左右，消毒剂具有良好的杀菌效果，消毒液浓度的标识要醒目。

④流动的消毒车以一定的消毒频率（建议每隔30 min或60 min）对人员进行消毒。

（2）厕所设施

①厕所设施与车间相连，门不直接朝向车间。

②良好的入厕习惯：换下工作服→卫生间拖鞋→入厕→洗手消毒→干手（用干手器）→换拖鞋→换上工作服。

③厕所采用单个冲水式设置，通风良好，地面干燥，保持清洁，无异味，并有防蚊蝇设施。

（3）车间的消毒制度

①车间以一定的消毒频率（建议每小时一次）对工器具进行消毒：清水→

清洗剂→清水→82℃热水→清水→擦干晾干。

②每班班后对地面进行清洗消毒：清水→清洗剂或热水→消毒剂→清水。

（六）员工的健康与卫生控制

从事速冻食品生产的人员必须经过卫生防疫部门体检合格，获得健康证明方可上岗。

（1）加工（检验）人员每年进行一次健康检查，伤寒及带菌者、细菌性痢疾及带菌者、化或渗出性脱屑皮肤病患者、活动性肺结核、传染性肝炎患者、手外伤未愈者，不得直接参加速冻食品工作，痊愈后经卫生防疫部门检查合格后方可重新上岗。

（2）发现患有疾病或可能患有疾病的人员及时报告。

三、冷冻食品微生物的检查

1. 检查目的

确保食品卫生与质量优良。

2. 总菌数的检查

检查方法包括显微镜法（直接涂抹法）、薄膜过滤法、稀释平板法等。

总菌数的检查只能表示食品在冷加工过程中的卫生状况、原料新鲜度、温度控制和操作人员的卫生情况等，但不能完全保证产品的安全性。一般情况下，实用上多采用直接检查法来检查微生物的情况，以查明冷加工食品上细菌活动的实际状态。

3. 大肠杆菌群的检查

冷冻食品上的大肠杆菌群可以由土壤和粪便污染，一般作为饮用水的卫生指标。常温下这种细菌在食品中可以繁殖，但在冷藏过程中很快消失，又因其检查手续繁琐，故大肠杆菌的定量检查在冷冻食品卫生管理上没有太大的意义，而定性检验则是必要的。

4. 其他

如葡萄球菌、大肠杆菌、沙门菌均会引起食物中毒，必须严加控制。

四、冷冻食品微生物的控制

微生物在食品上的分布很不均匀，确定可靠的取样及检查方法比较困难。控制好冷加工食品上的微生物在一定范围之内非常重要。不同方法处理的食品中的微生物含量也不相同，远销国外（如日本）的冷冻食品的控制要求见表 10－4 及表 10－5。

表 10－4 加热调理冷冻食品的卫生标准

项目	合格标准	项目	合格标准
一般活菌数	50000 个/g 以下	葡萄球菌	应为阴性
大肠杆菌	应为阴性	沙门菌	应为阴性

表 10－5 未加热调理冷冻食品的卫生标准

项目	合格标准	项目	合格标准
大肠杆菌	应为阴性	沙门菌	应为阴性
葡萄球菌	应为阴性	挥发性盐基氮含量	20mg/100g 以下

模块小结

冷库担负着新鲜易腐食品的冷加工和贮藏任务，起着调剂市场供应的作用，必须做好冷库库房的管理工作，同时还应做好卫生管理工作，库房做到清洁、环保。

库房的管理工作涉及多方面，必须建立和健全岗位责任制，做好每一项工作。冷库的库房是进行食品冷加工和长期存放食品的地方，因而对库房的卫生管理是整个冷库管理的中心环节。冷冻食品的卫生管理主要是考虑不同类的食品是否可以混合存放在一起，以及库房异味的及时排除和灭鼠工作。冷冻食品微生物的检查主要包括总菌数的检查、大肠杆菌群的检查及其他（如葡萄球菌、大肠杆菌、沙门菌等）的控制。

思考练习

一、填空题

1. 冷库库房常采用的消毒剂有________、________和漂白粉。

2. 冷库内常用的灭鼠方法有________、________和________。

3. 外地调入的冻结食品温度高于－8℃时，应复冻到要求温度后方可入冻藏间冻藏，允许复冻____次。

4. 冷库投产前的降温速度是每天不得超过____℃。当库房温度降至4℃时，应保持____d，以便冷库建筑结构内的游离水分析出，减少冷库的隐患，然后才允许再以每天不得超过____℃的降温速度继续降温，逐步降到设计要求的使用温度。升温应缓慢地进行，每日温升不应超过____℃为宜。

5. 清除库内异味的方法，一般采用________方法。但这种方法对杀灭微生物没有作用，反而会促使微生物的生长繁殖，还会增加库内冷量的消耗及造成食品干耗。利用____消除异味具有良好的效果，又能杀菌灭霉。这种方法不仅适用于空库，也适用于堆有含脂肪较少食品的库房。

二、判断题

1. 凡是进入冷藏库保藏的食品，必须新鲜、清洁，经检验合格。(　　)

2. 消毒剂选择的标准包括安全性、杀菌效果、经济性和使用方便性等几个方面。(　　)

3. 在大批冻藏食品进、出库过程中，一昼夜升温不得超过10℃。(　　)

4. 进入冷库贮藏的食品，对易于镀冰衣的食品，如水产品、禽、兔等，最好镀冰衣后再贮藏。目的是减少食品的干耗，保持原有食品的色泽。(　　)

5. 冷库冲霜时必须按规程操作，冻结间至少要做到出清一次库，冲一次霜。冷风机水盘内和库内可以有少量积水。(　　)

6. 没有经过冻结的食品，可以直接进入冻结物冷藏室。(　　)

7. 具有强烈气味的食品（如鱼、蒜、葱、乳酪等）和贮藏温度不一致的食品，应严格禁止混放在一个冷藏间内。(　　)

三、简答题

1. 冷藏库对入库食品是如何要求的？

2. 采用乳酸作为消毒剂的使用方法是什么？

3. 冷藏库如何除霉和灭鼠？

4. 冷冻食品的微生物污染源有哪些，如何控制？

【实训一】　库房的除霉（化学方法）

一、实训目的

通过实训使学生了解库房中霉菌的种类；掌握库房化学除霉方法。

二、主要设备

臭氧发生器，紫外灯。

三、实训内容

（1）腾空库房，打扫卫生。

（2）按照臭氧浓度为1～3mg/m^3，根据库房容积或面积计算出除去霉菌需要的臭氧量。

（3）打开臭氧发生器和紫外灯。

（4）闭门6～12h。

四、注意事项

（1）霉菌最爱在阴湿的地方生长，由于它能适应较低的温度，所以在冷冻厂的高温库中为害最为严重。霉菌在冷库内生长后，孢子到处飞扬，对于肉类、蛋品的质量影响很大。要定时对冷库进行清扫。

（2）在除霉的时候要注意把门关紧。

（3）在使用臭氧法时要注意操作方法，臭氧是一种强氧化剂，它能使瘦肉退色和脂肪氧化，同时臭氧对人体黏膜有刺激，采用臭氧后人员在第二天才能进入冷库中。

五、实训报告

根据操作步骤书写实训报告。

【实训二】 库房的消毒（乳酸法）

一、实训目的

通过实训使学生了解库房中的微生物种类；掌握乳酸法对库房消毒的方法。

二、主要设备

搪瓷盆，电炉。

三、实训内容

（1）先将库房出清打扫干净，乳酸用量为1mL/m^3，每1mL乳酸再加1～2mL自来水，将混合液放在搪瓷盆内。

（2）置于电炉上加热蒸发，一般要求将药液控制在30min～3h蒸发完。然后关闭电炉。

（3）密闭库门6～24h，使乳酸充分与细菌或霉菌作用，以期达到消毒的目的。

四、注意事项

（1）库房应打扫干净，以防影响消毒效果。

（2）库房应闭门熏蒸，防止漏气。

五、 实训报告

根据库房消毒的操作步骤书写实训报告。

附录 部分冷藏品入库标准

冷藏品的种类较多，在这里以肉制品中的鲜（冻）畜肉、乳品中的鲜乳和蛋品中的蛋制品为例介绍冷藏品入库的品质管理标准。

一、肉制品标准

以鲜（冻）畜肉为例。

1. 指标要求

（1）牲畜应是来自非疫区的健康牲畜，并持有产地兽医检疫证明。

（2）感官指标　无异味，无酸败味。

（3）理化指标　理化指标见附表1。

附表1　理化指标

项目		指标
挥发性盐基氮/（mg/100g）	≤	15
铅（Pb）/（mg/kg）	≤	0.2
无机砷/（mg/kg）	≤	0.05
镉（Cd）/（mg/kg）	≤	0.1
总汞（以Hg计）/（mg/kg）	≤	0.05

（4）农药残留　农药残留按GB 2763《食品安全国家标准 食品中农药最大残留限量》执行。

（5）兽药残留　兽药残留按国家标准和有关规定执行。

2. 检验方法

（1）感官检验　按GB/T 5009.44《肉与肉制品卫生标准的分析方法》规定的方法检验。

（2）理化指标

① 挥发性盐基氮：按GB/T 5009.44规定的方法测定。

② 铅：按GB/T 5009.12《食品安全国家标准 食品中铅的测定》规定的方法测定。

③ 无机砷：按GB/T 5009.11《食品中总砷及无机砷的测定》规定的方法测定。

④ 镉：按 GB/T 5009.15《食品中镉的测定》规定的方法测定。

⑤ 总汞：按 GB/T 5009.17《食品中总汞及有机汞的测定》规定的方法测定。

二、乳品标准

以鲜乳为例。

1. 指标要求

（1）感官指标　感官指标见附表2。

附表2　感官指标

项目	指标
色泽	呈乳白色或微黄色
滋味、气味	具有乳固有的香味，无异味
组织状态	呈均匀一致的胶态液体，无凝块，无沉淀，无肉眼可见异物

（2）理化指标　理化指标见附表3。

附表3　理化指标

项目		指标
相对密度/（20℃/4℃）	≥	1.028
蛋白质/（g/100g）	≥	2.95
脂肪/（g/100g）	≥	3.1
非脂乳固体/（g/100g）	≥	8.1
酸度/（°T）		
牛乳	≤	18
羊乳	≤	16
杂质/（mg/kg）	≤	4.0
铅（Pb）/（mg/kg）	≤	0.05
无机砷/（mg/kg）	≤	0.05
黄曲霉毒素 M_1/（μg/kg）	≤	0.5
六六六/（mg/kg）	≤	0.02
滴滴涕/（mg/kg）	≤	0.02

（3）兽药残留　兽药残留按国家标准和有关规定执行。

（4）微生物指标　微生物指标见附表4。

附表 4　微生物指标

项目	指标
菌落总数/（cfu/g）	500000
致病菌（金黄色葡萄球菌、沙门菌、志贺菌）	不得检出

2. 检验方法

（1）感官检验　按 GB 5413.33《食品安全国家标准　生乳相对密度的测定》、GB 5413.34－2010《食品安全国家标准　乳与乳制品酸度的测定》、GB 5413.3—2010《食品安全国家标准　婴幼儿食品和乳品中脂肪的测定》规定的方法检验。

（2）理化指标

① 相对密度：按 GB 6914《生鲜牛乳收购标准》规定的方法测定。

② 蛋白质：按 GB 5009.5《食品安全国家标准　食品中蛋白质的测定》规定的方法测定。

③ 脂肪：按 GB 5413.3《食品安全国家标准　婴幼儿食品和乳品中脂肪的测定》规定的方法测定。

④ 非脂乳固体：按 GB 5413.39《食品安全国家标准　乳与乳制品中非脂乳固体的测定》规定的方法测定。

⑤ 酸度：按 GB 5413.34《食品安全国家标准　乳与乳制品酸度的测定》规定的方法测定。

⑥ 杂质度：按 GB 5413.30《食品安全国家标准　乳与乳制品杂质度的测定》规定的方法测定。

⑦ 黄曲霉毒素 M_1：按 GB 5009.24《食品安全国家标准　食品中黄曲霉毒素 M_1 和 B_1 的测定》规定的方法测定。

⑧ 无机砷：按 GB/T 5009.11 规定的方法测定。

⑨ 铅：按 GB 5009.12 规定的方法测定。

⑩ 六六六、滴滴涕：按 GB/T 5009.19《食品中有机氯农药多组分残留量的测定》规定的方法测定。

（3）微生物指标　按 GB 4789.18《食品安全国家标准　食品微生物学检验　乳与乳制品检验》规定的方法检验。

三、蛋品标准

以蛋制品为例。

1. 指标要求

（1）原料要求

① 原料蛋：应符合 GB 2748《鲜蛋卫生标准》的规定。

② 辅料：应符合国家相应的标准和有关规定。

（2）感官指标　感官指标见附表5。

附表5　感官指标

品种	指标
巴氏杀菌冰全蛋	坚洁均匀、呈黄色或蛋黄色，具有冰全蛋的正常气味，无异味、无杂质
冰蛋黄	坚洁均匀、呈黄色，具有冰蛋黄的正常气味，无异味、无杂质
冰蛋白	坚洁均匀、白色或乳白色，具有冰蛋白的正常气味，无异味、无杂质
巴氏杀菌全蛋粉	呈粉末状或极易松散之块状，均匀蛋黄色，具有全蛋粉的正常气味，无异味、无杂质
蛋黄粉	呈粉末状或极易松散之块状，均匀黄色，具有蛋黄粉的正常气味，无异味、无杂质
蛋白片	呈晶片状，均匀浅黄色，具有蛋白片的正常气味，无异味、无杂质
皮蛋	外壳包泥或涂料均匀洁净，蛋壳完整，无霉变，敲摇时无水响声；剖检时蛋体完整，蛋黄呈深浅不同的墨绿色或黄色，略带溏心或凝心。蛋白呈青褐、棕褐或棕黄色，呈半透明状，有弹性，一般有松花花纹。具有皮蛋应有的滋味和气味，无异味
咸蛋	外壳包泥（灰）或涂料均匀洁净，去泥后蛋壳完整，无霉斑，灯光透视时可见蛋黄阴影；剖检时蛋白液化、澄清，蛋黄呈橘红色或黄色环状凝胶体。具有咸蛋的正常气味，无异味
糟蛋	蛋形完整，蛋膜无破裂，蛋壳脱落或不脱落。蛋白呈浮白色，浅黄色，色泽均匀一致，呈糊状或凝固状。蛋黄完整，呈黄色或橘红色，半凝固状。具有糟蛋正常的醇香味，无异味

（3）理化指标　理化指标应符合附表6的要求。

附表6　理化指标

项目		指标
水分/（g/100g）		
巴氏杀菌冰全蛋	≤	76.0
冰蛋黄	≤	55.0
冰蛋白	≤	88.5
巴氏杀菌全蛋粉	≤	4.5
蛋黄粉	≤	4.0
蛋白片	≤	16.0
脂肪/（g/100g）		
巴氏杀菌冰全蛋	≥	10
冰蛋黄	≥	26
巴氏杀菌全蛋粉	≥	42
蛋黄粉	≥	60

续表

项目		指标
游离脂肪酸/（g/100g）		
巴氏杀菌冰全蛋	≤	4.0
冰蛋黄	≤	4.0
巴氏杀菌全蛋粉	≤	4.5
蛋黄粉	≤	4.5
挥发性盐基氮/（mg/100g）		
咸蛋	≤	10
酸度（以乳酸计）/（g/100g）		
蛋白片	≤	1.2
铅（Pb）/（mg/kg）		
皮蛋	≤	2.0
糟蛋	≤	1.0
其他蛋制品	≤	0.2
锌（Zn）/（mg/kg）	≤	50
无机砷/（mg/kg）	≤	0.05
总汞（以 Hg 计）/（mg/kg）	≤	0.05
六六六、滴滴涕		按 GB 2763 规定执行

（4）微生物指标　微生物指标应符合附表 7 的要求。

附表 7　微生物指标

项目		指标
菌落总数/（cfu/g）		
巴氏杀菌冰全蛋	≤	5 000
冰蛋黄、冰蛋白	≤	1 000 000
巴氏杀菌全蛋粉	≤	10 000
蛋黄粉	≤	50 000
糟蛋	≤	100
皮蛋	≤	500
大肠杆菌/（MPN/100g）		
巴氏杀菌冰全蛋	≤	1 000
冰蛋黄、冰蛋白	≤	1 000 000
巴氏杀菌全蛋粉	≤	90
蛋黄粉	≤	40
糟蛋	≤	30
皮蛋	≤	30
致病菌（沙门菌、志贺菌）		不得检出

2. 食品添加剂

（1）食品添加剂的质量应符合相应的标准和有关规定。

（2）食品添加剂的品种和使用量应符合 GB 2760《食品安全国家标准　食品添加剂使用标准》的规定。

3. 检验方法

（1）感官指标　按 GB/T 5009. 47《蛋与蛋制品卫生标准的分析方法》规定的方法检验。

（2）理化指标

① 水分：按 GB 5009. 3《食品安全国家标准　食品中水分的测定》规定的方法测定。

② 脂肪：按 GB/T 5009. 6《食品中脂肪的测定》规定的方法测定。

③ 游离脂肪酸、挥发性盐基氮、酸度：按 GB/T 5009. 47 规定的方法测定。

④ 铅：按 GB 5009. 12 规定的方法测定。

⑤ 锌：按 GB/T 5009. 14 规定的方法测定。

⑥ 无机砷：按 GB/T 5009. 11 规定的方法测定。

⑦ 总汞：按 GB/T 5009. 17 规定的方法测定。

⑧ 六六六、滴滴涕：按 GB/T 5009. 19 规定的方法测定。

（3）微生物指标　按 GB/T 4789. 19 规定的方法检验。

参考文献

[1] 丁云飞．冷热源工程．北京：化学工业出版社，2009.

[2] 濮伟．制冷原理．北京：化学工业出版社，2000.

[3] 匡奕诊．制冷压缩机．北京：中国商业出版社，2001.

[4] 濮伟．制冷技术及设备．上海：上海交通大学出版社，2006.

[5] 李树林主编．制冷技术．北京：机械工业出版社，2003.

[6] 张祉祜主编．制冷原理与设备．北京：机械工业出版社，1987.

[7] 郭庆堂等．实用制冷工程设计手册．北京：中国建筑工业出版社，1994.

[8] 史敏等．二氧化碳制冷技术．制冷与空调，2007，12：1～5.

[9] 曾庆孝．食品加工与保藏原理．北京：化学工业出版社，2003.

[10] 刘建学，纵伟．食品保藏原理．南京：东南大学出版社，2006.

[11] 李志荣．农产品加工实用技术．北京：中国农业科学技术出版社，2002.

[12] 刘建学．食品保藏学．北京：中国轻工业出版社，2006.

[13] 钟秋平，周文化．食品保藏原理．北京：中国计量出版社，2010.

[14] 曾名湧．食品保藏原理与技术．北京：化学工业出版社，2007.

[15] 刘学浩，张培正．食品冷冻学．北京：中国商业出版社，2002.

[16] 祝战斌．果蔬贮藏与加工技术．北京：科学出版社，2010.

[17] 冯志哲．食品冷藏学［M］．北京，中国轻工业出版社，2001.

[18] 田国庆．食品冷加工工艺［M］．北京：机械工业出版社，2014.

[19] 速冻食品生产 HACCP 应用准则［M］．GB25007—2010.

[20] 罗云波，蔡同一．园艺产品贮藏加工学［M］．北京：中国农业大学出版社，2001.

[21] 陈学平．果蔬产品加工工艺学［M］．北京：中国农业出版社，1995.

[22] 李勇．食品冷冻加工技术［M］．北京：化学工业出版社，2005.

[23] 于学军，张国治．冷冻、冷藏食品的贮藏与运输［M］．北京：化学工业出版社，2007.

[24] 陈月英，佘远国．食品加工技术［M］．北京：中国农业大学出版社，2009.

[25] 刘北林．食品保鲜与冷藏链［M］．北京：化学工业出版社，2004.

[26] 吴锦铸，张照其．果蔬保鲜与加工［M］．北京：化学工业出版

社，2000.

[27] 吴翔，赵凤仙．速冻黄瓜的烫漂处理 [J]. 冷饮与速冻食品工业，2004，(12)：7～16.

[28] 包建国．食品低温保藏学 [M]. 北京：中国轻工业出版社，2011.

[29] 关志强．食品冷冻冷藏原理与技术 [M]. 北京：化学工业出版社，2010.

[30] 刘北林．食品保鲜技术 [M]. 北京：中国物资出版社，2003.

[31] 李慧东，严佩峰．畜产品加工技术 [M]. 北京：化学工业出版社，2003.